Problemas resueltos de pruebas EBAU de 2025 de TECNOLOGÍA E INGENIERÍA de 2º de Bachillerato

LOMLOE de todas las Comunidades Autónomas

POR
JORGE JURADO AGRAZ
PROFESOR DE TECNOLOGÍA

MBH
BELLISCO
Ediciones Técnicas y Científicas
MADRID - ESPAÑA

1ª Edición 2025

Cebreros 152. Local Posterior
28011 MADRID

Teléfono: ***91 464 18 02***
Correo Electrónico: ***información@belliscovirtual.com***

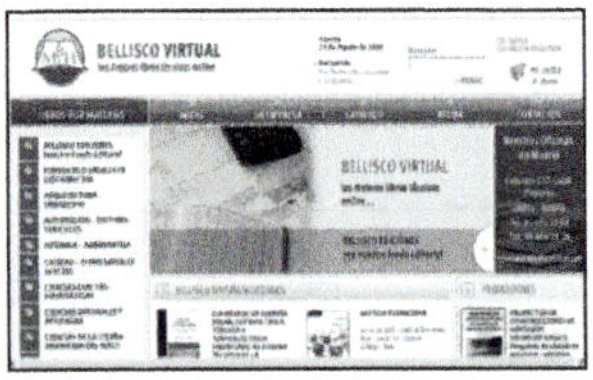

Impreso en España
Printed in Spain

ISBN: 979-13-990518-6-5
Depósito Legal: M-21332-2025

IMPRESO POR: *SERVICEPOINT S.A. – Salcedo, 2 – 28043 MADRID – Tel. 91 210 82 44*

340 problemas resueltos de pruebas PAU-EBAU 2025 de TECNOLOGÍA E INGENIERÍA

de 2º de Bachillerato LOMLOE

de todas las Comunidades Autónomas

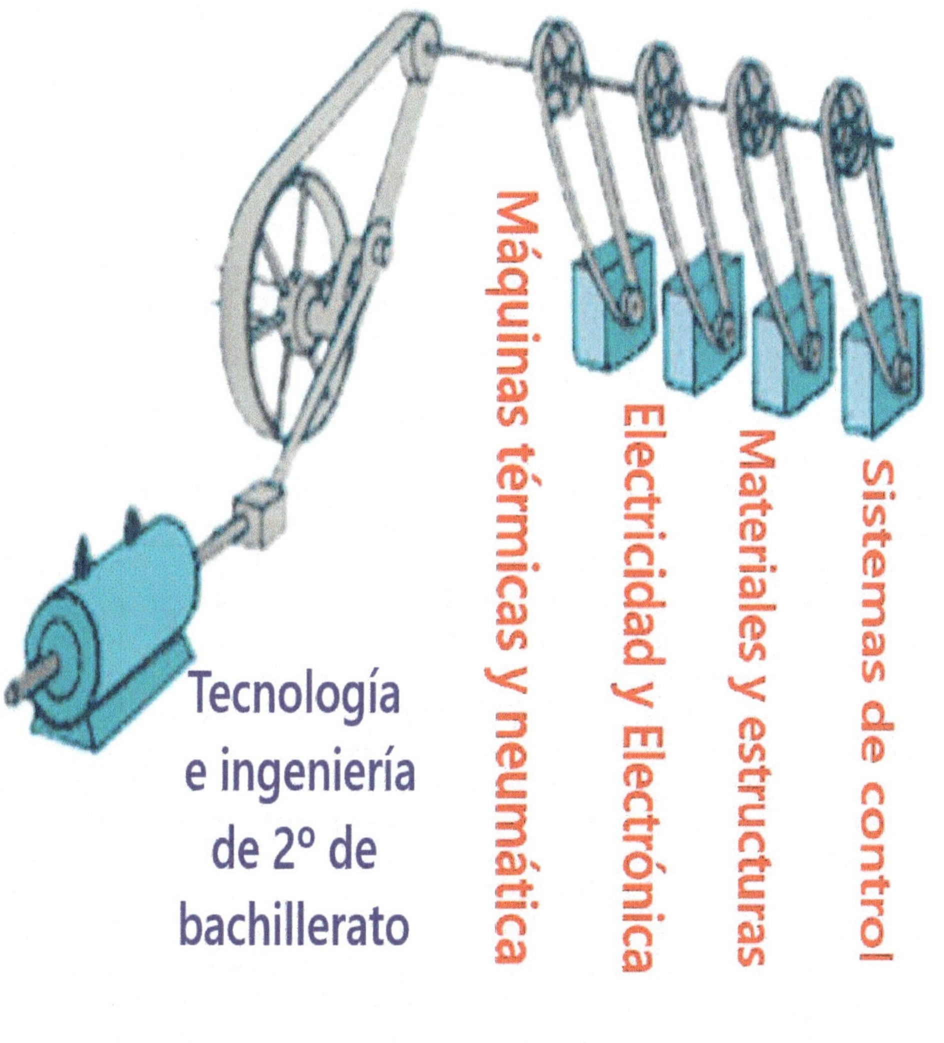

Índice:

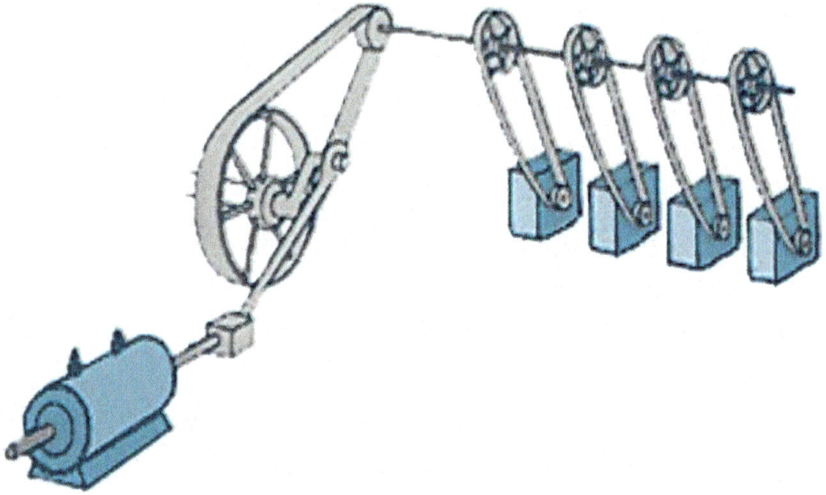

Características comunes de las pruebas de EBAU-PAU en todas las comunidades autónomas

Se permite el uso de calculadoras siempre que no sean gráficas o programables, y que no puedan realizar cálculo simbólico ni almacenar texto o fórmulas en memoria.

Criterios de corrección

-En la calificación de los ejercicios y problemas se valorará fundamentalmente el planteamiento razonado de la solución o soluciones propuestas, teniendo en cuenta la coherencia en las unidades utilizadas y dejando los errores numéricos con una importancia secundaria.
-Las preguntas deben resolverse expresando de forma razonada el proceso seguido en su resolución. Si es necesario, se incluirán: diagramas, esquemas, dibujos, etc., que ayuden a la comprensión de la respuesta dada.
-Los errores en las operaciones aritméticas elementales se penalizarán con un máximo del 10% del valor del apartado donde se produzcan.
-En las preguntas donde haya que resolver varios apartados y en los que la solución obtenida en uno de ellos sea imprescindible para la resolución del siguiente, se puntuará éste independientemente del resultado anterior, siempre que la solución no sea manifiestamente incoherente.
-Dibujar esquemas, diagramas, dibujos o representaciones gráficas del problema, datos e incógnitas para apoyar las explicaciones textuales.
-Enunciar las leyes físicas utilizadas y su fórmula.
-Sustitución de datos, proceso de resolución paso a paso, cálculos correctos.
-Uso correcto de unidades.
-Los resultados deben ir acompañados por la unidad correcta y solicitada.

Valoración de las respuestas de los apartados de problemas y cuestiones:

- Se valorará positivamente el conocimiento y comprensión de los conceptos y sistemas.
- Se valorará positivamente la capacidad de expresión técnica: claridad, orden, coherencia, vocabulario y sintaxis.
- En el documento que disponen los/las correctores se presentan extractos de libros donde aparecen las respuestas completas a las preguntas. Estos extractos se corresponden con el máximo que puede responder el alumnado. No es necesario que el alumnado ofrezca una respuesta idéntica o igual de completa a la que se presenta aquí, sino que la respuesta sea correcta y utilice un lenguaje y una redacción adecuados.
- Aunque el alumnado puede adjuntar ejemplos si lo desea, el no hacerlo no debe restar puntuación (a no ser que se pida expresamente).

En las cuestiones prácticas:

- Se valorará positivamente el correcto planteamiento y la adecuada comprensión y aplicación de las ecuaciones.
- Se valorará positivamente la destreza en el manejo de herramientas matemáticas y la correcta utilización de unidades de medida, así como la claridad en los esquemas, figuras y representaciones gráficas.
- Se valorará positivamente el orden de ejecución, la interpretación de resultados y la especificación de unidades.
- Si un resultado se muestra sin unidades o son incorrectas, se restará el 25% de la puntuación máxima del apartado. Véase cada apartado para el reparto de puntuación.
- En determinados apartados se dan puntuaciones para la solución por alguno de los métodos más habituales. En todo caso, la resolución de un apartado utilizando un método distinto otorgará la puntuación máxima, siempre que el método sea correcto y lo sea también su solución (a no ser que se haya pedido usar un método en concreto).
- Como regla general, un pequeño error puntual de cuentas algebraicas se penalizará con 0,1 puntos.

Si el error se produce en un paso intermedio, el resto del ejercicio se corregirá dando como válido el valor (erróneo) obtenido por el/la estudiante y no se le penalizará por ello en el resto del ejercicio, a no ser que el error dé lugar a un ejercicio significativamente más sencillo que el original, en cuyo caso la puntuación queda a criterio del corrector.

Real Decreto 243/2022, de 5 de abril, por el que se establecen la ordenación y las enseñanzas mínimas del Bachillerato.
BOE del 6-4-2022. Materia Tecnología e Ingeniería.

Criterios de evaluación	Saberes básicos
Competencia específica 1 1.1 Desarrollar proyectos de investigación e innovación con el fin de crear y mejorar productos de forma continua, utilizando modelos de gestión cooperativos y flexibles.	**A. Proyectos de investigación y desarrollo** −Gestión y desarrollo de proyectos. Técnicas y estrategias de trabajo en equipo. Metodologías Agile: características, aplicaciones.
1.2 Comunicar y difundir de forma clara y comprensible proyectos elaborados y presentarlos con la documentación técnica necesaria.	−Difusión y comunicación de documentación técnica. Elaboración, referenciación y presentación.
1.3 Perseverar en la consecución de objetivos en situaciones de incertidumbre, identificando y gestionando emociones, aceptando y aprendiendo de la crítica razonada y utilizando el error como parte del proceso de aprendizaje.	−Autoconfianza e iniciativa. Identificación y gestión de emociones. El error y la reevaluación como parte del proceso de aprendizaje. −Emprendimiento, resiliencia, perseverancia y creatividad para abordar problemas desde una perspectiva interdisciplinar.
Competencia específica 2 2.1 Analizar la idoneidad de los materiales técnicos en la fabricación de productos sostenibles y de calidad, estudiando su estructura interna, propiedades, tratamientos de modificación y mejora de propiedades.	**B. Materiales y fabricación** −Estructura interna. Propiedades y procedimientos de ensayo.
2.2 Elaborar informes sencillos de evaluación de impacto ambiental, de manera fundamentada y estructurada.	−Técnicas de diseño y tratamientos de modificación y mejora de las propiedades y sostenibilidad de los materiales. Técnicas de fabricación industrial.
Competencia específica 3 3.1 Resolver problemas asociados a las distintas fases del desarrollo y gestión de un proyecto (diseño, simulación y montaje y presentación), utilizando las herramientas adecuadas que proveen las aplicaciones digitales.	
Competencia específica 4 4.1 Calcular y montar estructuras sencillas, estudiando los tipos de cargas	**C. Sistemas mecánicos** −Estructuras sencillas. Tipos de cargas, estabilidad y cálculos

a los que se puedan ver sometidas y su estabilidad.	básicos. Montaje o simulación de ejemplos sencillos.
4.2 Analizar las máquinas térmicas: máquinas frigoríficas, bombas de calor y motores térmicos, comprendiendo su funcionamiento y realizando simulaciones y cálculos básicos sobre su eficiencia.	–Máquinas térmicas: máquina frigorífica, bomba de calor y motores térmicos. Cálculos básicos, simulación y aplicaciones.
4.3 Interpretar y solucionar esquemas de sistemas neumáticos e hidráulicos, a través de montajes o simulaciones, comprendiendo y documentando el funcionamiento de cada uno de sus elementos y del sistema en su totalidad.	–Neumática e hidráulica: componentes y principios físicos. Descripción y análisis. Esquemas característicos de aplicación. Diseño y montaje físico o simulado.
4.4 Interpretar y resolver circuitos de corriente alterna, mediante montajes o simulaciones, identificando sus elementos y comprendiendo su funcionamiento.	**D. Sistemas eléctricos y electrónicos.** –Circuitos de corriente alterna. Triángulo de potencias. Cálculo, montaje o simulación.
4.5 Experimentar y diseñar circuitos combinacionales y secuenciales físicos y simulados aplicando fundamentos de la electrónica digital, y comprendiendo su funcionamiento en el diseño de soluciones tecnológicas.	–Electrónica digital combinacional. Diseño y simplificación: mapas de Karnaugh. Experimentación en simuladores. –Electrónica digital secuencial. Experimentación en simuladores.
Competencia específica 5 5.1 Comprender y simular el funcionamiento de los procesos tecnológicos basados en sistemas automáticos de lazo abierto y cerrado, aplicando técnicas de simplificación y analizando su estabilidad. 5.2 Conocer y evaluar sistemas informáticos emergentes e implicaciones en la seguridad de los datos, analizando modelos existentes.	**F. Sistemas automáticos** –Álgebra de bloques y simplificación de sistemas. Estabilidad. Experimentación en simuladores.
Competencia específica 6 6.1 Analizar los distintos sistemas de ingeniería desde el punto de vista de la responsabilidad social y la sostenibilidad, estudiando las características de eficiencia energética asociadas a materiales y a procesos de fabricación.	**E. Sistemas informáticos emergentes** –Inteligencia artificial, big data, bases de datos distribuidas y ciberseguridad.

BLOQUE A:

PROYECTOS DE INVESTIGACIÓN Y DESARROLLO

Estrategias de gestión y desarrollo de proyectos
Design Thinking. Técnicas de investigación e ideación.
Método Agile. Tipos (Scrum, Kanban, ...), características y aplicaciones. Metodologías Agile: tipos, características y aplicaciones. Fases del desarrollo de proyecto: análisis de viabilidad, planificación de los trabajos (identificación y secuenciación de tareas, elaboración del plan de trabajo), ejecución, seguimiento y evaluación de los resultados.
Herramientas de gestión de proyectos. Documentación técnica de un proyecto: memorias, pliegos de condiciones, presupuestos y planos.
Autoconfianza e iniciativa. Identificación y gestión de emociones. El error y la reevaluación como parte del proceso de aprendizaje.
Emprendimiento, resiliencia, perseverancia y creatividad para abordar problemas desde una perspectiva interdisciplinar.
Comunicación técnica
Expresión gráfica. Aplicaciones CAD-CAE-CAM. Diagramas funcionales, esquemas y croquis.
Difusión y comunicación de documentación técnica. Elaboración, referenciación y presentación.

Aragón - 2025 - Junio - Ejercicio 1 a) Explica cómo se usa el tablero Kanban y represéntalo rellenando para un proyecto ficticio.

Andalucía – 2025 - modelo de prueba - Ejercicio 4.A a) Métodos de trabajo en equipo: ¿Qué ventajas tiene el trabajo en equipo? ¿Describe qué métodos de trabajo en equipo conoces? d) Enumera y explica los apartados de un proyecto de impacto ambiental?

Andalucía - 2025 - Junio - Ejercicio 4A a) Enumera y define los documentos de un proyecto técnico.

Aragón - 2025 - Julio - Ejercicio 1.A Describa las fases del desarrollo de un proyecto, explicando en detalle cada una de las tareas que se llevan a cabo en cada fase.
Fases del proyecto y tareas: 1. Inicio del proyecto: se define el propósito y los objetivos generales del proyecto. Antes de comenzar, se debe hacer un análisis de viabilidad. 2. Planificación del trabajo: definición de tareas, cronograma, presupuesto, agentes responsables, entregables y fechas. 3. Ejecución del proyecto: desarrollo de las tareas planificadas. Se deben establecer controles periódicos para verificar que todo se ajusta al plan de trabajo. 4. Seguimiento (control y monitorización) del proyecto (de forma paralela a la anterior): seguimiento de tareas, control de entregas, gestión de incidencias, generación de informes, etc. 5. Evaluación y cierre del proyecto: análisis de los resultados, elaboración de la memoria del proyecto, cierre formal del proyecto.

Valencia - 2025 - modelo de prueba - 1

Imagen de un tren de lavado de vehículos.

a) ¿Qué tipo de máquina eléctrica de corriente alterna elegirías como sistema de accionamiento? Describe sus características.

b) Comentar las características del material a emplear para la construcción de las guías sobre las que se desplaza el tren de lavado.

c) Indicar la función y características de los elementos nombrados en la figura como S1-S3, y el nombrado como S2.

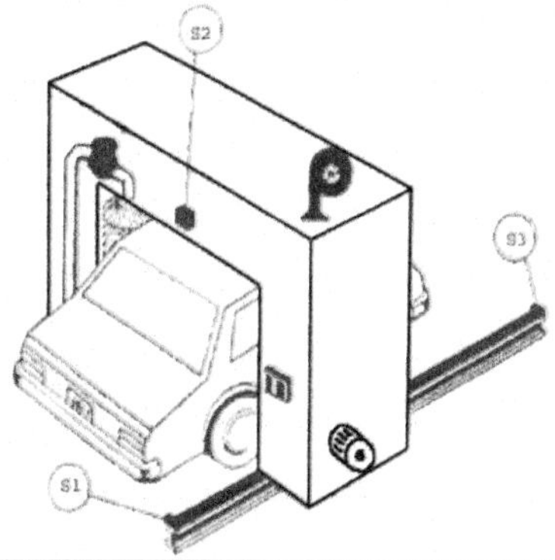

a) -Motor de inducción o asíncrono monofásico con un sistema de inversión del sentido de giro.

-Motor de inducción o asíncrono trifásico con un sistema de inversión del sentido de giro.

b) Las guías deben ser de acero por su resistencia mecánica para soportar el peso de toda la estructura y maquinaria.

Como las guías se van a mojar durante el funcionamiento, el material de las guías deber ser no oxidable, por lo que se propone acero inoxidable.

-S1 y S3 son finales de carrera que actúan de sensores (entradas) para detectar cuando la estructura está en el extremo S1 o en el extremo S3.

-S3 detecta que el lavadero está en la parte trasera del coche, que es la posición inicial del sistema para empezar el lavado del coche.

Señales de entrada del sistema de control del lavadero	Señales de salida del sistema de control del lavadero
-Final de carrera S1, detecta que el lavadero está al inicio del camino sobre la guía. -Final de carrera S3, detecta que el lavadero está al final del camino sobre la guía. -Pulsador de puesta en marcha del lavadero automático. -Pulsador de parada de emergencia: cuando se pulsa se paran los motores de traslación (relé R1) y ventilador, cierra el paso del agua (EV1) y del jabón (EV2), activa la sirena de emergencia.	-Luz S2, se enciende cuando el lavadero está en funcionamiento, desplazándose desde S1 hasta S3. -Motor que se encarga de mover el lavadero sobre las guías. -Relé R1 para encender y apagar el motor de traslación. -Relé R2 invierte el sentido de giro del motor y el lavadero avanza o retrocede. -Electroválvula EV1 sirve para abrir y cerrar el paso del agua del lavadero. -Electroválvula EV2 sirve para abrir y cerrar el paso del jabón. -Motor del ventilador de secado. -Sirena de emergencia.

.

Valencia - 2025 - Junio - Ejercicio 4.A

Un equipo de ingeniería tiene que realizar el proyecto de una pasarela peatonal que tiene que conectar dos partes de una población separadas por un río. Debe ser sostenible y tener un bajo impacto ambiental.

1) Los materiales disponibles para la construcción del puente son madera y acero. Indica ventajas e inconvenientes de utilización de cada material desde el punto de vista de la sostenibilidad y durabilidad de los materiales.

2) Explica al menos dos medidas que tomarías para minimizar el impacto ambiental en la construcción del puente.

3) Identifica dos herramientas de gestión de proyectos para planificar y supervisar la construcción del puente, e indica para qué las utilizarías.

1) Material madera.

Ventajas	Inconvenientes
-Disponibilidad, fácil de trabajar. -Aislante eléctrico, térmico y acústico. -Barato, amortigua contra vibraciones. -Ligero, reciclable, biodegradable.	-Combustible. -Vulnerable a plagas de insectos -Se deteriora por la humedad. -Limitado a estructuras ligeras.

Material acero.

Ventajas	Inconvenientes
-Disponibilidad -Fácil de trabajar. -Resistencia mecánica. -Durabilidad. Reciclable.	-Precisa protección contra incendios. -Pesado y caro. -Conductor eléctrico, térmico y acústico. -Corrosión.

2) -Diseño que no se reduzca el libre paso del agua bajo el puente.
-Mantener los márgenes del río limpios de maleza.
-Construir mini-presas para reducir la velocidad del agua del río.

3) Herramientas de gestión de proyectos en el ámbito educativo: diagrama de Gant, Trello, hoja de cálculo (Excel, Google Drive), Microsoft Project, diagramas de flujo, tablero Kanban.

Aragón - 2025 – Junio - Ejercicio 1

a) Explique el tablero Kanban y represéntelo para un proyecto ficticio.

"Kan" significa visual y "ban" significa tablero.
Es un tablero donde se visualizar un proyecto, con las fases en que está cada una de sus tareas (pendientes, ejecución, verificación y completadas).
La tareas se representan mediante tarjetas que van avanzando por el tablero desde la izquierda (inicio) hacia la derecha (final).
El color indica prioridad: roja (alta), amarilla (media), azul (baja).

Persona/ tareas	pendientes	en proceso	verificación	completadas
Persona 1				
Persona 2				
Persona 3				

Madrid - 2025 - Junio - B.1 Una empresa se encuentra en pleno desarrollo de un proyecto destinado a la ampliación de una central eólica existente. Este proyecto tiene como objetivo incrementar la capacidad de producción de energía renovable de la planta. En esta ampliación se instalan 15 nuevos aerogeneradores, lo que aumenta la cantidad de energía que la central puede generar. El proyecto incluirá una serie de trabajos complementarios, como la adecuación de la infraestructura existente para las nuevas unidades, la actualización de los sistemas de control y monitorización, así como la conexión de los nuevos generadores a la red eléctrica. a) Razone cuatro aspectos que deberían tenerse en cuenta para mejorar la sostenibilidad de la central en la zona. b) Para mejorar la supervisión inteligente de los aerogeneradores, se quiere instalar un software que visualice en tiempo real el rendimiento y se reduzcan los tiempos de inactividad. Para la implantación del sistema, justifique qué metodología de trabajo más conveniente para el proyecto.
a) Para mejorar la sostenibilidad de la central eólica en la zona, deben tenerse en cuenta los aspectos siguientes: -Impacto ambiental en la fauna y flora local, para cuidar los ecosistemas. -Uso responsable de los recursos naturales: materiales reciclables o de bajo impacto ambiental en la fabricación, instalación y mantenimiento. -Minimizar el uso de recursos naturales, tales como el agua. -Reducir la huella ecológica: reducir contaminación asociada y desechos. -Integración en el paisaje, reducción del impacto visual y sonoro. -Energía limpia y eficiencia en el mantenimiento y funcionamiento eficiente. -Uso de sistemas de almacenamiento de energía: para asegurar un suministro continuo y estable, ya que la producción eólica es intermitente. -Optimización de los componentes de la central eólica: mayor sostenibilidad al reducir las pérdidas de energía y optimizar el uso de los recursos.
-La metodología Agile es flexible y de iteración continua. -La metodología Agile facilita la adaptación a estos cambios sin interrumpir todo el proceso de desarrollo, lo que resulta ideal cuando se trata de sistemas complejos como el de monitoreo en tiempo real de equipos. -La metodología Agile fomenta una comunicación constante entre todos los miembros del equipo (desarrolladores, ingenieros, gestores, etc.). -Eficiente: a través de las pruebas regulares y la retroalimentación constante, el equipo puede asegurarse de que el software esté funcionando como se espera desde el inicio del proyecto.

Madrid - 2025 - Julio - B.1

Se va a construir una planta de residuos sólidos urbanos en las afueras de una población, con el objetivo de gestionar de manera más eficiente los desechos generados por la comunidad local. Esta planta se diseñará utilizando las últimas tecnologías en tratamiento y reciclaje de residuos, lo que permitirá reducir el impacto ambiental y mejorar la calidad del proceso de gestión de residuos. Su ubicación en las afueras de la población ha sido cuidadosamente seleccionada para minimizar las molestias a los residentes cercanos, garantizando que la planta no interfiera con la vida diaria de los habitantes ni con las áreas de interés turístico o recreativo de la ciudad. Responda a las siguientes preguntas:

a) Justifique brevemente qué documento técnico se debe presentar para detallar económicamente dicho proyecto.

b) Para analizar la supervisión de las emisiones contaminantes, se ha desarrollado un software que mide en tiempo real el estado del aire en diferentes puntos de la población. Para el desarrollo de este software, razone brevemente qué metodología de trabajo será la más conveniente.

c) Analice dos aspectos en los que se puede incidir para mejorar la sostenibilidad del proyecto.

Madrid - 2025 - Julio - B.1

Un equipo de trabajo se encuentra actualmente desarrollando una serie de 10 videotutoriales, cuyo objetivo es abordar y resolver las preguntas más frecuentes que los clientes suelen hacer en relación con el manejo y la configuración del producto. Estos tutoriales serán elaborados de manera detallada, cubriendo los aspectos clave del uso y la configuración del producto, permitiendo a la empresa reducir significativamente el tiempo y los costos que tradicionalmente se destinan a la resolución de dudas o problemas relacionados con la atención a los clientes en estos aspectos. De esta manera, se busca mejorar la experiencia del cliente, brindándole herramientas autogestionadas para que pueda resolver sus dudas de manera eficiente, al tiempo que se libera a los agentes de atención para que puedan centrarse en casos más complejos que requieran una atención personalizada.

a) Mencione breve y razonadamente qué aspectos se deberían tener en cuenta en el análisis de viabilidad en el inicio del desarrollo del proyecto.

b) Indique razonadamente qué tipo de metodología sería la óptima para este tipo de proyectos.

BLOQUE B:

BLOQUE: MATERIALES Y FABRICACIÓN

Materiales
Materiales técnicos y nuevos materiales. Clasificación. Obtención y transformación. Selección y aplicaciones características.
Estructura interna. Propiedades mecánicas y térmicas. Procedimientos de ensayo: -Ensayo de tracción: descripción, diagrama esfuerzo-deformación, ley de Hooke. -Ensayo de dureza: Brinell, Rockwell, Vickers. -Ensayo de resiliencia de Charpy: descripción, definición, significado y fines. -Ensayos de fatiga, tecnológicos, no destructivos). Oxidación y corrosión (tratamientos de protección).
Técnicas de diseño, tratamientos de modificación y mejora de las propiedades (tratamientos térmicos de los metales, tratamientos termoquímicos de los metales, tratamientos mecánicos, tratamientos superficiales).
Materiales estratégicos de uso en dispositivos de información y comunicación.
Impacto social y ambiental producido por la obtención, transformación y desecho de materiales. Reciclaje y reutilización de materiales
Fabricación asistida aplicada a proyectos. Software para diseño y fabricación. Impresoras 3D, corte láser. Materiales empleados.
Técnicas de fabricación: Prototipado rápido y bajo demanda. Fabricación digital aplicada a proyectos.
Fabricación de piezas sin pérdida de material (conformación por fusión y moldeo, conformación por deformación) y con pérdida de material (por separación mecánica, por calor, por separación química). Técnicas de fabricación industrial.
Máquinas y herramientas. Normas y elementos de seguridad.
Modelos de fabricación en la Comunidad Valenciana. Centros de innovación. Movimiento Maker.

Cataluña – 2025 - modelo de prueba - Ejercicio 7
El raíl de una vía de tren está hecho de acero de un coeficiente de dilatación α_{acero}=10,8*10^{-6} °C^{-1} y tiene una longitud de 25 m a Tª=20 °C. En las condiciones laborales, la temperatura ambiente oscila entre –10 °C y 45 °C. Hallar la variación de longitud que experimenta el raíl.
$L_1=L_0*[1+\alpha*(t_1-t_0)]=25*[1+10{,}8*10^{-6}*((-10)-20)]=24'9919$ m $L_2=L_0*[1+\alpha*(t_2-t_0)]=25*[1+10{,}8*10^{-6}*(45-20)]=25'00675$ m $L_2-L_1=25'00675-24'9919=0'01485$m=14'85mm

Madrid – 2025 - modelo de prueba - Ejercicio 2.A
El níquel cristaliza en la red cúbica centrada en las caras (FCC), tiene un radio atómico medio de 0,124 nm y masa atómica de 58,69 g/mol. Hallar: a) Índice de coordinación y el número de átomos de cada celdilla. b) Volumen de la celdilla unitaria. c) Volumen que ocupan los átomos de la celdilla unitaria y el factor de empaquetamiento. d) Densidad teórica del níquel, en g/cm^3. Nota: Considere el número de Avogadro como 6,023*10^{23} átomos/mol.
a) El índice de coordinación para la red FCC es IC=12. El número de átomos por celdilla es igual a 4: un átomo en cada vértice del cubo (compartido cada uno de ellos por ocho celdillas unitarias), y 6 en las caras del cubo (compartido cada uno por dos celdillas). En total habrá n=8*(1/8)+6*(1/2)=4 átomos.
b) Red cúbica, $V=a^3$, a=constante reticular (longitud de la arista del cubo). En la red FCC los átomos están en contacto directo en las diagonales de las caras, $a=4r/\sqrt{2}$, y en el caso del níquel $a=4*(0{,}124\ nm)/\sqrt{2}=0{,}351$ nm. Luego el volumen de la celda unitaria será $V_{celdilla}=(0{,}351nm)^3=0{,}043nm^3$.
c) Dado que hay cuatro átomos en total en la celda unidad, el volumen ocupado por átomos sería: $V_{atomo}=4*[4/3*\pi*r^3]$.Como r=0,124 nm, entonces $V_{atomo}=31{,}95*10^{-3}\ nm^3$. El factor de empaquetamiento es la fracción de volumen de celdilla unitaria ocupada por átomos: $f=V_{atomo}/V_{celdilla}=V_{atomo}/a^3=31{,}95*10^{-3}/(0{,}351)^3=0{,}74$
d) La densidad se obtiene como el cociente entre la masa y el volumen. Si se considera el volumen de la celdilla unitaria, y la masa de los cuatro átomos de níquel correspondientes a esa celdilla: $\rho=m_{atomo}/V_{celdilla}$= =4átomos*(58'69g/mol)/(6'023*10^{23}átomos/mol)/(0'351*10^{-7}cm)^3=9'01g/cm^3

Castilla-León / Cantabria – 2025 - modelo de prueba
a) Define las siguientes propiedades mecánicas de los materiales: dureza, resistencia, tenacidad, fatiga, ductilidad y maleabilidad. b) Indicar, en cada caso, si existe algún tipo de ensayo para medir estas propiedades y explicar brevemente en que consiste dicho ensayo.

Ensayo de tracción

Castilla-León, Castilla-La Mancha -2025-1

La figura muestra el diagrama de tracción del material de una barra de 400 mm de longitud y 25 mm^2 de sección. Calcular:

a) Intervalos característicos de la gráfica.
b) Magnitudes en ejes abscisa y ordenada.
c) Módulo de elasticidad del material GPa.
d) Longitud de la barra (en mm) al aplicar en sus extremos una fuerza de 2 kN.
e) Fuerza que produce la rotura de la barra.

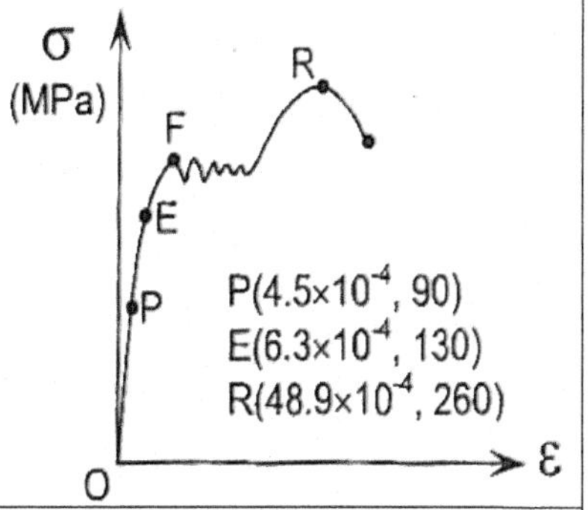

a) OE zona elástica, al cesar la fuerza deformadora no hay deformación permanentes, recupera su longitud inicial.

OE zona de proporcionalidad, aquí se cumple la ley de Hooke: $\sigma=E*\epsilon$

PE zona elástica pero no hay proporcionalidad.

ER zona plástica, al cesar la fuerza deformadora la pieza no recupera su longitud inicial, queda con deformaciones permanentes.

FR zona de fluencia.

R resistencia máxima, si se sobrepasa la pieza se rompe.

b) Magnitud del eje de abscisa (eje x): alargamiento unitario $=\epsilon=\Delta L/L_0$

Magnitud del eje de ordenadas (eje y): Tensión $= \sigma = F/S_0$

c) Módulo de Elasticidad. Ley de Hooke $\sigma=\epsilon*E$ → en zona de proporcionalidad $E=\sigma_P/\epsilon_P=90*10^6Pa/(4'5*10^{-4})=200.000$ MPa = 200 GPa

d) Tensión $\sigma=F/S=(2.000N)/(25*10^{-6}m^2)=80*10^6\ N/m^2=80$ MPa

$\sigma=80MPa < \sigma_P=90MPa$, está en zona elástica → se cumple ley de Hooke

Ley de Hooke $\sigma=\epsilon*E$ → $\epsilon=\sigma/E=(80\ MPa)/(200.000\ MPa)=0'0004$

Alargamiento $\epsilon=\Delta L/L_0$ → $\Delta L=\epsilon*L_0=0'0004*400mm=0'16$ mm

Longitud de la barra deformada $L_1=L_0+\Delta L=400+0'16=400'16$ mm

e) Fuerza $\sigma_R=F/S$ → $F=\sigma_R*S=(260*10^6N/m^2)*(25*10^{-6}m^2)=6.500N=6'5kN$

Castilla-León - 2025 - modelo de prueba – Ej.1

Para caracterizar el material de un cable, se realiza un ensayo de tracción obteniendo el diagrama tensión-deformación de la figura. Usa dicho diagrama para calcular el módulo de elasticidad o de Young del material (en GPa).

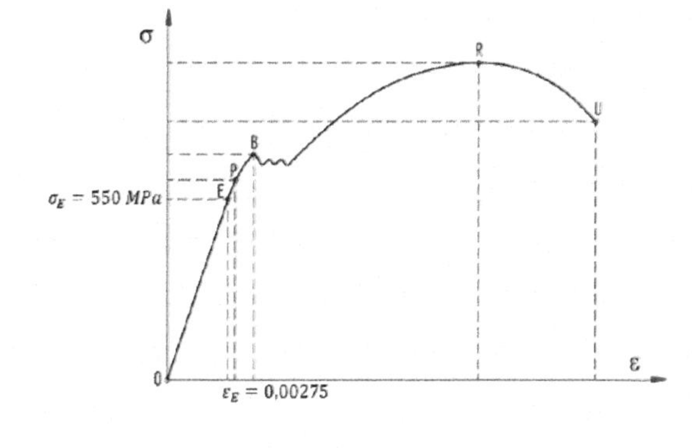

Ley de Hooke $\sigma=\epsilon*E$ → $E=\sigma_E/\epsilon_E=(550MPa)/0'00275=200.000MPa=200GPa$

Cataluña y León-2025-modelo de prueba-2

La figura muestra las curvas tensión-deformación del ensayos de tracción de dos aceros diferentes. ¿Qué afirmación es cierta?

a) E no puede determinarse en este ensayo.

b) E de los dos aceros es el mismo.

c) E_1 es mayor que E_2.

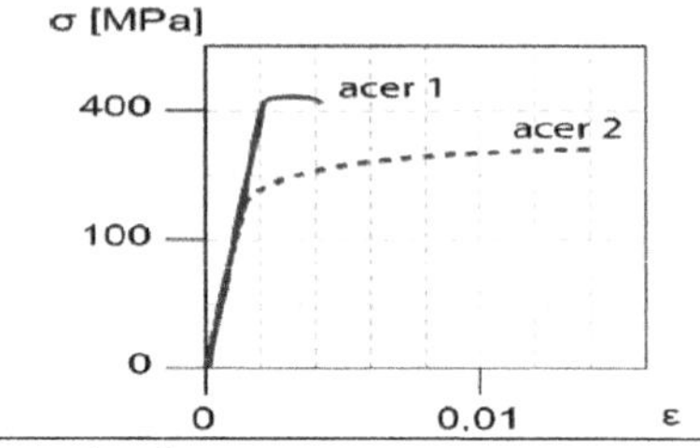

b) El módulo de elasticidad de los dos aceros es el mismo.

Uned – 2025 - modelo de prueba - Problema 4.A

Una barra cuadrada de acero de 5 mm de lado y 100 mm de longitud se ensaya a tracción mediante la aplicación de una fuerza de 1050 N. El módulo de elasticidad del acero es de $2.1*10^{11}$ Pa y su límite elástico la mitad del valor anterior. Calcular las deformación unitaria de la barra.

Tensión $\sigma=F/S=(1050N)/(0'005*0'005m^2)=42*10^6N/m^2=42$ MPa

Ley de Hooke $\sigma=\epsilon*E$ → $\epsilon=\sigma/E=(42\ MPa)/(210.000\ MPa)=0'0002$ mm/mm

Cantabria y Murcia – 2025 - modelo de prueba - Ejercicio 1.B

c) Una probeta de sección circular de 25 mm de diámetro y 250 mm de longitud se somete a un ensayo de tracción y se obtienen deformaciones elásticas hasta una fuerza de 15 kN. Al seguir aumentando la fuerza de tracción aplicada, la probeta se rompe para una fuerza de 20 kN. Si el módulo elástico del material(módulo de Young) es $1*10^7$ kPa, calcular:

c1) Tensión límite elástica.

c2) Tensión de trabajo con coeficiente de seguridad 2 sobre la tensión de rotura.

c1) Sección $S=\pi*d^2/4=\pi*0'025^2/4=491*10^{-6}\ m^2$

Tensión $\sigma_{limite,elastico}=F_L/S_0=15.000N/(491*10^{-6}m^2)=30'6*10^6N/m^2=30'6$ MPa

c2) Tensión $\sigma_{rotura}=F_R/S_0=20.000N/(491*10^{-6}m^2)=40'7*10^6N/m^2=40'7$ MPa

Tensión admisible=$Tensión_{rotura}/coeficiente_{seguridad}=40'7/2=20'4$ MPa

Canarias - 2025 - Junio - 1

Se tiene una probeta de latón de sección 3000 mm^2 y longitud 20 mm sometida a una fuerza de 300 kN. El valor del módulo de Young del material es E=120 GPa. Calcule:

a) Esfuerzo al que está sometida la probeta en MPa.

b) Alargamiento de la misma.

a) Tensión $\sigma=F/S=300.000N/(3000*10^{-6}m^2)=100*10^6N/m^2=100$ MPa

b) Ley de Hooke $\sigma=\epsilon*E$

Alargamiento unitario $\epsilon=\sigma/E=(100\ MPa)/(120.000\ MPa)=0'000833$

Alargamiento probeta $\epsilon=\Delta L/L_0$ → $\Delta L=\epsilon*L_0=0'000833*20mm=0'0167mm$

Castilla-La Mancha – 2025 - Junio - Problema 1A

Se tiene una varilla de 15 mm^2 de sección de aluminio colgando de una estructura con una carga en el extremo de 4000 N. Esta aleación de aluminio tiene un módulo elástico de 69 GPa y límite elástico de 280 MPa.

a) ¿Si se deja de aplicar la carga la varilla recuperará su longitud inicial?

b) ¿Cuál es la máxima carga que puede tener colgada la varilla para no presentar deformación permanente?

c) ¿Cuál es el alargamiento unitario máximo que puede experimentar la varilla para no presentar deformación permanente?

a) Tensión $\sigma=F/S=4000N/(15*10^{-6}m^2)=266'7*10^6N/m^2=267$ MPa

$\sigma=267MPa < \sigma_P=280MPa$, está en zona elástica → se cumple ley de Hooke

Cuando cesa la fuerza deformadora, la pieza recupera su longitud inicial.

b) Tensión $\sigma_{limite,elastico}=F/S$ → $F=\sigma_E*S=(280*10^6N/m^2)*(15*10^{-6}m^2)=4.200N$

c) Ley de Hooke $\sigma=\epsilon*E$

Alargamiento unitario $\epsilon=\sigma/E=(280\ MPa)/(69.000\ MPa)=0'00406$

Andalucía - 2025 - Junio - Ejercicio 1A

En un ensayo de tracción de una probeta cilíndrica se ha obtenido el diagrama tensión-deformación de la figura de la derecha, donde el punto A señala el límite elástico. Determinar:

a) Módulo de elasticidad o de Young.

b) Alargamiento de la probeta si se aplica una carga de 20 kN, diámetro 25mm y longitud 75mm.

c) Carga máxima que soporta la probeta sin deformarse permanentemente.

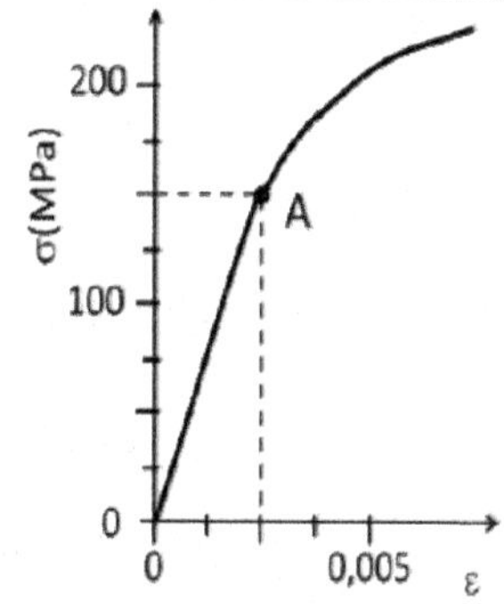

a) Módulo de Elasticidad. Ley de Hooke $\sigma=\epsilon*E$ → en zona de proporcionalidad $E=\sigma_P/\epsilon_P=(150*MPa)/(0'0025)=60.000\ MPa = 60\ GPa$

b) Sección $S=\pi*d^2/4=\pi*0'025^2/4=491*10^{-6}\ m^2$

Tensión $\sigma=F/S=(20.000N)/(491*10^{-6}m^2)=40'7*10^6N/m^2=40'7$ MPa

$\sigma=41MPa < \sigma_P=150MPa$, dentro de zona elástica se cumple ley de Hooke

Ley de Hooke $\sigma=\epsilon*E$

Alargamiento unitario $\epsilon=\sigma/E=(40'7\ MPa)/(60.000\ MPa)=0'000678$

Alargamiento $\epsilon=\Delta L/L_0$ → $\Delta L=\epsilon*L_0=0'000678*75mm=0'051$ mm

Longitud de la barra deformada $L_1=L_0+\Delta L=75+0'051=75'051$ mm

c) Tensión $\sigma_{limite,elastico}=F/S$ → $F=\sigma_E*S=(150*10^6N/m^2)*(491*10^{-6}m^2)=73'65kN$

Castilla-La Mancha - 2025 - Julio - 3.A Una varilla de acero estructural con una sección transversal de 20 mm^2 está fijada en un extremo a un soporte rígido y sostiene una carga de 5000 N en su otro extremo. El material de la varilla tiene un módulo de elasticidad de 110 GPa y un límite elástico de 300 MPa. a) Justifica si al retirar la carga, la varilla recuperará su longitud original. b) Carga máxima que soporta la varilla sin sufrir deformación permanente. c) Alargamiento unitario máximo que la varilla experimenta sin deformación permanente.
a) Tensión σ=F/S=(5000N)/(20*$10^{-6}$$m^2$)=250*$10^6$N/$m^2$=250MPa < 300MPa Esta tensión es menor al límite elástico, la deformación ha sido elástica (no permanente), la pieza sí recupera su longitud inicial.
b) Tensión σ_E=F/S → F=σ_E*S=(300*10^6N/m^2)*(20*$10^{-6}$$m^2$)=6.000 N
c) Ley de Hooke en el punto límite elástico σ_E=ϵ_E*E → Alargamiento unitario ϵ_E=σ_E/E=(300 MPa)/(110.000 MPa)=0,00273

Castilla-La Mancha - 2025 - Julio - 3.B Una barra cilíndrica de aluminio está sometida a una fuerza de tracción de 6200 Kp. Si su límite elástico es de 2800 Kp/cm^2, su longitud es de 350 mm y su módulo de elasticidad es 0,7×10^6 Kp/cm^2, calcula el diámetro mínimo que debe tener la barra para que su alargamiento no supere 0,30 mm.
Suponemos que la barra está sometida a una tensión inferior al límite elástico σ_E=2800 Kp/cm^2, donde se cumple la ley de Hooke. σ=ϵ*E → Tensión σ=ϵ*E=(0,30mm/350mm)*(0,7×10^6Kp/cm^2)=600 Kp/cm^2) < σ_E La suposición es correcta porque σ<σ_E, la barra trabaja en zona elástica. Tensión σ=F/S → Sección S=F/σ=(6200Kp)/(600Kp/cm^2)=10,33cm^2 Sección S=π*d^2/4 → diámetro d=√[S*4/π]=√[10,33*4/π]=3,63 cm

La Rioja - 2025 - Julio - 2.1 Una barra de acero con módulo de elasticidad 20*10^4 MPa, límite elástico 330 MPa, longitud 400 mm y sección 100 mm^2 se somete a una carga de tracción. Calcular: a) Tensión máxima de trabajo si el coeficiente de seguridad es de 3 aplicado sobre el límite elástico. b) Longitud total de la barra cuando se aplica una carga de 10 kN. c) Si la carga del apartado b) se deja de aplicar, justificar si la barra volverá a su longitud inicial o no.
a) $Tensión_{admisible}$=Límite elástico/$coeficiente_{seguridad}$=330/3=110 MPa
b) Tensión σ=F/S=(10.000N)/(100*$10^{-6}$$m^2$)=100 MPa < σ_{LE}=330 MPa Ley de Hooke σ=ϵ*E → alargamiento unitario ϵ=σ/E=100/(20*10^4)=0,0005 ϵ=ΔL/L_0 → L_1=L_0–ΔL=L_0–ϵ*L_0=L_0*(1–ϵ)=400*(1–0,0005)=399,8 mm
c) σ=100 MPa<σ_{LE}=330 MPa. La pieza trabaja en zona elástica, donde la deformación es no permanente. La pieza sí recupera su longitud inicial.

Extremadura – 2025 - modelo de prueba - Ejercicio 2.B

Una barra cilíndrica de acero, con un límite elástico de 5.000 Kp/cm^2, es sometida a una carga o fuerza de tracción de 8.500 Kp. Sabiendo que la longitud de la barra es de 400 mm, el diámetro de 50 mm y el módulo de elasticidad del material de $2,1*10^6$ Kp/cm^2. Determina:

1) Si la barra recupera su longitud inicial al cesar la fuerza aplicada.
2) Deformación producida en la barra (ε, en %).
3) La mayor carga a la que podrá estar sometida la barra para trabajar con un coeficiente de seguridad de 5.
4) Con esa carga, sección de la barra para que su alargamiento no supere las 50 centésimas de milímetro.

1) Sección $S=\pi*d^2/4=\pi*5^2/4=19'635\ cm^2$

Tensión $\sigma=F/S=(8500Kp)/(19'635cm^2)=433\ Kp/cm^2 < \sigma_{LE}=5.000\ Kp/cm^2$

La pieza recupera su longitud inicial porque está dentro de la zona elástica.

2) Alargamiento unitario $\epsilon=\sigma/E=(433Kp/cm^2)/(2'1*10^6Kp/cm^2)=0'000206$

Alargamiento $\epsilon=\Delta L/L_0$ → $\Delta L=\epsilon*L_0=0'000206*400mm=0'0824\ mm$

3) $\text{Tensión}_{admisible}=\text{Límite elástico}/\text{coeficiente}_{seguridad}=5000/5=1000\ Kp/cm^2$

$\sigma_{admisible}>F/S$ → $F<\sigma_{LE}*S=(1000\ Kp/cm^2)*(19'635cm^2)=19.635\ Kp$

4) Alargamiento unitario $\epsilon=\Delta L/L_0=0'50mm/400mm=0'00125$

Ley de Hooke $\sigma=\epsilon*E=0'00125*(2'1*10^6\ Kp/cm^2)=2625\ Kp/cm^2$

Tensión: $\sigma=F/S$ → sección $S=F/\sigma=(19.635\ Kp)/(2625\ Kp/cm^2)=7'48\ cm^2$

Aragón - 2025 - Julio - 2

Una barra cilíndrica de acero, con un límite elástico de 5000 kg/cm^2, es sometida a una fuerza detracción de 3000 kg. La longitud de la barra es de 500 mm y su módulo de elasticidad de $2,1*10^6$ kg/cm^2, halla el diámetro de la barra para que su alargamiento total no supere los 0,14 mm.

Alargamiento unitario $\epsilon=\Delta L/L_0=0'14mm/500mm=0'00028$

Vamos a comprobar si esta deformación está dentro de la zona elástica.

Ley Hooke $\sigma=\epsilon*E=0'00028*(2'1*10^6\ Kp/cm^2)=588\ Kp/cm^2 < \sigma_E=5000Kp/cm^2$

Esta tensión está en zona elástica donde se cumple la ley de Hooke.

Tensión $\sigma=F/S$ → sección $S=F/\sigma=(3000kp)/(588kp/cm^2)=5,1\ cm^2$

Sección $S=\pi*d^2/4$ → diámetro $d=\sqrt{[S*4/\pi]}=\sqrt{[5,1*4/\pi]}=2,55\ cm$

Baleares - 2025 - Julio - Ejercicio 3.2

Una barra de sección transversal cuadrada de lado 3 cm y longitud 30 cm se deforma elásticamente cuando se aplica una fuerza máxima de 20 kN. El módulo elástico del material es de 10^6 N/cm^2. Se pide:

a) Tensión límite elástica de la barra.
b) Alargamiento de la barra cuando se le aplica una fuerza de 14 kN.

a) Tensión $\sigma_E=F_{max,elastica}/S=(20.000N)/(3*3cm^2)=2.222,2\ N/cm^2$

b) Tensión $\sigma=F/S=(14.000N)/(3*3cm^2)=1.555,6\ N/cm^2 < \sigma_E=2.222,2\ N/cm^2$

Alargamiento unitario $\epsilon=\sigma/E=(1555,6N/cm^2)/(10^6N/cm^2)=0'00156$

$\epsilon=\Delta L/L_0$ → alargamiento $\Delta L=\epsilon*L_0=0'00156*30cm=0'0467cm=0,47mm$

Canarias - 2025 - Julio - 1

En un ensayo de tracción se utiliza una probeta de 10 cm de longitud y sección circular de área A=0,8 cm^2.

a) Si para un esfuerzo aplicado de 350 MPa se obtiene una la deformación de 0,1 cm, calcule el valor de módulo de elasticidad del material.

b) Si se aplica una fuerza de 10 kN, halle el alargamiento que se producirá.

a) Alargamiento $\epsilon=\Delta L/L_0$=0,1cm/10cm=0,01

Ley de Hooke $\sigma=\epsilon*E$ → $E=\sigma/\epsilon$=(350MPa)/0'01=35.000 MPa=35 GPa

b) Tensión $\sigma=F/S$=(10.000N)/(0,8*$10^{-4}m^2$)=125 MPa

Alargamiento unitario $\epsilon=\sigma/E$=(125 MPa)/(35.000 MPa)=0'00357

Alargamiento $\epsilon=\Delta L/L_0$ → $\Delta L=\epsilon*L_0$=0'00357*10cm=0'0357 cm

Uned – 2025 - modelo de prueba - Ejercicio 2B

Se tienen unidas dos barras cilíndricas por uno de sus extremos. Por el otro extremo libre de cada una se tira con una carga axial de 220kN. Datos: E_1=200GPa, E_2=85GPa, R_1=20mm, L_1=100mm, R_2=15mm, L_2=50mm

1) Realice un esquema del ensayo, halle la tensión en cada barra en MPa.

2) Calcule la deformación unitaria de cada barra. ¿Qué hipótesis ha usado?

3) Calcule el alargamiento de cada barra (mm) y longitud total del conjunto.

1) Esquema:

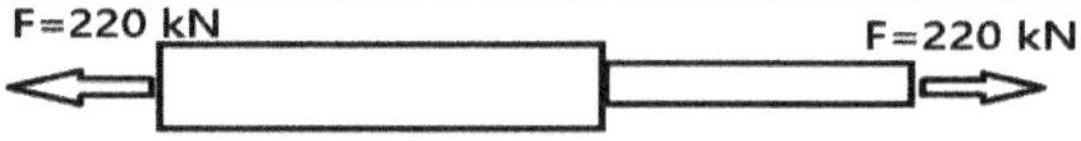

$S_1=\pi*R_1^2=\pi*$0'02^2=0'00126m^2 $\sigma_1=F/S_1$=(220kN)/0'00126m^2=174'6 MPa

$S_2=\pi*R_2^2=\pi*$0'015^2=0'000707m^2 $\sigma_2=F/S_2$=(220kN)/0'000707m^2=311'2MPa

2) $\epsilon_1=\sigma_1/E$=(174'6 MPa)/(200.000 MPa)=0'000873 mm/mm

$\epsilon_2=\sigma_2/E$=(311'2 MPa)/(200.000 MPa)=0'00156 mm/mm

3) $L_1=L_{1.0}+\Delta L=L_0+\epsilon_1*L_0$=100+0'000873*100=100'087 mm

$L_2=L_{2.0}+\Delta L=L_0+\epsilon_2*L_0$=50+0'00156*50=50'078 mm

Longitud total final deformada =L_1+L_2=100'087+50'078=150'165 mm

Andalucía – 2025 - modelo de prueba - Ejercicio 1.A

a) Durante un ensayo de tracción de una probeta de 40 mm^2 de sección y 250 mm de longitud, al aplicarle una carga de 10.000 N, se mide un alargamiento de 0,05 cm dentro del campo elástico. Calcule la tensión y el alargamiento unitario al aplicar la carga.

Tensión $\sigma=F/S$=(10.000N)/(40*$10^{-6}m^2$)=250 MPa

Alargamiento unitario $\epsilon=\Delta L/L_0$=0,05cm/25cm=0,002

País Vasco - 2025 - Julio - 1.A

La viga de la figura está sometida a una fuerza de tracción P=100 kN. El tramo empotrado a la pared tiene una longitud L=1,5 m y una sección rectangular de 5cm x 2cm. El tramo en el que se aplica la fuerza tiene también longitud L=1,5 m siendo de sección circular de diámetro 2cm. El módulo de elasticidad (módulo de Young) de la viga es de 110 GPa.

a) Calcular la tensión de tracción (en MPa) en cada tramo de la viga.

b) Calcular el alargamiento total de la viga (en mm).

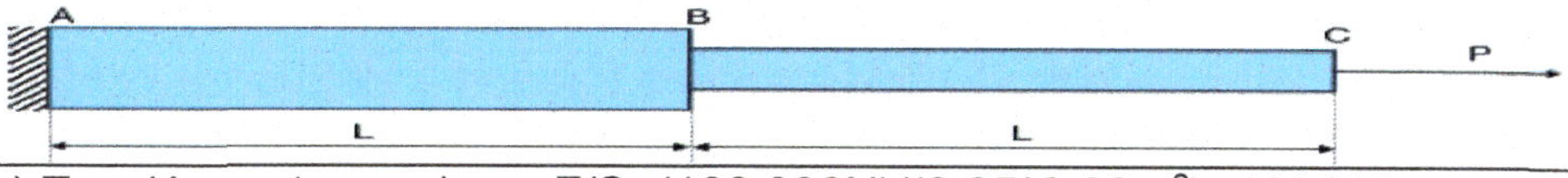

a) Tensión en tramo 1: σ=F/S=(100.000N)/(0,05*0,02m^2)=100 MPa

Tensión en tramo 2: σ=F/S=(100.000N)/(π*0,02^2/4m^2)=318,31 MPa

b) $\epsilon_1=\sigma_1/E$=(100 MPa)/(110.000 MPa)=0,00091 mm/mm

$\epsilon_2=\sigma_2/E$=(318'31 MPa)/(110.000 MPa)=0,00289 mm/mm

Alargamientos: $\Delta L_1=\epsilon_1*L_0$=0'00091*1500=1,365 mm

$\Delta L_2=\epsilon_2*L_0$=0'00289*1500=4,335 mm

Alargamiento total final deformada =$\Delta L_1+\Delta L_2$=1'365+4'335 = 5,7 mm

Galicia - 2025 - Julio - 2

Una probeta cilíndrica de diámetro de 12,8mm y longitud 50,80 mm se estira a tracción. Los resultados se presentan en la gráfica tensión-deformación. Después de la fractura, los dos fragmentos se juntan dando diámetro 10,9mm y longitud 54,1mm

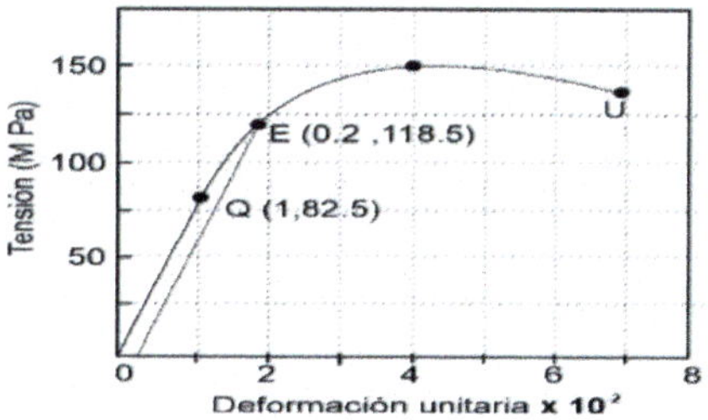

1) Módulo de elasticidad.

2) Límite elástico convencional.

3) Resistencia a la tracción y la fuerza que es capaz de soportar la probeta.

4) Ductilidad expresada como tanto por ciento del alargamiento relativo.

5) Ductilidad expresada en términos de reducción del área.

1) Ley de Hooke $\sigma=\epsilon*E$ → E=σ/ϵ=(82,5MPa)/(1*10^{-2})=8250MPa=38,25GPa

2) Tensión máxima sin que se produzcan deformaciones permanentes menores a ϵ<0,002=0,2*10^{-2} → σ_E=118,5 MPa

3) Resistencia a la tracción = tensión máxima = σ_{max}=150 MPa

Sección inicial $S_0=\pi*d^2/4=\pi*(12{,}8cm/1000)^2/4=128{,}7*10^{-6}$ m^2

σ_{max}=F/S → Fuerza F=σ_{max}*S=(150*10^{6}N/m^2)*(128,7*10^{-6}m^2)=19.305N

4) Ductilidad = alargamiento unitario en el punto de rotura.

Según el diagrama de tracción $\epsilon_R=\Delta L/L_0$=7*10^{-2}=0,07

Según la medida de los fragmentos: $\epsilon_R=\Delta L/L_0$=(54,1–50,8)/50,8=0,065

5) Ductilidad como reducción de la sección de la pieza:

Sección final $S_1=\pi*d^2/4=\pi*(10{,}9cm/1000)^2/4=93{,}31*10^{-6}$ m^2

$\epsilon_R=\Delta S/S_0=(S_1-S_0)/S_0$=(128,7*10^{-6}–93,3*10^{-6})/(128,7*10^{-6})=0,275=27,5%

Asturias – 2025 - modelo de prueba - Problema 1.A

Una barra de sección circular de diámetro 10 mm y longitud 100 mm, está sometida a esfuerzos de tracción y se deforma bajo una carga de 30.000N. Se imponen las condiciones siguientes:

1. La barra no experimenta deformación plástica bajo la carga señalada.
2. La barra soportar una carga máxima previa a su rotura de 80 kN.

a) A partir de los datos indicados en la tabla y de los cálculos realizados, qué materiales cumplen ambas condiciones simultáneamente.

Material	Límite elástico	Resistencia a tracción	Módulo de Young
Acero	448 MPa	553 MPa	207 GPa
Aluminio	255 MPa	321 MPa	69 GPa
Titanio	825 MPa	1276 MPa	95 GPa

b) Para el material seleccionado en el primer apartado, ¿Cuál será la máxima longitud que puede ser estirada la barra, de forma que al dejar de aplicar el esfuerzo su longitud sea de 100 mm?

a) Sección $S=\pi*d^2/4=\pi*0'01^2/4=78'54*10^{-6}\ m^2$

Comprobación que con F=30 kN no se supera el límite elástico.

Tensión $\sigma=F/S=(30.000N)/(78'54*10^{-6}m^2)=382*10^6N/m^2=382\ MPa$

Se desecha el aluminio, porque solo soporta 321 MPa

Comprobación que con F=80 kN no se supera la resistencia a la tracción.

Tensión $\sigma=F/S=(80.000N)/(78'54*10^{-6}m^2)=1018'6*10^6N/m^2=1018'6\ MPa$

Se desecha el acero, porque solo soporta 553 MPa. Se elige el titanio.

b) Ley de Hooke $\sigma=\epsilon*E$ →

En el punto correspondiente al límite elástico del material titanio.

Alargamiento unitario: $\epsilon_E=\sigma_E/E=(825\ MPa)/(95.000\ MPa)=0'00868$ mm/mm

Alargamiento: $\epsilon=\Delta L/L_0$ → $\Delta L=\epsilon*L_0=0'00868*100mm=0'868$ mm

Longitud final deformada: $L_1=L_0+\Delta L=100+0'868=100'868$ mm

Galicia - Junio - 2025 - Problema 1

Una barra prismática de latón de dimensiones 80x16x8 mm es sometida a tracción mediante un esfuerzo en su dirección axial de 25,6 kN. Como consecuencia del esfuerzo, la segunda arista de la barra se contrae a 15,990 mm. El módulo de Young del latón es de $10,1x10^4$ MPa y su límite de proporcionalidad de 250 MPa.

1) Deformación de la barra en la dirección axial y la longitud resultante.
2) Coeficiente de Poisson y contracción en la tercera arista de la barra.

1) Alargamiento unitario axial: $\epsilon_E=\sigma_E/E=(250MPa)/(101.000MPa)=0'002475$

Alargamiento axial: $\epsilon_x=\Delta L_x/L_{x0}$ → $\Delta L=\epsilon*L_0=0'002475*80mm=0'198$ mm

Longitud final deformada: $L_1=L_0+\Delta L=80+0'198=80'198$ mm

2) Contracción transversal arista y: $\epsilon_y=\Delta L_y/L_{y0}=(15,99-16)/16=-0,000625$

Contracción transversal arista z $\epsilon_z=\epsilon_y=\Delta L_z/L_{z0}=-0,000625$ →

$\Delta L_z=\epsilon_z*L_{z0}=-0,000625*8=-0,005$ mm

Coeficiente de Poisson $\nu=\epsilon_y/\epsilon_x=\epsilon_z/\epsilon_x=-0,000625/0,002475=-0,253$

Valencia - 2025 - Junio - Ejercicio 4B

Una pieza cilíndrica de 400 mm de longitud, cuyo diámetro y material por definir, está sometida una fuerza de tracción de 40 kN y no debe sufrir deformación plástica bajo dicha carga. Se pide determinar y justificar:

1. El material más adecuado a usar, y su sección de la pieza cilíndrica, si el criterio es que la pieza tenga el menor peso posible.
2. El material más adecuado a usar y su sección de la pieza si, con el menor peso, la pieza no debe estirarse más 2 mm con la carga de 40 kN.
3. El material más adecuado a utilizar y el coste de la pieza si el criterio es el coste, mantenerse la condición de deformación del apartado 2).
4. Además de los criterios de resistencia, deformación y peso, indica qué otros factores podrían tenerse en cuenta a la hora de seleccionar el material si se quiere incluir la dimensión del impacto medioambiental.

Material	Límite elástico	Densidad	Módulo de elasticidad	Precio
acero	500 MPa	7850 kg/m^3	210 GPa	1'2 €/kg
aluminio	300 MPa	2700 kg/m^3	70 GPa	2'5 €/kg
titanio	880 MPa	4500 kg/m^3	110 GPa	16 €/kg

1) Una pieza cilíndrica de L=400m y sección S con el menor peso y sin sufrir deformación plástica, equivale a tener la menor sección S y sometida a la tensión del límite elástico σ_E=F/S → S=F/σ_E

Material	S=F/σ_E	Masa m=V*ρ=L*S*ρ
acero	S=$\frac{40.000N}{500*106N*m2}$=80*10^{-6}m^2	m=0,4m*80*10^{-6}m^2*7850kg/m^3= =0,2512 kg
aluminio	S=$\frac{40.000N}{300*106Nm2}$=133*10^{-6}m^2	m=0,4m*133*10^{-6}m^2*2700kg/m^3= =0,1336 kg
titanio	S=$\frac{40.000N}{880*106Nm2}$=45,5*10^{-6}m^2	m=0,4m*45,45*10^{-6}m^2*4500kg/m^3= =0,0818 kg **¡menor masa y peso!**

La pieza de titanio cumple más condiciones con el menor peso.

2) Ahora se añade la condición que no sufra una deformación > 2 mm

Material	ϵ_E=σ_E/E	ΔL=ϵ*L_0
acero	ϵ=$\frac{500\ MPa}{210.000\ MPa}$=0,00238	ΔL=0,00238*400mm=0,952 mm ¡Sí!
aluminio	ϵ=$\frac{300\ MPa}{70.000\ MPa}$=0,00429	ΔL=0,00429*400mm=1,716 mm ¡Sí!
titanio	ϵ=$\frac{880\ MPa}{110.000\ MPa}$=0,008	ΔL=0,008*400mm=3,2 mm ¡No!

La pieza de acero cumple la condición de no deformarse más de 2 mm.

3) Ahora se añade la condición de menor coste.

Material	Coste=masa*precio
acero	C=0,2512kg*1'2 €/kg=0,30€ ¡Esta pieza es la más barata!
aluminio	C=0,1336kg*2'5 €/kg=0,334 € ¡Más cara!
titanio	Material descartado porque se deforma más de 2 mm.

La pieza de acero cumple la condición de no deformarse más de 1,5mm.

4) Disponibilidad, reciclabilidad, maquinabilidad, no toxicidad, no oxidación.

Madrid - 2025 – Junio - Ejercicio 2A

En un ensayo de tracción uniaxial realizado sobre un cierto material se ha obtenido la curva carga-alargamiento de la figura. Para ello se utilizó una probeta normalizada de sección circular de 9,6 mm de diámetro. La longitud base del extensómetro empleado era igual a 50,0 mm. Hallar:

a) Módulo de elasticidad del material (en GPa).

b) Lado de una barra cuadrada de ese material que trabaje a tracción uniaxial, para no romper en servicio al ser sometido a una carga de tracción de 180 kN, con un coeficiente de seguridad de 2,5.

c) En la probeta del ensayo inicial, calcule la deformación total (en %) que experimenta la probeta durante el ensayo, razonando si tendría buen comportamiento en procesos de conformado por deformación plástica.

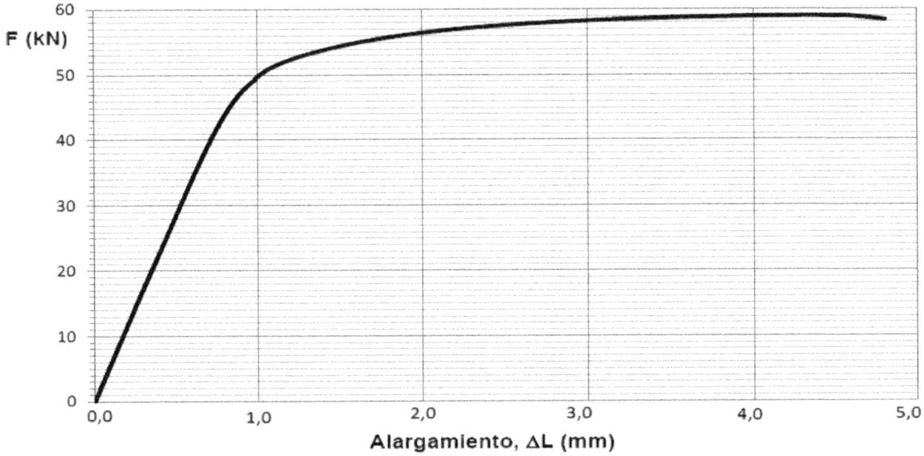

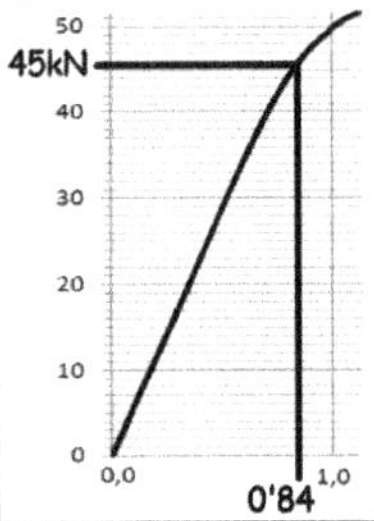

a) La zona elástica o de proporcionalidad va desde el punto ($\Delta L=0;F=0$) hasta el punto ($\Delta L=0{,}84mm$; $F=45$ kN)

Alargamiento unitario $\epsilon=\Delta L/L_0=0{,}84/50=0'0168$

Sección $S_0=\pi*d^2/4=\pi*0'0096^2/4=72{,}38*10^{-6}$ m^2

Tensión $\sigma=F/S=(45.000\ N)/(72{,}38*10^{-6}\ m^2)=621{,}7$ MPa

Módulo de elasticidad o de Young o de rigidez = E = σ/ϵ =

= 621,7MPa / 0,0168 = 3,7 GPa

b) Tensión de rotura $\sigma_{rotura}=F_{max}/S_0=(59.000\ N)/(72{,}38*10^{-6}\ m^2)=815{,}14$ MPa

Tensión admisible $\sigma_{adm}=\sigma_{rotura}/(coef.seguridad)=(815{,}14MPa)/2{,}5=326$ MPa

Nueva sección $\sigma_{adm}>F/S_1 \rightarrow S_1>F/\sigma_{adm}=180kN/(326*10^6N/m^2)=552*10^{-6}m^2$

Lado de la sección cuadrada = L = $\sqrt{(S_1)}$ = 0,0235 m = 23'5 mm

Castilla-León – 2025 – Julio - 1

Se dispone de una barra de aluminio de 1 m de longitud y 20 mm de diámetro a la que se le aplica una fuerza P de tracción en sus extremos. En la figura se representa el diagrama tensión-deformación del material.

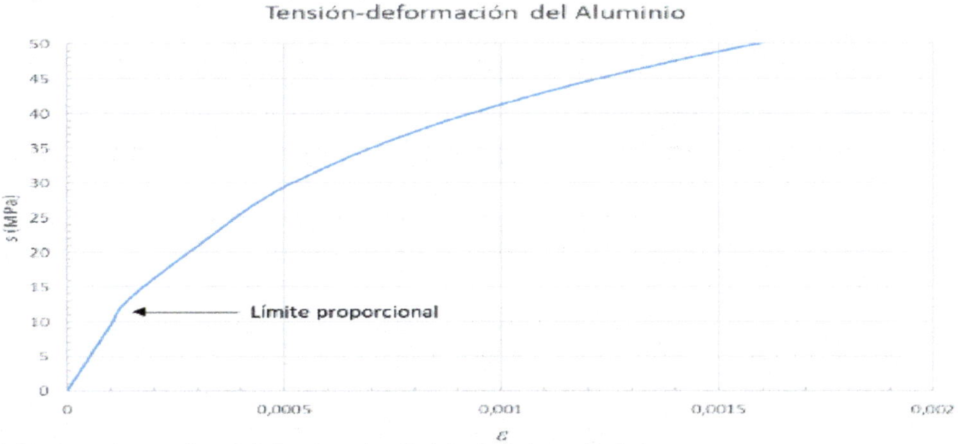

a) Determinar el módulo de elasticidad del material.
b) Determinar la longitud que adquiere la barra si la fuerza P es de 3 kN.

a) La zona elástica o de proporcionalidad va desde el punto (ϵ=0 ; σ_{max}=0) hasta el punto (ϵ_E=0,0001 ; σ_E=11 MPa)
Módulo de rigidez o de Young = E = σ/ϵ =(11MPa/0,0001)=110 GPa

b) Sección $S=\pi*d^2/4=\pi*0'02^2/4=314,16*10^{-6}$ m^2
Tensión $\sigma=F/S_0$=(3.000 N)/(314,16*10^{-6} m^2)=9,549 MPa < σ_E=11 MPa
Alargamiento unitario axial: $\epsilon=\sigma/E$=(9,55MPa)/(110.000MPa)=0'000087
Alargamiento axial $\epsilon_x=\Delta L_x/L_{x0}$ → $\Delta L=\epsilon*L_0$=0'000087*1000mm=0'087mm

Murcia - 2025 - Julio - 1.A

Una probeta del acero de sección circular de diámetro 25 mm y longitud 250 mm se somete a un ensayo de tracción y se obtienen deformaciones elásticas hasta una fuerza de 15 kN. Al seguir aumentando la fuerza de tracción aplicada, se mide una fuerza máxima de rotura de 25 kN. Se pide:
1) Calcular la tensión límite elástica (en MPa).
2) Si la tensión límite elástica es igual a la proporcional y que el módulo de Young es 100 GPa, obtener la deformación límite elástica en % y en mm.
3) Tensión máxima de trabajo (en MPa) con un coeficiente de seguridad 3.

1) Sección $S=\pi*d^2/4=\pi*0'025^2/4=491*10^{-6}$ m^2
Tensión $\sigma_E=F/S$=(15.000 N)/(491*10^{-6} m^2)=30,55 MPa

2) Alargamiento unitario axial $\epsilon_E=\sigma_E/E$=(30,55MPa)/(100 GPa)=0'0003055
Alargamiento axial $\epsilon_x=\Delta L_x/L_{x0}$ → $\Delta L=\epsilon*L_0$=0'0003055*250mm=0'076mm

3) Tensión admisible $\sigma_{adm}=\sigma_E$/(coef.seguridad)=(30,55MPa)/3=10,18 MPa

Castilla-León - 2025 - Junio - 1

Los resultados registrados en un ensayo de tensión de una barra de aleación de aluminio son los siguientes:

Carga (N)	Longitud (cm)
0	5,08
4.448	5,0825
13.344	5,0876
22.240	5,0927
31.136	5,0978
33.360	5,1562
35.139	5,2832
35.584 (carga máxima)	5,3848
35.361	5,4864
33.804 (rotura)	5,6007

La probeta de ensayo tiene una longitud calibrada de 5,08 cm y un diámetro de 1,283 cm. Después de la rotura tiene una longitud final entre marcas de 5,575 cm y un diámetro final de 1,01 cm. Se ha deducido que el límite elástico es 248 MPa. Determinar:

a) Resistencia mecánica o resistencia a la tracción.
b) Rigidez o módulo de Young.
c) Porcentaje de elongación máxima.
d) Deformación correspondiente a una carga de 31.136 N.

Sección inicial $S_0=\pi*d^2/4=\pi*0'01283^2/4=129'3*10^{-6}\ m^2$

Carga (N)	Tensión $\sigma = F/S_0$	Longitud	$\epsilon=\Delta L/L_0$	$E=\sigma/\epsilon$
0	0	5,08 cm	0	0
4.448	34,4 MPa	5,0825	0,0005	68,8 GPa
13.344	103,2 MPa	5,0876	0,0015	68,8 GPa
22.240	172 MPa	5,0927	0,0025	68,8 GPa
31.136	240,8 MPa	5,0978	0,0035	68,8 GPa
33.360	258 MPa	5,1562	0,015	17,2 GPa
35.139	271,76 MPa	5,2832	0,04	6'8 GPa
35.584 máxima	275,2 MPa	5,3848	0,06	4,6 GPa
35.361		5,4864	0,08	
33.804 rotura		5,6007	0,1025	

a) Resistencia mecánica = Tensión máxima = $\sigma_{max} = F_{max}/S_0 =$
$=35.584\ N / (129'3*10^{-6}\ m^2) = 275,2\ MPa$

b) La zona elástica o de proporcionalidad va desde el punto ($\epsilon=0;\sigma_{max}=0$) hasta el punto ($\epsilon=0,0035;\sigma_{max}=240,8$ MPa)
Módulo de rigidez o de Young = $E = \sigma/\epsilon = (240,8MPa/0,0035) = 68,8$ GPa

c) La alargamiento es máximo en el punto de rotura: $\epsilon_{rotura}=0'1025$
Alargamiento: $\epsilon\% = \epsilon*100 = 0'1025*100 = 10'25\%$

d) Alargamiento en el punto del diagrama $(\epsilon;\sigma)=(0,0035\ ;\ 240,8\ MPa)$
$\epsilon=\Delta L/L_0 \rightarrow \Delta L=\epsilon*L_0=0'0035*5'08mm=0'018\ mm$

Cantabria - Junio - 2025 - 2.A

Se realiza un ensayo de tracción de un cierto material utilizando una probeta cilíndrica de 15 mm de diámetro y 20 cm de longitud. En el ensayo se aplica una fuerza de tracción sobre la probeta, la cual se deforma elásticamente hasta que la fuerza alcanza los 12 kN, presentando la probeta en ese momento un alargamiento de 0,25mm. Al aplicar una fuerza superior empiezan a producirse deformaciones plásticas hasta llegar a 16 kN donde se produce la ruptura de la probeta. Calcular:

1) Tensión en el límite elástico.
2) Tensión de rotura.
3) Módulo de elasticidad (o de Young o de rigidez) E del material.
4) Diagrama de tracción en la zona de comportamiento elástico del material

1) Sección $S_0=\pi*d^2/4=\pi*0'015^2/4=176,7*10^{-6}\ m^2$
Tensión del límite elástico $\sigma_E=F/S_0=(12000N)/(176*10^{-6}m^2)=67,91$ MPa

2) Tensión de rotura $\sigma_{rotura}=F/S_0=(16.000\ N)/(176,7*10^{-6}\ m^2)=90,55$ MPa

3) Módulo de Young $=E=\sigma_E/\epsilon_E=67,91MPa/(0,25mm/200mm) = 54,33$ GPa

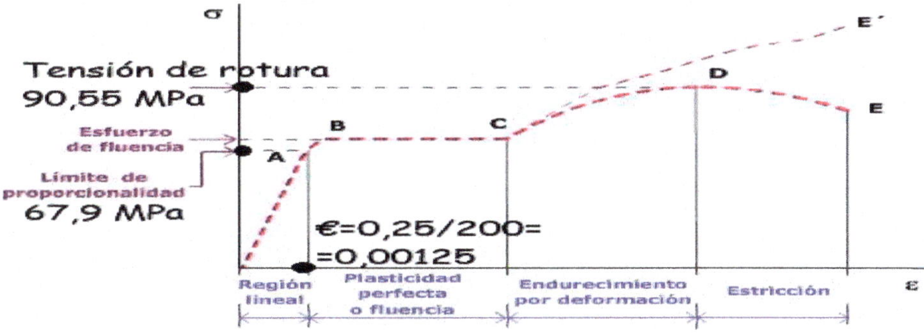

4)

Asturias - 2025 - Junio - 2.B

Una probeta de sección circular de diámetro 10 mm es sometida a un ensayo de tracción. El límite elástico obtenido es de 5000 kg/cm^2. La longitud inicial es de 200 mm. Por otro lado, se conoce que al aplicar una carga de 30 kN se produce un alargamiento en la probeta de 0,05 cm. A partir de los datos que se indican, calcule:

a) Fuerza máxima en newtons que se puede aplicar para que el material no experimente deformación plástica.
b) Módulo de Young del material una vez conocidas la tensión y la deformación se aplica la ley de Hooke para calcular el módulo de Young.

a) Sección $S_0=\pi*d^2/4=\pi*0'01^2/4=78,54*10^{-6}\ m^2$
Tensión del límite elástico $\sigma_E=5000kg/cm^2*(9,8N/kg)*(10^4cm^2/1m^2)=490$ MPa
Fuerza: $\sigma_E=F/S_0$ → $F=\sigma_E*S_0=(490*10^6\ N/m^2)*(78,54*10^{-6}\ m^2)= 38.485$ N

2) El punto ($\epsilon=0,05/20=0,0025$; $\sigma=F/S=30000N/78,54*10^{-6}m^2=382$ MPa está dentro de la zona elástica. → Se puede usar para calcula E
Módulo de Young en zona elástica= $E=\sigma/\epsilon=(382MPa)/(0,0025)=152,8$ GPa

La Rioja 2025 - prueba - 1B

Una empresa fabrica piezas de un determinado material. A la vista de la siguiente gráfica tensión-deformación obtenida de un ensayo de tracción para dicho material. Calcular:

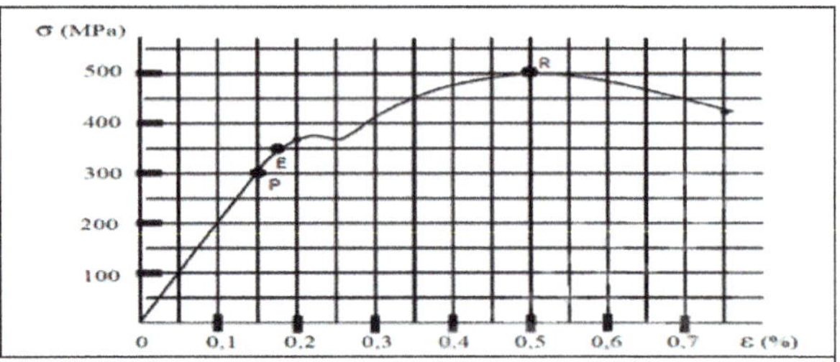

a) Módulo de elasticidad de Young.

b) Alargamiento experimentado por una pieza de este material de 800 mm de longitud y 120 mm^2 de sección cuando se le aplica una carga de 15 kN.

a) Módulo de Young $=E=\sigma/\epsilon=(300MPa)/(0,15/100) = 200$ GPa

b) Sección: $S=120mm^2 * (1m^2/10^6mm^2) = 120*10^{-6}\ m^2$

Tensión $\sigma=F/S=(15.000\ N)/(120*10^{-6}m^2)]=125$ MPa

Ley de Hooke: $\sigma=E*\epsilon$ → $\epsilon=\sigma/E=(125\ MPa)/(200.000\ MPa)= 0,000625$

Alargamiento: $\epsilon=\Delta L/L_0$ → $\Delta L=\epsilon*L_0=0'000625*800mm=0,5$ mm

Longitud final deformada: $L_1=L_0+\Delta L=800+0'5=800,5$ mm

Canarias - 2025 - Julio - Problema 1

En un ensayo de tracción se utiliza una probeta de 10 cm de longitud y sección circular de área A=0,8 cm^2.

a) Si para un esfuerzo aplicado de 350 MPa se obtiene una deformación unitaria de 0,1 cm, halle el módulo de elasticidad del material en GPa.

b) Si se aplica una fuerza de 10 kN, halle el alargamiento que se producirá.

a) Módulo de Young en zona elástica $E=\sigma/\epsilon=(350MPa)/(0,1)=3500$ MPa

b) Tensión $\sigma=F/S=(10.000\ N)/(0,8*10^{-4}m^2)]=125$ MPa

Ley de Hooke: $\sigma=E*\epsilon$ → $\epsilon=\sigma/E=(125\ MPa)/(3500\ MPa)= 0,0357$

Alargamiento: $\epsilon=\Delta L/L_0$ → $\Delta L=\epsilon*L_0=0'0357*100mm=3,57$ mm

Cantabria – 2025 - modelo de prueba – Ejercicio 2

Un ensayo de tracción efectuado a una barra de acero de 500 mm de longitud y 30 mm^2 de sección ha dado como resultad que el punto límite de proporcionalidad se alcanza cuando se aplican 90 MPa produciéndose una deformación unitaria de $4,50*10^{-4}$. Así mismo, el límite de elasticidad se encuentra a aplicar 130 MPa obteniendo una deformación unitaria de $6,30*10^{-4}$. Para finalizar el ensayo, el punto de rotura se alcanza al aplicar 260 MPa resultando una deformación unitaria de 0,4890. Determina:

1) Módulo de elasticidad del material.
2) Longitud de la barra en mm, al aplicar una fuerza de 150 kN.
3) Fuerza que hay que aplicar para provocar la rotura del material.

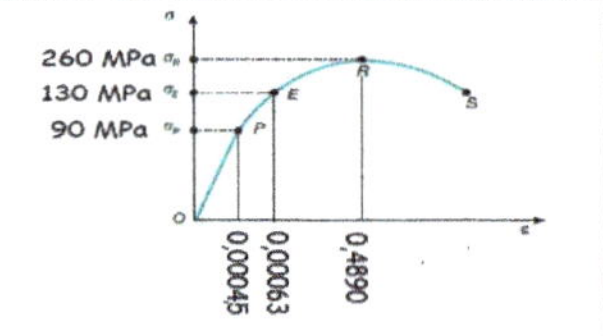

1) Módulo de Young E

$E=\sigma_P/\epsilon_P=(90MPa)/(0,00045) = 200$ GPa

2) Tensión $\sigma=F/S=(150\ kN)/(30*10^{-6}m^2)]=5$ GPa

$\sigma=5000MPa>\sigma_{Rotura}=260MPa$ → La barra se rompe

3) $\sigma_R=F/S$→$F=\sigma_R*S=260*10^6N/m^2*30*10^{-6}m^2=7,8kN$

Murcia - Junio - 2025 - 1A

La figura representa el diagrama de tracción de dos aleaciones latón A y latón B con diferentes porcentajes de sus componentes. Hallar:

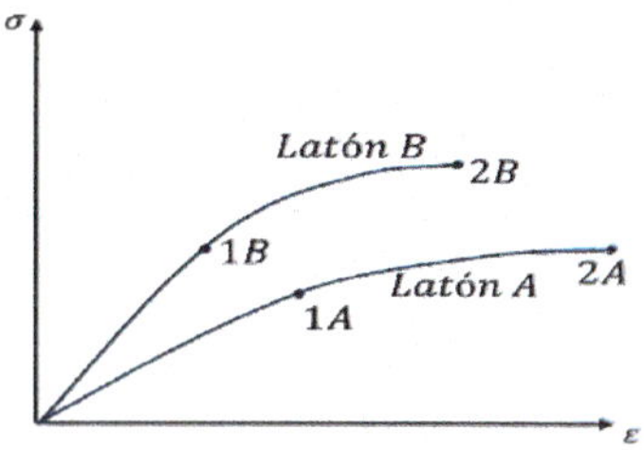

a) Puntos y zonas características de la aleación con mayor resistencia mecánica y dureza.

c) Una probeta de Latón A de sección rectangular de 25 mm de anchura, 6 mm de espesor y 250 mm de longitud se somete a un ensayo de tracción y se obtienen deformaciones elásticas hasta una fuerza de 2,5 kN. Al seguir aumentando la fuerza de tracción aplicada, se mide una fuerza máxima de rotura de 5 kN. Se pide, calcular:

c1) Tensión límite elástica (en MPa).

c2) Si la tensión límite elástica es igual a la proporcional, y que el módulo de Young es 20 GPa, halla la deformación límite elástica en % y en mm.

c3) Tensión máxima de trabajo (en MPa) con un coeficiente de seguridad 3 sobre la tensión de rotura.

a) La aleación A tiene mayor tensión límite elástico $\sigma_{E,1A} > \sigma_{E,2A}$ y mayor tensión resistencia máxima $\sigma_{R,1A} > \sigma_{R,2A}$.

-La aleación A tiene mayor módulo de Young o de rigidez $E_{1A} > E_{2A}$, por lo que la aleación A es más dura que la aleación B.

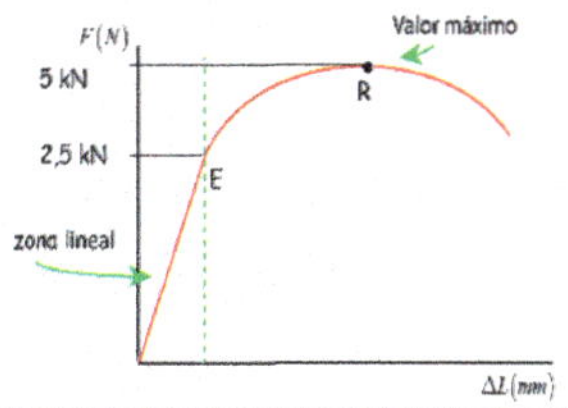

c1) Sección $S=a*b=0{,}025*0{,}006=150*10^{-6}\ m^2$

Tensión $\sigma_E=F/S=(2{,}5kN)/(150*10^{-6}m^2)]=16{,}7MPa$

c2) Ley de Hooke: $\sigma=E*\epsilon$ →

$\epsilon_E=\sigma_E/E=(16{,}67MPa)/(20.000MPa)=0{,}000833$

$\epsilon_E\%=\epsilon*100=0{,}0833\%$

$\epsilon=\Delta L/L_0$ → $\Delta L_E=\epsilon_E*L_0=0'000833*250=0'208$ mm

c3) Tensión de rotura $\sigma_R=F/S=(5kN)/(150*10^{-6}m^2)]=33{,}3$ MPa

Tensión admisible $\sigma_{adm}=\sigma_R/(coef.seguridad)=(33{,}33MPa)/3=11{,}11$ MPa

Galicia – 2025 - Junio - Problema 1

Una pieza cilíndrica de acero de radio 10 mm y longitud 300 mm está sometida a una fuerza estática de tracción. La tensión en el límite elástico del material es 6600 kp/cm^2 y su módulo de elasticidad es $2{,}1*10^6$ kp/cm^2.

1) Calcule la fuerza máxima que soporta la pieza.

2) Longitud de la pieza cuando actúa una fuerza de 5000 kp.

3) Justifica en qué zona trabaja el material en el apartado anterior.

1) Sección $S=\pi*d^2/4=\pi*1^2/4=0{,}7854$ cm^2

Fuerza $\sigma=F/S$ → $F=\sigma*S=(6600kp/cm^2)*(0{,}7854cm^2)=5183{,}64$ kp

2) Tensión $\sigma=F/S=(5000kp)/(0{,}7854cm^2)=6366{,}2$ kp/cm^2

Ley de Hooke $\sigma=E*\epsilon$ → $\epsilon=\sigma/E=(6366{,}2kp/cm^2)/(2{,}1*10^6kp/cm^2)=0{,}003032$

Alargamiento: $\epsilon=\Delta L/L_0$ → $\Delta L=\epsilon*L_0=0'003032*300mm=0'91$ mm

Longitud final deformada: $L_1=L_0+\Delta L=300+0'91=300'91$ mm

$\sigma=6366{,}2$ kp/cm^2 < $\sigma_E=6600$ kp/cm^2 Está dentro de la zona elástica.

Ensayo de resiliencia – Ensayo de Charpy

La Rioja – 2025 - Junio - Problema 3A

Se mide la resiliencia de un material usando un péndulo de "Charpy". La probeta tiene una sección de 64 mm^2. La energía usada en la rotura de la probeta es de 50 J. El martillo tiene una masa de 30 kg y la altura que alcanza después de la rotura de la probeta es de 0,6 m. Calcular:

a) Resiliencia del material empleado (J/cm^2).
b) Altura desde la que se lanzó el martillo (m).

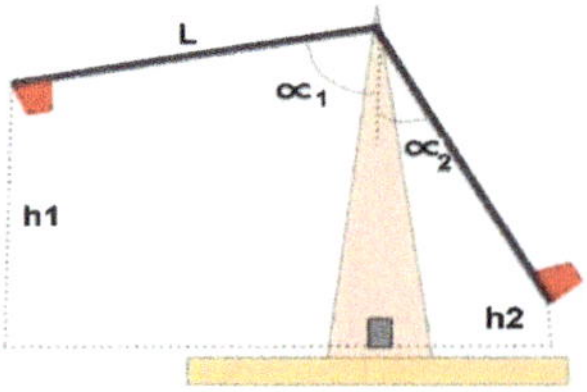

a) Sección S=64 mm^2*(1cm^2/100 mm^2)=0'64cm^2
R=E/S=(50 J)/(0'64 cm^2)=78,125 J/cm^2

b) $\cos\alpha_1=(L-h_1)/L$ → $h_1=L*(1-\cos\alpha_1)$
$\cos\alpha_2=(L-h_2)/L$ → $h_2=L*(1-\cos\alpha_2)=0,6$ m
$E=m*g*(h_1-h_2)$ → $50=30*9,8*(h_1-0,6)$
h1=0,6+50/(30*9'8)=0,77 m

Madrid - 2025 - Junio - B2.1

En un ensayo Charpy realizado usando un péndulo de masa m=15 kg, con un brazo de 75 cm, se ha medido la resiliencia de una probeta de sección cuadrada de 10x12 mm^2. El péndulo cayó desde una altura inicial H=60 cm, obteniéndose un valor de resiliencia de 48,5 J/cm^2. Determine, en cm, la altura final que alcanzó el péndulo después de romper la probeta con la cuchilla. Nota: Considere la aceleración gravitatoria como g=9,8 m/s^2.

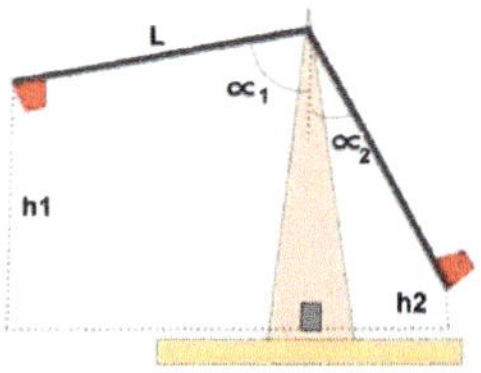

Sección de rotura S_{rotura}=a*b=1*1'2=1,2 cm^2
$\cos\alpha_1=(L-h_1)/L$ → $h_1=L*(1-\cos\alpha_1)=0,60$m
$\cos\alpha_2=(L-h_2)/L$ → $h_2=L*(1-\cos\alpha_2)$
Resiliencia $R=E/S_{rotura}$ → $E=R*S_R=48,5*1,2=58,2$ J
$E=m*g*(h_1-h_2)$ → $58,2=15*9,8*(0,6-h_2)$
h_2=0,6–48,5/(15*9'8)=0,204=20,4 cm

Asturias - 2025 – Julio – 1.B

En un ensayo de impacto se deja caer un péndulo con una masa de 30 kg, desde una altura de 1 m, impactando sobre una probeta de sección cuadrada de 10 mm de lado, 55 mm de longitud y con una entalla central en V de 2 mm de profundidad. Si tras la rotura, el péndulo se eleva hasta una altura de 60 cm, se pide:

a) Calcule la energía absorbida en la rotura.
b) Calcule la resiliencia del material en J/m^2.
c) Indique el nombre que recibe el ensayo.

a) $E=m*g*(h_1-h_2)=30*(9,8*(1-0,6)=117,6$ J

b) Sección de rotura S=a*b=0,01*(0,01–0,002)=80*10^{-6} m^2
Resiliencia $R=E/S_{rotura}$=(117,6 J)/(80*10^{-6} m^2)= 1,47*10^6 J/mm^2

c) Ensayo de resiliencia de Charpy.

Canarias - 2025 – Junio - 1

c) Se realiza un ensayo de resiliencia con un péndulo de Charpy y se obtiene una resiliencia de ρ=190 en J/cm^2. La sección de la probeta es de 3000 mm^2. Si el martillo se deja caer desde una altura de H=1m y sube hasta una altura de h=20cm. Calcule la fuerza con la que golpea el martillo.

En el ensayo de Charpy no se mide la fuerza del impacto, sino la energía utilizada en romper la probeta.

Aragón - 2025 - Junio - Ejercicio 2A

Para medir la resiliencia de un material mediante el ensayo Charpy, se ha usado una probeta de sección cuadrada de 10 mm de lado, con una entalla en forma de V de 2 mm de profundidad. La resiliencia obtenida es de 294 J/cm^2 utilizando un martillo de 32 kg, un brazo del péndulo de longitud 150 cm y un ángulo de partida del ensayo α=90°. Calcule la altura a la que subirá el martillo después de romper la probeta y el ángulo que adquiere el mazo con respecto a la vertical después del golpe.

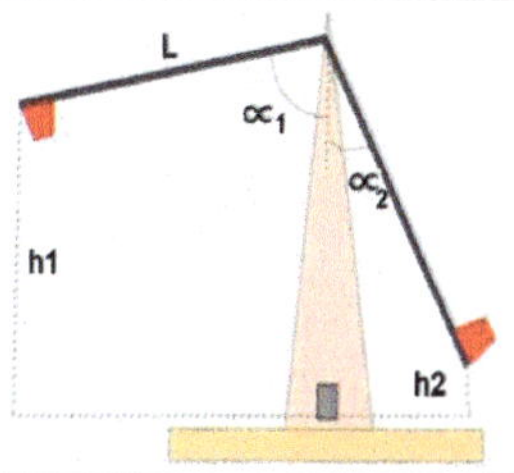

$\cos\alpha_1=(L-h_1)/L \rightarrow h_1=L*(1-\cos\alpha_1)=1,5*(1-\cos 90)=1'5$m

$\cos\alpha_2=(L-h_2)/L \rightarrow h_2=L*(1-\cos\alpha_2)$

S=a*(b–e)=1*(1–0,2)=0,8 cm^2

R=E/S → E=R*S=294 J/cm^2 * 0,8 cm^2=235,2 J

$E=m*g*(h_1-h_2) \rightarrow 235,2=32*9,8*(1'5-h_2)$

h2=1,5–235,2/(32*9,8)=0,75 m

Baleares - 2025 - Junio - 3.B

En un ensayo de Charpy, una masa de 50 kg cae desde una altura de 1 m. Después de romper la probeta, de sección cuadrada de 7 mm de lado y con una entalla de 3 mm de profundidad, la masa sube 40 cm. Se pide:

a) Calcula la energía en la ruptura de la probeta.
b) Determina la resiliencia del material de la probeta.

a) $E=m*g*(h_1-h_2)=50*9,8*(1-0,4)=294$ J

b) $S_{rotura}=a*(b-e)=7*(7-3)=28$ mm^2
$R=E/S_{rotura}=(294\ J) / (28\ mm^2) = 10,5\ J/mm^2$

Extremadura - 2025 - Junio - 2.B

En un ensayo Charpy la maza de 30 kg cae desde una altura de 100 cm y, después de romper la probeta de sección cuadrada de 10 mm de lado y 2 mm de profundidad de la entalla, se eleva hasta una altura de 60 cm.

a) Averigua la energía empleada en la rotura.
b) Calcula la resiliencia del material de la probeta.

a) $E=m*g*(h_1-h_2)=30*9,8*(1-0,6)=117,6$ J

b) $S_{util}=a*(b-e)=10*(10-2)=80$ mm^2
$R=E/S_{util}=(117,6\ J) / (80\ mm^2) = 1,47\ J/mm^2$

Ensayos de dureza: Brinell, Vickers, Rockwell

Asturias - 2025 - Julio - 1.A

Se realiza un ensayo de dureza sobre una probeta. Al aplicar una carga de 500 N durante 30 segundos se produce una huella en forma de casquete esférico cuyo diámetro mide 1,187 mm. Se ha usado un penetrador en forma de bola de diámetro 10 mm. A partir de estos datos indique:

a) ¿Qué método de ensayo de dureza es el que se ha realizado?

b) A partir de estos datos, calcule el valor de dureza obtenido.

c) Si el resultado expresado con designación normalizada de un ensayo de dureza es 250 HV120/30. Explique el significado de cada término.

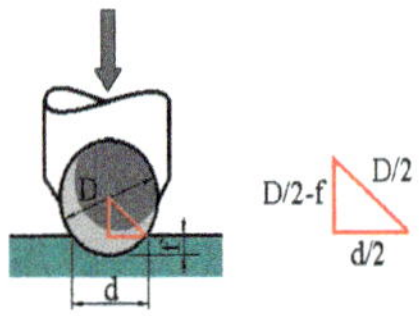

a) Ensayo de Brinell. D=10mm, d=1,187 mm, ¿f?

b) $(D/2)^2=(d/2)^2+(D/2-f)^2$ → $(10/2)^2=(1,175/2)^2+(10/2-f)^2$

$f=[D-\sqrt{(D^2-d^2)}]/2=[10-\sqrt{(10^2-1,187^2)}]/2=0'0353$ mm

Superficie huella $S=\pi*D*f=\pi*10*0,0353=1,11$ mm^2

$HB=F/S=(500N/9,8)/1'11=45,96$ kp/mm^2

c) 250 HV 120/30 → HV ensayo Vickers, dureza=250. Se aplica una fuerza F=120 kp, durante 30 segundos.

Cantabria - 2025 - Julio - 2

Se realiza un ensayo Brinell para determinar la dureza de un material. En el ensayo se ha utilizado una bola de 5 mm de diámetro. Al aplicar una carga de 4900 N se obtiene una huella de superficie 2,5 mm^2. Se pide calcular:

1) Dureza Brinell.

2) Constante de proporcionalidad utilizada.

3) Sección de la huella si se duplica la carga ejercida sobre la bola.

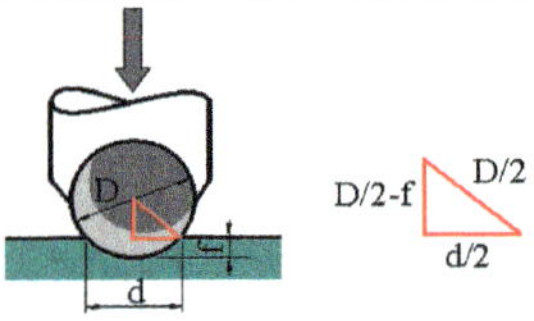

1) $HB=F/S=(4900N/9,8)/2'5=200$ kp/mm^2

2) Constante k del ensayo Brinell:
$k=F/D^2=(4900/9,8)/(5mm)^2=20$ kp/mm^2

3) $HB=F_2/S_2$ → $S_2=F_2/HB=(2*500Kp)/200=5$ mm^2

Valencia - 2025 - Julio - 4.A

En una fábrica de maquinaria pesada se mide la dureza de una pieza de acero mediante un ensayo de dureza Brinell, usando una bola de diámetro 10mm y una carga de 3000 Kp. El valor obtenido es 150 HB. Se pide:

a) Si el resultado es 150 HB 10/3000 15 ¿duración del ensayo?

b) Cita otros ensayos de dureza y describe las diferencias.

c) Diámetro de la huella dejada por la bola en la superficie de la pieza. Usar la formula $HB=F/S=2*F/\{\pi*D*[D-\sqrt{(D^2-d^2)}]\}$

a) Duración del ensayo = 15 segundos

b) Ensayos de dureza: escala de Mohs, Vickers, Rockwell (bola y cono).

c) HB=F/S → S=F/HB=(3000 Kp)/(150 Kp/mm^2)= 20 mm^2

Asturias - 2025 - Junio - 2.A

Para determinar la dureza de un acero se ha realizado un ensayo Brinell con las siguientes características: diámetro del penetrador, D=10mm; tiempo de aplicación de la carga t=30 segundos, constante de proporcionalidad (acero), k=30; área de la huella $10mm^2$.

a) Calcular la dureza del acero.

b) Si se cambia el penetrador a otro con una bola de 5 mm de diámetro, se obtiene una huella de diámetro 1,175 mm ¿Cuál será la carga a aplicar?

¿Qué valor de dureza se obtiene en este caso?

c) Indica la expresión normalizada de dureza en el caso del ensayo del enunciado cuyo valor de dureza se calcula en el apartado a).

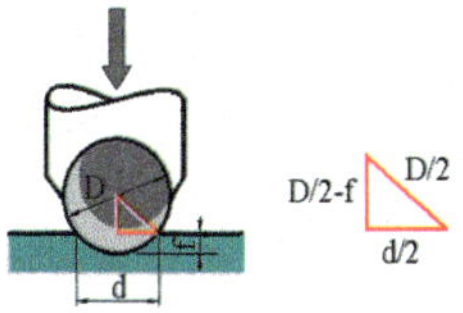

a) D=10mm, $K=30\ Kp/mm^2$ ¿d?, ¿f? $S_{huella}=10mm^2$

$k=F/D^2 \rightarrow F=k*D^2=30kp/mm^2*(10mm)^2=3000\ Kp$

$HB=F/S=(3000\ Kp)/(10mm^2)=300\ Kp/mm^2$

b) $k=F/D^2 \rightarrow F=k*D^2=(30Kp/mm^2)*(5mm)^2=750\ Kp$

Relación entre D, d y f: $(D/2)^2=(d/2)^2+(D/2-f)^2 \rightarrow (5/2)^2=(1{,}175/2)^2+(5/2-f)^2$

$f=[D-\sqrt{(D^2-d^2)}]/2=[5-\sqrt{(5^2-1{,}175^2)}]/2=0'07$ mm

Superficie huella $S=\pi*D*f=\pi*5*0{,}07=1{,}1\ mm^2$

$HB=F/S=750/1'1=681{,}8\ kp/mm^2$

c) Dureza 300 HB 10 mm 3000 Kp 30 s

Asturias – 2025 - modelo de prueba - Ejercicio 1B

a) En un ensayo de dureza Brinell se utiliza un penetrador de bola de 5 mm de diámetro, siendo el tamaño de la huella producida de 1,1 mm de diámetro en un material de dureza HB 200.

a) ¿Cuál será la profundidad de la huella?

b) Hallar la carga a aplicar en el ensayo.

c) ¿Cuál es la constante de ensayo?

d) ¿Este ensayo es válido?

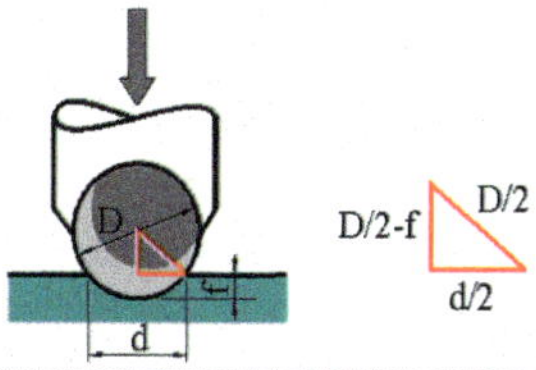

a) $(D/2)^2=(d/2)^2+(D/2-f)^2 \rightarrow (5/2)^2=(1{,}1/2)^2+(5/2-f)^2$

$f=[D-\sqrt{(D^2-d^2)}]/2=[5-\sqrt{(5^2-1{,}1^2)}]/2=0'0613$ mm

b) $Superficie_{huella}=\pi*D*f=\pi*5*0{,}0613=0{,}962\ mm^2$

$HB=F/S \rightarrow F=HB*S=200*0'962=192{,}4$ kp

c) Constante k del ensayo Brinell: $k=F/D^2=(192{,}4Kp)/(5mm)^2=7{,}7\ Kp/mm^2$

d) Condición de validez del ensayo $D/4<d<D/2$

$\rightarrow 5/4=1{,}25<1{,}1<5/2=2{,}5$ Este ensayo no es válido.

<u>Castilla-La Mancha – 2025 - modelo de prueba - Ejercicio 1.B</u>

Se ensaya la dureza de una pieza mediante un ensayo de Brinell. Se aplica una fuerza F=1000 kp para dejar una huella de diámetro d=4,2 mm^2. Halla:

a) Diámetro de la bola, si el latón tiene una constante k=10 Kp/mm^2.

b) Dureza de esa pieza.

c) Dureza normalizada si el tiempo de aplicación de la fuerza fue de 30s.

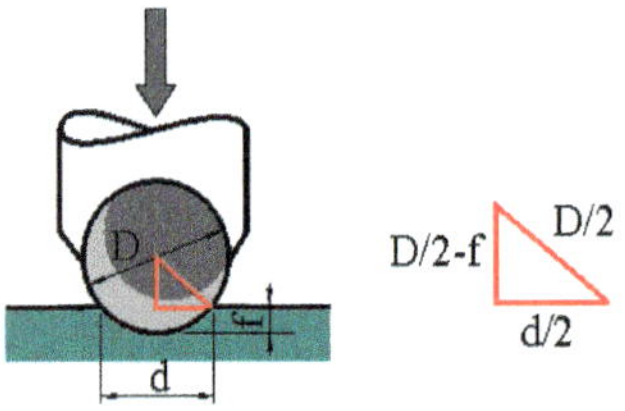

a) La constante k del ensayo Brinell es la relación: $k=F/D^2=10kp/mm^2$

$D=\sqrt{(F/k)}=\sqrt{(1000/10)}=10mm$

b) $HB=F/S=(1000kp)/(4{,}2mm^2)=238{,}1\ Kp/mm^2$

c) Dureza 238,1 HB 10mm 1000 Kp 30s

<u>Extremadura – 2025 - modelo de prueba - Ejercicio 2</u>

En un ensayo de dureza Brinell se aplica una carga de 1600 Kp a un penetrador de diámetro 8mm y se crea una huella de diámetro 3,15mm.

1) ¿Cuál es la dureza de este material?

2) ¿Obtendrías el mismo valor de dureza si el diámetro del penetrador fuese de 6 mm y la carga de 900 Kp?

3) En este caso, ¿cuál sería el diámetro de la huella?

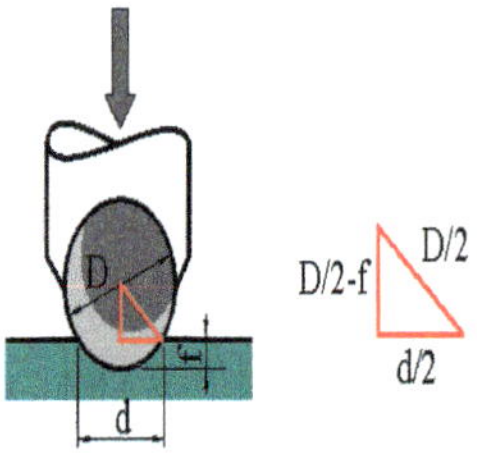

1) Datos del ensayo: D=8mm, d=3,15mm

$f=[D-\sqrt{(D^2-d^2)}]/2=[8-\sqrt{(8^2-3{,}15^2)}]/2=0'323$ mm

superficie huella $=\pi*D*f=\pi*8*0{,}323=8{,}118\ mm^2$

$HB=F/S=(1600kp)/(8{,}118mm^2)=197{,}1\ kp/mm^2$

Dureza 197,1 HB D=8mm F=1600kp 20s

2) Constante del ensayo 1º : $k_1=F/D^2=1600/8^2=25$

Constante del ensayo 2º : $k_2=F/D^2=900/6^2=25$

Si los dos ensayos tienen la misma $k_1=k_2$ se obtiene la misma dureza.

3) HB=F/S → $S=F/HB=900/197{,}1=4'566\ mm^2$

$S_{huella}=\pi*D*f$ → profundidad $f=S/(\pi*D)=4{,}566/(\pi*6)=0{,}242$ mm

Relación entre D,d,f: $(D/2)^2=(d/2)^2+(D/2-f)^2$ → $(6/2)^2=(d/2)^2+(6/2-0{,}242)^2$

d=2'361 mm

Extremadura - 2025 - Junio - 2.A

Para determinar la dureza Brinell de un material se ha utilizado una bola de 6 mm de diámetro y se ha elegido una constante K=25, obteniéndose una huella de 1,90 mm de diámetro. Calcula:

a) Profundidad de la huella.

b) Dureza Brinell del material.

a) Datos obtenidos en el ensayo: D=6mm, d=1,9mm

Relación entre D,d,f: $(D/2)^2=(d/2)^2+(D/2-f)^2 \rightarrow (6/2)^2=(1,9/2)^2+(6/2-f)^2$

Profundidad de la huella $f=[D-\sqrt{(D^2-d^2)}]/2=[6-\sqrt{(6^2-1,9^2)}]/2=0'154$ mm

b) La constante k del ensayo Brinell:

$k=F/D^2=25kp/mm^2 \rightarrow F=k*D^2=25kp/mm^2*(6mm)^2=900$ kp

superficie huella $=\pi*D*f=\pi*6*0,1544=2,91$ mm^2

$HB=F/S=(900kp)/(2,91mm^2)=309,3$ kp/mm^2

Dureza 309,3 HB D=6mm F=900kp 20s → 309,3 HB 6 900 20

Extremadura - 2025 - Julio - 1

En la fabricación de bidones de acero de una empresa, por motivos económicos, está interesada en un cambio de su sistema productivo al tipo de acero AISI316. Actualmente usan el acero AISI304, con una dureza de 170 HB. Para saber si el tipo de acero AISI316 tiene más resistencia a ser rayado, someten a una placa de este material a un ensayo de dureza Brinell, en el cual se aplican 750 Kp a una bola de 5 mm de diámetro. Si la huella producida tiene un diámetro de 2 mm, contesta a estas cuestiones:

1) Dureza del acero Aisi304. ¿Es conveniente cambiar de tipo de acero?

2) ¿Se obtiene la misma dureza con bola ø=10mm y carga 3000 kp?

3) ¿Cuál sería el diámetro de la huella en este caso?

1) Relación entre D,d,f: $(D/2)^2=(d/2)^2+(D/2-f)^2 \rightarrow (5/2)^2=(2/2)^2+(5/2-f)^2$

Profundidad de la huella $f=[D-\sqrt{(D^2-d^2)}]/2=[5-\sqrt{(5^2-2^2)}]/2=0'2087$ mm

Superficie huella $S=\pi*D*f=\pi*5*0,2087=3,278$ mm^2

$HB=F/S=(750\ Kp)/(3,278\ mm^2)=233,74$ Kp/mm^2

El acero AISI316 tiene mayor dureza que el AISI304. Conviene cambiar.

2) Constante del ensayo 1: $k_1=F_1/D_1{}^2=750/5^2=30kp/mm^2$

Constante del ensayo 2: $k_2=F_2/D_2{}^2=3000/10^2=30kp/mm^2$

Ambos ensayos tienen k por lo que se obtendría el mismo valor de dureza.

3) $HB=F/S \rightarrow S=F/HB=(3000\ Kp)/(233,74\ Kp/mm^2)=12,835$ mm^2

$Superficie_{huella}=\pi*D*f \rightarrow f=S/(\pi*D)=12,835/(\pi*10)=0,409$ mm

Castilla-La Mancha – 2025 - Junio - Problema 1A

Determinar la dureza de una pieza de acero al carbono mediante un ensayo de dureza Brinell. Para ello, se aplica una carga de 1200 kp, generando una huella en el material con un diámetro de 5 mm. Con base en esta información, responde lo siguiente:

a) Determina el diámetro de la bola de ensayo, considerando que el acero al carbono tiene una constante $k=12\ kp/mm^2$.

b) ¿Cuál es la dureza Brinell (HB) de la pieza de acero?

c) Sabiendo que el tiempo de aplicación de la carga fue de 25 s, escribe la expresión normalizada de la dureza Brinell.

a) Datos obtenidos en el ensayo Brinell: $d=5mm$, $k=12\ kp/mm^2$, $F=1200kp$

$k=F/D^2=25kp/mm^2$ → $D=\sqrt{[F/k]}=\sqrt{[(1200kp)/(12kp/mm^2)]}=10\ mm$

b) Relación entre D,d,f: $(D/2)^2=(d/2)^2+(D/2-f)^2$ → $(10/2)^2=(5/2)^2+(10/2-f)^2$

Profundidad de la huella $f=[D-\sqrt{(D^2-d^2)}]/2=[10-\sqrt{(10^2-5^2)}]/2=0'67\ mm$

Superficie huella $S=\pi*D*f=\pi*10*0,67=21,05\ mm^2$

$HB=F/S=(1200kp)/(21,05mm^2)=57\ kp/mm^2$

c) Dureza 57 HB D=10mm F=1200kp 25s → **57 HB 10 1200 25**

Canarias – 2025 - modelo de prueba - Ejercicio 1

Una pieza tiene un material en la cara superior y otro en la inferior. En la cara superior se realiza un ensayo de dureza Brinell con una bola de diámetro D=10 mm, se aplica una fuerza de 3000 kp y se obtiene un diámetro de huella de d=4 mm, el experimento dura 20 segundos:

a) Calcule el valor de la dureza Brinell expresado según la norma.

b) Si se hubiese utilizado en el experimento una fuerza de 1500 kp, calcule el diámetro de la bola que se debía utilizar.

c) En la cara inferior se realiza un ensayo Vickers durante 20 segundos con una carga de 30 kp y la medida de las diagonales de la huella es de 0.29 mm, Indique la dureza en la escala Vickers según la norma.

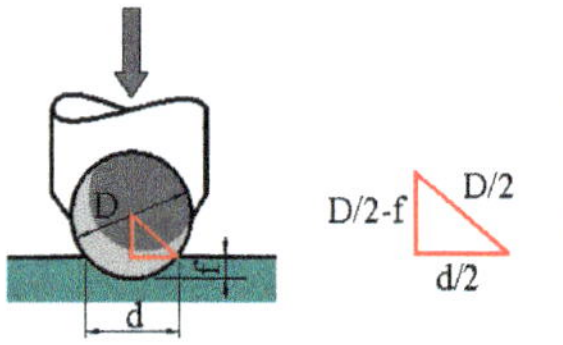

a) $(D/2)^2=(d/2)^2+(D/2-f)^2$ → $(10/2)^2=(4/2)^2+(10/2-f)^2$

$f=[D-\sqrt{(D^2-d^2)}]/2=[10-\sqrt{(10^2-4^2)}]/2=0'417\ mm$

$Superficie_{huella}=\pi*D*f=\pi*10*0,417=13,1\ mm^2$

$HB=F/S=(3000kp)/(13,1\ mm^2)=229\ kp/mm^2$

Dureza 229 HB D=10mm F=3000kp 20s

b) La constante k del ensayo es la relación $k=F/D^2=3000/10^2=30$

Si varía la fuerza aplicada F_2: $k=F_2/D_2^2$ → $D_2=\sqrt{(F/k)}=\sqrt{(1500/30)}=7,07mm$

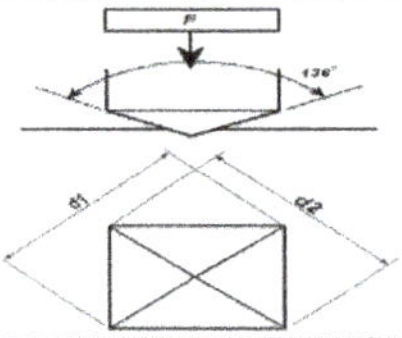

c) Ensayo de dureza Vickers: $D=(D_1+D_2)/2$

Área huella: $A=D^2/1'8543=0'29^2/1'8543=0'0454\ mm^2$

$HV=F(kp)/S(mm^2)=30kp/0'0454mm^2=660'8\ kp/mm^2$

Dureza 660,8 HV 30kp 20 s → **660,8 HV 30 20**

Andalucía - 2025 - Junio - Ejercicio 1B

En un laboratorio se realiza un ensayo de dureza Brinell y otro de dureza Vickers para una misma muestra de acero:

a) Determinar la expresión normalizada de la dureza Brinell si en el ensayo se obtiene una huella de 2,5 mm de diámetro aplicando una carga de 725 kp con un penetrador de 5 mm de diámetro durante 20 segundos.

b) Dar la expresión normalizada de la dureza Vickers si en el ensayo se usa una punta piramidal aplicando una carga de 120 kp durante 10 segundos y el resultado es una huella con diagonales de 1,25 mm y 1,23 mm.

a) Datos obtenidos en el ensayo Brinell: D=5mm d=2,5mm, F=725kp

$(D/2)^2=(d/2)^2+(D/2-f)^2$ → $(5/2)^2=(2,5/2)^2+(5/2-f)^2$

$f=2,5+\sqrt{4,7}=4'7$mm (no, demasiado grande), $f=2,5-\sqrt{4,7}=0'335$mm → ok

superficie huella $S=\pi*D*f=\pi*5*0,335=5,26\ mm^2$

$HB=F/S=(725kp)/(5,26mm^2)=137,8\ kp/mm^2$ → 137,8 HB 5 725 20

b) Ensayo de dureza Vickers: $D=(D_1+D_2)/2=(1,25+1,23)/2=1,24$ mm

Área huella: $A=D^2/1'8543=1'24^2/1'8543= 0'829\ mm^2$

$HV=F(kp)/S(mm^2)=120kp/0'829mm^2=144'75\ kp/mm^2$

Dureza 144,8 HV 120kp 10 s

Madrid - 2025 - Julio - 2

A partir de la tabla siguiente de propiedades del cobre:

Densidad	Dureza Vickers	Tensión de rotura	Módulo de elasticidad
8,96 g/cm^3	50 kp/mm^2	220 MPa	128 GPa

a) Defina el concepto de dureza y determine la diagonal de la huella obtenida en el ensayo para calcular la dureza de esta tabla, sabiendo que la carga empleada fue de 30 kp.

b) Determine la masa de un cable de cobre de sección circular con 3 mm de diámetro y 40 m de longitud.

c) Calcule la tensión aplicada y el coeficiente de seguridad respecto de la tensión de rotura al someter a ese mismo cable a tracción con una carga de 1200 N.

a) $HV=F(kp)/S(mm^2)$ → $S_{huella}=F/HV=30/50=0,6\ mm^2$

Área huella: $A=D^2/1'8543$ → $D=\sqrt{[A*1,8543]}=\sqrt{[0,6*1,8543]}=1'055$ mm

b) Sección $S=\pi*d^2/4=\pi*(0,3cm)^2/4=0,0707\ cm^2=7,07*10^{-6}\ m^2$

$m=V*\rho=S*L*\rho=\pi*d^2/4*L*\rho=0,0707\not{cm^2}*40*100(\not{cm})*8,96(g/\not{cm^3})=$

$=2534\ g=2,534\ kg$

c) Tensión $\sigma=F/S=(1200\ N)/(7,07*10^{-6}m^2)]=169,7$ MPa

Coeficiente de seguridad = $\frac{Tensión\ rotura}{Tenión\ de\ trabajo}$ = 220/169,7=1,3

Canarias - 2025 - Julio - 1

c) Se realiza un ensayo Vickers durante 20 segundos con una carga de 30 kp. El resultado en la escala de Vickers se escribe: 140 HV 30 20, indique cuál será el valor de la medida de las diagonales de la huella.

HV=F(kp)/S(mm^2) → S_{huella}=F/HV=30/140=0,2143 mm^2

Área huella: A=D^2/1'8543 → D=√[A*1,8543]=√[0,2143*1,8543]=0'63 mm

Galicia – 2025 - modelo de prueba - Problema 2

Las materias primas para las medallas olímpicas son: 1º, medalla de oro, compuesta de plata con una pureza mínima del 92,5 %, bañada con 6 gramos de oro puro; 2º, medalla de plata tiene una pureza mínima del 92,5 %, y 3º, medalla de bronce, compuesta por una aleación de cobre y otro metal (estaño o zinc). Para analizar la resistencia de la medalla de bronce ante impactos fortuitos se realizan dos ensayos de dureza.

1) El resultado de un ensayo "Vickers" ha arrojado una dureza de 300 al aplicar a la muestra una fuerza de 60 kp durante 15 segundos. Calcule:

   1.1) ¿Cuánto medirá la diagonal de la marca?

   1.2) Expresar la dureza según la norma.

2) Un ensayo de dureza "Rockwell" bola (HRB) cuando se aplica una precarga de 8 kp es de 0,02 mm y la que permanece tras aplicar la carga de penetración de 80 kp y restablecer el valor de precarga es de 0,20 mm.

   2.1) Hallar la deformación permanente.

   2.2) Calcular el coeficiente de correlación.

   2.3) Determinar la dureza Rockwell.

1.1) Ensayo de dureza Vickers: HV=300, F=60kp

HV=F(kp)/S(mm^2) → S=F/HV=300/60=5 mm^2

Área huella: A=D^2/1'8543 → D=√[A*1'8543]=√[5*1'8543]=3,045 mm

1.2) 300 HV 60 kp 15 s

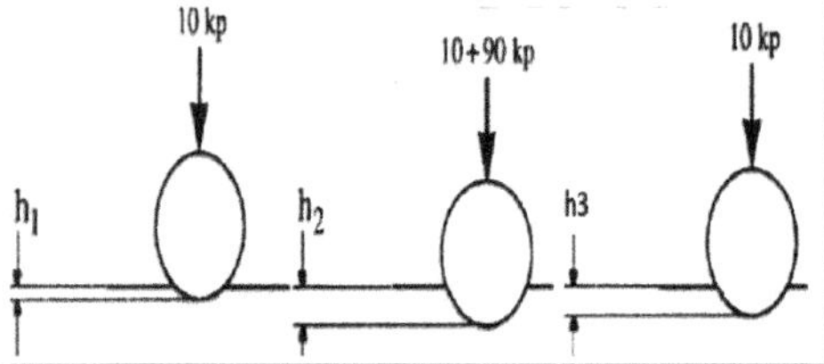

2.1) Ensayo de dureza Rockwell Bola (HRB):

h_1=0'02 mm, h_3=0'2 mm

Huella permanente

h_3–h_1=0,2-0,02=0,18mm

2.2) Coeficiente de correlación = $\frac{profundidad\ permanente}{profundidad\ final}$ = 0,18/0,2=0,9

Esto quiere decir que el 90% de la profundidad final se debe a deformación plástica (permanente)

2.3) Dureza Rockwell Bola (HRB):

e=(h_3–h_1)*500=(0'2–0'02)*500=90

HRB=130–e=130–90=40

Tratamientos térmicos

Murcia - 2025 - Junio - 1.A, Aragón – 2025 - Julio - 1 a) Explicar en qué consiste el tratamiento temple. b) Explicar en qué consiste el tratamiento térmico de recocido. ¿Cómo afecta a la dureza del material?
a) El temple es un tratamiento térmico convencional y se utiliza para aumentar la dureza y la resistencia del acero. Las piezas de acero ya conformadas se calientan a una temperatura mayor de la austenización y después se enfrían rápidamente en agua, aceite o aire, dependiendo de las características de la pieza.
b) El recocido es un tratamiento térmico de un material que consiste en calentarlo a una temperatura y tiempo determinados, y, por último, enfriarlo lentamente en el interior de un horno apagado. Sirve para ablandar el acero, eliminando las tensiones o la acritud. Además, aumenta la plasticidad, ductilidad y tenacidad.

La Rioja – 2025 - Junio - Problema 3A c) Explique dos tecnologías de fabricación sostenible que se podrían aplicar en el proceso de fabricación de las piezas.
-Utilizar materiales fácilmente reciclables: madera y metal, y no utilizar plástico. -Utilizar sistema de unión de piezas sean desmontables para facilitar las reparaciones: atornillado, piezas encajadas (colas de milano y lengüetas).

Madrid - 2025 - Junio - Ejercicio 1 En relación a la metalurgia de los aceros: b) Explique, comparativamente, las principales diferencias de realización del tratamiento, microestructura obtenida y propiedades mecánicas (dureza y ductilidad) entre el temple y el recocido de un acero hipoeutectoide.
Teoría.

Diagrama de equilibrio

Cantabria-modelo - Murcia-junio

La figura muestra el diagrama de equilibrio de fases de la aleación del Cobre (Cu) y el Níquel (Ni). Las aleaciones Cu-Ni, como el Monel 400 (70% Ni - 30% Cu) tienen como característica principal su elevada resistencia a la corrosión, por lo que se usan en intercambiadores de calor industriales. Se pide:

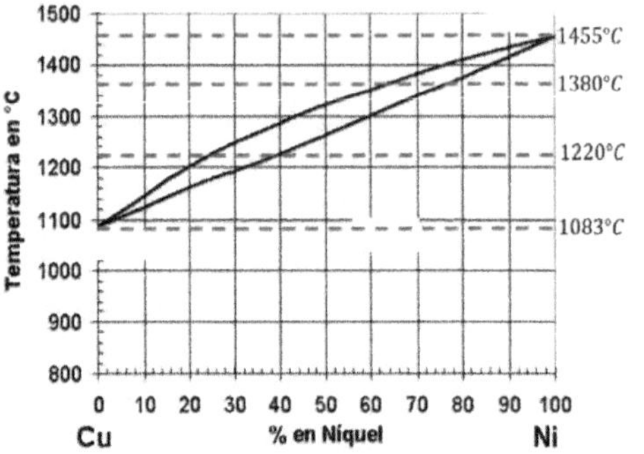

a) Indicar las líneas y zonas características del diagrama, las temperaturas de solidificación de cada uno de los metales en estado puro, así como las fases presentes en cada una de las zonas.

b) Para la aleación Cu-Ni, denominada "Monel 400", indicar:

b1) Número de fases a las tªs 1450°C, 1380°C, 1220°C y 1083°C.

b2) Si para alguna de las temperaturas anteriores se tiene mezcla de fases líquida y sólida, indicar la composición de la aleación (porcentaje de cada metal) tanto en la fase líquida como en la fase sólida.

b3) Aplicando la "regla de la palanca" calcular el porcentaje de cada fase.

b4) Indicar a que tª comienza y termina de solidificar la aleación.

b1)

punto	Tª	Nº fases
1	1450ºC	una fase líquida
2	1380ºC	dos fases: líquida y sólida
3	1220ºC	una fase sólida
4	1083ºC	una fase sólida

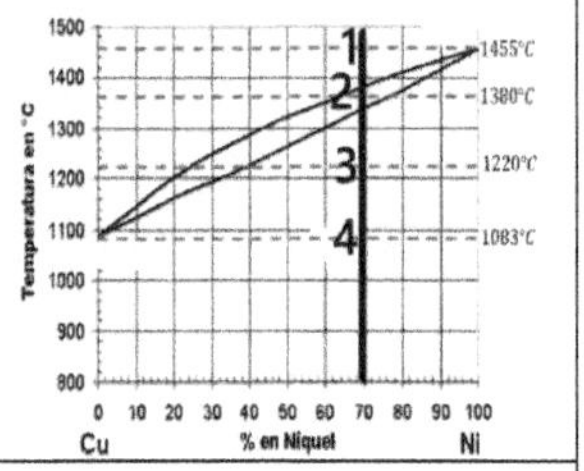

b2) A la tª=1380ºC la composición de la fase líquida es la intersección entre la isoterma tª=1380ºC y la línea liquidus. 64% de Ni y 100–64=36% de Cu.

-A la tª=1380ºC la composición de la fase sólida es la intersección entre la isoterma tª=1380ºC y la línea solidus. 77% de Ni y 100–77=23% de Cu.

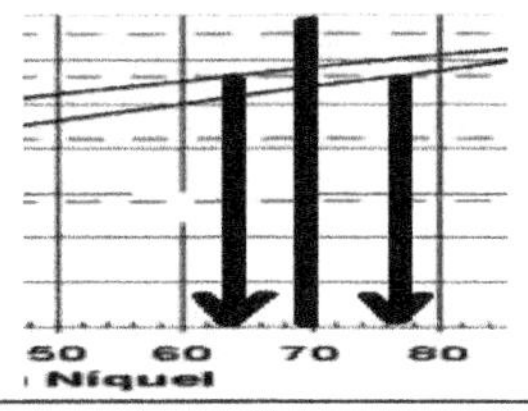

b3) Fracción de la fase líquida:

X_L=(77–70)/(77–64)=0'54

Fracción de la fase sólida X_S=(70-64)/(77-64)=0'46

A tª1380ºC el 54% está en fase L y el 46% en fase S

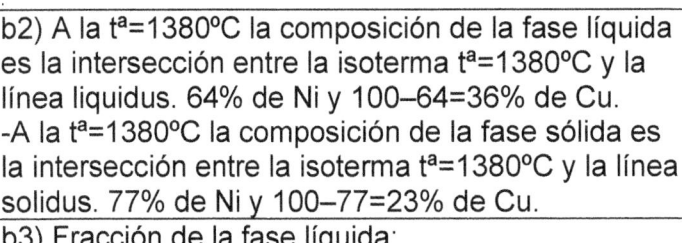

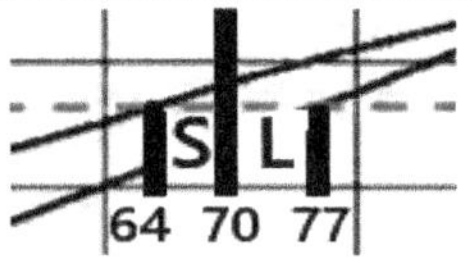

Castilla-León – 2025 prueba - 2

A la vista del diagrama de equilibrio de fases simplificado de una aleación de bismuto y antimonio, indica:

a) Tipo de solubilidad tiene.

b) Temperatura de fusión de los metales puros Bi y Sb.

c) Describe el proceso de enfriamiento desde 700°C hasta la temperatura ambiente de una aleación con un 65% de antimonio e indica las temperaturas más significativas.

d) Proporción de las fases presentes a 400°C en una aleación con 80% de bismuto.

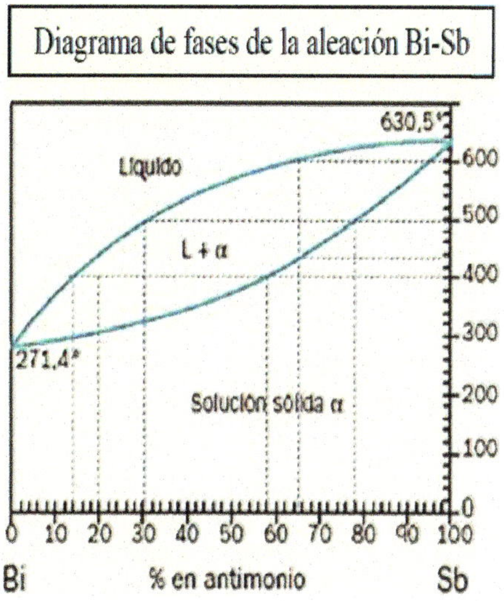

a) Diagrama de fases de una solución sólida con solubilidad total.
-Los dos metales de la aleación son totalmente solubles en estado sólido.
-El metal A es totalmente soluble en el metal B y viceversa.

b) Tª fusión del metal Bi es 271,4ºC. Tª fusión del metal Sb es 630,5ºC.

c) Aleación 65% de Sb y 35% de Bi.
Tª entre 700ºC y 600ºC toda la aleación Bi-Sb está en estado líquido.
Tª entre 600ºC y 440ºC proceso de solidificación.
Tª<440ºC toda la aleación Bi-Sb está en estado sólido.

d) Aleación 80% de Sb a Tª=400, toda la aleación está en estado sólido.

Murcia - 2025 - Julio - Problema.1

La figura muestra el diagrama de equilibrio de fases de una aleación de dos metales (A) y (B). Se pide:

a) Indicar las líneas características, las temperaturas de solidificación de cada uno de los metales en estado puro, y las fases presentes en cada una de las zonas.

b) Para una aleación 60% A - 40% B, indicar:

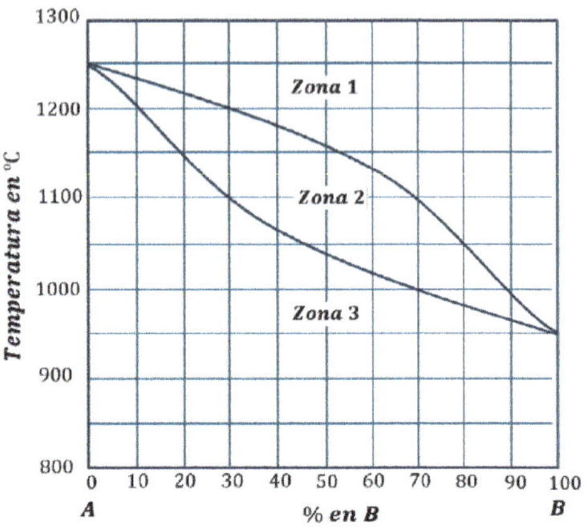

b1) Número de fases a las temperaturas 1050°C, 1150°C y 1250°C.
b2) Si para alguna de las temperaturas anteriores se tiene mezcla de fases líquida y sólida, indicar cual es el porcentaje de cada fase.
b3) Calcular la composición de la aleación (% de cada metal) en la fase líquida y en la fase sólida para la temperatura del apartado anterior.

a) Tª solidificación metal A = 1250ºC, Tª solidificación metal B = 950ºC

- -Zona 1: toda la aleación A-B está en estado líquido.
- -Línea "liquidus" separa la zona 1 y la zona 2.
- -Zona 2: coexisten dos fases: líquida y sólida.
- -Línea "solidus" separa la zona 2 y la zona 3.
- -Zona 3: toda la aleación A-B está en estado sólido.

b1)

punto	Tª	Nº fases
1	1250ºC	una fase líquida
2	1150ºC	dos fases: líquida y sólida
3	1050ºC	una fase sólida

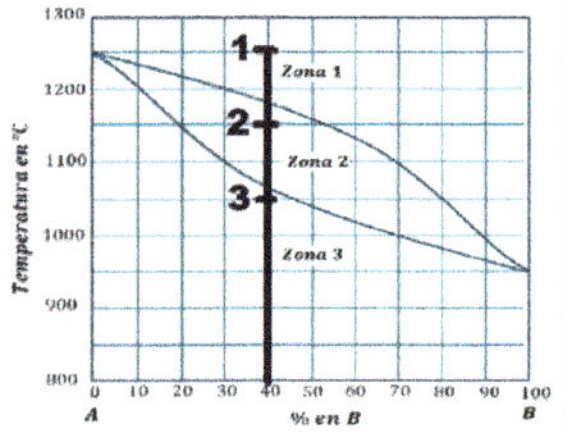

b2) A la tª=1150ºC la composición de la fase líquida es la intersección entre la isoterma tª=1150ºC y la línea liquidus. 53% de B y 100–53=47% de A.
-A la tª=1150ºC la composición de la fase sólida es la intersección entre la isoterma tª=1150ºC y la línea solidus. 20% de B y 100–20=80% de A.

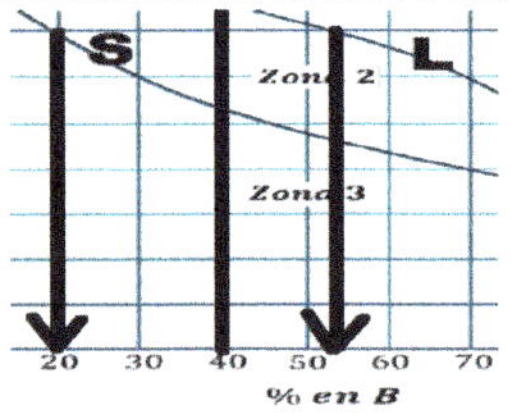

b3) Fracción de la fase líquida:
$X_L=(40-20)/(53-20)=0'61$
Fracción de la fase sólida $X_S=(53-40)/(53-20)=0'39$
A tª1150ºC el 61% está en fase L y el 39% en fase S

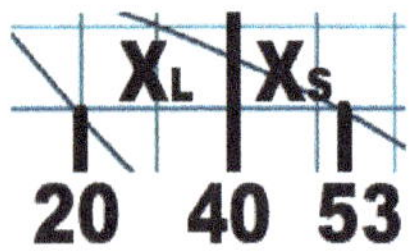

Navarra - 2025 - Junio - 1.A

En el diagrama de fases de la aleación Pb-Sn responder a las preguntas:

a) ¿A qué temperatura comienza y acaba la solidificación de una aleación de composición 30% de Sn?

b) ¿Composición de la aleación de más bajo punto de fusión?

c) ¿Cómo se denomina el punto de la pregunta anterior?

d) Para una aleación de 30% de Sn y a una temperatura de 250ºC: Composición y cantidad de cada fase expresándolo %.

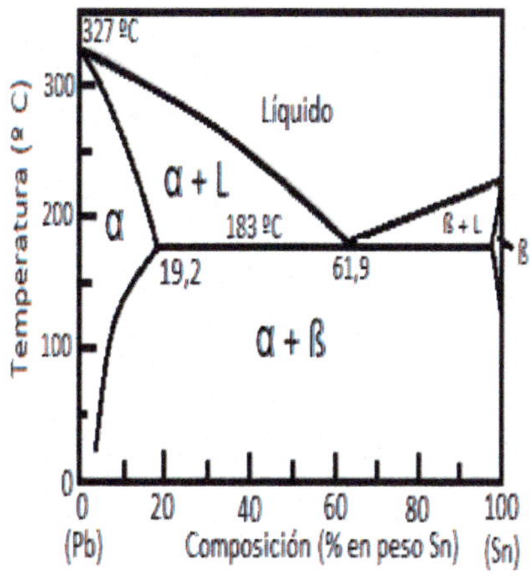

a) La solidificación de la aleación 30%Sn+70%Pb ocurre entre 275ºC y 183ºC.

b) La aleación 61,9%Sn-38,1%Pb solidifica a 160ºC.

c) La aleación 61,9%Sn-38,1%Pb se llama composición eutéctica.
A 160ºC la aleación eutéctica en estado líquido se transforma directamente en sólido.

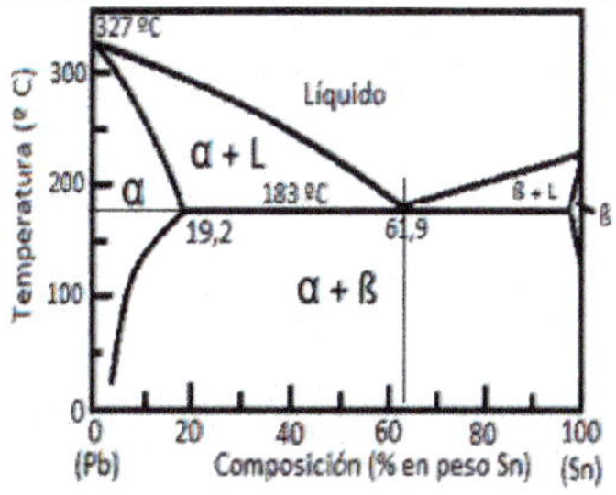

d) Aleación 30%Sn-70%Pb a 250ºC.
Hay 2 fases presentes: líquido y sólido
-Composición de la fase líquida: 10%Sn y 90%Pb.
-Composición de la fase sólida: 40%Sn y 60%Pb.

-Cantidad o fracción de fase líquida:
$X_L=(30–10)/(40–10)=66,7\%$
-Cantidad o fracción de fase sólida:
$X_S=(40–30)/(40–10)=33,3\%$

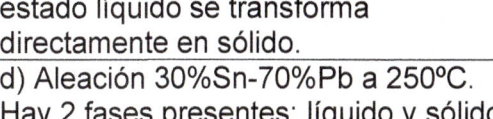

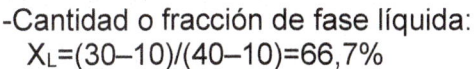

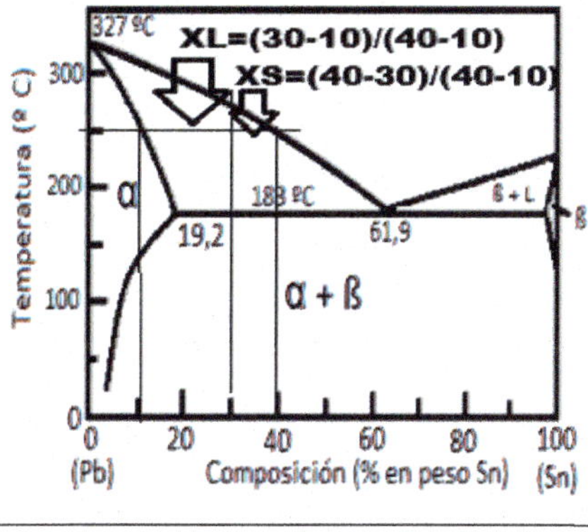

Madrid - 2025 - Julio - 1.A

A partir del diagrama de equilibrio de fases que se muestra en la figura, para los metales A y B:

a) Indique cuál es la solubilidad máxima en estado sólido de A en B y de B en A. Determine la temperatura de fusión de los metales A y B.

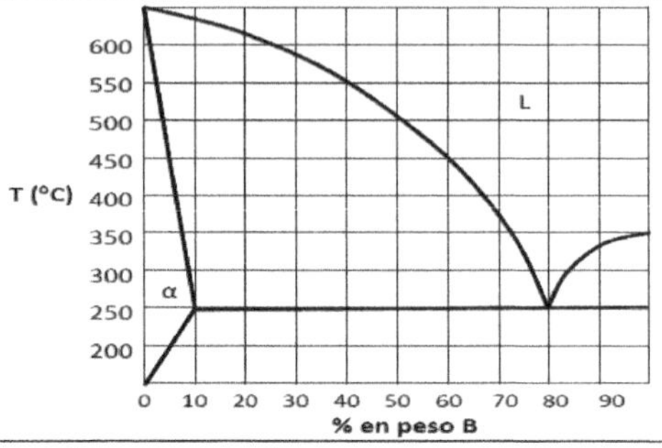

b) Determine la proporción de A y B para la que se observa un comportamiento eutéctico ¿A qué temperatura funde esta aleación?

c) Describa el proceso de enfriamiento desde los 400ºC hasta la temperatura ambiente de una aleación con un 90% de B.

d) Calcule la proporción de cada una de las fases presentes para una aleación con 20% de B a 450ºC.

a) Solubilidad máxima en estado sólido del metal A en B es 0% para cualquier temperatura. El metal A es totalmente insoluble en B.
A Tª=250ºC la solubilidad en estado sólido del metal B en A presenta un máximo es que es 10%. El metal B es parcialmente soluble en A.

b) La aleación 20%A+80%B presenta un comportamiento eutéctico a Tª=250ºC que la aleación pasa directamente de estado líquido a sólido.

c) Aleación 10%A+90%B.
Tª=400ºC la aleación en estado líquido.
Entre Tª=330ºC y Tª=250ºC la aleación está en proceso de solidificación, coexisten la fase líquida y fase sólida.
Tª<250ºC toda la aleación ya está en estado sólido.

d) Aleación 80%A+20%B
Tª=450ºC
Regla de los tramos [5-20] y [20-60]
Fracción de líquido (tramo 5 a 20):
$X_{Liquido}=(20-5)/(60-5)=0{,}273$
Fracción de sólido (tramo 2 a 60):
$X_{Solido}=(60-20)/(60-5)=0{,}727$

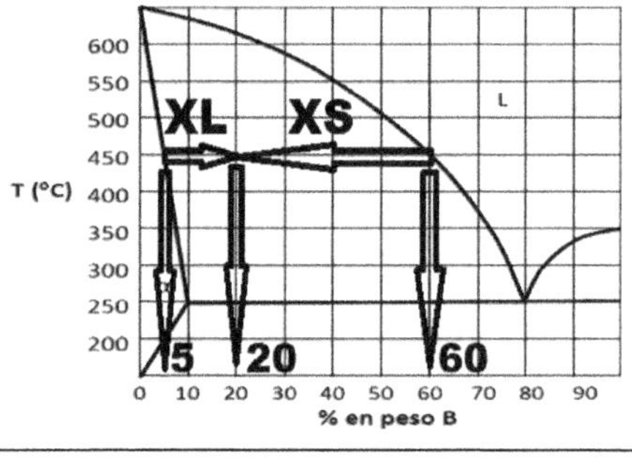

Cantabria – 2025 - Junio - 1

Disponemos de una aleación Hierro-Carbono de 180 kg con el 0,39 % de Carbono. A partir del diagrama de equilibrio Hierro-Carbono en la zona de los aceros de la Figura, se pide calcular:

1) Masa sólida y líquida a la tª=910°C.
2) Masa de ferrita y de cementita a la temperatura de 723,1°C.
3) Masa de ferrita dentro de la perlita la temperatura de 722,9ºC.

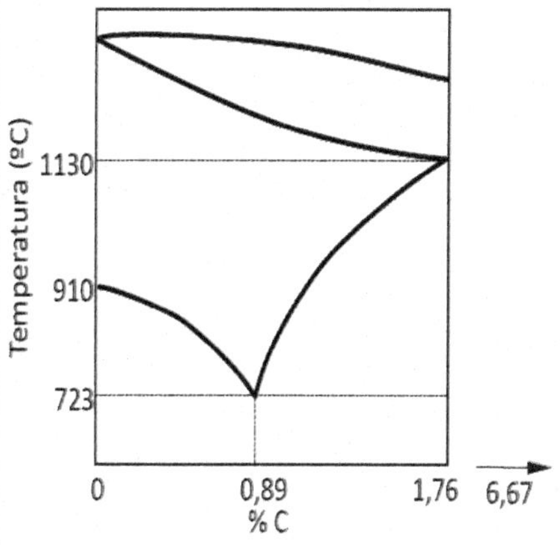

1) A Tª=910ºC toda la aleación está en estado sólido.

2) A Tª=723,1ºC

Regla de los tramos [0-0,39] y [0,39-0,89]

Fracción de cementita (tramo 0 a 0,39):
$X_{cem}=(0,39–0)/(0,89–0)=0,44$
$masa_{cem}=X_{cem}*180=0,44*180=79,2$ kg

Fracción de ferrita (tramo 0,39 a 0,89):
$X_{fer}=(0,89–0,39)/(0,89–0)=0,56$
$masa_{fer}=X_{fer}*180=0,56*180=100,8$ kg

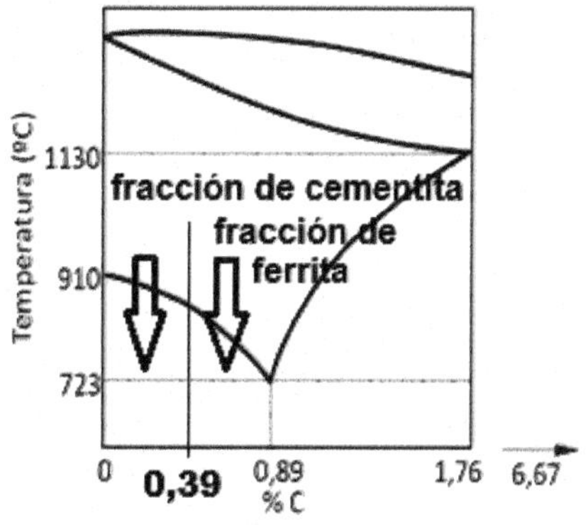

3) La composición de la perlita es 0,89%C–99,11%Fe
Masa de ferrita dentro de la perlita = 99,11/100*79,2kg=78,5 kg

Madrid – 2025 - modelo de prueba - Ejercicio 2.B

A la vista del diagrama de fases simplificado del sistema hierro-carbono:

a) Justifique si las aleaciones con 0,7%, 1,5%, 3% y un 5,0% de carbono son aceros o fundiciones.

b) Indique la proporción (% en peso) de hierro y de carbono de la aleación de composición eutectoide. ¿Qué fases se formarán al producirse la solidificación del líquido para esa composición?

c) Indique la proporción (% en peso) de hierro y de carbono de la aleación de composición eutéctica. ¿Qué fases se formarán al producirse la solidificación del líquido para esa composición?

d) Describa el proceso de enfriamiento de una aleación con un 1,0% de carbono desde los 1.600ºC hasta la temperatura ambiente.

e) Determine la proporción de los constituyentes de equilibrio de una aleación con un 0,5% de carbono a temperatura ambiente.

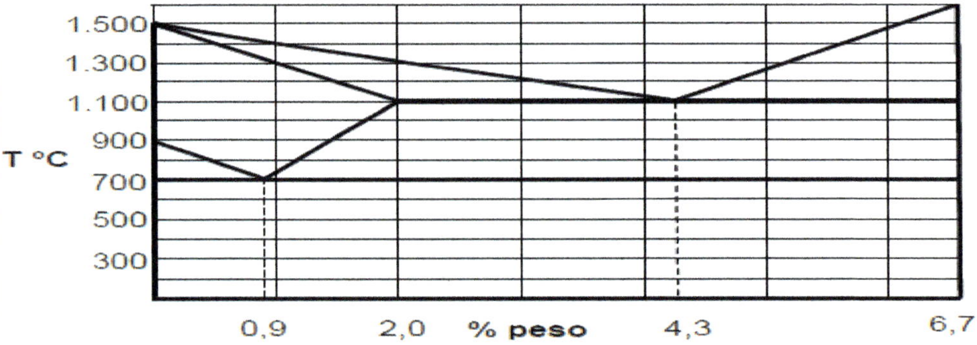

a) La proporción de carbono de un acero ha de estar comprendida entre el 0,025% y el 2%, luego las aleaciones con 0,7% y 1,5% de C son aceros.
-Las fundiciones tienen una concentración de carbono comprendida entre el 2% y el 6,67%, luego la aleación con 3% y 5% de C son fundiciones.

b) La eutectoide es la aleación con 0,9% de C y un 99,1% de hierro.
Al enfriar la austenita (hierro FCC) se transforma en perlita (microestructura de láminas de ferrita hierro BCC y de cementita Fe_3C).

c) La eutéctica es la aleación con 4,3% de carbono y 95,7% de hierro. Al solidificar se forma austenita+cementita y luego perlita (ferrita+cementita).

d) A 1600ºC la aleación está en estado líquido. Al ir bajando la temperatura, la solidificación empieza a 1400ºC y finaliza a 1300ºC, todo el material 100% está en fase sólida austenita. Al seguir enfriando, la austenita se mantiene hasta los 750ºC, donde una parte se transforma en cementita. Finalmente, a 700ºC la austenita restante se transforma, a través de una reacción eutectoide, en ferrita y cementita, manteniéndose ya está microestructura hasta la temperatura ambiente.

e) A temperatura ambiente, las fases presentes son ferrita y cementita.
Aplicando la regla de la palanca:
% de ferrita = (6,67–0,5)/(6,67–0)*100 = 92,5%
% de cementita = (0,5–0)/(6,67–0) = 7,5%

Cantabria – 2025 - Junio - 1

El diagrama de la Figura se corresponde con la zona de los aceros en un diagrama hierro-carbono. Si tenemos 160 kg de acero con el 0,47% de contenido en carbono a 950ºC y se deja enfriar muy lentamente, se pide:

1) Describir el proceso y la composición a 950ºC, 723,2ºC y a 722,8ºC.

2) Determinar la masa de ferrita contenida en la perlita a 600ºC.

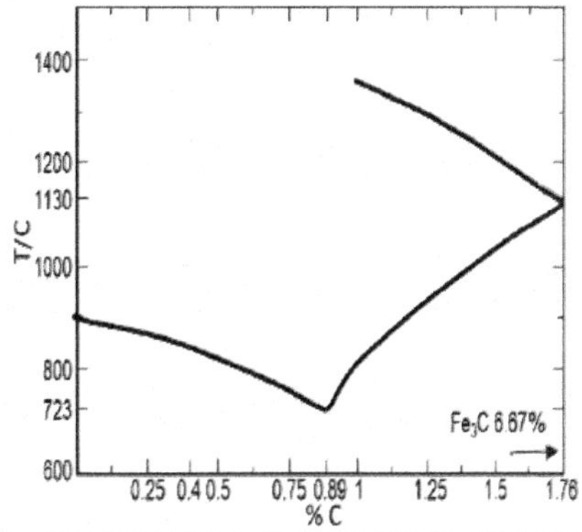

1)

-Tª=950ºC, toda la aleación está en fase sólida austenita.

-Tª=723,2ºC, hay dos fases sólidas: austenita y ferrita.

-Tª=722,8ºC, hay una microestructura llamada "perlita" formada por dos fases sólidas: ferrita y cementita.

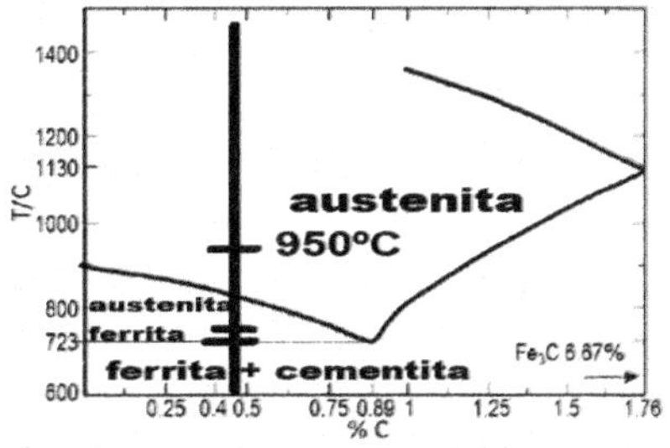

2) $X_{ferrita}=(0,89-0,47)/(0,89-0)=0,472$

$X_{perlita}=(0,47-0)/(0,89-0)=0,528$

perlita=ferrita+cementita=

=0,89% C + 99,11% Fe

Masa de ferrita en la perlita

$m=160kg*(0,528*0'9911)=83,73$ kg

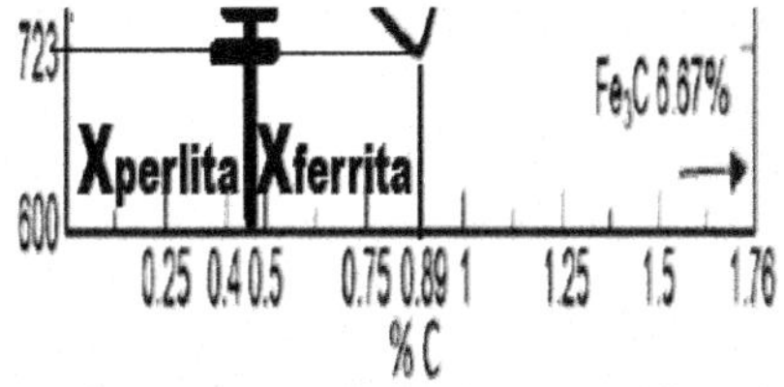

Otra forma es por microconstituyentes:

$X_{ferrita}=(6,67-0,47)/(6,67-0)=0,93$

$X_{cementita}=(0,47-0)/(6,67-0)=0,07$

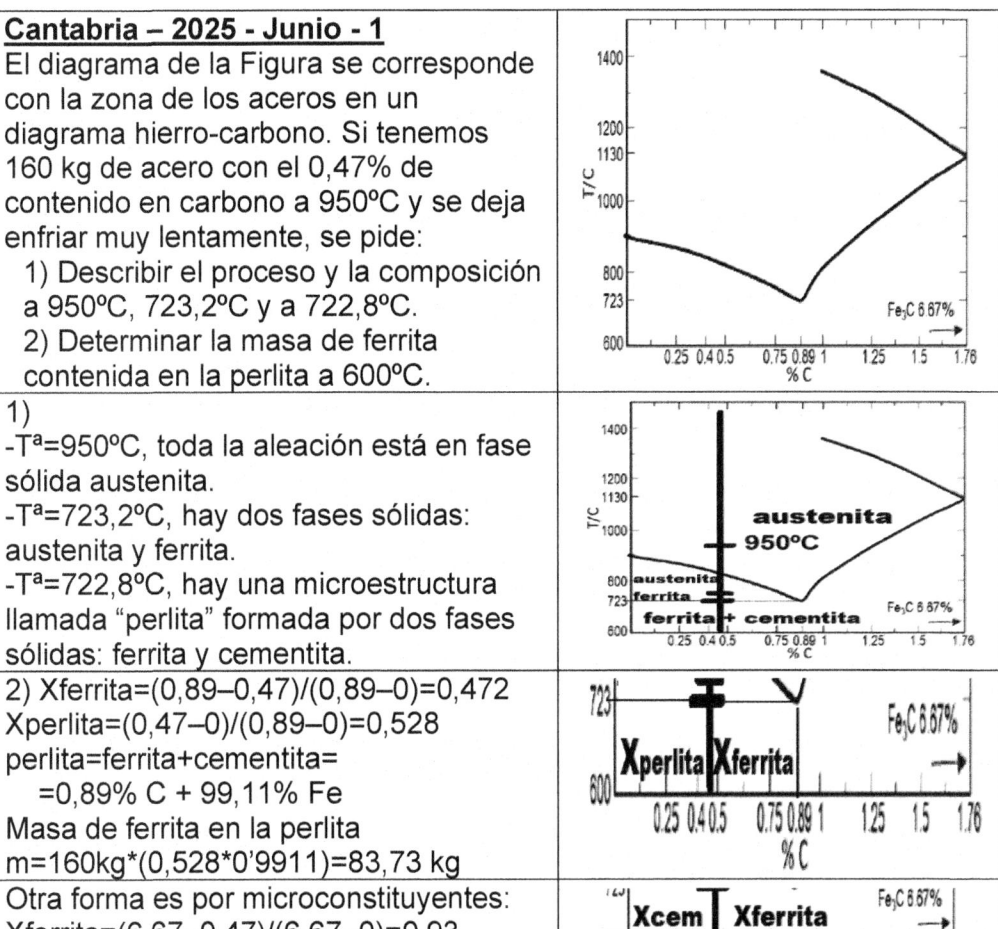

Bloque C

Sistemas mecánicos

Estructuras
Estructuras sencillas: cimentación, pórticos (pilares, vigas), cerchas. Montaje o simulación de ejemplos sencillos. Tipos de apoyos: fijo, articulado, empotramiento.
Tipos de cargas, estabilidad
Fuerzas, momentos. Estática, tipos de cargas (puntual, uniforme), ecuaciones de equilibrio, cálculo de reacciones. Cálculo de esfuerzos en vigas simplemente apoyadas sometidas a cargas puntuales y/o uniformemente repartidas. Diagramas de representación de esfuerzos cortantes y de flexión. Esfuerzos de compresión y /o tracción en estructuras isostáticas de barras articuladas.

Estructuras

País Vasco - 2025 - modelo de prueba - Ejercicio 1B

Se usan dos cables para sujetar una viga de masa M=200 kg. Los cables están anclados en los puntos A y B separados una distancia H=6m.

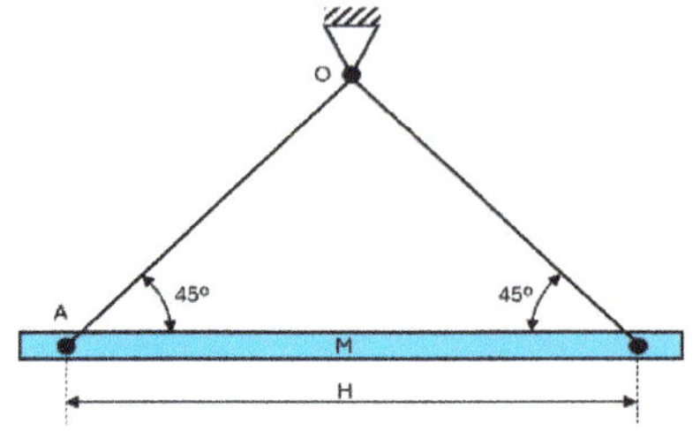

Se pide calcular:

a) Fuerza de tracción (en N) a la que está sometido cada cable.

b) Sección mínima de los cables (en mm) de forma que trabajen dentro de la zona elástica-lineal del diagrama tensión-deformación con un coeficiente de seguridad de 1.2.

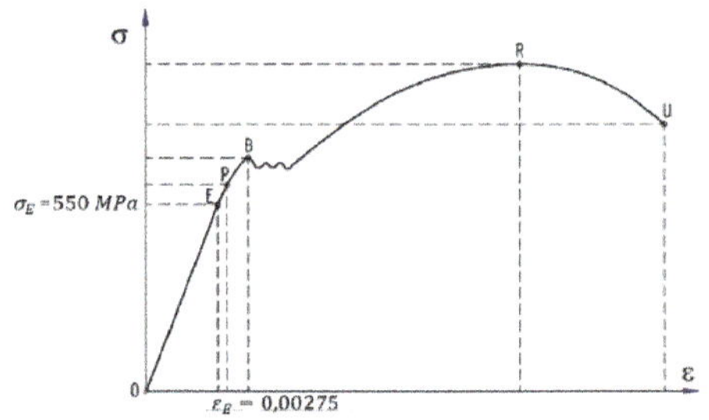

a) Representación del diagrama de cuerpo libre.

Condiciones de equilibrio: $\sum F=0$ y $\sum M_A=0$

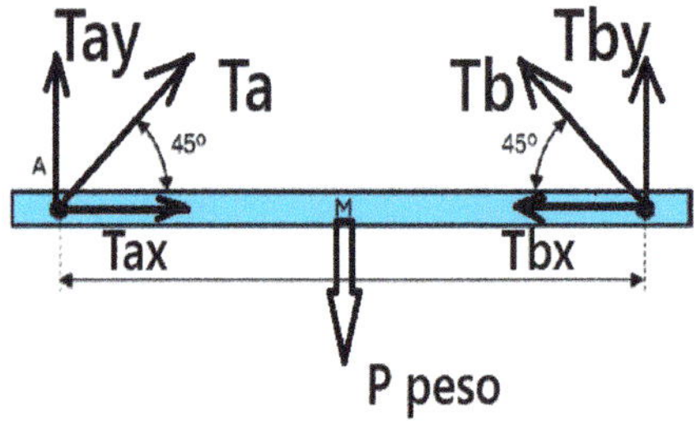

$\sum$**F**$_y$**=0** → Tay+Tby=P

Por simetría Ta=Tb → 2*Tay=P

Tay=Tby=P/2=200*9'8/2=980 N

Por geometría: sen45º=Tby/Tb

Tb=Tby/sen45º=1386 N

$\sum$**F**$_X$**=0** → Tax–Tbx=0

Por geometría: cos45º=Tbx/Tb

Tax=Tbx=Ta*cos45º=1386*cos45º=980N

$\sum$**M**$_A$**=0** → –3*P+0*Tbx+6*Tby=0

Tby=3*200*9'8/6=980 N → cos45º=Tby/Tb → Tb=1386 N

$\sum$**M**$_A$**=0** de otra manera: –3*P+6*Tb*sen45º=0 →

Tb=3*200*9'8/(6*sen45º)=1386N

b) $\sigma_{admisible}=\sigma_{L.elastico}$/coef.seguridad=550 MPa/1.2=458'3 MPa

$\sigma_{admisible}$=F/S<458'3 MPa → S>(1386N)/(458'3*10^6 N/m^2)=3*10^{-6}m^2=3mm^2

País Vasco - 2025 - Junio - 1º

a) Un bloque de masa M=15 kg y dimensiones D=3 m y H=1,5 m se encuentra anclado al suelo en O y sujeto por el cable AB de diámetro 5 mm. Calcular:

a) La fuerza de tracción (en N) a la que está sometido el cable.

b) El valor (módulo en N) de la fuerza ejercida por el bloque sobre el anclaje O.

c) Elegir el modelo de cable a utilizar de forma que el coeficiente de seguridad frente al límite elástico sea al menos 1,2.

Tipo de acero	Límite elástico
A10	3 MPa
A15	4 MPa
A20	5 MPa
A25	6 MPa
A30	7 MPa

d) Enuncia la Ley de Hooke.

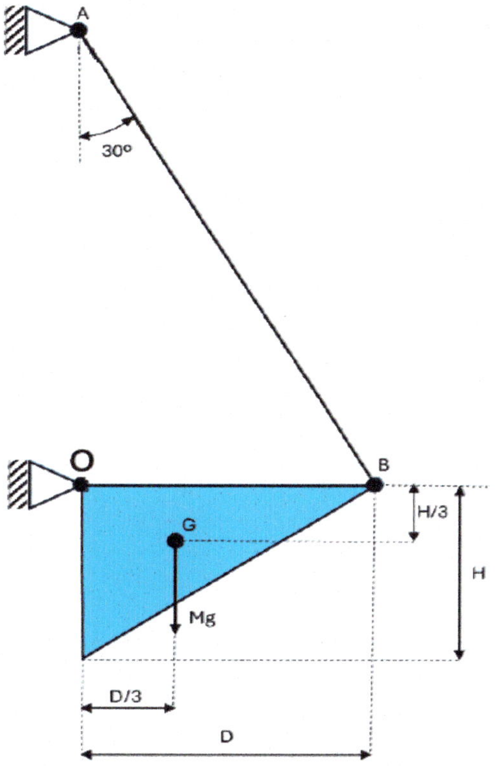

a) Representación del diagrama de cuerpo libre.

Condiciones de equilibrio: $\sum F=0$ y $\sum M_A=0$

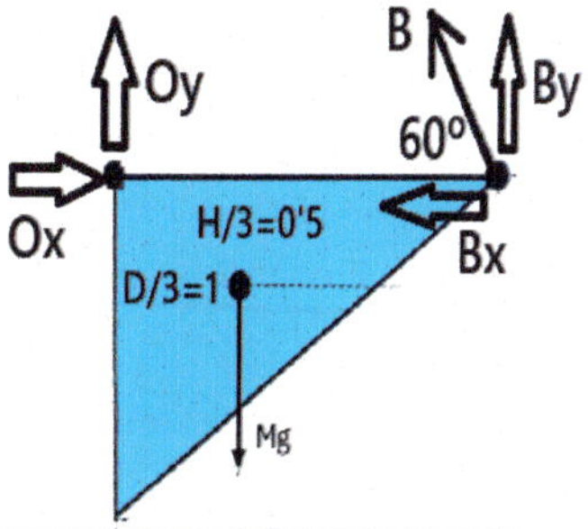

$\sum$**M_O=0** → –1*P+0*Bx+3*By=0

By=15*9'8/3=49 N

sen60º=By/B → B=49/sen60º=56'6 N

$\sum$**M_O=0** de otra manera: –1*P+3*B*sen60º=0

→ B=15*9'5/(3*sen630º)=56'58 N

cos60º=Bx/B → Bx=56'58*cos60º=28'3 N

$B=\sqrt{(Bx^2+By^2)}=\sqrt{(28'3^2+49^2)}=56'58$ N

b) $\sum$**F_X=0** → Ox–Bx=0 → Ox=Bx=28'3 N

$\sum$**F_Y=0** → Oy+By–P=0 → Oy=P–By=15*9'8–49=98 N

Reacción en O: $O=\sqrt{(Ox^2+Oy^2)}=\sqrt{(28'3^2+98^2)}=102$ N

c) Sección $S=\pi*d^2/4=\pi*0'005^2/4=19'6*10^{-6}$ m^2

$\sigma_{admisible}$=(F*coef.seguridad)/S=(56'58N*1'2)/(19'6*10^{-6}m^2) = 3'5*10^6 Pa =

= 3'5 MPa → Se elige un acero superior a este valor →

Acero A15 o superior (A20, A25, A30)

d) Ley le Hooke Ley de Hooke σ=є*E. Esta relación se cumple en la zona de línea o de proporcionalidad entre la tensión σ y la deformación unitaria є.

Madrid - 2025 - Junio - Ejercicio 3A

De la estructura articulada que se muestra en la figura, calcular:

a) Reacciones en los apoyos.

b) Esfuerzos axiles en las barras AB, AC y BC, indicando claramente si dichas barras se encuentran a tracción o a compresión.

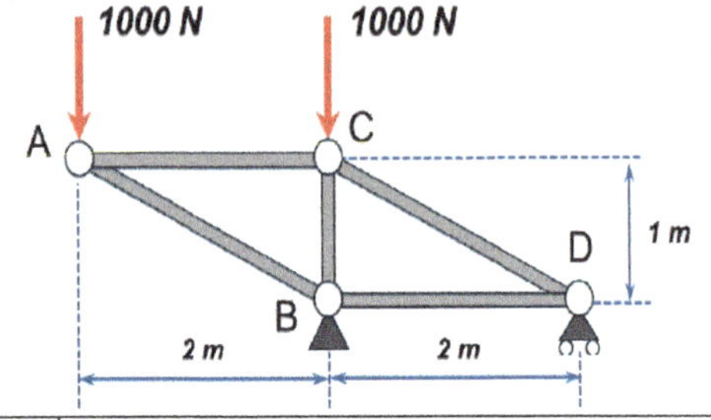

a) Diagrama de cuerpo libre.

Condiciones de equilibrio: $\sum F=0$ y $\sum M_B=0$

$\sum \mathbf{M_D=0}$ → $+2*Dy+0*1000+2*1000=0$

$Dy=-1000$ N

$\sum \mathbf{F_X=0}$ → $Bx=0$

$\sum \mathbf{F_Y=0}$ → $By+Dy-1000-1000=0$ →

$By=-Dy+2000=1000+2000=3000$ N

Reacción en B:

$B=\sqrt{(Bx^2+By^2)}=\sqrt{(0^2+3000^2)}=3000$ N

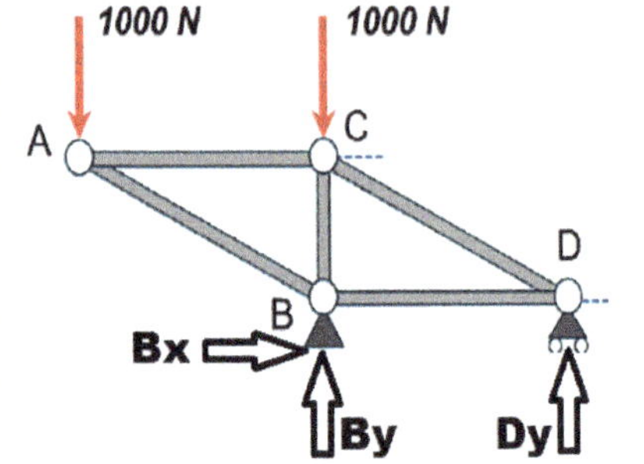

Método de los nudos: <u>Nudo A</u>

Longitud barra $Lab=\sqrt{(2^2+1^2)}=\sqrt{5}$

Ángulo(cab)=arcTg(1/2)=26,57º

$\sum \mathbf{F_Y=0}$ → $-Fab*sen26,57º-1000=0$

$Fab=-1000/sen26,57º=-2236$ N (compresión)

$\sum \mathbf{F_X=0}$ → $Fac+Fab*cos26,57º=0$

$Fac=2235,7*cos26,57º=2000$ N (tracción)

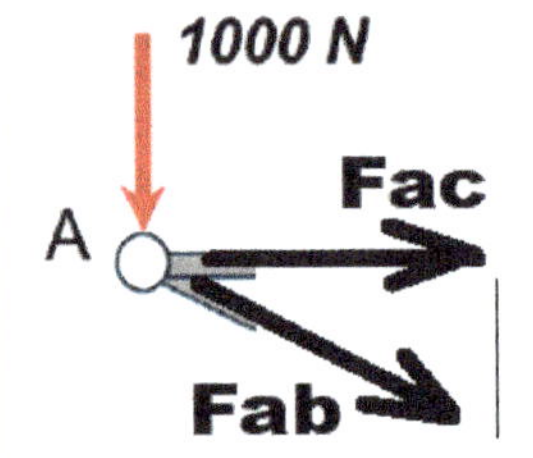

<u>Nudo C</u>:

$\sum \mathbf{F_X=0}$ → $-Fac+Fcd*cos26,57º=0$

$Fcd=2000/cos26,57º=2236$ N (tracción)

$\sum \mathbf{F_Y=0}$ → $-1000-Fbc-Fcd*sen26,57º=0$

$Fbc=-1000-2236*sen26,57º=-2000$ N (compresión)

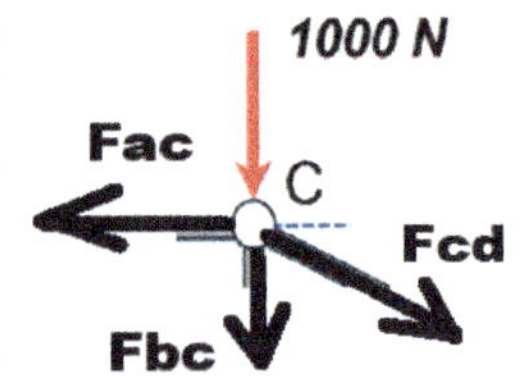

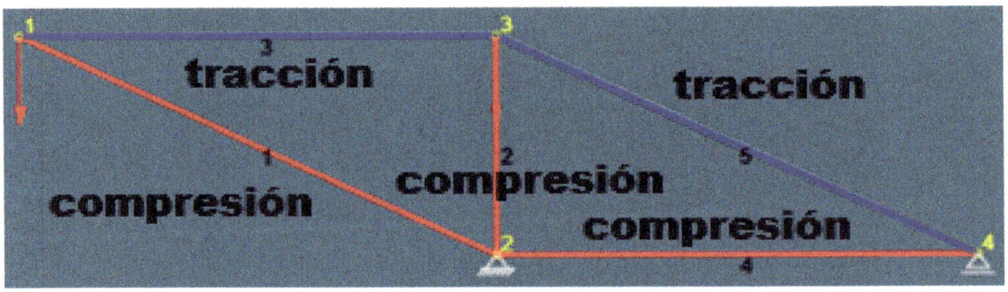

Castilla-León – 2025 - modelo de prueba - Cuestión 3

Explica las fuerzas y momentos que aparecen en las reacciones en un apoyo articulado, un apoyo fijo y un empotramiento.

Andalucía – 2025 - modelo de prueba - Ejercicio 1.A

b) Indicar qué tipo de apoyo usa la viga en cada una de las figuras y justificar los tipos de reacciones que pueden tener lugar en cada uno.

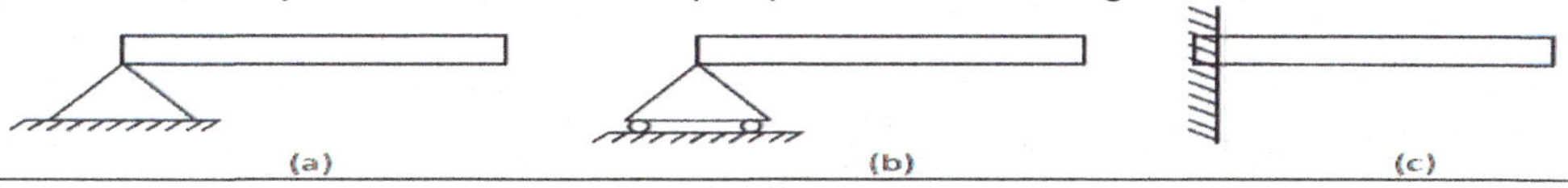

a) Apoyo articulado: se generan dos fuerzas de reacción (Ax, Ay).

b) Apoyo con deslizamiento: se genera una fuerza de reacción, que es perpendicular la superficie de deslizamiento (Ay).

c) Apoyo con empotramiento: se generan tres reacciones, dos son las fuerzas Ax y Ay, y un momento en el punto de empotramiento M_A.

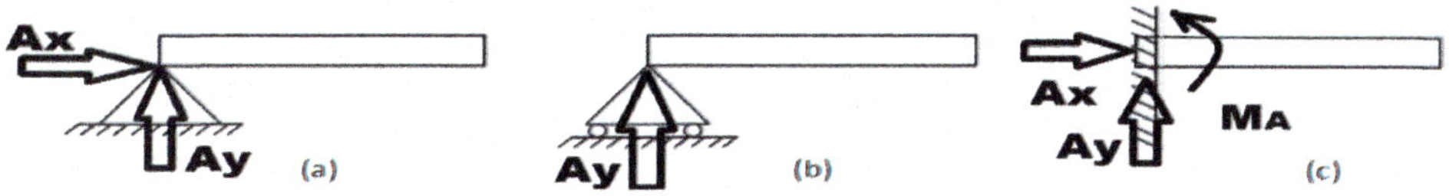

Castilla-León – 2025 - modelo de prueba - Problema 3

De la viga que se muestra en la figura:

a) Calcula las reacciones en los apoyos.

b) Calcula los momentos flectores y esfuerzos cortantes.

c) Representa diagramas del momento flector y del esfuerzo cortante.

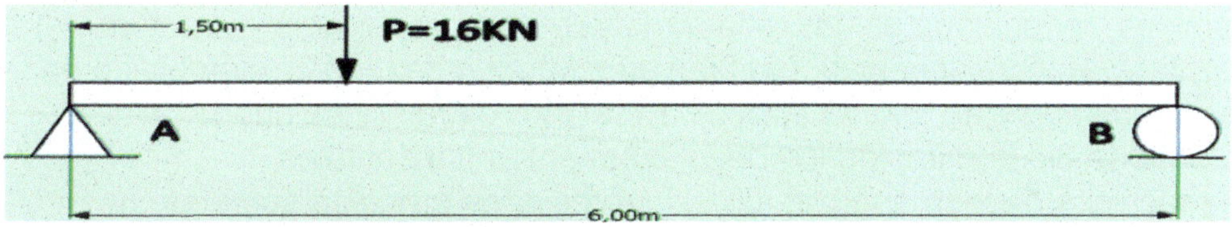

a) Cálculo de reacciones en apoyos.

Equilibro de momentos: $\sum \mathbf{M}_{\mathbf{puntoA}}=\mathbf{0}$ →

–(1,5m)*(16k)+(6m)*(By)=0 →

By=(1,5*16k)/6=4 kN

Equilibrio de fuerzas: $\sum \mathbf{F}=\mathbf{0}$

$\sum \mathbf{F_x}=0$ → Ax=0 → No hay esfuerzo axial

$\sum \mathbf{F_y}=0$ → Ay–16k+4k=0 → Ay=12 kN

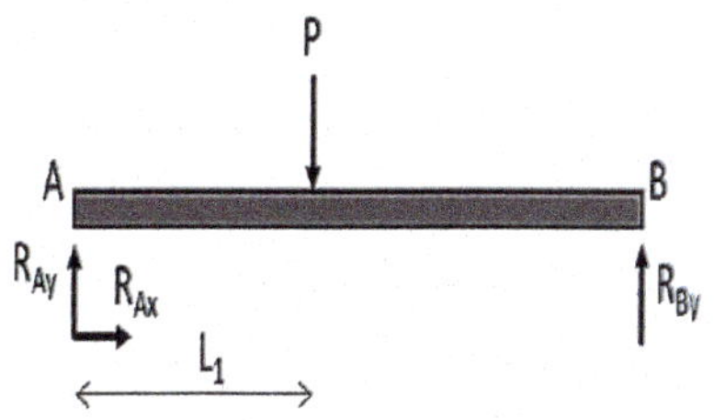

Cuerpo libre del tramo de viga 0<x<1,5m

Equilibrio de fuerzas cortantes: $\sum \mathbf{F}=\mathbf{0}$ (↑V↓)

12kN–V=0 → V=12 kN

Equilibrio de momentos: $\sum \mathbf{M}_{\mathbf{puntoDeCorte}}=\mathbf{0}$

–(x)*(12k)+M=0 → M=12.000*x (N*m)

V=dM/dx=12 kN

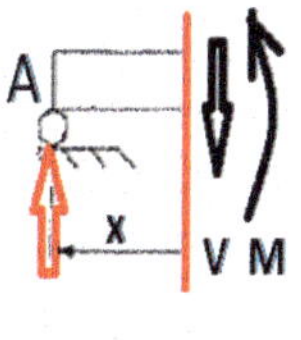

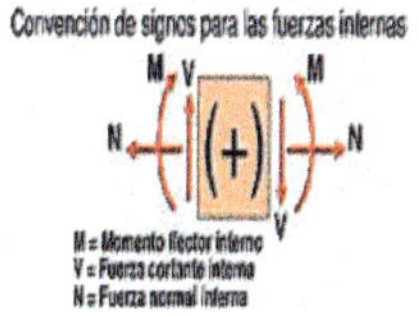

Cuerpo libre del tramo de viga 1,5<x<6m

Equilibrio de fuerzas cortantes: $\sum \mathbf{F}=\mathbf{0}$ (↑V↓)

12k–16k–V=0 → V=–4 kN

Equilibrio de momentos: $\sum \mathbf{M}_{puntoDeCorte}=\mathbf{0}$

–(x)*(12k)+(x–1,5)*(16k)+M=0 →

M=24.000–4.000*x (N*m)

V=dM/dx=–4 kN

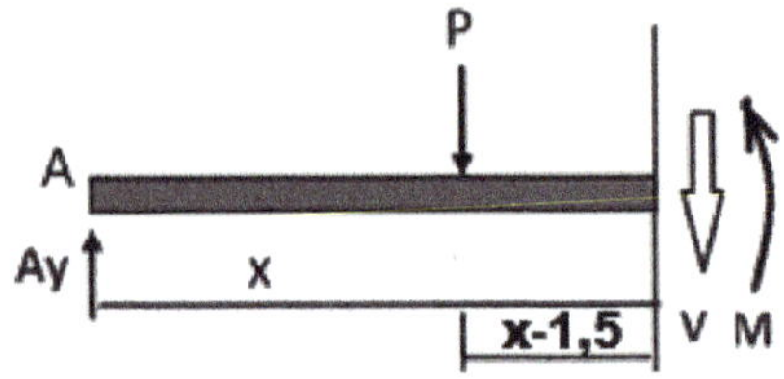

Diagrama de esfuerzos cortantes

0<x<1,5m V=+12.000 N

1,5<x<6m V=–4.000 N

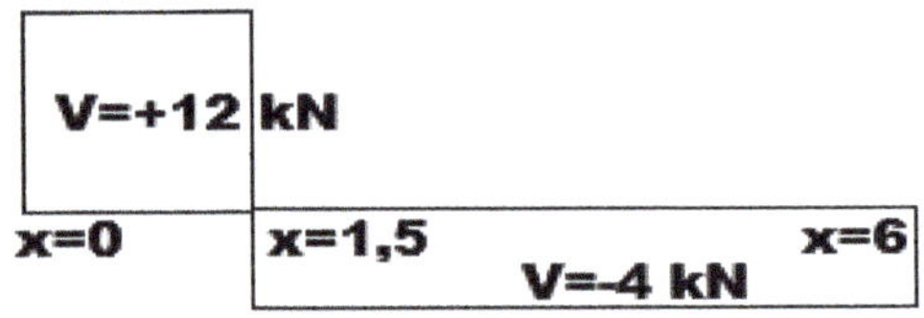

Diagrama de momentos flectores

0<x<1,5m M=+12.000*x

x=0 M=0

x=1,5 M=12.000*1,5=18.000 N*m

1,5<x<6m M=24.000–4.000*x

x=1,5 M=24k–4k*1,5=18.000 N*m

x=6 M=24k–4k*6=0

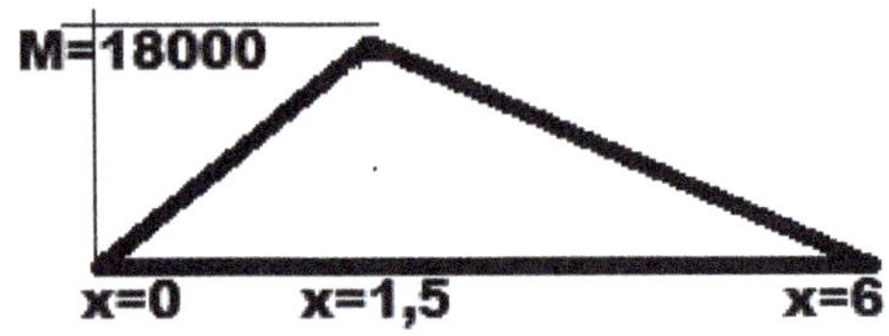

Galicia – 2025 - Junio - Problema 1

La imagen muestra un soporte tipo rodillo en un puente, diseñado para permitir desplazamientos horizontales en la estructura. Esto facilita la liberación de energía generada por el tráfico de vehículos y los eventos sísmicos, reduciendo así los esfuerzos que debe soportar la estructura del puente y, en consecuencia, también su costo. La imagen 2ª ejemplifica un posible uso de este tipo de apoyos. En el otro extremo, se puede colocar un soporte fijo que impida los desplazamientos horizontales.

Los técnicos desean analizar los esfuerzos a los que está sometido un tramo del puente, por lo que han recurrido a la normativa de construcción, la cual establece las condiciones de carga y los métodos de ensayo. La imagen 3ª muestra una de las comprobaciones realizadas.

Para llevar a cabo la simulación, se ha supuesto que el tramo tiene una longitud total de 100 metros y que los soportes se encuentran en sus extremos. La carga, representada por camiones cargados y muy próximos entre sí, se modela como una carga uniforme distribuida de 60 kN/m. Este conjunto estará sostenido por dos pilares en los extremos; sin embargo, en esta etapa del análisis, solo se considerará el segmento de la calzada, sin incluir el estudio de los pilares.

1) Realice un esquema de la estructura y cargas soportadas.
2) Para el modelo seleccionado calcule las reacciones en los apoyos.
3. Indique analíticamente y grafique las ecuaciones de los esfuerzos cortantes sobre la estructura.
4. Indique analíticamente y grafique las ecuaciones de los momentos flectores sobre la estructura.

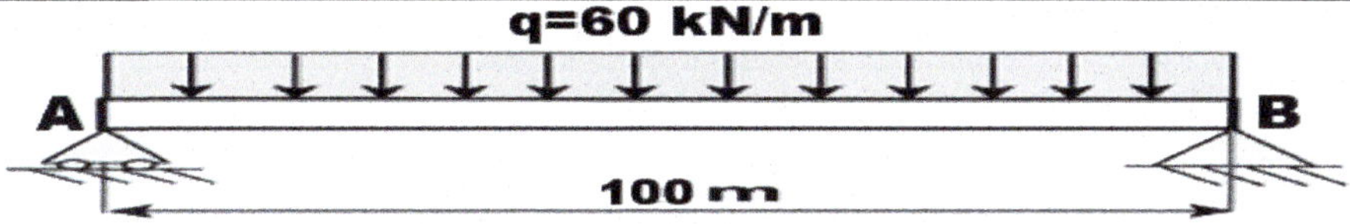

1)

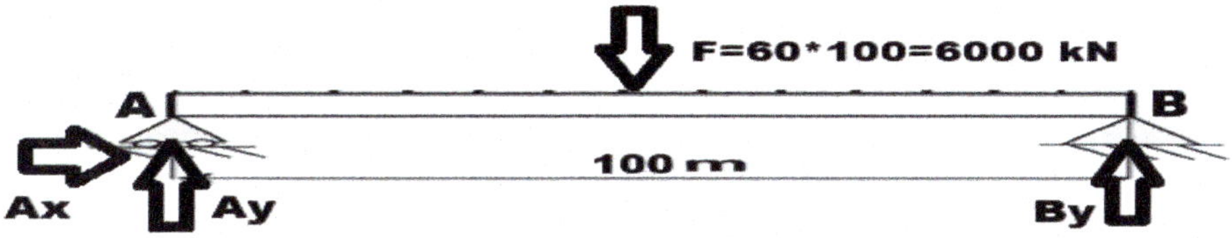

2)
Diagrama de cuerpo libre.
Condiciones de equilibrio: $\sum F=0$ y $\sum M_A=0$

$\sum \mathbf{M_A=0}$ → $-50*6000+100*By=0$ → By=3.000 kN

$\sum \mathbf{F_X}=0$ → Ax=0

$\sum \mathbf{F_Y}=0$ → Ay+By–6.000=0 → Ay=6.000–3.000=3.000 kN

Cuerpo libre del segmento de viga 0<x<100

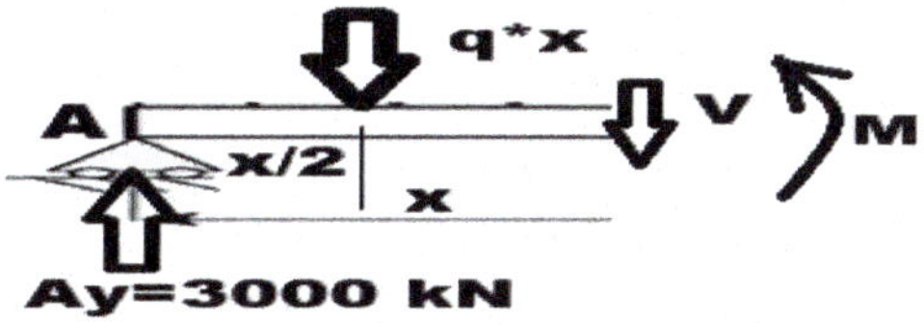

Equilibrio de fuerzas: $\sum \underline{\mathbf{F}}=\underline{\mathbf{0}}$
(↑V↓)
Ay–q*x–V=0 →
V=Ay–q*x=3000–60*x kN
En x=0 V=3000 kN
En x=50m V=0
En x=100 m V=–3000 kN

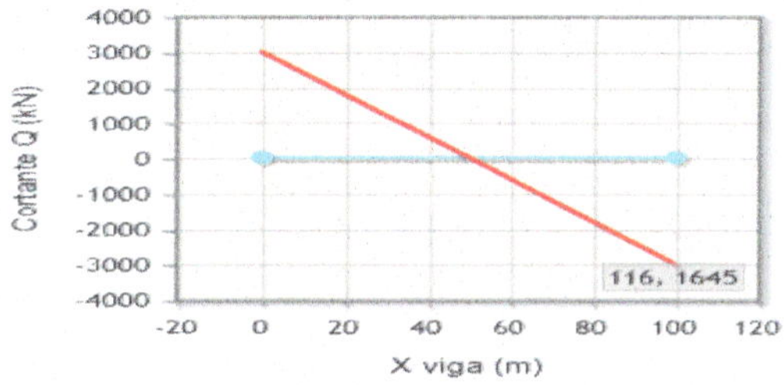

Equilibrio de momentos:
$-(x)*Ay+(x/2)*(60*x)+M=0$
$M=3000*x-30*x^2$ kN*m
En x=0 M=0
En x=50m M=+75.000 kN/m
En x=100 m M=0

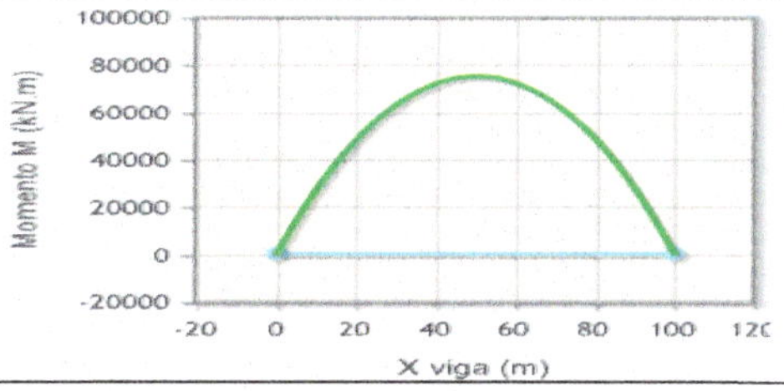

Castilla-León - 2025 - Junio - 2.A

La viga de la figura tiene las dos fuerzas aplicadas que se indican.

a) Calcular las reacciones en los apoyos.

b) Calcular los esfuerzos cortantes y momentos flectores.

c) Representar diagramas de esfuerzos cortantes y de momentos flectores.

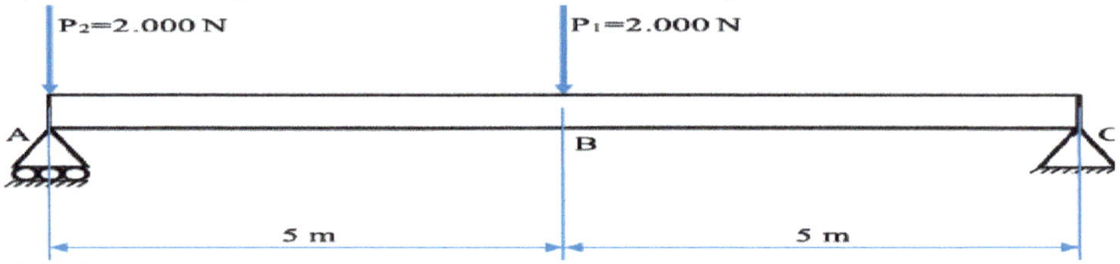

a) Cálculo de reacciones en apoyos mediante el diagrama del cuerpo libre de la viga.

Equilibrio de momentos: ∑**M**puntoA=**0** →

–(5m)*(2kN)+(10m)*(Cy)=0 → Cy=(5*2k)/10=1kN

Equilibrio de fuerzas: ∑**F**=**0**

∑**F**x=0 → Ax=0 → No hay esfuerzos axiales

∑**F**y=0 → Ay–2k–2k+1k=0 → Ay=3 kN

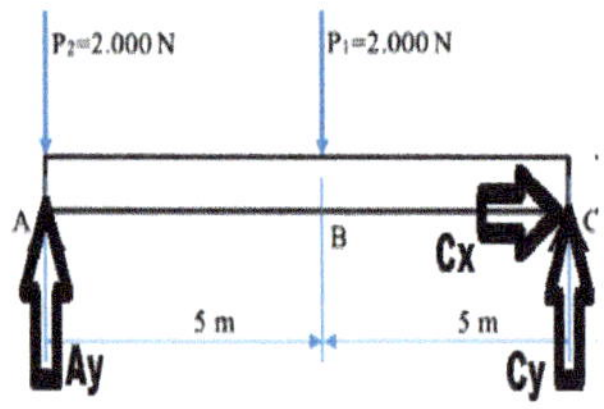

Cuerpo libre del segmento de viga 0m<x<5m

Equilibrio de fuerzas cortantes: ∑**F**=**0** (↑V↓)

3kN–2kN–V=0 → V=1000 N

Equilibrio de momentos: ∑**M**puntoDeCorte=**0** horario(–)

antihor (+) –(x)*(3k)+(x)*(2k)+M=0 → M=1000*x

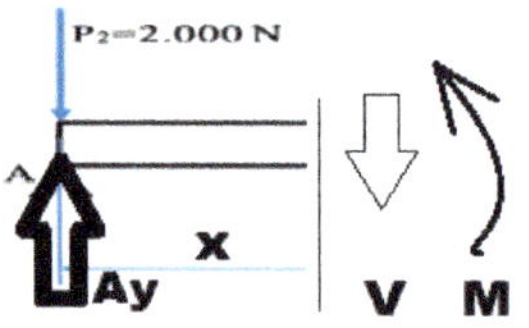

Cuerpo libre del segmento de viga 5m<x<10m

Equilibrio de fuerzas cortantes: ∑**F**=**0** (↑V↓)

3kN–2kN–2kN–V=0 → V=–1000 N

Equilibrio de momentos: ∑**M**puntoDeCorte=**0**

–(x)*(3k)+(x)*(2k)+(x–5)*(2k)+M=0 →

M=10.000–1000*x

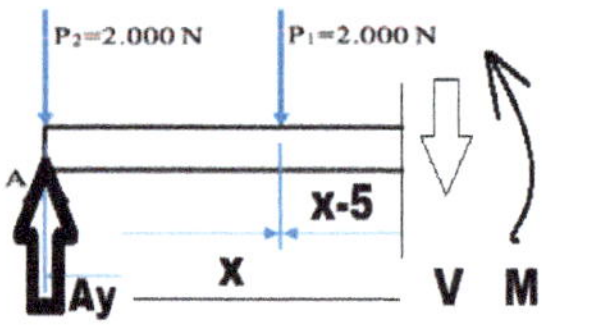

Diagrama de esfuerzos cortantes

0<x<5m V=+1000 N

5<x<10m V=–1000 N

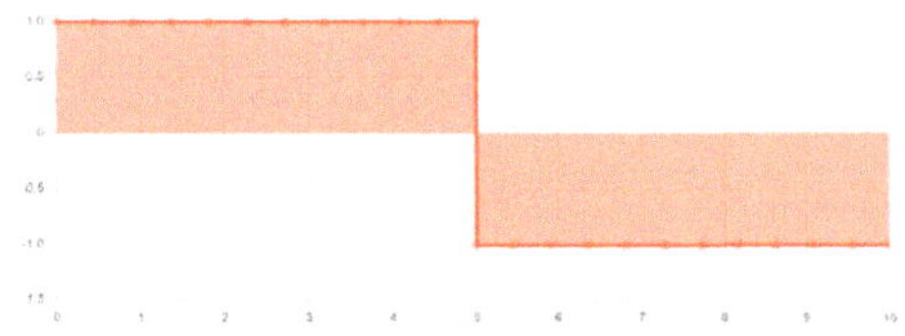

Diagrama de momentos flectores

0<x<5m M=+1000*x

x=0 M=0

x=0 M=1000*5=5000 N*m

5<x<10m M=10.000–1000*x

x=5 M=10k-1000*5=5000 N*m

x=10 M=10k-1000*10=0 N*m

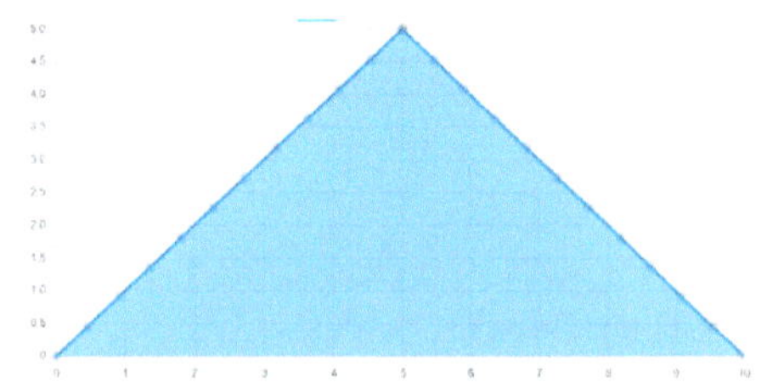

Andalucía – 2025 - modelo de prueba - Ejercicio 1.B

a) Indicar de qué tipo son los apoyos de la viga de la figura.
b) Calcular las reacciones de los apoyos de la viga.
c) Definir la resiliencia de un material y explicar el procedimiento de ensayo que se usa para medirla.

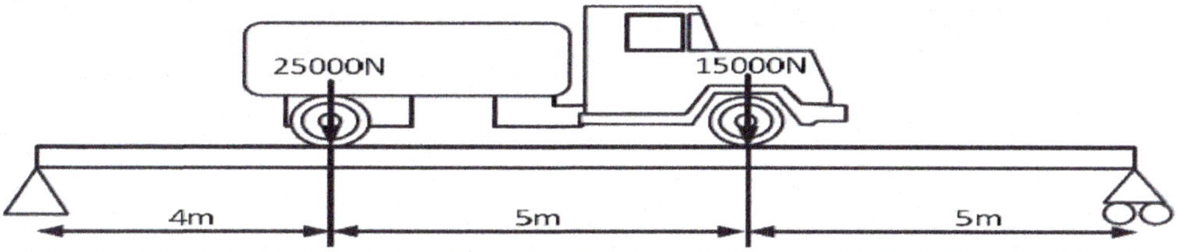

a) Cálculo de reacciones en apoyos.
Equilibro de momentos: $\sum \mathbf{M}_{\mathbf{puntoA}}=\mathbf{0}$ →
–(4m)*(25k)–(9m)*(15k)+(14m)*(Dy)=0 →
Dy=(4*25k+9*15)/14=16.786 N
Equilibro de fuerzas: $\sum \mathbf{F}=\mathbf{0}$
$\sum F_x=0$ → Ax=0 → No hay esfuerzos axiales
$\sum F_y=0$ → Ay–25k–15k+16.786=0 → Ay=23.214 N

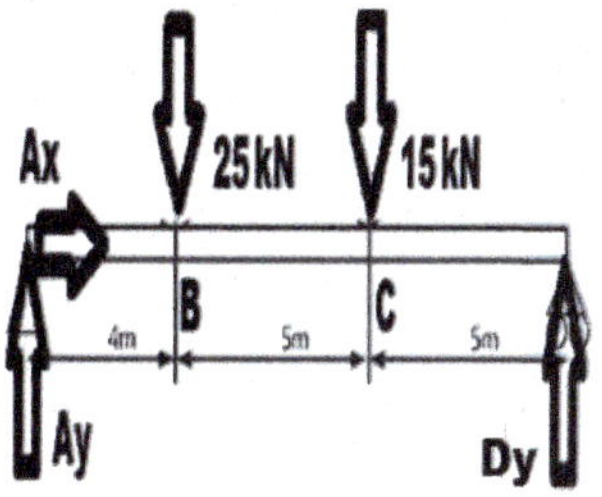

Cuerpo libre del segmento de viga 0m<x<4m
$\sum \mathbf{F}=\mathbf{0}$ → 23.214–V=0 → V=23.214 N
$\sum \mathbf{M}_{\mathbf{puntoCorte}}=\mathbf{0}$ –(x)*(23.214k)+M=0 → M=23.214*x

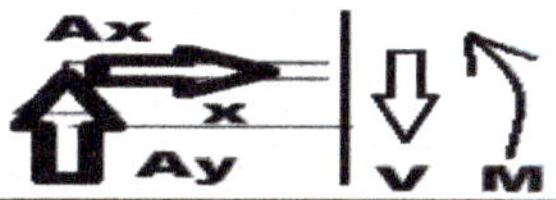

Cuerpo libre del segmento de viga 4m<x<9m
$\sum \mathbf{F}=\mathbf{0}$ → 23.214–25.000–V=0 → V=–1.786 N
$\sum \mathbf{M}_{\mathbf{puntoCorte}}=\mathbf{0}$ –(x)*(23.214)+(x-4)*(25.000)+M=0
→ M=100.000–1.786*x

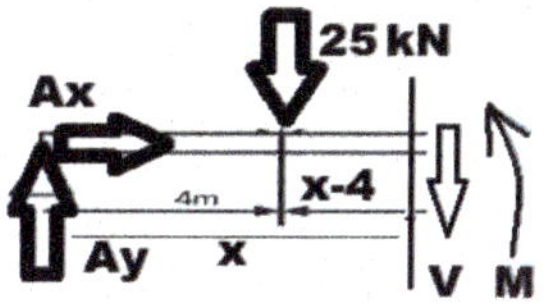

Cuerpo libre del segmento de viga 9m<x<14m
$\sum \mathbf{F}=\mathbf{0}$ → 23.214–25k–15k–V=0 → V=–16.786 N
$\sum \mathbf{M}_{\mathbf{ptoCorte}}=\mathbf{0}$ -(x)*(23k)+(x-4)*(25k)+(x-9)*15k+M=0
→ M=235.000–16.786*x

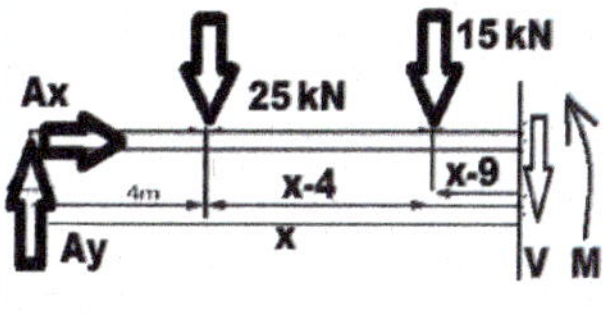

Diagrama de esfuerzos cortantes
0<x<4m V=+23.214 N
4<x<9m V=–1.0786 N
9<x<14m V=–16.786 N

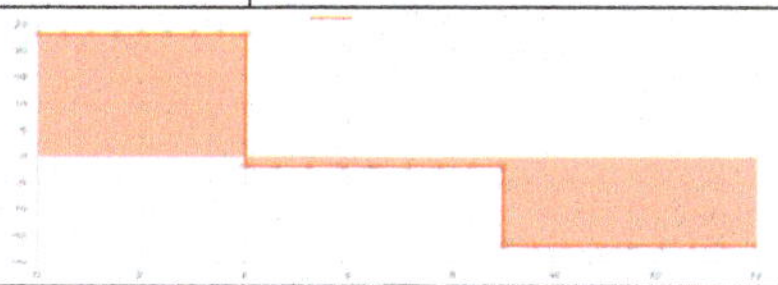

Diagrama de momentos flectores
0<x<4m M=23.214*x N
x=0 M=0, x=4 M=92.856 N
4<x<9m M=100.000–1786*x N
x=4 M=92.856, x=9 M=83.926
9<x<14 M=235.000–16.786*x
x=9 M=83.926 N*m, x=14 M=0

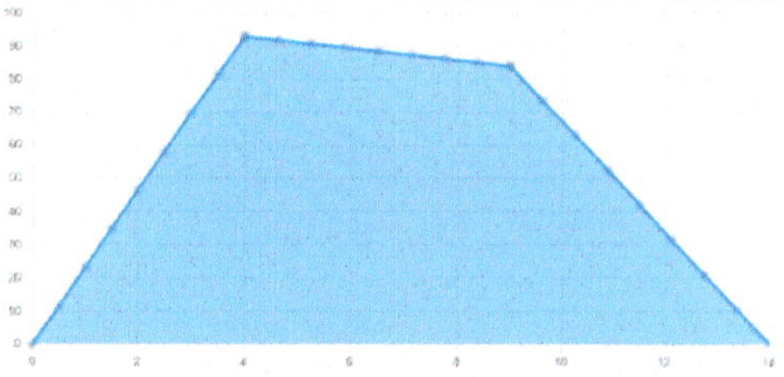

Castilla-La Mancha -2025-Junio-2A

Dada la viga simplemente apoyada con las cargas puntuales F1 y F2.

a) Calcular reacciones en los apoyos.

b) Hallar y representar diagramas de momento flector y esfuerzo cortante.

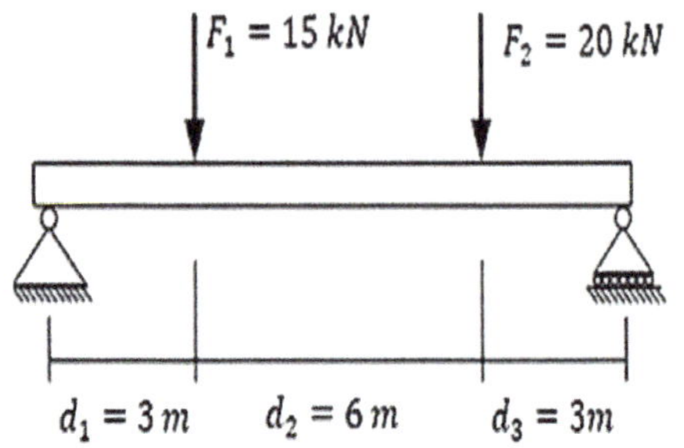

a) Cálculo de reacciones en apoyos.

Equilibrio de momentos: $\sum \mathbf{M}_{\mathbf{puntoA}}=\mathbf{0}$ →
–(3m)*(15k)–(9m)*(20k)+(12m)*(Dy)=0
→ Dy=(3*15k+9*20)/12=18.750 N

Equilibrio de fuerzas: $\sum \mathbf{F}=\mathbf{0}$

$\sum \mathbf{F_x}=0$ → Ax=0 → No hay esfuerzo axial

$\sum \mathbf{F_y}=0$ → Ay–15k–20k+18,75k=0 →
Ay=16.250 N

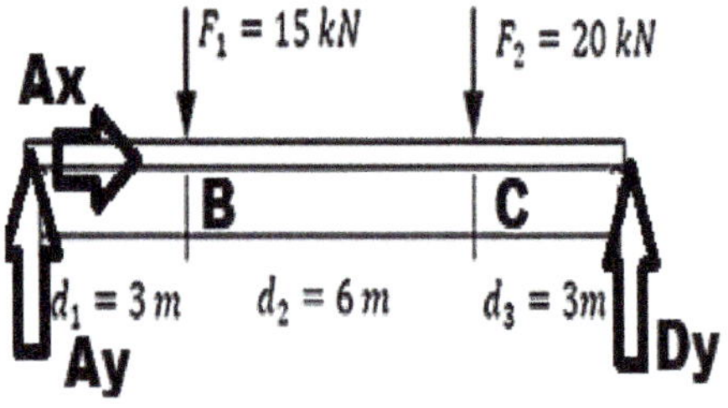

b) Esfuerzos cortantes y momentos flectores:

Tramo 0<x<3m

$\sum \mathbf{F}=\mathbf{0}$ 16.250–V=0 → V=16.250 N

$\sum \mathbf{M}_{\mathbf{puntoCorte}}=\mathbf{0}$ –(x)*(16.250)+M=0 → M=16.250*x

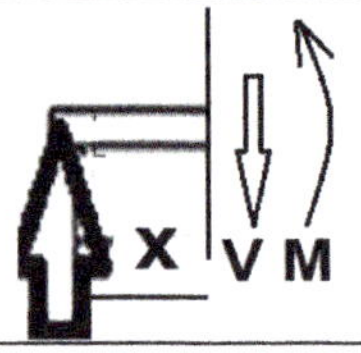

Tramo 3m<x<9m

$\sum \mathbf{F}=\mathbf{0}$ → 16,25k–15k–V=0 → V=1.250 N

$\sum \mathbf{M}_{\mathbf{puntoCorte}}=\mathbf{0}$ –(x)*(16,25k)+(x-3)*15k+M=0
→ M=45.000+1.250*x

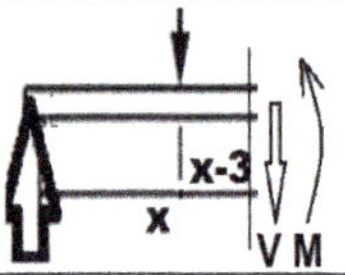

Tramo 3m<x<9m

$\sum \mathbf{F}=\mathbf{0}$ → 16,25k–15k–20k–V=0 → V=–18.750 N

$\sum \mathbf{M}_{\mathbf{puntoCorte}}=\mathbf{0}$ -(x)*(16,25k)+(x-3)*15k+(x-9)*20k+M=0
M=225.000–18.750*x

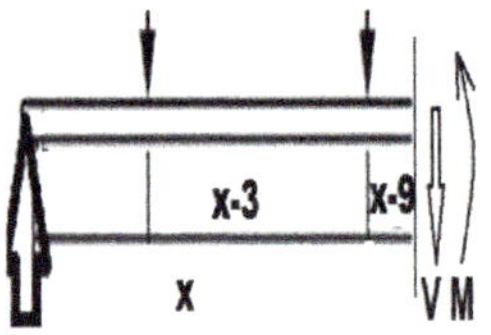

Diagrama de esfuerzos cortantes:

0<x<3m V=16.250 N

3m<x<9m V=1.250 N

9m<x<12m V=–18.750 N

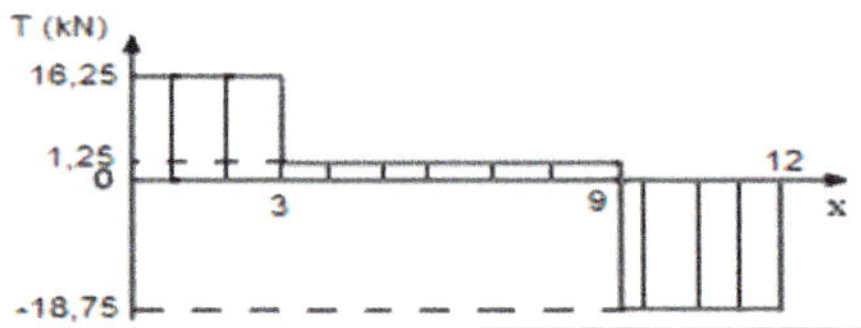

Diagrama de momentos flectores:

0m<x=3m M=16.250*x
$M_{x=0}$=0 N*m, $M_{x=3}$=48.750 N*m

3<x=9m M=45.000+1.250*x
$M_{x=3}$=48.750, $M_{x=9}$=56.250 N*m

9m<x<12m M=225.000–18.750*x
$M_{x=9}$=56.250, $M_{x=12}$=0 N*m

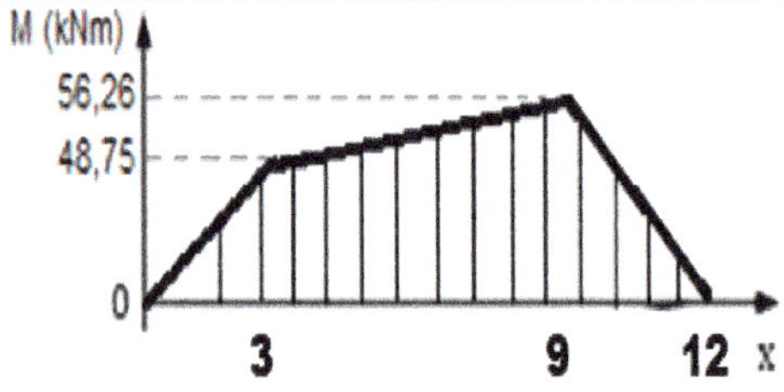

Cantabria y Murcia - 2025 - modelo - 2

Analizar una viga. Se pide calcular:
1) Reacciones en los apoyos (en N).
2) Diagrama de cortantes en cada tramo.
3) Diagrama de momentos flectores, indicando en qué x está el máximo.

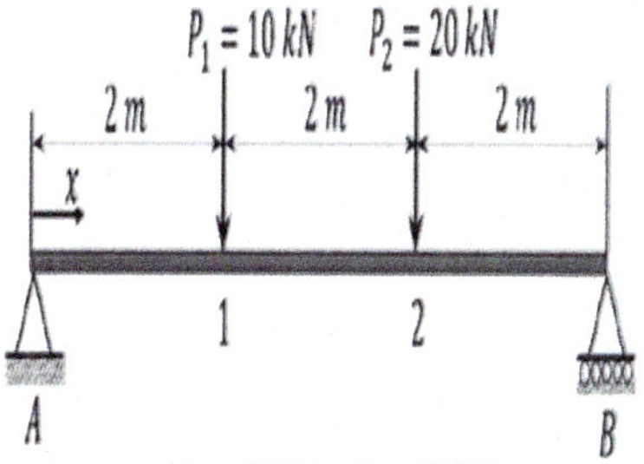

1) Cálculo de reacciones en apoyos.

Equilibrio de momentos: **∑M$_{puntoA}$=0** →
–(2m)*(10k)–(4m)*(20k)+(6m)*(By)=0
→ By=(2*10k+4*20)/6=16.667 N

Equilibrio de fuerzas: **∑F=0**
∑F$_x$=0 → Ax=0 → No hay esfuerzo axial
∑F$_y$=0 → Ay–10k–20k+16.667=0 →
Ay=13.333 N

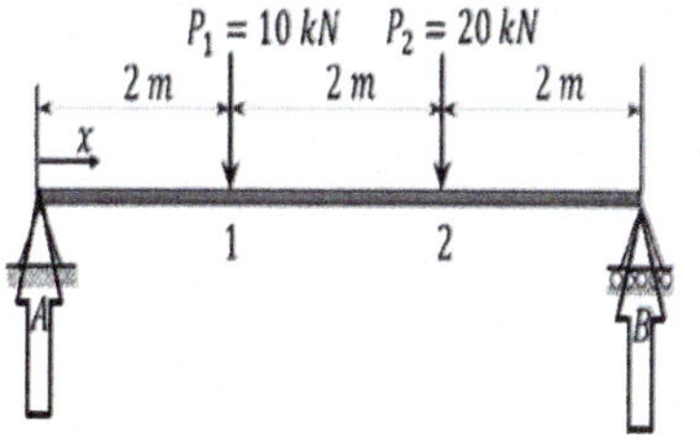

2y3) Esfuerzos cortantes y momentos flectores:

Tramo 0<x<2m
∑F=0 13.333–V=0 → V=13.333 N
∑M$_{puntoCorte}$=0 –(x)*(13.333)+M=0 → M=13.333*x

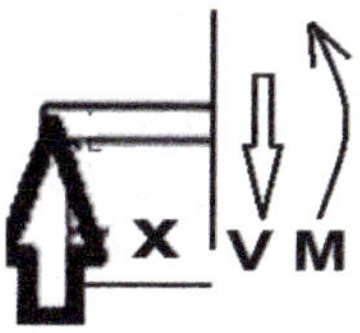

Tramo 2m<x<4m
∑F=0 → 13.333–10k–V=0 → V=3.333 N
∑M$_{puntoCorte}$=0 –(x)*(13.333)+(x-2)*10k+M=0
→ M=20.000+3.333*x

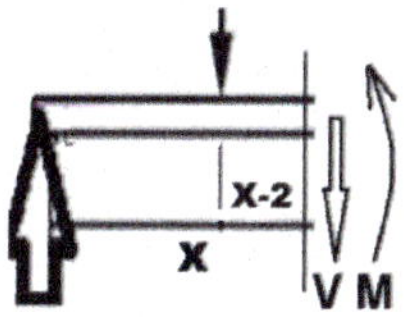

Tramo 3m<x<9m
∑F=0 → 13.333–10k–20k–V=0 → V=–16.667 N
∑M$_{puntoCorte}$=0 -(x)*(13k)+(x-2)*10k+(x-4)*20k+M=0
M=100.000–16.667*x

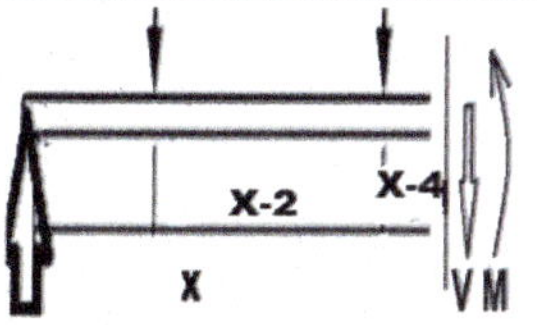

Diagrama de esfuerzos cortantes:
0<x<2m V=13.333 N
2m<x<4m V=3.333 N
4m<x<6m V=–16.667 N

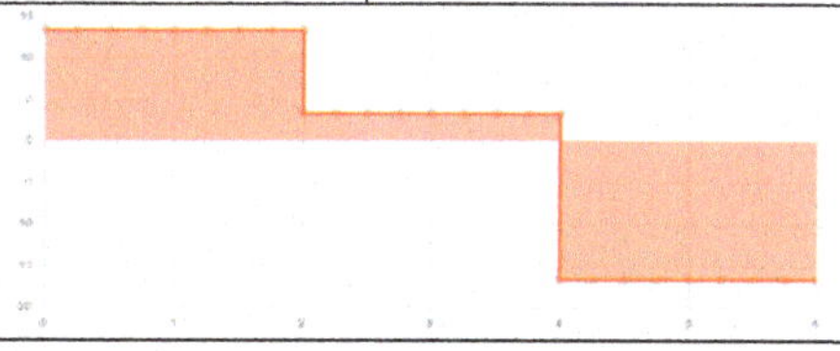

Diagrama de momentos flectores:
0m<x=2m M=13.333*x
$M_{x=0}$=0 N*m, $M_{x=2}$=26.666 N*m
2<x<4m M=20.000+3.333*x
$M_{x=2}$=26.666, $M_{x=4}$=33.333 N*m
4m<x<6m M=100.000–16.667*x
$M_{x=4}$=33.333, $M_{x=6}$=0 N*m

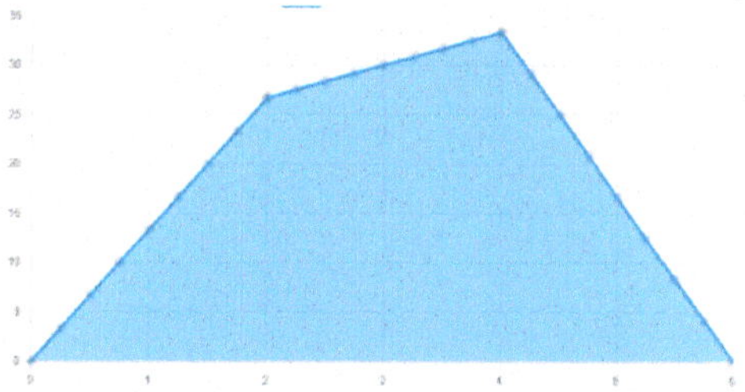

Navarra - 2025 - Junio - 1

Para la viga de figura calcular:
a) Reacciones en los apoyos.
b) Ecuaciones y diagramas de momento flector y esfuerzo cortante.
P1=P2=5kN, AB=CD=2m, AD=7m.

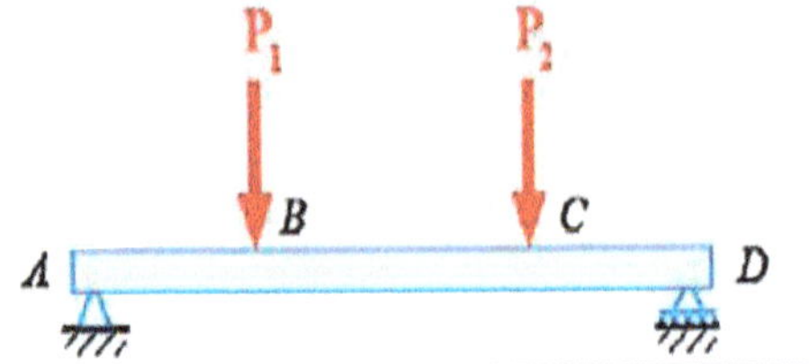

1) Cálculo de reacciones en apoyos.

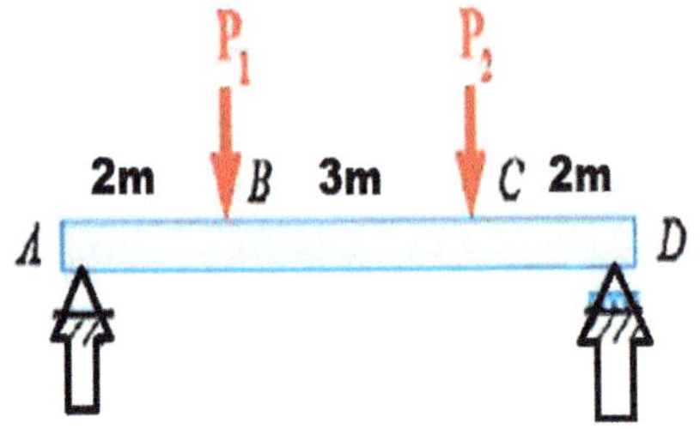

Equilibro de momentos: $\sum \mathbf{M}_{puntoA}=\mathbf{0}$ →
–(2m)*(5k)–(3m)*(5k)+(7m)*(Dy)=0
→ Dy=(2*5k+3*5k)/7=5 kN

Equilibro de fuerzas: $\sum \mathbf{F}=\mathbf{0}$
$\sum F_x=0$ → Ax=0 → No hay esfuerzo axial
$\sum F_y=0$ → Ay–5k–5k+5k=0 → Ay=5 kN

2y3) Esfuerzos cortantes y momentos flectores:

Tramo 0<x<2m

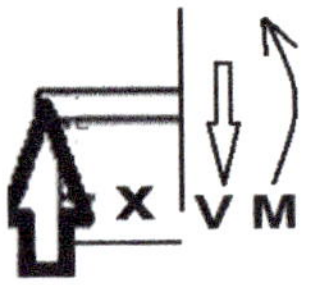

$\sum \mathbf{F}=\mathbf{0}$ 5k–V=0 → V=5 kN
$\sum \mathbf{M}_{puntoCorte}=\mathbf{0}$ –(x)*(5k)+M=0 → M=5.000*x

Tramo 2m<x<5m

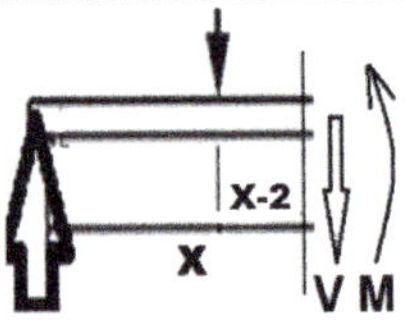

$\sum \mathbf{F}=\mathbf{0}$ → 5k–5k–V=0 → V=0 N
$\sum \mathbf{M}_{puntoCorte}=\mathbf{0}$ –(x)*(5k)+(x-2)*5k+M=0
→ M=10.000 N*m

Tramo 5m<x<7m

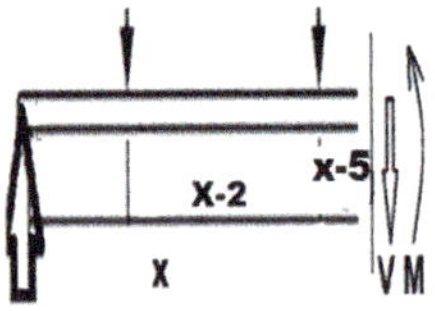

$\sum \mathbf{F}=\mathbf{0}$ → 5k–5k–5k–V=0 → V=–5 kN
$\sum \mathbf{M}_{puntoCorte}=\mathbf{0}$ -(x)*(5k)+(x-2)*5k+(x-5)*5k+M=0
M=35.000–5.000*x

Diagrama de esfuerzos cortantes:
0<x<2m V=5 kN
2m<x<5m V=0 N
5m<x<7m V=–5 kN

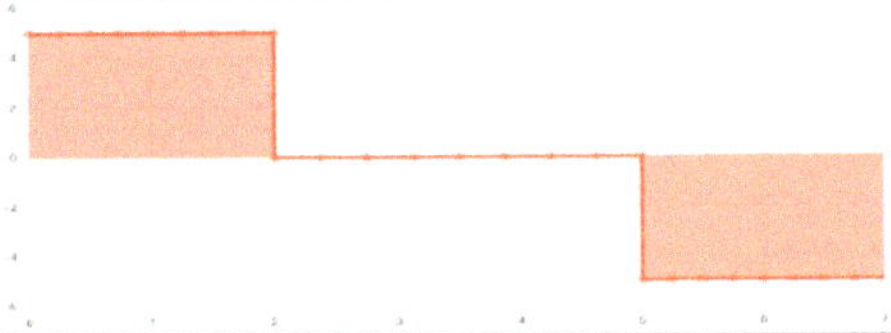

Diagrama de momentos flectores:
0m<x=2m M=5.000*x
$M_{x=0}$=0 N*m, $M_{x=2}$=10 kN*m
2<x<5m M=10.000 N/m
$M_{x=2}=M_{x=4}$=10 kN*m
5m<x<7m M=35.000–5.000*x
$M_{x=5}$=10 kN*m, $M_{x=7}$=0 N*m

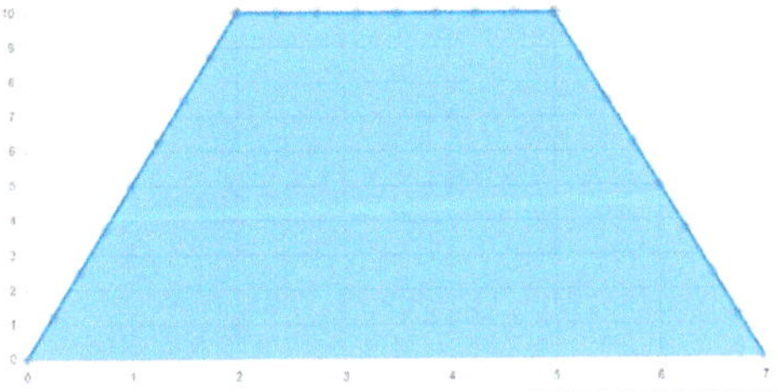

Baleares - 2025 - Junio - 2.B

En la siguiente figura, la viga horizontal de 12 metros de largo soporta una estructura formada por dos pilares que aguantan una losa de hormigón. Encima de la losa se sitúa un coche, y la masa total combinada del coche y la losa de hormigón es de 2000 kg. El centro de masas del sistema (coche + losa) está ubicado justo en medio de la losa de hormigón. Calcular:

a) Fuerzas de reacción de los soportes de la viga horizontal.
b) Representa el diagrama de esfuerzos cortantes e indica sus valores.
c) Representa el diagrama de momentos flectores e indica sus valores.

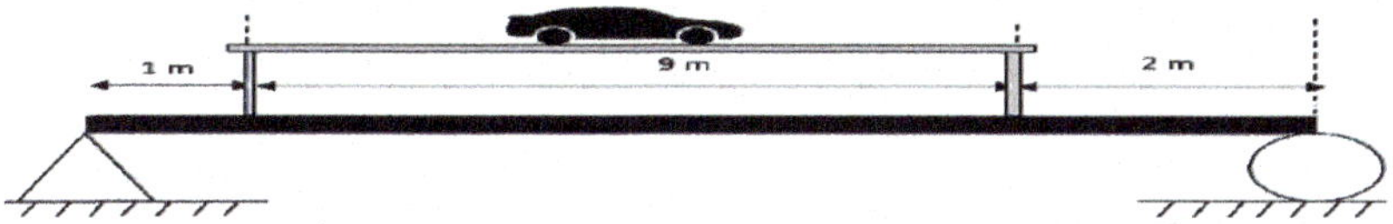

1) Equilibro de momentos: $\sum \mathbf{M_{puntoA}}=\mathbf{0}$ →
–(1m)*(9,81k)–(10m)*(9,81k)+(12m)*(Dy)=0
→ Dy=(1*9,81k+10*9,81k)/12=8.993 N
Equilibro de fuerzas: $\sum \mathbf{F}=\mathbf{0}$
$\sum F_x$=0 → Ax=0 → No hay esfuerzo axial
$\sum F_y$=0 → Ay–9,8k–9,8+8.983=0 →Ay=10.627N

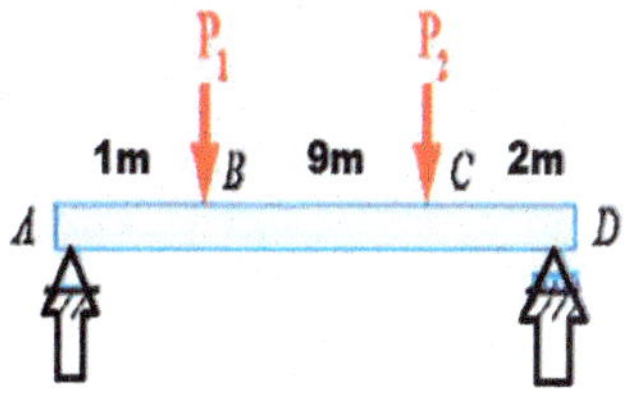

2y3) Esfuerzos cortantes y momentos flectores:
Tramo 0<x<1m
$\sum \mathbf{F}=\mathbf{0}$ 10.627–V=0 → V=10.627 N
$\sum \mathbf{M_{puntoCorte}}=\mathbf{0}$ –(x)*(10.627)+M=0 → M=10.627*x

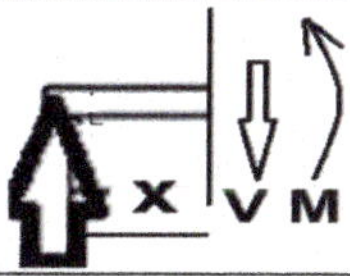

Tramo 1m<x<10m
$\sum \mathbf{F}=\mathbf{0}$ → 10.627–9.810–V=0 → V=817 N
$\sum \mathbf{M_{puntoCorte}}=\mathbf{0}$ –(x)*(10.627)+(x-1)*9.810+M=0
→ M=9.810+817*x N*m

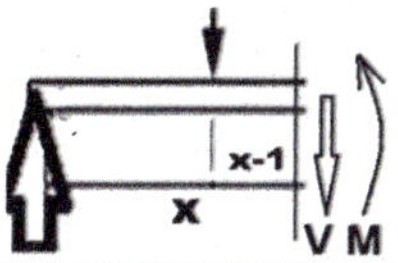

Tramo 10m<x<12m
$\sum \mathbf{F}=\mathbf{0}$ → 5k–5k–5k–V=0 → V=–5 kN
$\sum \mathbf{M_{puntoCorte}}=\mathbf{0}$
-(x)*(10.627)+(x-1)*9810+(x-10)*9810+M=0
M=9810+817*x–(x-10)*9810=107.910–8993*x

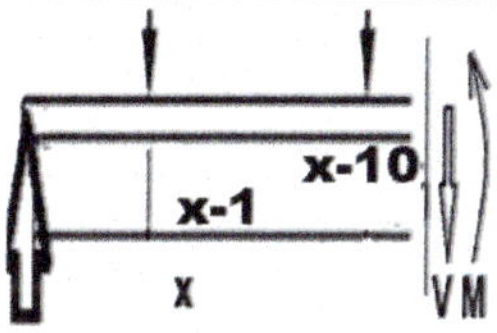

Diagrama de esfuerzos cortantes:
0m<x<1m V=10.627 N
1m<x<10m V=0 N
10m<x<12m V=–5 kN

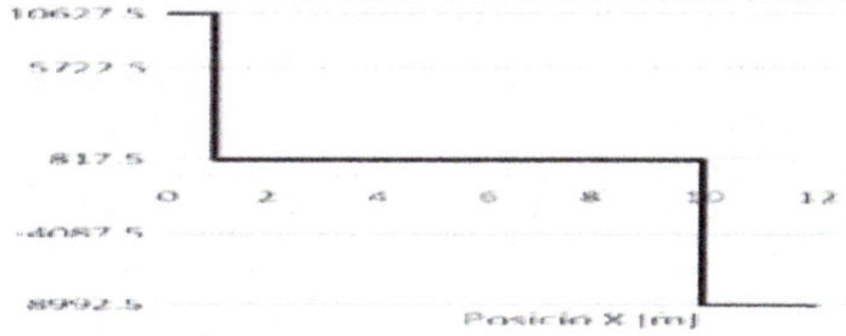

Diagrama de momentos flectores:
0m<x<1m M=10.627*x
$M_{x=0}$=0 N*m, $M_{x=1}$=10.627 N*m
1m<x<10m M=9.810+817*x N/m
$M_{x=1}$=10.627, $M_{x=10}$=17.980 N*m
10m<x<12m M=107.910–8993*x
$M_{x=10}$=17.980 N*m, $M_{x=12}$=0 N*m

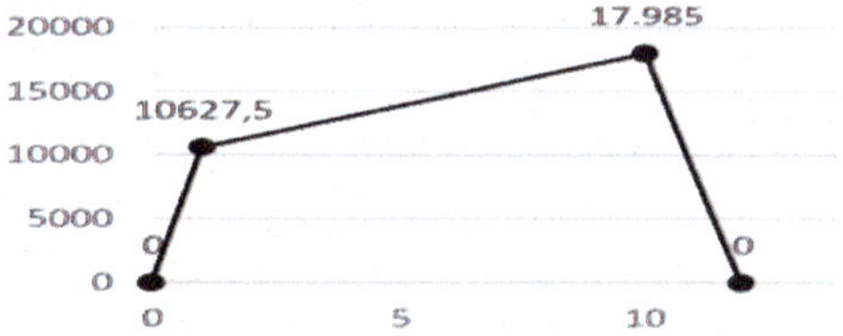

Madrid - 2025 - Junio - UC3M - 3.1

De la viga de la figura, calcule:

a) Reacciones en los apoyos.

b) Diagramas de esfuerzos cortantes y momentos flectores.

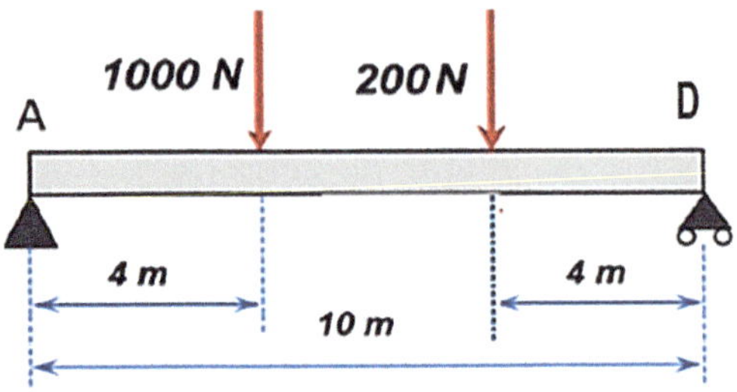

a) Cálculo de reacciones en apoyos.

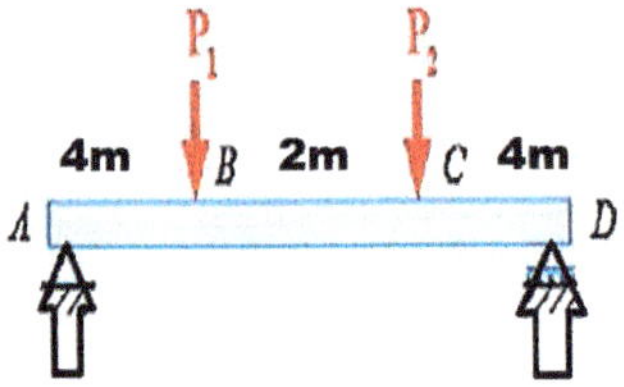

Equilibro de momentos: $\sum \mathbf{M}_{\mathbf{puntoA}}=\mathbf{0}$ →

–(4m)*(1k)–(6m)*(200)+(10m)*(Dy)=0

→ Dy=(4*1.000+6*200)/10=520 N

Equilibrio de fuerzas: $\sum \mathbf{F}=\mathbf{0}$

$\sum \mathbf{F}_x$=0 → Ax=0 → No hay esfuerzo axial

$\sum \mathbf{F}_y$=0 → Ay–1000–200+520=0 →Ay=680 N

b) Esfuerzos cortantes y momentos flectores:

Tramo 0<x<4m

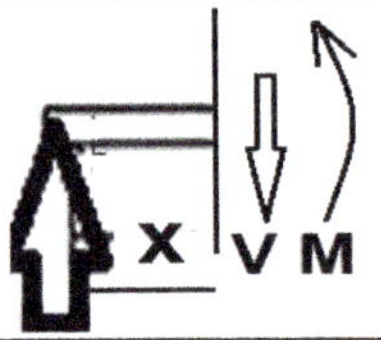

$\sum \mathbf{F}=\mathbf{0}$ 680–V=0 → V=680 N

$\sum \mathbf{M}_{\mathbf{puntoCorte}}=\mathbf{0}$ –(x)*(680)+M=0 → M=680*x

Tramo 4m<x<6m

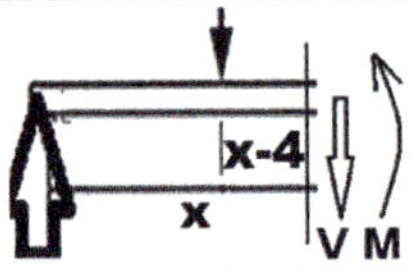

$\sum \mathbf{F}=\mathbf{0}$ → 680–1000–V=0 → V=–320 N

$\sum \mathbf{M}_{\mathbf{puntoCorte}}=\mathbf{0}$ –(x)*(680)+(x-4)*1000+M=0

→ M=4.000–320*x N*m

Tramo 6m<x<10m

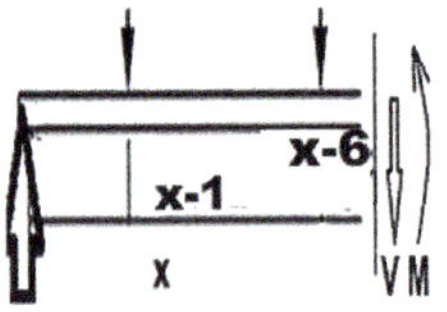

$\sum \mathbf{F}=\mathbf{0}$ → 5k–5k–5k–V=0 → V=–5 kN

$\sum \mathbf{M}_{\mathbf{puntoCorte}}=\mathbf{0}$

-(x)*(680)+(x-4)*1000+(x-6)*200+M=0

M=4000–320*x–(x-6)*200=5200–520*x

Diagrama de esfuerzos cortantes:

0<x<4m V=680 N

4m<x<6m V=0 N

6m<x<10m V=–5 kN

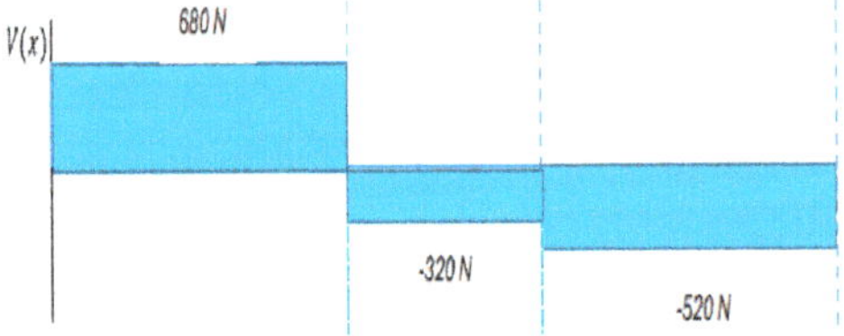

Diagrama de momentos flectores:

0m<x<4m M=680*x

$M_{x=0}$=0 N*m, $M_{x=4}$=2.720 N*m

4m<x<6m M=4.000–320*x N/m

$M_{x=4}$=2.720, $M_{x=6}$=2.080 N*m

6m<x<10m M=5200–520*x

$M_{x=6}$=2.080 N*m, $M_{x=10}$=0 N*m

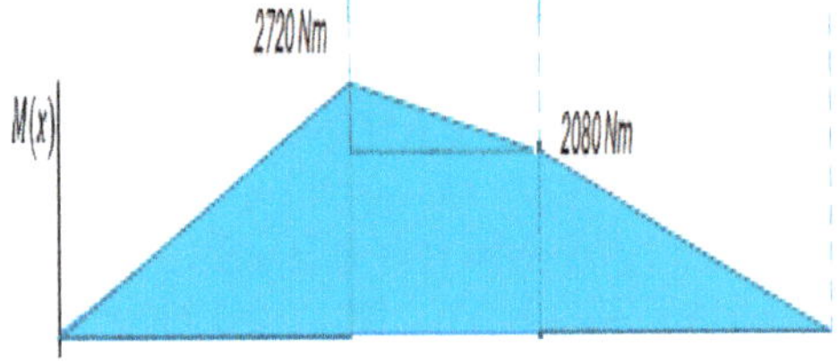

Madrid – 2025 - modelo de prueba - Ejercicio 3A

De la viga que se muestra en la figura:

a) Indique de qué tipo de viga se trata según sus apoyos.

b) Calcule las reacciones en los apoyos.

c) Represente los diagramas de esfuerzo cortante y momento flector.

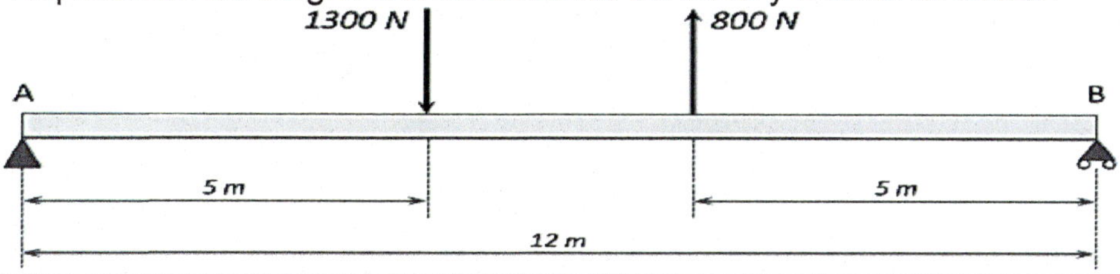

a) Se trata de una viga simplemente apoyada, con un apoyo simple en el extremo A, y un apoyo articulado en el apoyo B.

b) En ambos apoyos aparecen reacciones verticales: R_A y R_B.

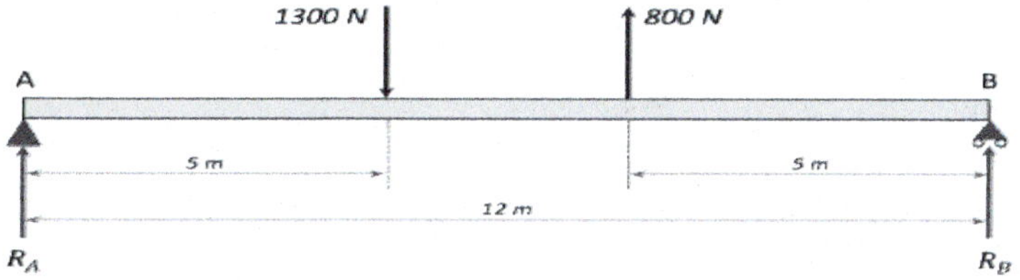

Por equilibrio de fuerzas verticales: $R_A + R_B = 1300 - 800 = 500\ N$

Por equilibrio de momentos en el apoyo A: $1300 \cdot 5 - 800 \cdot 7 - R_B \cdot 12 = 0$

Se tiene así un sistema de dos ecuaciones con dos incógnitas: $R_A = 425\ N$; $R_B = 75\ N$

c) Diagramas de esfuerzo cortante y momento flector:

Tramo: $0\ m \leq x \leq 5\ m$ $\quad V(x) = R_A = 425\ N;\ M(x) = R_A \cdot x = 425x\ N \cdot m$

Tramo: $5\ m \leq x \leq 7\ m$ $\quad V(x) = R_A - 1300 = -875\ N;$ $M(x) = R_A \cdot x - 1300(x-5) = -875x + 6500\ N \cdot m$

Tramo: $7\ m \leq x \leq 12\ m$

$$V(x) = R_A - 1300 + 800 = -75\ N;$$

$$M(x) = R_A \cdot x - 1300(x-5) + 800(x-7) = -75x + 900\ N \cdot m$$

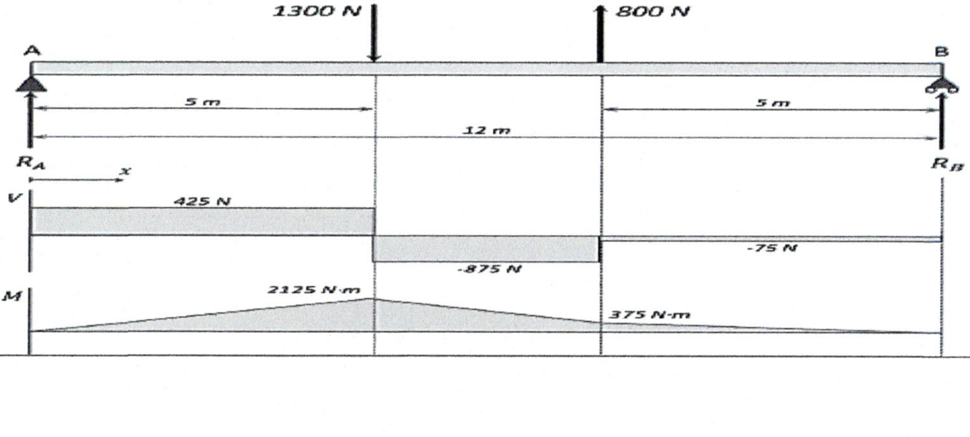

Madrid - 2025 - Julio - B.3

De la viga que se muestra en la figura:

a) Calcule reacciones en los apoyos.

b) Represente los diagramas de esfuerzo cortante y momento flector.

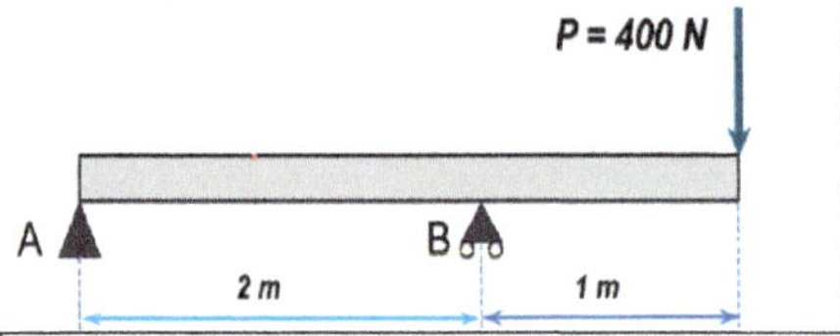

a) Cálculo de reacciones en apoyos.

<u>Equilibro de momentos</u>: $\underline{\sum \mathbf{M}_{\mathbf{puntoA}}=\mathbf{0}} \rightarrow$

$+(2m)*(By)-(3m)*(400)=0$

$\rightarrow By=3*400/2=600$ N

<u>Equilibro de fuerzas</u>: $\underline{\sum \mathbf{F}=\mathbf{0}}$

$\underline{\sum \mathbf{F}_x}=0 \rightarrow Ax=0 \rightarrow$ No hay esfuerzo axial

$\underline{\sum \mathbf{F}_y}=0 \rightarrow Ay+600-400=0 \rightarrow Ay=-200$ N

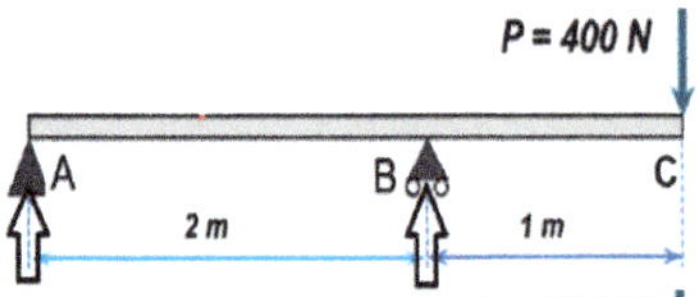

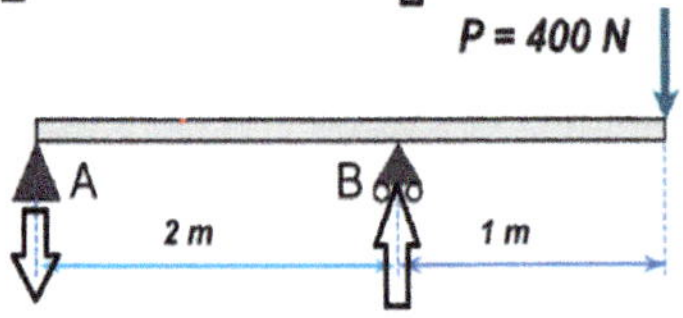

b) Esfuerzo cortante y momento flector:

Tramo 0m<x<2m

$\underline{\sum \mathbf{F}=\mathbf{0}}$ $\quad -200-V=0 \rightarrow V=-200$ N

$\underline{\sum \mathbf{M}_{\mathbf{puntoCorte}}=\mathbf{0}}$ $\quad (x)*(200)+M=0 \rightarrow M=-200*x$

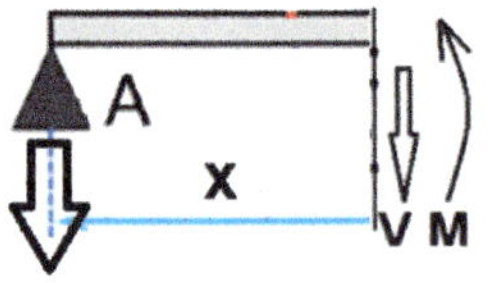

Tramo 2m<x<3m

$\underline{\sum \mathbf{F}=\mathbf{0}} \rightarrow -200+600-V=0 \rightarrow V=+400$ N

$\underline{\sum \mathbf{M}_{\mathbf{puntoCorte}}=\mathbf{0}}$ $\quad (x)*(200)-(x-2)*600+M=0$

$\rightarrow M=-1.200+400*x$ N*m

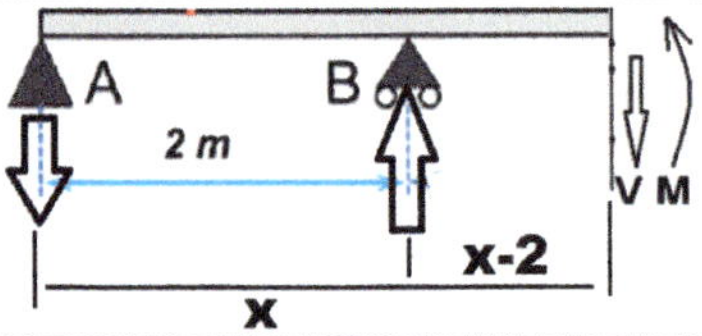

Diagrama de esfuerzos cortantes:

0m<x<2m $\quad V=-200$ N

2m<x<3m $\quad V=+400$ N

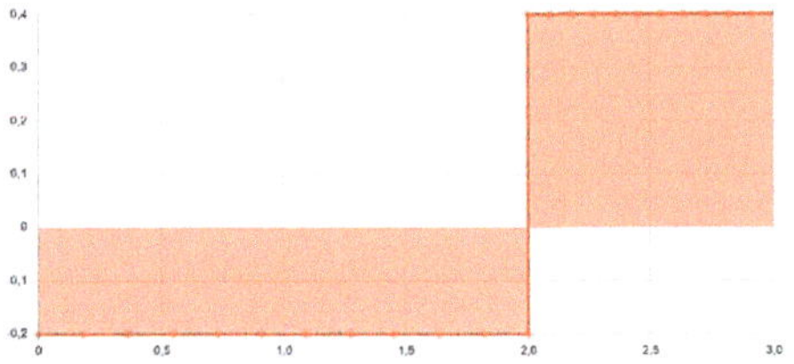

Diagrama de momentos flectores:

0m<x=2m $\quad M=-200*x$

$M_{x=0}=0$ N*m, $M_{x=2}=-400$ N*m

2m<x<3m $\quad M=-1200+400*x$

$M_{x=2}=-400$ N*m, $M_{x=3}=0$ N*m

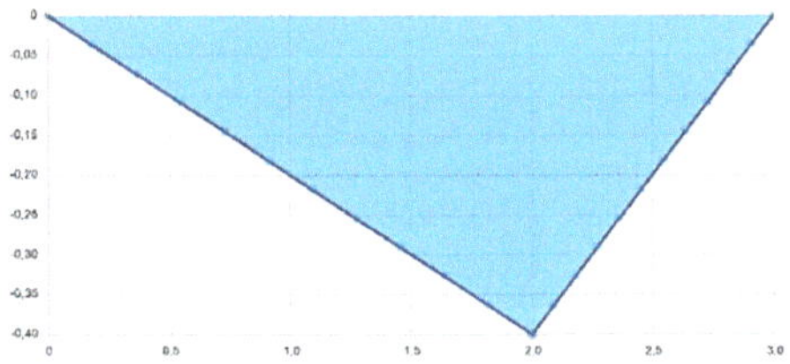

Extremadura - 2025 - Junio - 3.A

La viga simplemente apoyada de la figura está sometida a una carga uniformemente distribuida de 200 N/m. Se pide calcular:

a) Ecuaciones de los esfuerzos cortantes y momentos flectores.

b) Dibujar los diagramas correspondientes.

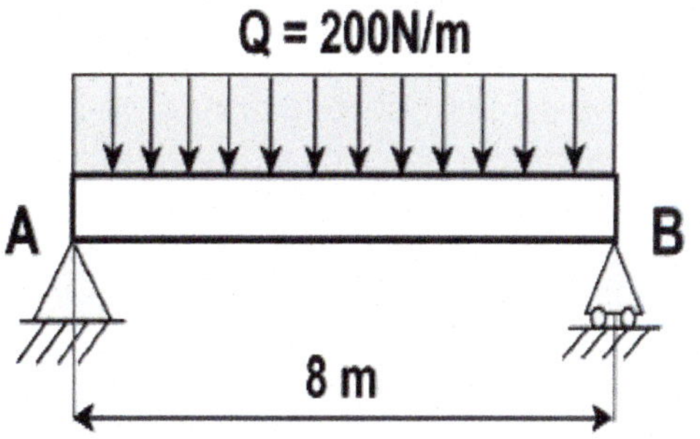

a) Cálculo de reacciones en apoyos.

Equilibrio de momentos: $\sum \mathbf{M}_{\mathbf{puntoA}}=\mathbf{0}$ →

$-(4m)*(1600)+(8m)*(By)=0$

→ $By=1600/2=800$ N

Equilibrio de fuerzas: $\sum \mathbf{F}=\mathbf{0}$

$\sum \mathbf{F_x}=0$ → $Ax=0$ → No hay esfuerzo axial

$\sum \mathbf{F_y}=0$ → $Ay-1600+800=0$ → $Ay=800$ N

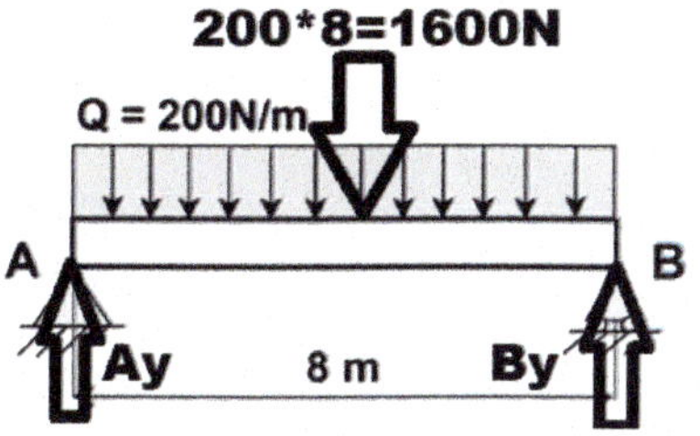

b) Esfuerzo cortante y momento flector:

Tramo 0m<x<8m

$\sum \mathbf{F}=\mathbf{0}$ $800-200*x-V=0$ → $V=800-200x$ N

$\sum \mathbf{M}_{\mathbf{puntoCorte}}=\mathbf{0}$ $-(x)*(800)+(x/2)*(200*x)+M=0$

→ $M=800*x-100*x^2$

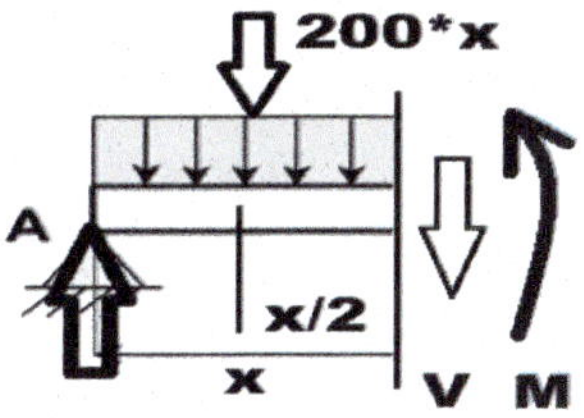

Diagrama de esfuerzos cortantes:

0m<x<8m $V=800-200*x$ N

$V_{x=0}=800$ N

$V_{x=4}=0$ N

$V_{x=8}=-800$ N

$V_{maximo}=V_{x=0}=V_{x=8}=800$ N

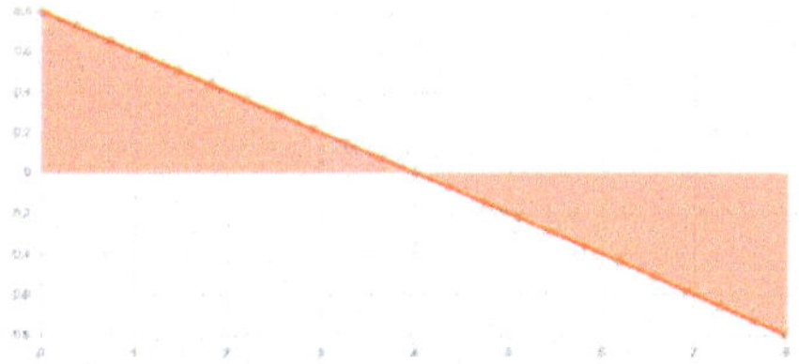

Diagrama de momentos flectores:

0m<x=8m $M=800*x-100*x^2$

$M_{x=0}=0$ N*m

$M_{x=4}=1.600$ N*m

$M_{x=8}=0$ N*m

$M_{maximo}=M_{x=4}=1.600$ N*m

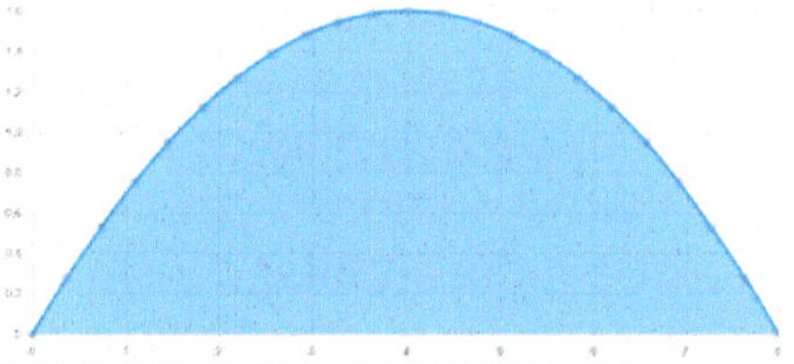

Galicia - 2025 - modelo de prueba - Problema 1

Los organizadores de los recientes juegos olímpicos están planificando los podios en las competiciones de equipo. Para ello se han fijado en la disciplina de baloncesto femenino. Dado que en el momento de preparación del podio no se conoce la selección ganadora, han decidido modelar el sistema como un conjunto de 12 cargas puntuales de 100 kg de masa para cada equipo. Como no es posible garantizar la posición concreta de cada una de las deportistas, se ha elegido sumar todas sus masas y considerarlas una carga vertical uniformemente distribuida a lo largo de la superficie del podio.

Para garantizar la resistencia de la plataforma, se ha decidido que se establecerá un margen adicional de seguridad de un 20% que les permita cierta movilidad. La longitud total de la plataforma se ha fijado en 20 metros. Dicha plataforma estará soportada por dos columnas en ambos extremos. Tales columnas se modelarán como sujeciones en un punto.

1) Realice un esquema del modelo propuesto indicando de manera clara la estructura y cargas soportadas.
2). Para el modelo seleccionado calcule las reacciones en apoyos.
3) Indique analíticamente y grafique las ecuaciones correspondientes a los esfuerzos cortantes sobre la estructura.
4) Indique analíticamente y grafique las ecuaciones correspondientes a los momentos flectores sobre la estructura.
5) Si no se desea que el esfuerzo cortante supere los 5000 N en ningún punto, indique qué nuevos refuerzos propone para la estructura, razonando el número y posición de estos. Como en cualquier proyecto de ingeniería debe intentar considerar el menor número de soportes, que suponen un coste, que permitan garantizar las condiciones propuestas.

a) Cargas = =12 personas * 100 * 9,81 * (1+20%/100) = 14.112 N Carga distribuida = carga / longitud = = 14.112 N / 20 m = 706 N/m	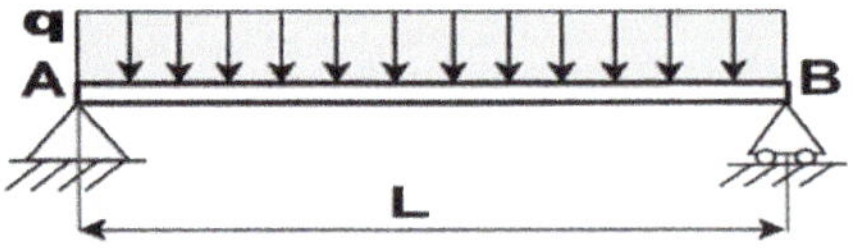

1) Cálculo de reacciones en apoyos.

Equilibro de momentos: $\sum \mathbf{M}_{\mathbf{puntoA}}=\mathbf{0} \rightarrow$

$-(10m)*(14.112)+(20m)*(By)=0$

$\rightarrow By=10*14.112/20=7056$ N

Equilibro de fuerzas: $\sum \mathbf{F}=\mathbf{0}$

$\sum F_x=0 \rightarrow Ax=0 \rightarrow$ No hay esfuerzo axial

$\sum F_y=0 \rightarrow Ay-14112+7056=0 \rightarrow Ay=7056N$

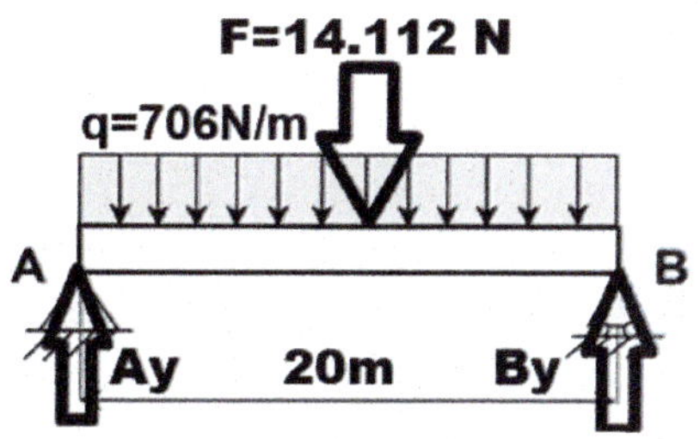

2) Esfuerzo cortante y momento flector:

Tramo 0m<x<20m

$\sum \mathbf{F}=\mathbf{0}$ $7056-706*x-V=0 \rightarrow V=7056-706x$ N

$\sum \mathbf{M}_{\mathbf{puntoCorte}}=\mathbf{0}$ $-(x)*(7056)+(x/2)*(706*x)+M=0$

$\rightarrow M=7056*x-353*x^2$

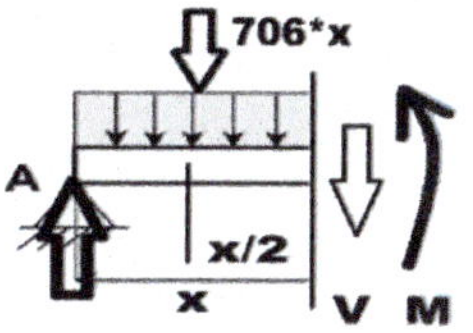

3) Diagrama de esfuerzos cortantes:

0m<x<8m V=7056–706*x N

$V_{x=0}=7056$ N

$V_{x=10}=0$ N

$V_{x=20}=-7056$ N

$V_{maximo}=V_{x=0}=V_{x=20}=7056$ N

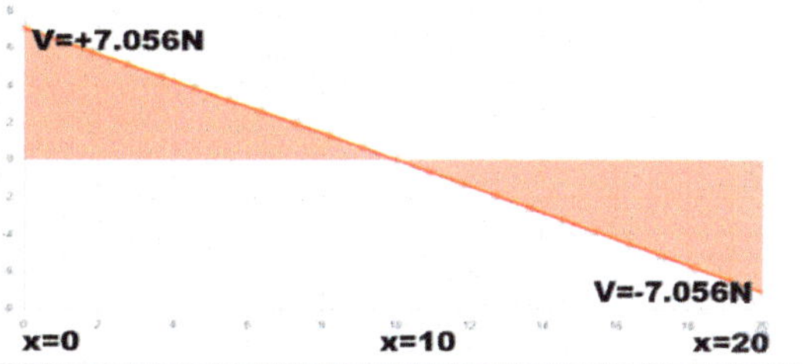

4) Diagrama de momentos flectores:

0m<x=8m $M=7056*x-353*x^2$

$M_{x=0}=0$ N*m

$M_{x=10}=35.260$ N*m

$M_{x=20}=0$ N*m

$M_{maximo}=M_{x=4}=35.260$ N*m

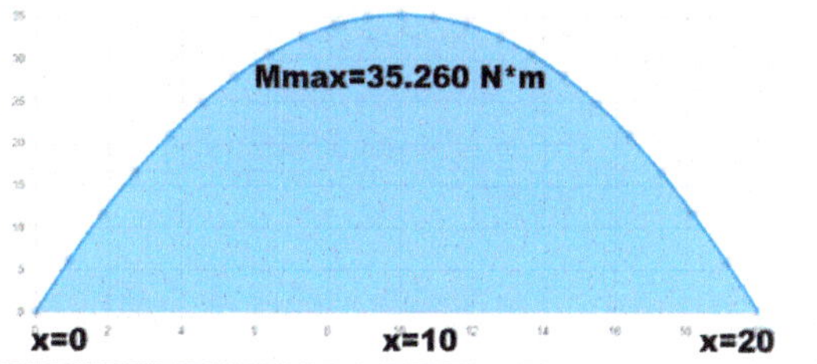

5) Para reducir el esfuerzo cortante, se colocar un apoyo intermedio o se usan dos viga iguales de la mitad de longitud (que es más fácil de calcular).

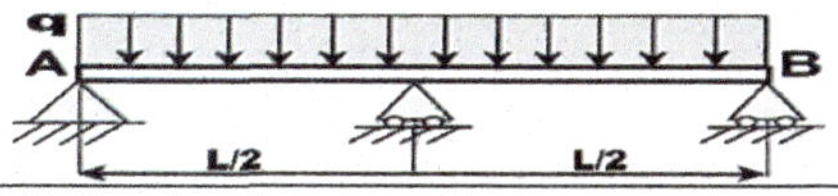

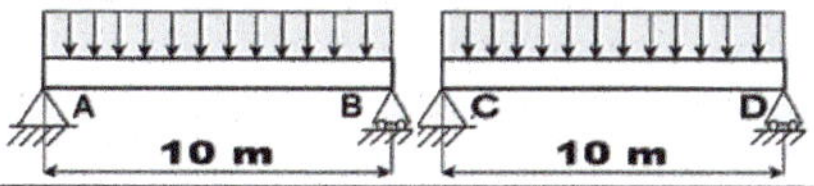

1) Cálculo de reacciones en apoyos.

Equilibro de momentos: $\sum \mathbf{M}_{\mathbf{puntoA}}=\mathbf{0} \rightarrow$

$-(5m)*(7060)+(10m)*(By)=0 \rightarrow By=3530$ N

Equilibro de fuerzas: $\sum \mathbf{F}=\mathbf{0}$

$\sum F_y=0 \rightarrow Ay-7060+3530=0 \rightarrow Ay=3530N$

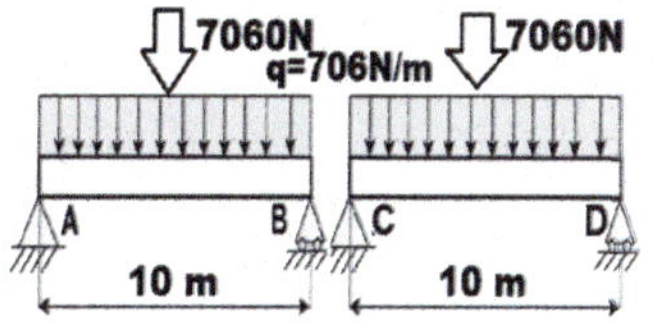

2) Esfuerzo cortante en el tramo 0m<x<10m

$\sum \mathbf{F}=\mathbf{0}$ $3530-706*x-V=0 \rightarrow V=3530-706x$ N

El cortante máximo es V=3530 N < 5000 N

Aragón - 2025 - Junio - 3.A

Para la viga representada en la figura, determinar:

a) Reacciones en los apoyos.

b) Ecuaciones de los momentos flectores y esfuerzos cortantes.

c) Los diagramas de momentos flectores y de esfuerzos cortantes.

d) Describa una situación real en la que este tipo de estructura sometida al mismo tipo de esfuerzo.

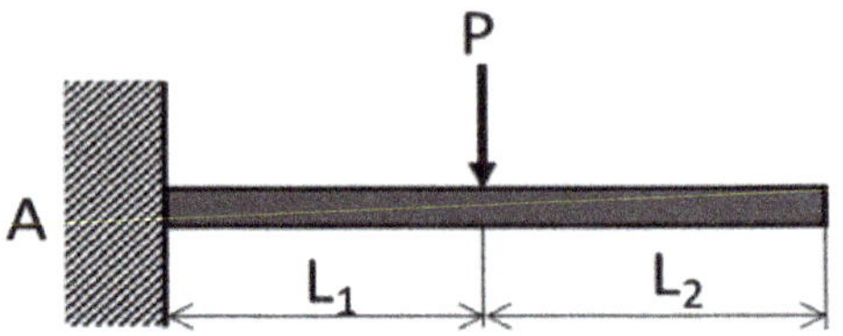

Tome la distancia x a lo largo de la viga a partir del punto A. Considere los siguientes datos: P=8 kN; L_1= 5m y L_2= 7m.

a) Cálculo de reacciones en apoyos.

Equilibro de momentos: $\sum \mathbf{M_{puntoA}} = \mathbf{0}$ →
Ma–(5m)*(8k)=0 → Ma=+40 kN*m
Equilibro de fuerzas: $\sum \mathbf{F} = \mathbf{0}$
$\sum \mathbf{F_x}=0$ → Ax=0 → No hay esfuerzo axial
$\sum \mathbf{F_y}=0$ → Ay–8k=0 → Ay=8 kN

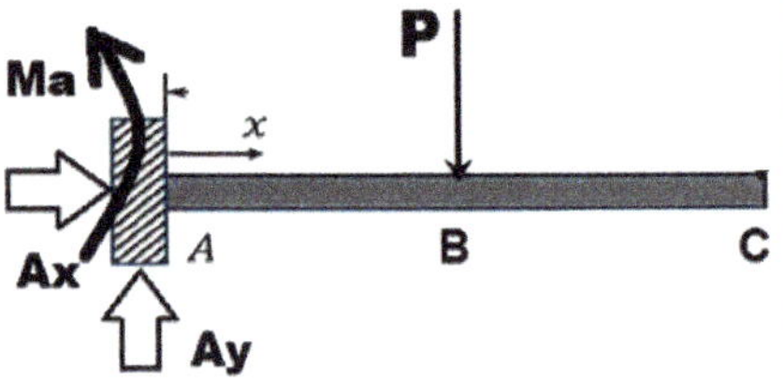

b) Esfuerzo cortante y momento flector:
Tramo 0m<x<5m
$\sum \mathbf{F} = \mathbf{0}$ 8k–V=0 → V=8 kN
$\sum \mathbf{M_{puntoCorte}} = \mathbf{0}$ 40k–(x)*(8k)+M=0 →
M=–40k+8k*x

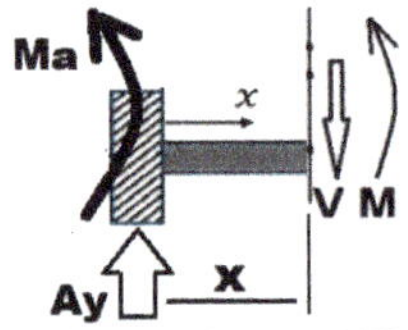

Tramo 2m<x<3m

$\sum \mathbf{F} = \mathbf{0}$ → 8k–8k–V=0 → V=0 kN
$\sum \mathbf{M_{puntoCorte}} = \mathbf{0}$ 40k–(x)*(8k)+(x–5)*8k+M=0
M=–40k+8k*x–(x-5)*8k=0

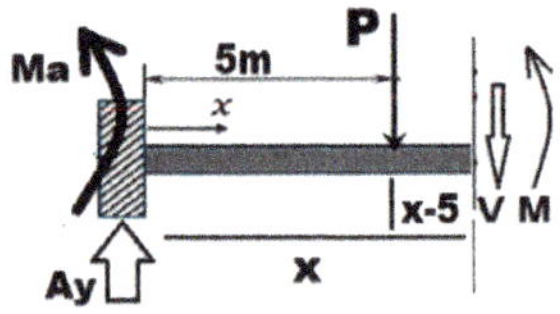

Diagrama de esfuerzos cortantes:

0m<x<2m V=+8 kN
2m<x<4m V=0 kN

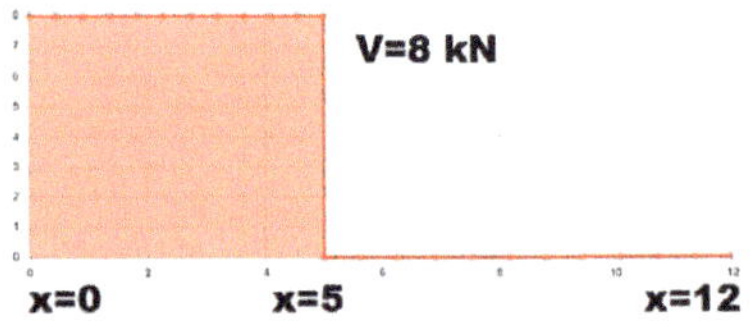

Diagrama de momentos flectores:
0m<x=5m M=–40+8k*x
$M_{x=0}$=–40 kN*m, $M_{x=5}$=0 kN*m
5m<x<12m M=0

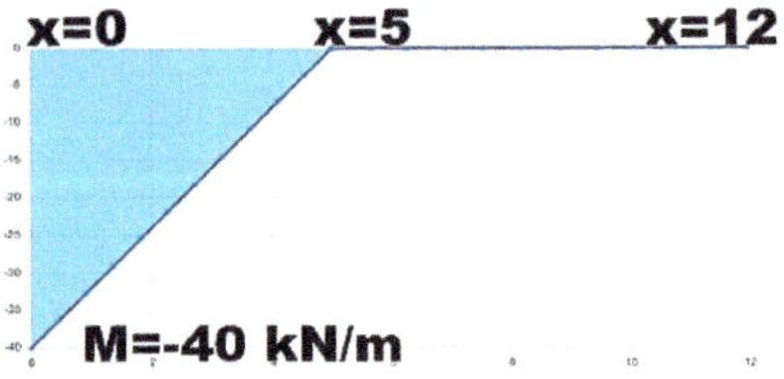

Murcia - 2025 - Junio - 3.A

Analizar una viga empotrada en voladizo P1=P2=40 kN. Calcula:

a) Reacciones en el extremo empotrado.

b) Ecuación y diagrama de fuerzas cortantes y momentos flectores en cada tramo de la viga.

c) Indicar en qué puntos de la viga el momento flector es máximo y nulo.

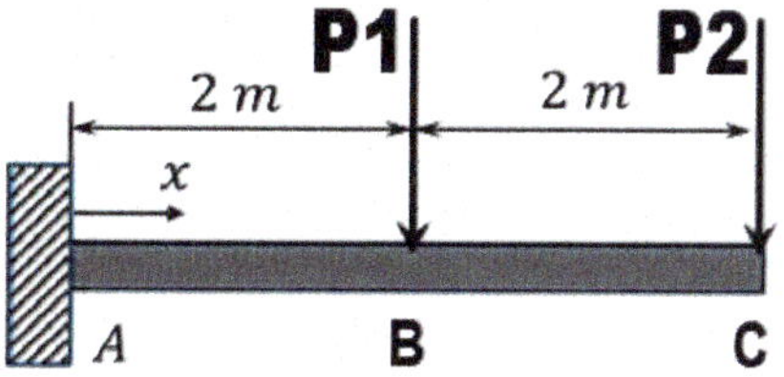

a) Cálculo de reacciones en apoyos.

Equilibro de momentos: $\sum M_{puntoA}=0$ → Ma–(2m)*(40k)–(4m)*(40k)=0 → Ma=240 kN*m

Equilibro de fuerzas: $\sum F=0$

$\sum F_x=0$ → Ax=0 → No hay esfuerzo axial

$\sum F_y=0$ → Ay–40k–40k=0 → Ay=80 kN

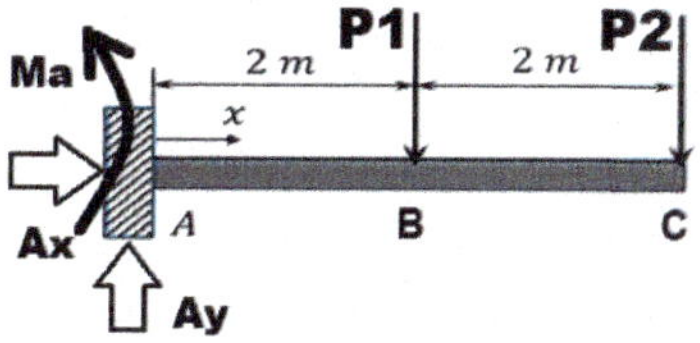

b) Esfuerzo cortante y momento flector:

Tramo 0m<x<2m

$\sum F=0$ 80k–V=0 → V=80 kN

$\sum M_{puntoCorte}=0$ Ma–(x)*(80k)+M=0 → M=–240k+80k*x

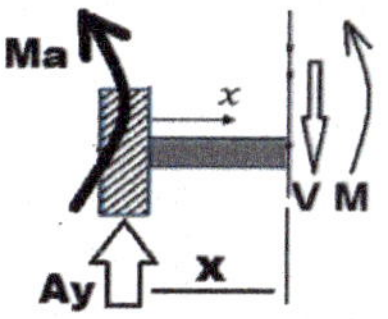

Tramo 2m<x<4m

$\sum F=0$ → 80k–40k–V=0 → V=+40 kN

$\sum M_{puntoCorte}=0$ Ma–(x)*(80k)+(x–2)*40k+M=0

→ M=–240k+80k*x–(x-2)*40k=–160k+40k*x

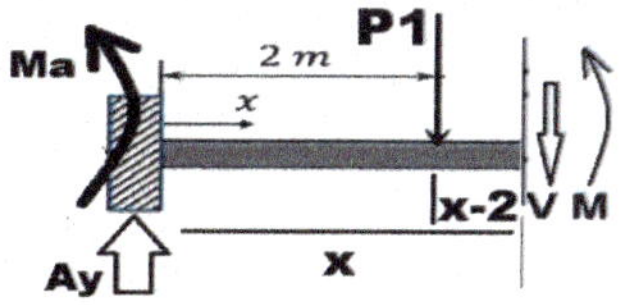

Diagrama de esfuerzos cortantes:

0m<x<2m V=+80 kN

2m<x<4m V=+40 kN

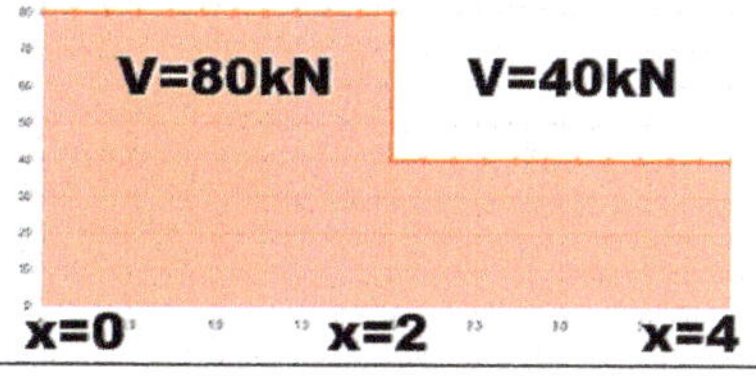

Diagrama de momentos flectores:

0m<x=2m M=–240+80k*x

$M_{x=0}$=–240 kN*m, $M_{x=2}$=–80 kN*m

2m<x<4m M=–160+40k*x

$M_{x=2}$=–80 kN*m, $M_{x=4}$=0 N*m

$M_{maximo}=M_{x=0}$=–240 kN*m

$M_{nulo}=M_{x=4}$=0 kN*m

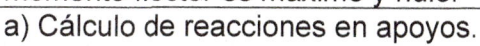

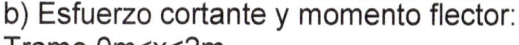

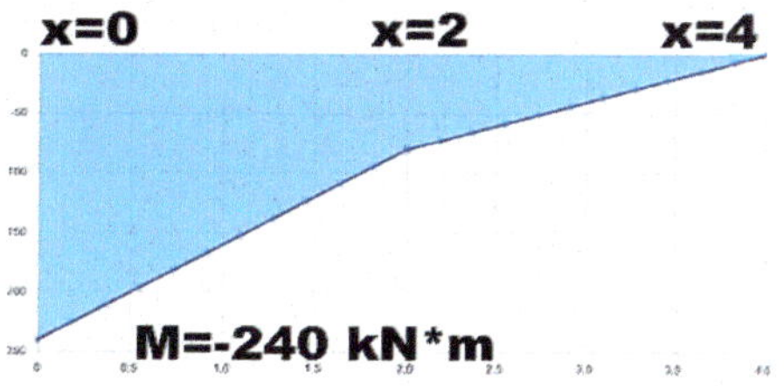

Castilla-La Mancha-2025-Junio-2B

Dada la viga en voladizo con un carga puntual F.

a) Calcular la reacción en el empotramiento.

b) Hallar y representar diagramas de momento flector y esfuerzo cortante.

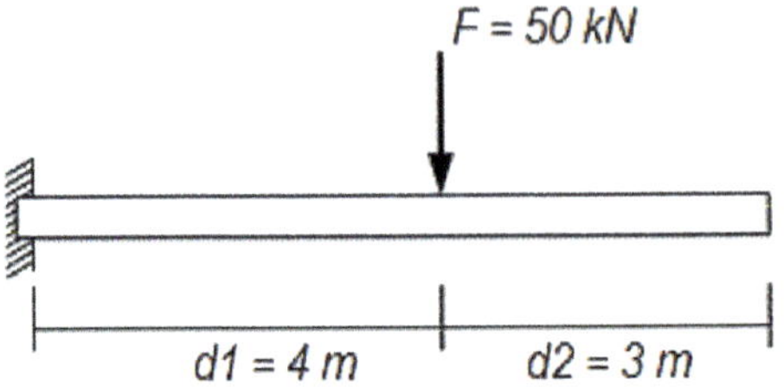

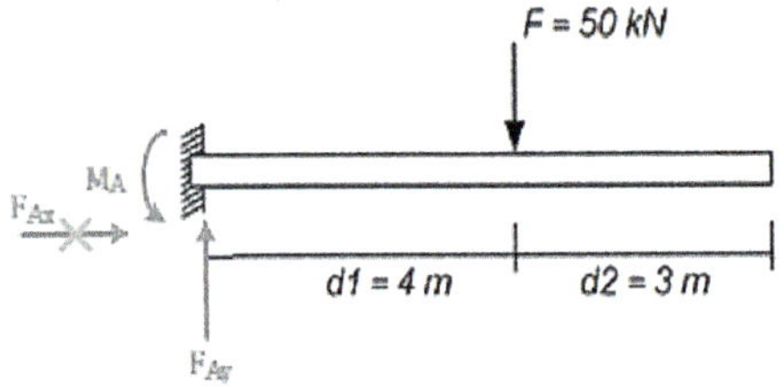

$$\sum F_x = 0$$

$$\sum F_y = F_{Ay} - F = 0 \rightarrow \boldsymbol{F_{Ay} = F = 50\,\mathrm{kN}}$$

$$\sum M_{A'} = -M_A + F \cdot d_1 = 0 \rightarrow \boldsymbol{M_A = F \cdot d_1 = 50 \cdot 4 = 200\,\mathrm{kNm}}$$

b. Analizando los dos tramos que hay en la viga:

1) $0 \leq x \leq d_1$:

$$\sum F_y = F_{Ay} - V_1 = 0 \rightarrow \boldsymbol{V_1} = F_{Ay} = \mathbf{50\,kN}$$

$$\sum M = F_{Ay} \cdot x - M_1 - M_A = 0 \rightarrow \boldsymbol{M_1} = F_{Ay} \cdot x - M_A = \mathbf{50}\boldsymbol{x} - \mathbf{200\,kNm}$$

2) $d_1 \leq x \leq d_2$:

$$\sum F_y = F_{Ay} - F - V_2 = 0 \rightarrow \boldsymbol{V_2} = F_{Ay} - F = 50 - 50\,\mathrm{kN} = \mathbf{0\,kN}$$

$$\sum M = F_{Ay}x - F(x - d_1) - M_A - M_2 = 0 \rightarrow \boldsymbol{M_2} = F_{Ay} \cdot x - F(x - d_1) - M_A = \mathbf{0\,kNm}$$

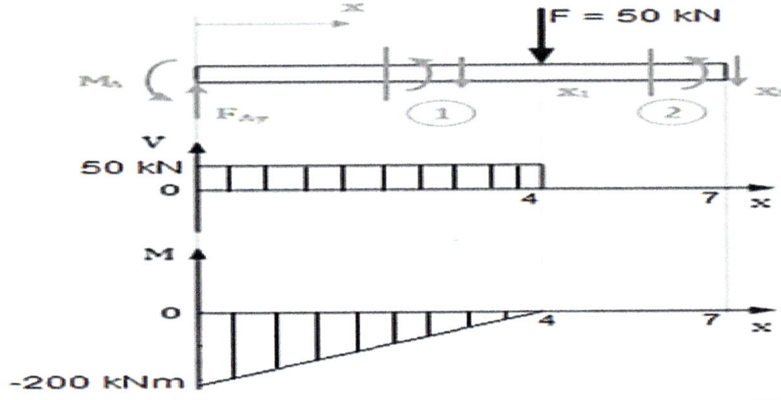

Murcia - 2025 - Julio - 2.A

Dada la viga empotrada en voladizo, calcular:

a) Reacción en el empotramiento.

b) Hallar y representar diagramas de momento flector y esfuerzo cortante.

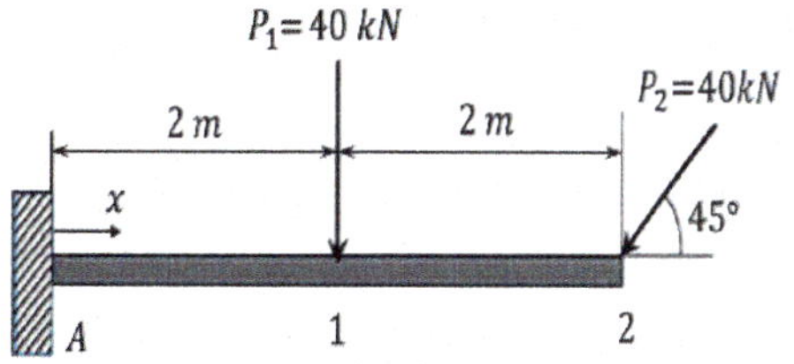

a) Cálculo de reacciones en apoyos.

$P_2=(P_{2x},P_{2y})=40k*(-\cos 45°,-\text{sen}45°)=$

$=(-28.284,-28.284)$ N

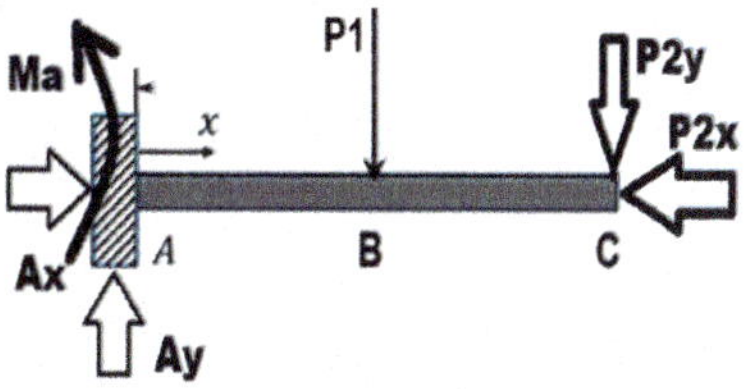

Equilibro de momentos: $\sum \mathbf{M}_{\text{puntoA}}=\mathbf{0}$ →

Ma–(2m)*(40k)–(4m)*(28.284)=0

→ Ma=2*40k+4*28.284=193.136 N*m

Equilibro de fuerzas: $\sum \mathbf{F}=\mathbf{0}$

$\sum F_x=0$ → Ax–28.284=0 → Ax=28.284 N

$\sum F_y=0$ → Ay–40k–28284=0 → Ay=68.284 N

b) Esfuerzo cortante y momento flector:

Tramo 0m<x<2m

$\sum \mathbf{F}=\mathbf{0}$ 68.284–V=0 → V=68.284 kN

$\sum \mathbf{M}_{\text{puntoCorte}}=\mathbf{0}$ 193.136–(x)*(68.284)+M=0 →

M=–193.136+68.284*x

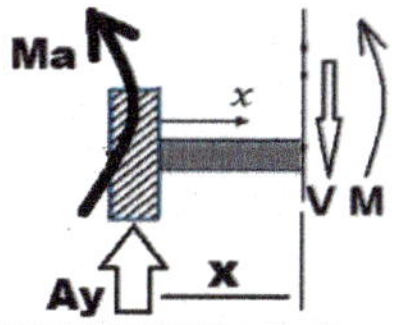

Tramo 2m<x<4m

$\sum \mathbf{F}=\mathbf{0}$ → 680k–40k–V=0 → V=+40 kN

$\sum \mathbf{M}_{\text{puntoCorte}}=\mathbf{0}$

193.136-(x)*(68.284)+(x-2)*40k+M=0

M=-193.136+68.284000*-(x-2)*40k=

=–113.136+28.284*x

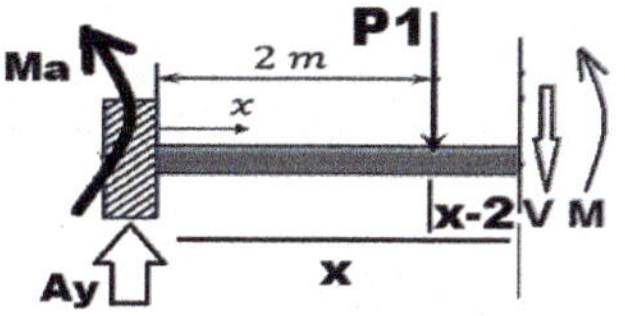

Diagrama de esfuerzos cortantes:

0m<x<2m V=+68284 N

2m<x<4m V=+40 kN

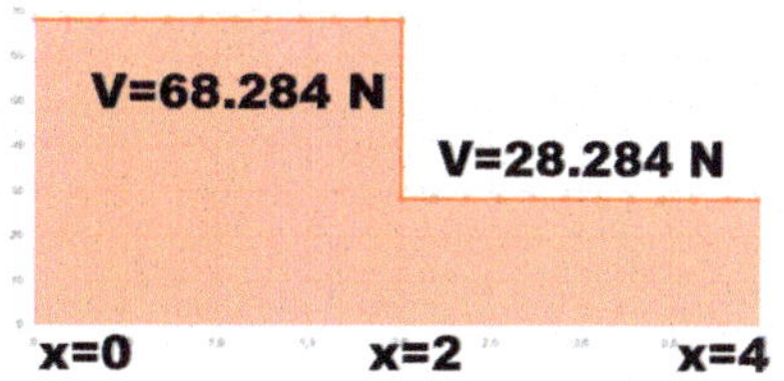

Diagrama de momentos flectores:

0m<x=2m M=–193.136+68.284*x

$M_{x=0}$=-193.136N*m, $M_{x=2}$=-56.568N*m

2m<x<4m M=–113.136+28.284*x

$M_{x=2}$=-56.568 N*m, $M_{x=4}$=0 N*m

$M_{maximo}=M_{x=0}$=–193.136 N*m

$M_{nulo}=M_{x=4}$=0 kN*m

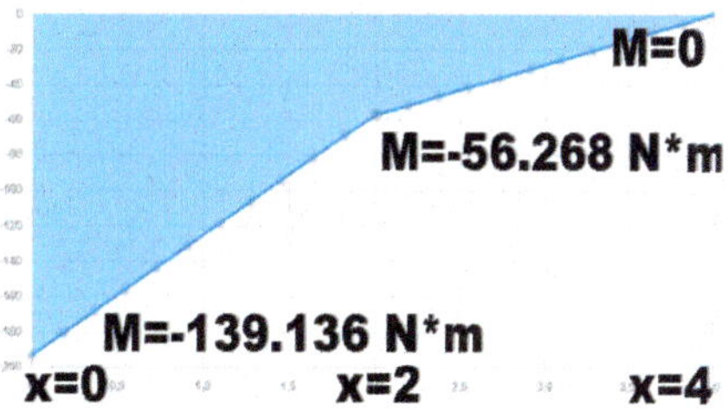

Madrid - 2025 - Julio - 3.1

De la viga que se muestra en la figura, calcular:

a) Reacciones en los apoyos.

b) Represente los diagramas de esfuerzo cortante y momento flector.

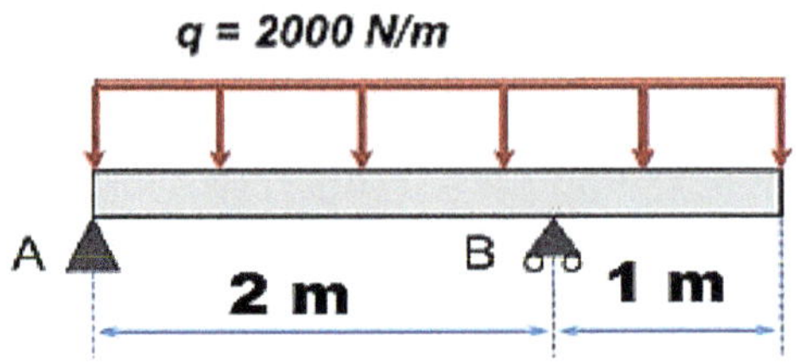

a) Cálculo de reacciones en apoyos.

Equilibro de momentos: $\sum M_{puntoA}=0$ →

$-(1m)*(4k)+(2m)*(By)-(2,5m)*(2k)=0$

→ $By=(1*4k+2,5*2k)/2=4.500$ N

Equilibro de fuerzas: $\sum F=0$

$\sum F_x=0$ → $Ax=0$ → no hay esfuerzo axial

$\sum F_y=0$ → $Ay-4+4,5-2=0$ → $Ay=1.500$ N

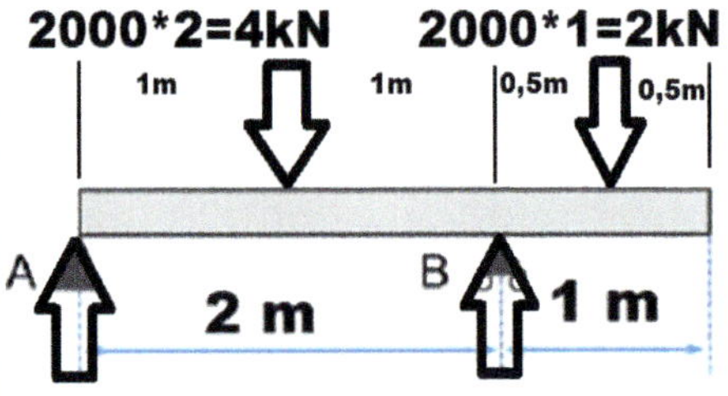

b) Esfuerzo cortante y momento flector:

Tramo 0m<x<2m

$\sum F=0$ $\quad 1500-2000*x-V=0$ → $V=1500-2000*x$ N

$\sum M_{puntoCorte}=0$ $\quad -(x)*(1500)+(x/2)*(2000*x)+M=0$

→ $M=1500*x-1000*x^2$

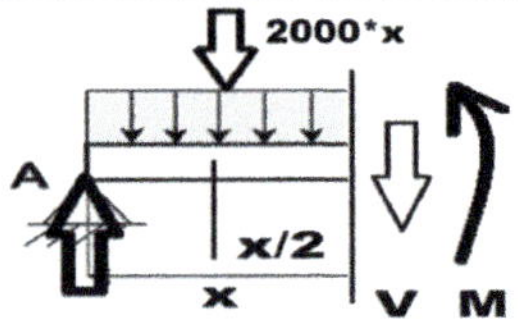

Tramo 2m<x<3m

$\sum F=0$ $\quad 1500-2000*x+4500-V=0$

$V=6000-2000*x$ N

$\sum M_{puntoCorte}=0$

$-(x)*(1500)+(x/2)*(2000*x)-(x-2)*(4500)+M=0$

$M=1500*x-1000*x^2+(x-2)*(4500)=$

$=-9000+6000*x-1000*x^2$

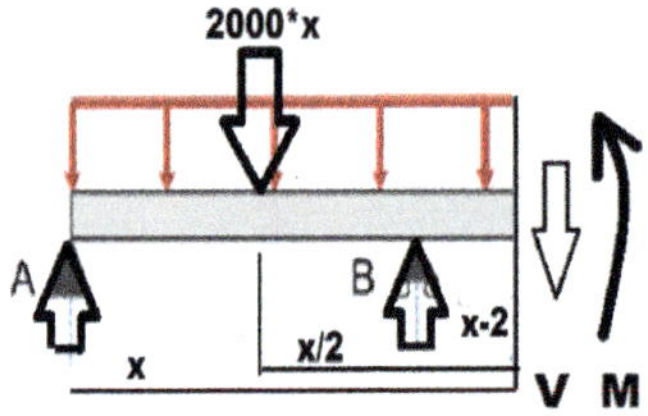

0m<x<2m $\quad V=1500-2000*x$ N

$V_{x=0}=1.500$ N, $\quad V_{x=2}=-2.500$ N

2m<x<3m $\quad V=6000-2000*x$ N

$V_{x=2}=2.000$ N, $\quad V_{x=3}=0$ N

Diagrama de esfuerzos cortantes:

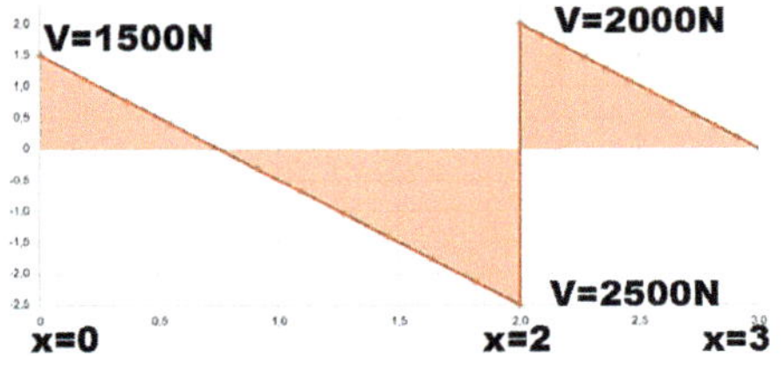

0m<x=2m $\quad M=1500*x-1000*x^2$

$M_{x=0}=0$ N*m, $M_{x=2}=-1.000$ N*m

$dM/dx=1500-2000*x=0$ → $x=0,75$m

$M_{maximo}=M_{x=0,75}=562,5$ N*m

2m<x<3m $M=-9000+6000*x-1000*x^2$

$M_{x=2}=-1.000$ N*m, $M_{x=3}=0$ N*m

$dM/dx=6000-2000*x$ → $x=3$

$M_{maximo}=M_{x=0}=-193.136$ N*m

$M_{nulo}=M_{x=4}=0$ kN*m

Diagrama de momentos flectores:

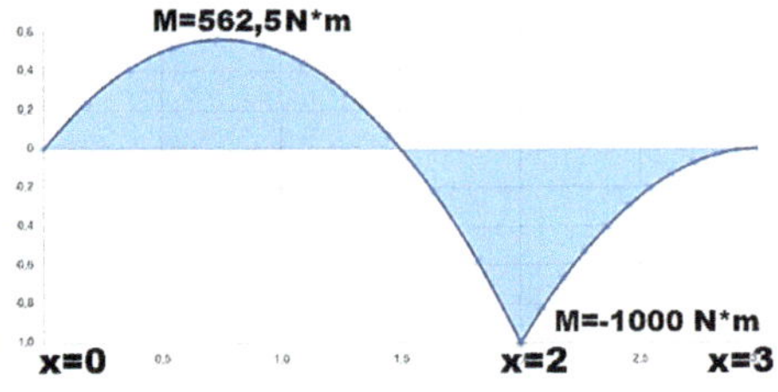

Valencia - 2025 - Julio - 4.A

Dada la viga de la figura.

a) Dibuja el diagrama de cuerpo libre

b) Calcula reacciones en los apoyos.

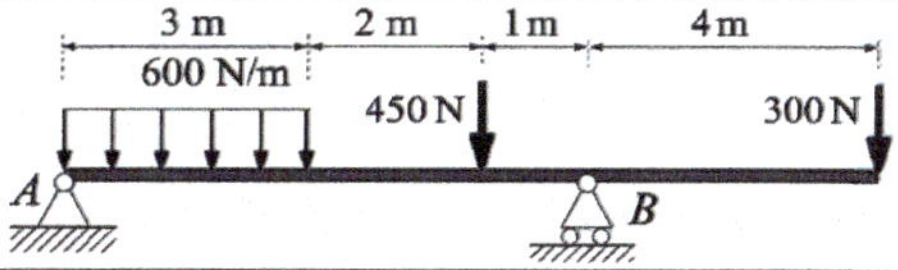

Equilibrio de momentos: $\sum \mathbf{M_{puntoA}} = \mathbf{0}$ →

$-1,5*1800-5*450+6*By-10*300=0$

$By=(1,5*1800+5*450+10*300)/6=1325$ N

Equilibrio de fuerzas: $\sum \mathbf{F} = \mathbf{0}$

$\sum \mathbf{F_x}=0$ → $Ax=0$ → no hay esfuerzo axial

$\sum \mathbf{F_y}=0$ → $Ay-1800-450+1325-300=0$ →

$Ay=1225$ N

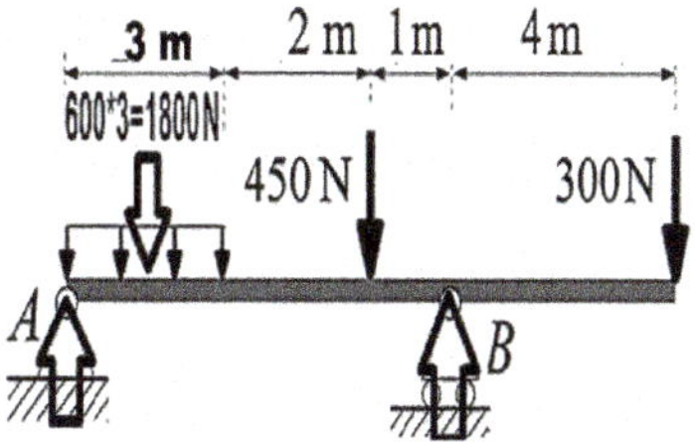

b) Esfuerzo cortante y momento flector:

Tramo 0m<x<3m

$\sum \mathbf{F}=\mathbf{0}$ $1225-600*x-V=0$ → $V=1225-600*x$ N

$\sum \mathbf{M_{puntoCorte}}=\mathbf{0}$ $-(x)*(1225)+(x/2)*(600*x)+M=0$

→ $M=1225*x-300*x^2$

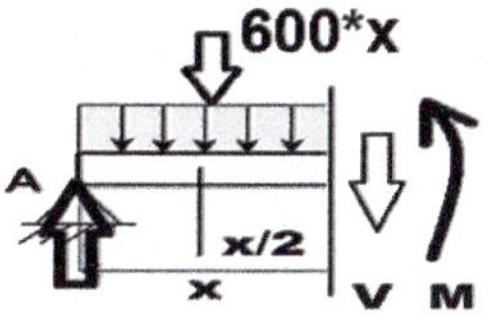

Tramo 3m<x<5m

$\sum \mathbf{F}=\mathbf{0}$ $1225-1800-V=0$ → $V=-575$ N

$\sum \mathbf{M_{puntoCorte}}=\mathbf{0}$ $-(x)*(1225)+(x-1,5)*1800+M=0$

→ $M=2700-575*x$

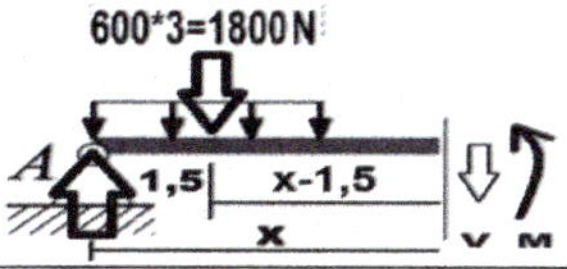

Tramo 5m<x<6m

$\sum \mathbf{F}=\mathbf{0}$ $1225-1800-450-V=0$ → $V=-1025$ N

$\sum \mathbf{M_{puntoCorte}}=\mathbf{0}$

$-(x)*(1225)+(x-1,5)*(1800)+(x-5)*(450)+M=0$

→ $M=4950-1025*x$

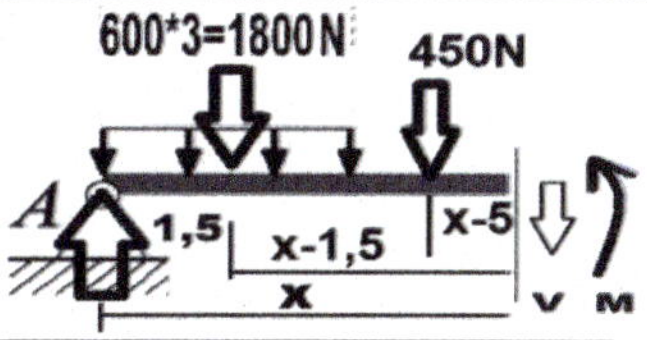

Tramo 6m<x<10m

$\sum \mathbf{F}=\mathbf{0}$ $1225-1800-450+1325-V=0$ → $V=300$N

$\sum \mathbf{M_{puntoCorte}}=\mathbf{0}$

$-x*1225+(x-1,5)1800+(x-5)450-(x-6)1325+M=0$

→ $M=-3000-300*x$

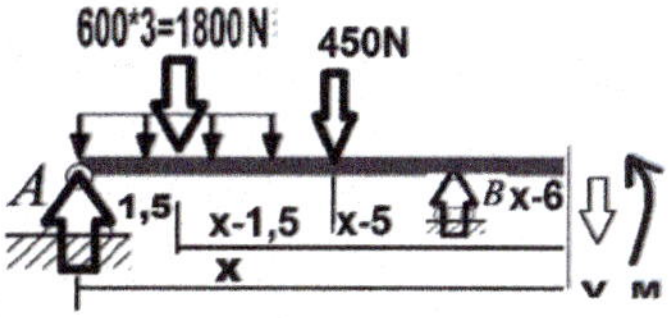

0m<x<3m $V=1225-600*x$ N

$V_{x=0}=1225$ N, $V_{x=3}=-575$ N

3m<x<5m $V=-575$ N

5m<x<6m $V=-1025$ N

6m<x<10m $V=300$ N

Esfuerzos cortantes:

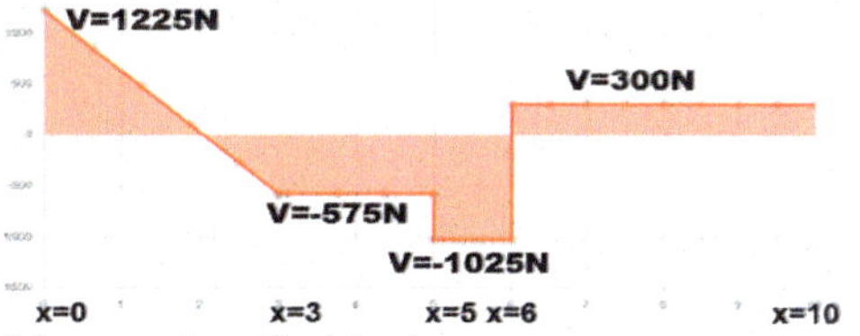

0m<x<3m $M=1225*x-300*x^2$

$M_{x=0}=0$ N*m, $M_{x=3}=975$ N*m

3m<x<5m $M=2700-575*x$

$M_{x=3}=975$ N*m, $M_{x=5}=-175$ N*m

5m<x<6m $M=4950-1025*x$

$M_{x=5}=-175$ N*m, $M_{x=6}=-1200$ N*m

6m<x<10m $M=-3000-300*x$

$M_{x=6}=-1200$ N*m, $M_{x=10}=0$ N*m

Momentos flectores:

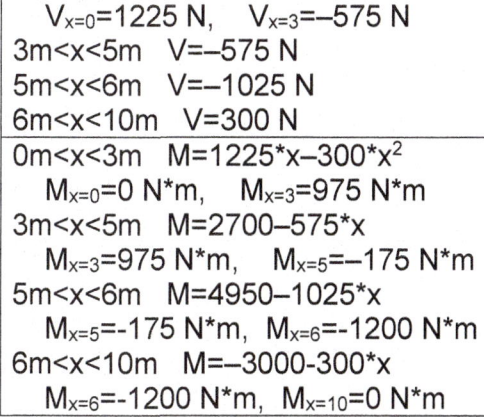

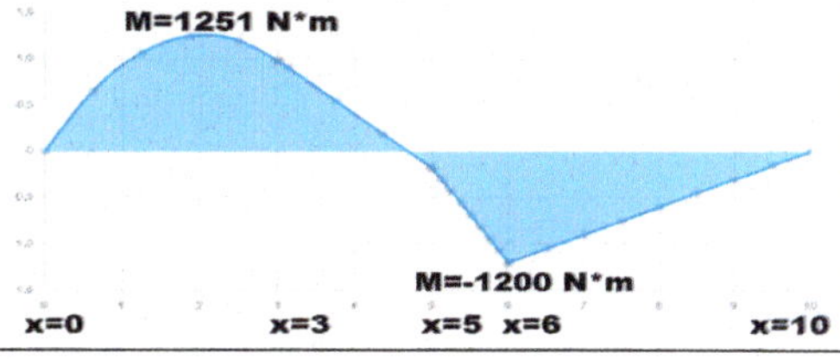

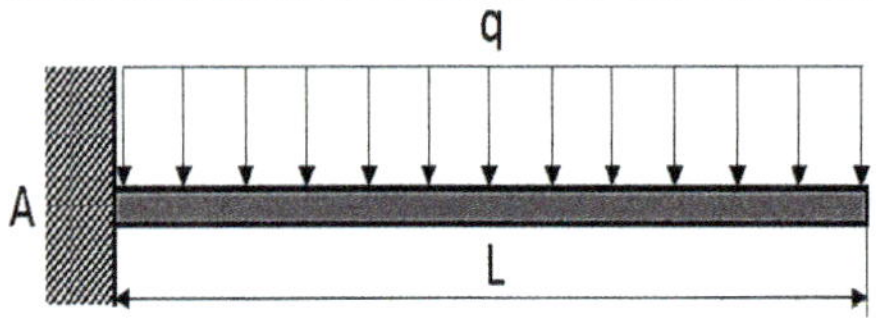

Aragón-Rioja - 2025 - Julio - 2.A

a) Calcular la reacción en el apoyo.

b) Hallar y representar diagramas de momento flector y esfuerzo cortante.

Datos: q=1,2 kN/m, L=7m.

a)

El diagrama de cuerpo libre equivale a una viga con una carga P puntual en el centro de esta:

$$P = q \cdot L = 1{,}2 \frac{kN}{m} \cdot 7\ m = 8{,}4\ kN$$

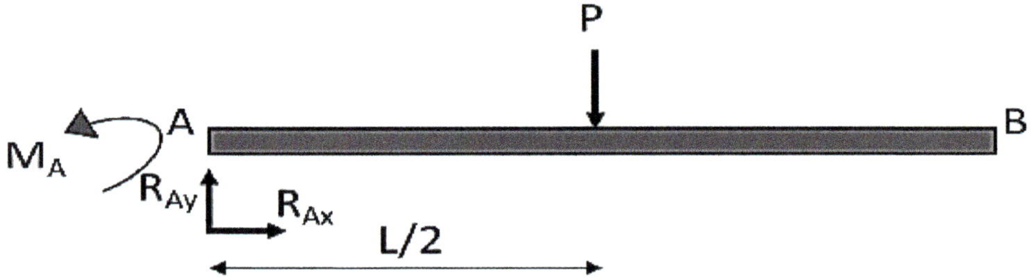

Sabiendo que en A $\sum M = 0 \rightarrow M_A - P \cdot \frac{L}{2} = M_A - 8{,}4\ kN \cdot \frac{7}{2} m = 0$

$$\rightarrow M_A = 29{,}4\ kNm$$

Sabiendo que $\sum F_y = 0 \rightarrow R_{Ay} - P = 0 \rightarrow R_{Ay} = 8{,}4\ kN$

Sabiendo que $\sum F_x = 0 \rightarrow R_{Ax} = 0$

$$M + M_A + q \cdot x \cdot \frac{x}{2} - R_{Ay} \cdot x = 0 \rightarrow M = -M_A + R_{Ay} \cdot x - q \cdot \frac{x^2}{2}$$

$$\rightarrow M = -29{,}4 + 8{,}4\ kN \cdot x\ m - 1{,}2 \frac{kN}{m} \cdot \frac{x^2}{2}\ m^2 = -29{,}4 + 8{,}4x - 0{,}6x^2\ kN \cdot m$$

$$F = \frac{dM}{dx} = 8{,}4 - 1{,}2x\ kN$$

b)

Momento flector máximo:

$$\frac{dM}{dx} = 0 \rightarrow x = 7\ m \rightarrow M_{min} = 0$$

$$\rightarrow M_{\max(x=0)} = -29{,}4\ \mathrm{kN \cdot m}$$

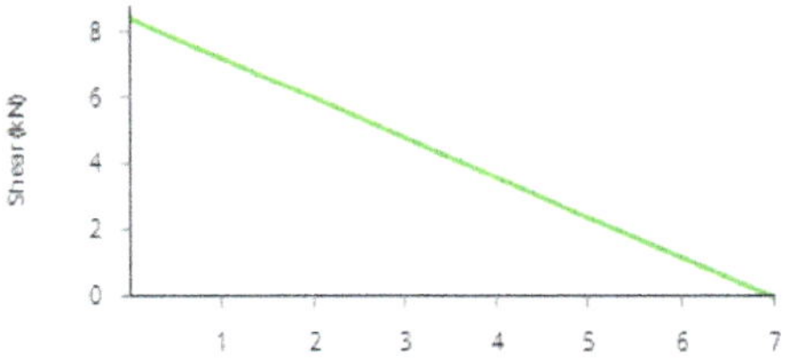

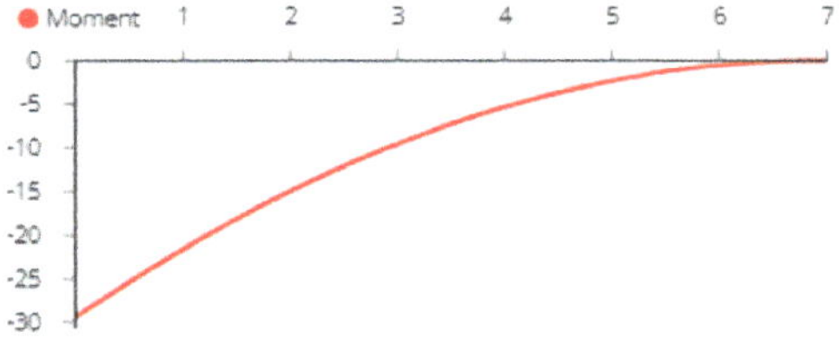

Baleares - 2025 – Julio - Problema 2.1

Una viga horizontal de 3 metros de longitud está empotrada por uno de los extremos. Esta viga soporta un cartel decorativo que genera una carga uniformemente distribuida entre 1 metro y 2 metros desde el empotramiento, tal como se muestra en la figura, con una intensidad de 500 N/m. El empotramiento, hay una esfera decorativa con una masa de 100 kg. Se pide:

a) Determina la reacción vertical en el punto de empotramiento.

b) Representa el diagrama de esfuerzos cortantes e indica sus valores representativos en los ejes del diagrama.

c) Determina el momento flector en el punto del empotramiento.

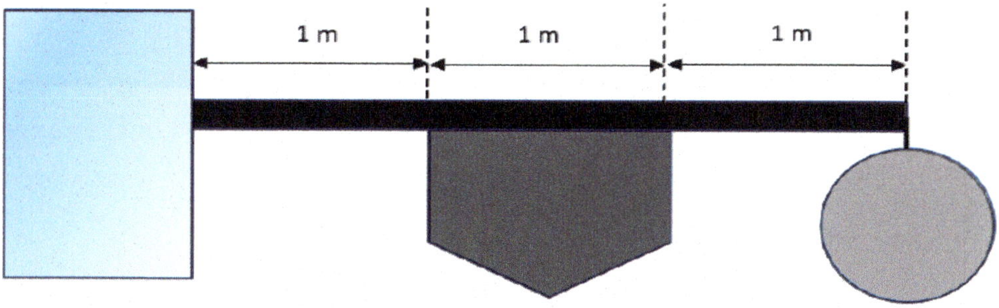

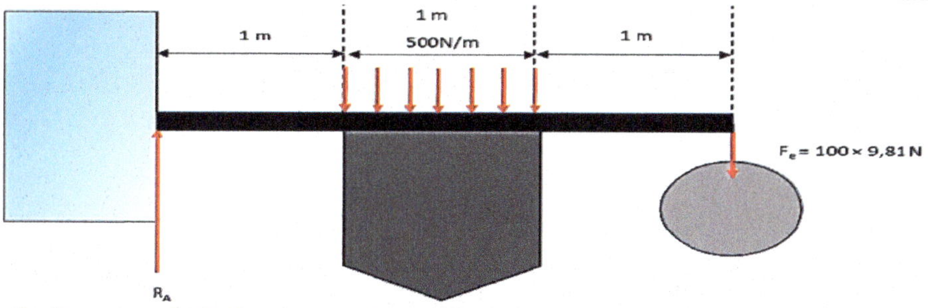

a) $R_A = 500 \cdot 1 + 100 \cdot 9.8$ $\qquad$ $\mathbf{R_A = 1481\ N}$

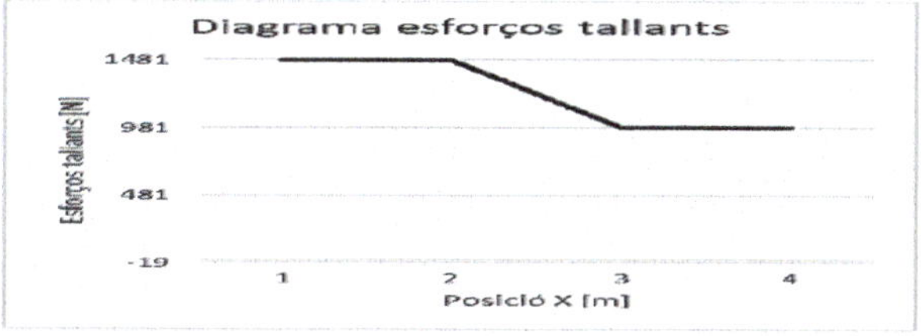

b)

c) $M_A = M_{cartell} + M_{esfera}$

$M_A = 500 \cdot 1.5 + 981 \cdot 3$

$M_A = 750 + 2943$

$\mathbf{M_A = 3693\ Nm}$

La Rioja – 2025 - modelo de prueba - Problema 1.A

La cubierta de un parking de autobuses para Logroño se diseña con vigas de 12 m. en voladizo (empotradas en un extremo en una pared y sin pilares), disponiéndolas a una distancia de 5 m entre sí.
En el diseño se tiene en cuenta los efectos de la nieve (según tabla) más una sobrecarga de 120 kg/m^2. Nota: considerar 1kp=10N.

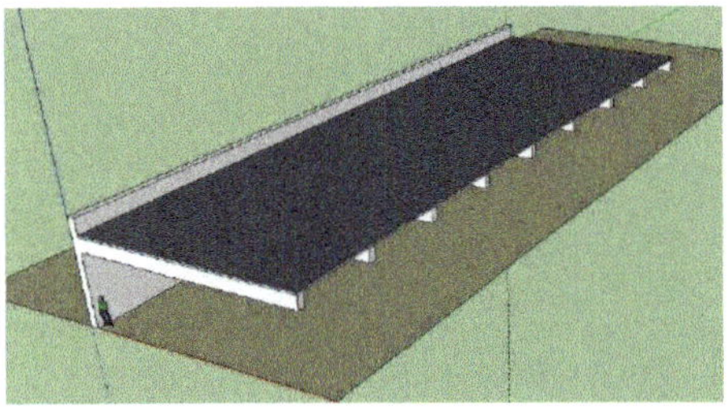

Tabla 4.1
Sobrecarga de nieve sobre superficie horizontal

Altitud topográfica h m	Sobrecarga de nieve kg/m²
0 a 200	40
201 a 400	50
401 a 600	60
601 a 800	80
800 a 1.000	100
1.001 a 1.200	120
> 1.200	h: 10

Sabiendo que la altitud topográfica de Logroño es de 384 m y considerando cargas uniformemente distribuidas sobre las vigas:

a) Realizar el esquema de una de las vigas centrales con su correspondiente carga.
b) Calcular las reacciones en el empotramiento para esa viga.
c) Determinar las leyes de esfuerzos cortantes y momentos flectores para esa viga y representarlas.

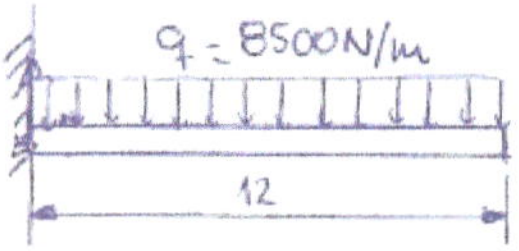

$$P = 120 + 50 = 170\ Kp/m^2 \ = \ 1700\ {}^{N}/_{m^2}$$

$$q = 1700 \cdot 5 = 8500\ N/m$$

Cálculo de reacciones:

$$\sum F_h = 0 \rightarrow R_2 = 0$$

$$\sum F_v = 0 \rightarrow R_1 = 8500 \cdot 12 = 102000N$$

$$\sum M_0 = 0 \rightarrow M_0 = 8500 \cdot L \cdot \frac{L}{2} = 8500 \cdot 12 \cdot \frac{12}{2} = 612000\ Nm$$

Cálculo de esfuerzos cortantes:

$$V_x = R_1 - q \cdot x = 102000 - 8500x$$

$$V_0 = 102000\ N$$

$$V_{12} = 102000 - 8500 \cdot 12 = 0$$

Cálculo de momentos flectores:

$$M_x = R_1 \cdot x - q \cdot x \cdot \frac{x}{2} - M_0 = 102000x - 8500 \cdot x \cdot \frac{x}{2} - 612000$$

$$M_x = -4250x^2 + 102000x - 612000$$

$$M_0 = -612000\ Nm$$

$$M_{12} = 0\ Nm$$

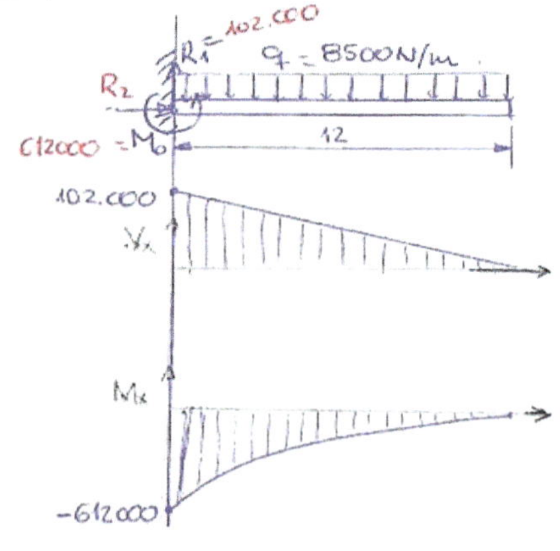

Bloque G

Tecnología sostenible

Bloque Energías renovables
Energías renovables. Eficiencia energética. Sostenibilidad energética.
Impacto social y ambiental. Informes de evaluación. Valoración crítica de la sostenibilidad en el uso de la tecnología.

Andalucía - 2025 - Junio - Ejercicio 4A

d) ¿Cuándo y por qué es necesario realizar un estudio de impacto ambiental?

Castilla-León - 2025 - Junio - 2.A

Explicar la transformación termodinámica isoterma para un gas determinado. Representar la gráfica presión volumen y escribir las fórmulas del trabajo y el calor.

Cataluña – 2025 - modelo de prueba - Ejercicio 8

El caudal de agua caliente de una ducha es de 12 L/min y la temperatura de salida del agua es de 38°C. Inicialmente, el agua se encuentra a 15°C (ce_{agua}=4,18 J/(g*°C)). En una ducha de 5 minutos de duración, la energía utilizada para calentar el agua es:

a) 1,602 kWh, b) 5,768 kWh, c) 1,602 kJ, d) 5.768 J.

Masa de agua = caudal másico *t = 12~~L~~/~~min~~*(1000g/1~~L~~)*5~~min~~=60.000 g

Q=c*m*ΔT=4,18 J/(~~g~~*~~ºC~~)*60.000~~g~~*(38~~ºC~~–15~~ºC~~)=19.228 w=

=5.768.400 J * (1kWh/3.600.000J) =1,602 kWh → a)

Cataluña – 2025 - modelo de prueba - Ejercicio 3

Una resistencia eléctrica proporciona 3000 J a 50 mL de agua que se encuentran a 5°C. Sabiendo que el calor específico del agua es ce=4,18 kJ/(kg*K), la temperatura final del agua será:

a) 1,435°C, b) 6,435°C, c) 14,35°C, d) 19,35°C.

Q=c*m*(T_2–T_1)→ T_2=T_1+Q/(c*m)=5ºC+3000~~J~~/[4,18~~J~~/(~~g~~*K)*50~~g~~]=19,35°C→d

Cataluña – 2025 - modelo de prueba - Ejercicio 4

Una vivienda dispone de ocho placas solares. El área total de las placas es de 4,4 m^2, y sus condiciones de localización hacen que se disponga, en septiembre, de una irradiación diaria media de 13 kWh/m^2. Si las placas tienen un rendimiento del 0,3, la energía producida durante el mes de septiembre será de: a) 514,8 kWh, b) 1.853 J, c) 58,52 J, d) 52,19 kWh.

E=13 kWh/~~m²~~*4,4~~m²~~*0,3*30=514,8 kWh → a)

Cataluña – 2025 - modelo de prueba - Ejercicio 7

El raíl de una vía de tren está hecho de acero de un coeficiente de dilatación $\alpha_{acero}=10{,}8*10^{-6}\ °C^{-1}$ y tiene una longitud de 25 m a Tª=20°C. En las condiciones laborales, la temperatura ambiente oscila entre –10°C y 45°C. La variación de longitud que experimenta el raíl es de:

a) 6,750 mm, b) 8,100 mm, c) 9,450 mm, d) 14,85 mm

$\Delta L=L*\alpha_{acero}*\Delta T=25.000mm*10{,}8*10^{-6}°\cancel{C}^{-1}*[45º\cancel{C}-(-10º\cancel{C})]=14{,}85\ mm$ → d

Valencia - 2025 - modelo de prueba – Ej.4.A

En una casa se instala un ascensor hidráulico de acción directa. En este tipo de ascensor el cilindro hidráulico se conecta directamente a la cabina haciendo que ésta se eleve lo mismo que avanza el pistón. El diámetro interior del cilindro es de 92 mm. Considerando que la carga y la cabina tienen una masa de 625 kg en total. Calcular:

a) Presión del aceite en el interior del cilindro en el caso en el que el ascensor está parado.

b) Caudal que ha de entregar la bomba si el ascensor se eleva a una velocidad de 30 cm/s.

c) Rendimiento global del ascensor en el caso que se está ascendiendo a una velocidad de 30 cm/s sabiendo que el motor eléctrico que alimenta a la bomba está consumiendo 2,8 kW.

d) Indica tres razones técnicas por las que en este tipo de ascensores y montacargas se prefieren sistemas hidráulicos en lugar de neumáticos.

a) $P = F/S = (m*g)/(d^2*\pi/4) = (625*9'8)/(0'092^2*\pi/4) = 921.383'8$ Pa

b) caudal $Q = velocidad_{fluido}*Sección_{Tubería} = 0'3\ m/s * (0'092^2*\pi/4) =$
$= 0'002\ m^3/s = 2$ Litros/s $= 2$ L/s $* (0'9\ Kg_{aceite}/1L) = 1'8$ kg/s

c) Potencia de entrada o suministrada potencia consumida por la bomba $P_1=2.800$ W	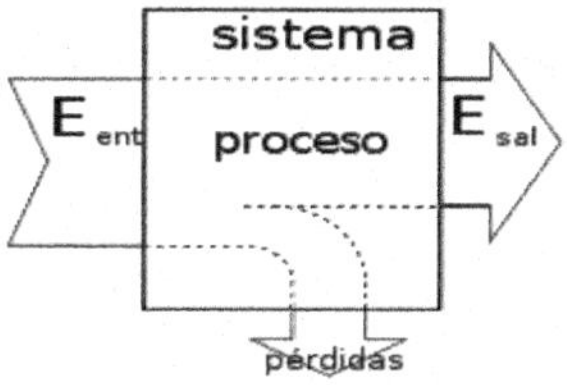 $\eta=P_2/P_1*100=$ $=1837'5/2800*100=66\%$	Potencia de salida o útil Elevación de una carga a una velocidad $P_2 = m*g*v =$ $=625*9'8*0'3=1837'5$ W

Baleares - 2025 - Junio - 5.B

Una vivienda consume 10000 kWh anuales de energía eléctrica generada principalmente a partir de combustibles fósiles, con una eficiencia de generación del 35%.

a) ¿Cuál es la energía primaria requerida anualmente para satisfacer ese consumo?

b) Propone una medida sostenible para reducir el consumo de energía primaria de la vivienda.

c) Energía de entrada o suministrada o consumida Energía primaria $P_1=P_2/\eta=10.000/0'35=$ $=28.571'4$ kWh	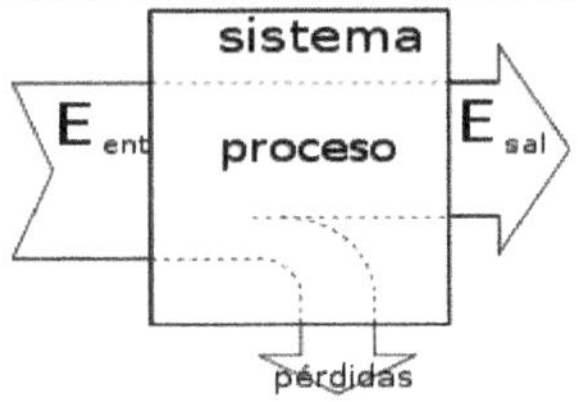 $\eta=P_2/P_1*100=35\%$	Energía de salida o útil Energía eléctrica $P_2=10.000$ kWh

Baleares - 2025 - Julio - Ejercicio 4

Un sistema de transporte ferroviario utiliza trenes que funcionan con gas natural. El sistema actual consume 350 kg de gas natural para realizar un trayecto de 100 km. Se considera que 1 Kg de gas natural equivale a 4,5 kWh de energía útil para el movimiento de los trenes.

Se desea estudiar la posibilidad de cambiar los trenes de gas natural por trenes eléctricos, que consumen 250 kWh por cada 100 km recorridos por el tren. La eficiencia del sistema eléctrico español es del 55%, teniendo en cuenta la eficiencia global de la generación y distribución de la electricidad.

Se pide calcular:

1) Coste energético del sistema de gas natural por km recorrido por el tren.

2) Coste energético del sistema eléctrico por cada km recorrido por los trenes, teniendo en cuenta la eficiencia del sistema eléctrico de España.

1) Energía (gas) en 100 km: $E_{gas.100km}=350$ kg*4,5 kWh=1575 kWh

Energía (gas) consumida por km: $E_{gas.1km}=1575/100=15,75$ kWh/km

2) Energía eléctrica en 100 km: $E_{elec.100km}=250$kWh/0'55=454,55 kWh

Energía eléctrica consumida por km: $E_{elec.1km}=454,55/100=4,55$ kWh/km

El sistema eléctrico tiene un coste energético menor y es más sostenible.

BLOQUE C

SISTEMAS MECÁNICOS. MÁQUINAS TÉRMICAS

Máquinas térmicas
Transformaciones termodinámicas. Principios de la Termodinámica.
Máquinas frigoríficas y bombas de calor: evolución, tipos, componentes, características. Cálculos básicos, simulación y aplicaciones.
Ciclo de Carnot. Cálculos de potencia, trabajo, energía útil, rendimiento, conservación de la energía y eficiencia de las máquinas térmicas y frigoríficas.
Motores de combustión interna MCIA (alternativos, rotativos, MEP, MEC) y de combustión externa. Tipos, componentes, características. Cálculos básicos, cilindrada, consumo, rendimiento, simulación y aplicaciones.

Máquinas térmicas

Baleares - 2025 - Junio - 2.A

Una transformación termodinámica a presión constante de 8 bares comprime un gas ideal de volumen inicial de 5 dm³ a un volumen final de 2 dm³. Inicialmente, el gas se encuentra a 300 K. Se pide calcular:

a) Trabajo realizado por el gas.

b) Temperatura final del gas.

c) Si ahora se lleva a cabo una transformación adiabática, determina el trabajo realizado para volver a la temperatura inicial.

Datos: R=8,31 J/(mol·K), cv=21 J/(mol*K).

a) $W=P*\Delta V=P*(V_2-V_1)=8\ bar*(10^5Pa/1bar)*(2*10^{-3}m^3-5*10^{-3}m^3)=-2400\ J$
Trabajo negativo (entrante) que el exterior realiza sobre el sistema.

b) Proceso a presión constante: $P_1*V_1/T_1=P_2*V_2/T_2 \rightarrow V_1/T_1=V_2/T_2$
$(5*10^{-3}m^3)/300K=(2*10^{-3}m^3)/T_2 \rightarrow T_2=2/5*300=120K$

c) nº de moles en el recipiente: $P_1*V_1=n*R*T_1 \rightarrow$
$n=P_1*V_1/(R*T_1)=8*10^5Pa*5*10^{-3}m^3/[8,31J/(mol*K)*300K]=1,6045\ moles$
Trabajo en una transformación adiabática:
$W=n*cv*(T_2-T_1)=1,6045moles*21J/(mol*K)*(120-300)=-6.065\ J$

Castilla-León – 2025 - modelo de prueba - Cuestión 4

Dibuja el diagrama p-v del ciclo de Carnot y explica sus transformaciones.

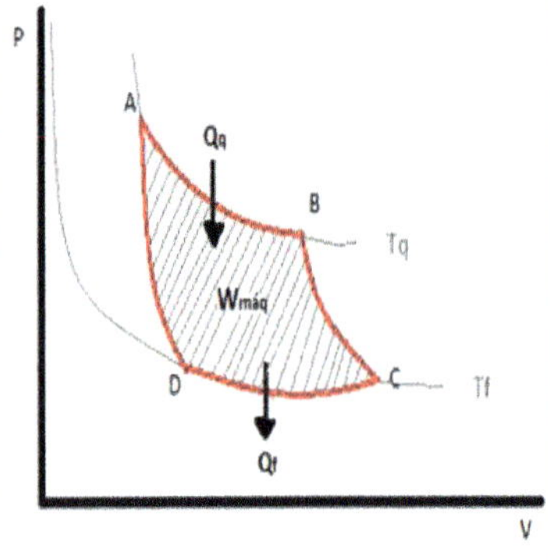

El motor térmico recorre el ciclo en sentido horario: A→B→C→D.

-A→B expansión isoterma a tª del foco caliente T^a_{fc}. Se absorbe del foco caliente el calor Q_{fc}.

-B→C expansión adiabática de T^a_{fc} a T^a_{ff}.

-C→D compresión isoterma a temperatura del foco frío T^a_{ff}. Se cede al foco frío el calor Q_{ff}.

-D→A compresión adiabática de T^a_{ff} a T^a_{fc}.

En el ciclo termodinámico se cumple:

$$Q_{fc}=Q_{ff}+W_{neto}$$

Cataluña – 2025 - modelo de prueba - Ejercicio 5

Un inventor construye una máquina térmica que funciona entre dos fuentes térmicas, una de 270°C y otra de 610°C. ¿Cuál afirmación es cierta?

a) El rendimiento de la máquina propuesta siempre es mayor del 40%.
b) El rendimiento de la máquina propuesta no podrá superar el 38,5%.
c) El foco frío debe encontrarse siempre por debajo de 0°C.
d) El foco caliente debe encontrarse siempre por encima de 700°C.

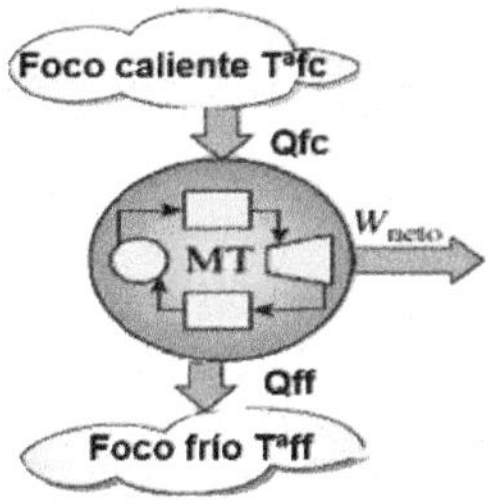

Foco caliente (caldera) Tªfc=610+273=883 K $Qfc=E_{consumida}$	a) Rendimiento de un motor térmico de Carnot: $\eta_{real}=E_{útil}/E_{consumida}=W/Qfc=$ $=(Qfc–Qff)/Qfc<1$
$W=E_{util}$	
Foco frío = Entorno Tªff=270+273=543 K Qff	$\eta_{ideal,ciclo\ de\ Carnot}=(T^afc–T^aff)/T^afc$ =(883–543)/883=0'385 → b)

País Vasco - 2025 - modelo de prueba - 2A

Una máquina térmica tiene un rendimiento del 2ª principio del 80%, recibe 300 kJ de calor del foco caliente que está a 400K y parte de esta energía se envía al foco frío a 150 K.

a) Calcular el rendimiento de la máquina.
b) Trabajo generado.
c) Calor emitido al foco frío.

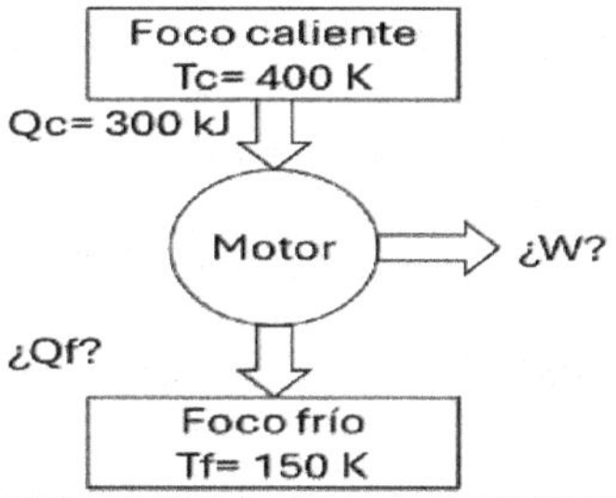

a) Rendimiento $\eta_{real}=E_{útil}/E_{consumida}=W/Qfc=(Qfc–Qff)/Qfc$
η_{ideal}=[ciclo Carnot]=$(T^afc–T^aff)/T^afc$=(400–150)/400=0'625

b) η=W/Qfc → W=η*Qfc=0,625*300=187,5 kJ

c) Qfc=W+Qff → Qff=Qfc–W=300–187,5=112,5 kJ

Castilla-La Mancha - 2025 - modelo de prueba y Junio - Ejercicio 2.A

Una máquina térmica siguiendo un ciclo de Carnot absorbe 1100 kcal del foco caliente a 405ºC y cede 400 kcal al foco frío. Calcula.

a) El rendimiento de la máquina.
b) Temperatura del foco frío y trabajo obtenido por la máquina.

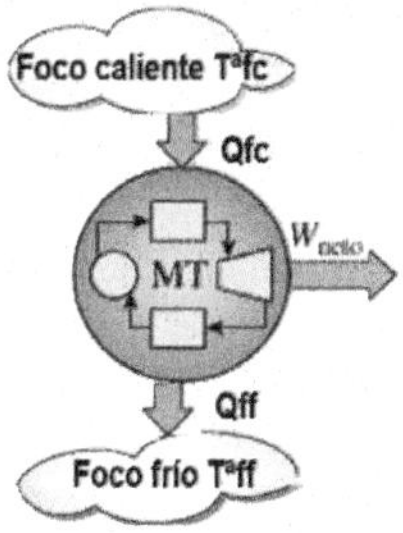

Foco caliente = Caldera Tªfc=405+273=678 K $Qfc=E_{consumida}$=1100 kcal	Rendimiento máquina térmica $\eta_{real}=E_{útil}/E_{consumida}=W/Qfc=$ $=(Qfc–Qff)/Qfc < 1$
$W=E_{util}=Qfc–Qff=$ =1100–400=700 kcal	
Foco frío = Entorno Tªff=? Qff=400 kcal	$\eta_{ideal,cicloDeCarnot}=(T^afc–T^aff)/T^afc$

a) Rendimiento $\eta_{ideal,cicloDeCarnot}=(T^afc–T^aff)/T^afc$=0'636

b) $\eta=(T^afc-T^aff)/T^afc$ → 0'64=(678-Tªff)/678 → Tªff=678*(1-0,64)=247K=-26ºC

Castilla-La Mancha - 2025 - Julio - 4

Una planta termoeléctrica utiliza vapor de agua como fluido de trabajo. Extrae calor de la combustión de gas natural en una caldera y convierte parte de esa energía en electricidad mediante una turbina. El rendimiento de la planta es 30%, y el calor residual se disipa en un río, cuya temperatura es 25°C. Durante cada ciclo de operación, la planta libera 500 MJ de calor al agua del río a través de un condensador. Dado que la eficiencia de una máquina térmica ideal está limitada por el ciclo de Carnot, se asume que la planta opera en condiciones cercanas a este límite.

a) Calcular la temperatura de la caldera (foco caliente) en °C.
b) Cantidad de calor absorbida por la planta en cada ciclo.
c) Cantidad de energía útil convertida en electricidad por ciclo.

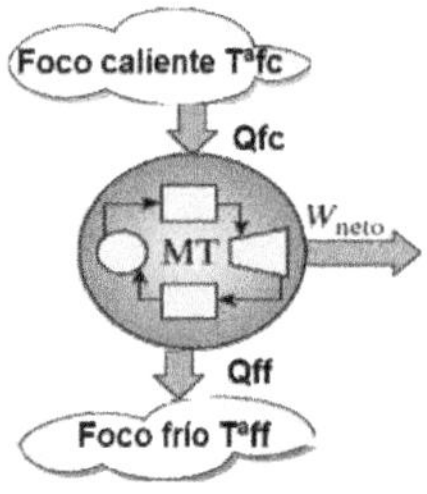

Foco caliente = Caldera Tªfc Qfc=$E_{consumida}$=	Rendimiento máquina térmica η_{real}=$E_{útil}$/$E_{consumida}$=W/Qfc=
W=E_{util}=	=(Qfc–Qff)/Qfc<1
Foco frío = Entorno Tªff=25+373=298K Qff=500 MJ/ciclo	$\eta_{ideal,ciclo\ de\ Carnot}$=(Tªfc–Tªff)/Tªfc =0'3

a) Rendimiento de un motor térmico de Carnot: (η<1)
η=$E_{útil}$/$E_{consumida}$=W/Qfc=(Qfc–Qff)/Qfc=[ciclo Carnot]=(Tªfc–Tªff)/Tªfc=0'3
(Tªfc–298)/Tªfc=0'3 → Tªfc=298/(1–0'3)=425,7K=152,7ºC

b) η=(Qfc–Qff)/Qfc → 0,3=(Qfc–500)/Qfc → Qfc=500/(1–0,3)=714,3MJ/ciclo

País Vasco - 2025 - Julio – 2.1

Una máquina térmica, que tiene un rendimiento del 30%, toma 350 J de una fuente de calor a 400 K y da 245 J a una fuente fría. Se pide:

a) Calcular el trabajo generado por la máquina (en J).
b) El rendimiento del 2ª principio 75%, halla la temperatura del foco frío.
c) Trabajo que se pierde por la irreversibilidad del ciclo de la máquina.

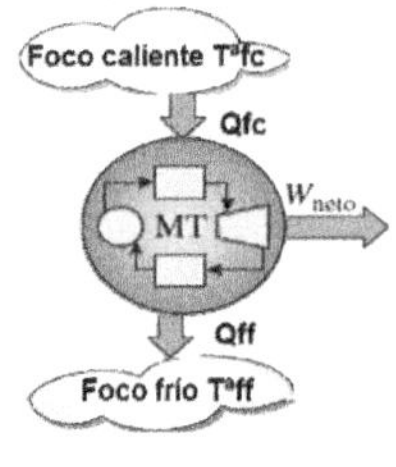

Foco caliente = Caldera Tªfc=400 K Qfc=$E_{consumida}$=350 J	Rendimiento máquina térmica η_{real}=$E_{útil}$/$E_{consumida}$=W/Qfc=
W=E_{util}=?	=(Qfc–Qff)/Qfc=
Foco frío = Entorno Tªff=? Qff=245 J	$\eta_{ideal,ciclo\ de\ Carnot}$=(Tªfc–Tªff)/Tªfc

a) W_{real}=$E_{util,real}$=Qfc–Qff=350–245=105 J
η_{real}=W_{real}/Qfc=0,3 → W_{real}=Qfc*η_{real}=350*0,3=105 J

b) $\eta_{2ºprincipio}$=η_{real}/η_{ideal}=0,75 → η_{ideal}=η_{real}/$\eta_{2ºprincipio}$=0,3/0,75=0,4
η_{ideal}=(Tªfc–Tªff)/Tªfc=0,4 → Tªff=Tªfc*(1–η_{ideal})=400*(1–0'4)=240K

c) η_{ideal}=W_{ideal}/Qfc=0,4 → W_{ideal}=Qfc*η_{ideal}=350*0,4=140 J
Trabajo perdido por la irreversibilidad =W_{ideal}–W_{real}=140–105=35 J

Máquinas frigoríficas

Murcia – 2025 - Junio - 2.1

a) Explicar el funcionamiento de una máquina frigorífica según un ciclo ideal de Carnot y representarlo gráficamente en un diagrama p-v.
b) Enumerar los componentes de una instalación frigorífica y explicar su función.
c) Calcular la eficiencia o coeficiente de operación (COP) sabiendo que, las temperaturas de los focos frío y caliente son 5°C y 40°C respectivamente.

a) Ciclo de Carnot de máquina frigorífica y b) componentes de la máquina.

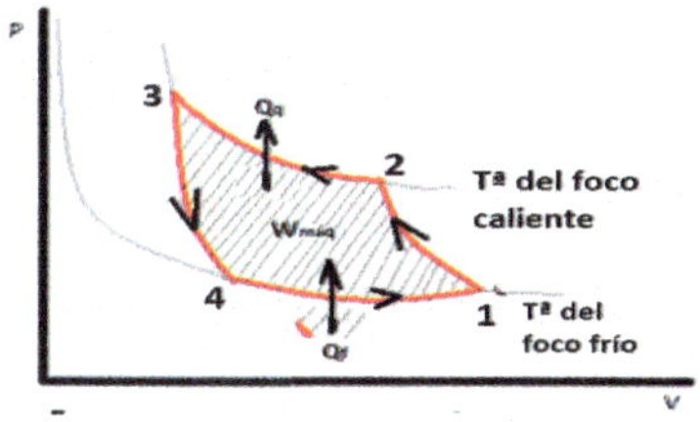

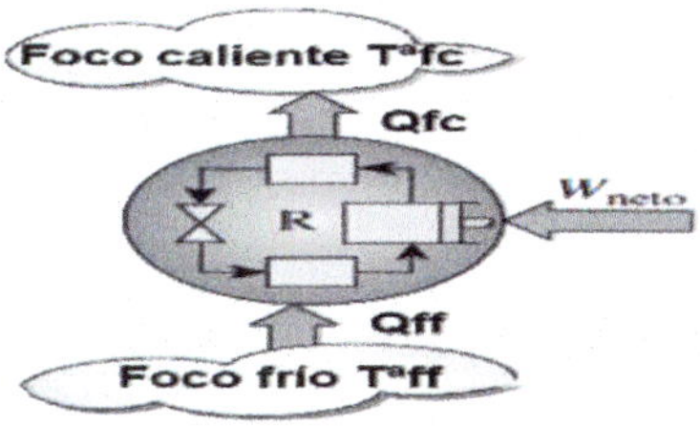

Componente	Transformación termodinámica
1→2 compresor	Compresión adiabática de Tªff a Tªfc.
2→3 condensador	Compresión isoterma a la tª del foco caliente Tªfc. Se cede el calor Qfc del foco caliente.
3→4 válvula de expansión	Expansión adiabática de Tªfc a Tªff.
4→1 evaporador	Expansión isoterma a la tª del foco frío Tªff. Se absorbe el calor Qff el foco frío.
En el ciclo se cumple: $Qfc=Qff+W_{neto}$	

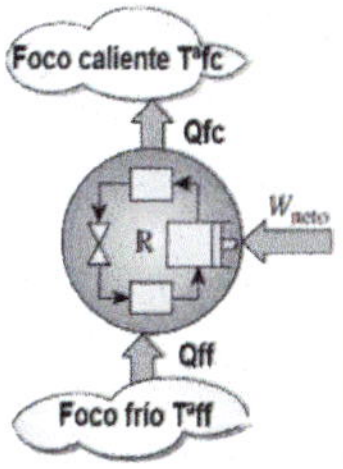	Foco caliente = entorno Tªfc=40ºC+273=313 K Qfc	Eficiencia máquina frigorífica $Efi_{real}=E_{útil}/E_{consumida}=Qff/W=$ $=Qff/(Qfc–Qff)$
	$W=E_{consumida}$	
	Foco frío=cámara frigorífica Tªff=5ºC+273=278 K $Qfc=E_{util}$	$Efi_{ideal\ cicloDeCarnot}$=Tªff/(Tªfc−Tªff) =278/(313−278)=7,943

Cantabria – 2025 - modelo de prueba - Ejercicio 1.B

a) Explicar el funcionamiento de una máquina frigorífica según un ciclo de Carnot y representarlo gráficamente en un diagrama p-v.
b) Hallar la eficiencia o coeficiente de operación (COP) si las temperaturas de los focos frío y caliente son 25ºC y 400ºC respectivamente.
c) Enumerar los componentes básicos de una instalación frigorífica.

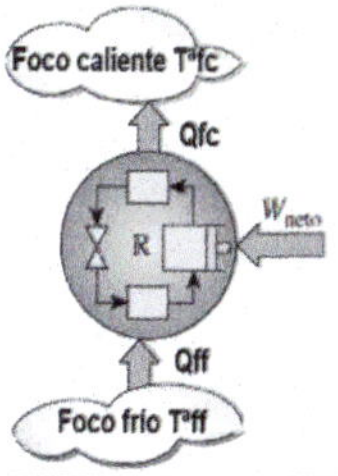	Foco caliente = entorno Tªfc=400ºC+273=673 K Qfc	Eficiencia máquina frigorífica $Efi_{real}=E_{útil}/E_{consumida}=Qff/W=$ $=Qff/(Qfc–Qff)$
	$W=E_{consumida}$	
	FocoFrío=cámaraFrigorífica Tªff=25ºC+273=298 K $Qff=E_{util}$	$Efi_{ideal\ cicloDeCarnot}$=Tªff/(Tªfc−Tªff) =298/(673−298)=0'795

Cantabria – 2025 - modelo de prueba - Ejercicio 2.A

Una cámara frigorífica ideal tiene que mantener, en su interior, una temperatura constante de 2ºC. Si se encuentra en un recinto con una temperatura de 22ºC y absorbe 20 cal/segundo. Calcular:

1) Eficiencia de la máquina.
2) Trabajo consumido por el compresor eléctrico en este tiempo.
3) Calor cedido al recinto.

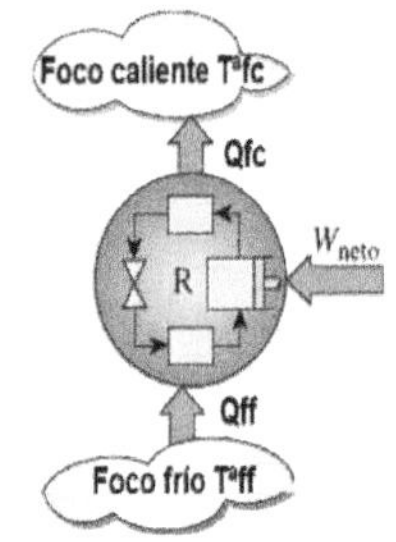	Foco caliente = entorno $T^afc=22ºC+273=295$ K Qfc=? $W=P_{consumida}=?$ Foco Frío=cámaraFrigorífica $T^aff=2ºC+273=275$ K $Qff=P_{util}=20cal/s=83,6$ W	Eficiencia máquina frigorífica $Efi_{real}=P_{útil}/P_{consumida}=Qff/W=$ $=Qff/(Qfc–Qff)$ $Efi_{ideal\ cicloDeCarnot}=$ $=T^aff/(T^afc-T^aff)=$ $=275/(295-275)=13,7$

2) No hay datos sobre eficiencia: $Efi_{real}=Efi_{ideal}=Efi=13,7$
$Efi=Qff/W$ → $W=Qff/Efi=83,6/13,7=6,1$ W

3) Calor cedido al recinto: $Qfc=Qff+W=83,6+6,1=89,7$ W

Castilla-La Mancha - 2025 - modelo de prueba y Junio - Problema 2.A

Una máquina de aire acondicionado tiene una eficiencia de 2,9 en un día caluroso, y utiliza 850 W de potencia eléctrica para mantener la temperatura en el interior a 23ºC.

a) Cantidad de calor extrae el equipo de la habitación en un minuto.
b) Cantidad de calor cede el sistema de aire acondicionado en un minuto.
c) ¿Qué temperatura hay en el exterior sabiendo que la eficiencia ideal de la máquina es seis veces mayor que la real?

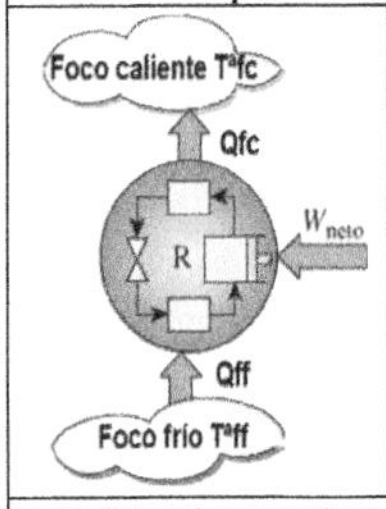	Foco caliente = entorno $T^afc=?$ Qfc=? $W=P_{consumida}=850$ W FocoFrío=cámaraFrigorífica $T^aff=23ºC+273=296$ K $Qff=P_{util}=?$	Eficiencia máquina frigorífica $Efi_{real}=P_{útil}/P_{consumida}=Qff/W=$ $=Qff/(Qfc–Qff)=2,9$ $Efi_{ideal\ cicloDeCarnot}=T^aff/(T^afc-T^aff)$

a) No hay datos sobre eficiencia: $Efi_{real}=Efi_{ideal}=Efi=2,9$
$Efi=Qff/W$ → $Qff=Efi*W=2,9*850=2465$ W
Calor extraído en 1 min = Qff = Qff * t = 2465 J/s * 60 s = 147.900 J

b) $Qfc=W+Qff=850J/s*60s+147.900=198.900$ J

c) $Efi_{ideal}=6*Efi_{real}=6*2,9=17,4$
$Efi_{ideal}=T^aff/(T^afc-T^aff)$ → $T^afc=T^aff*(Efi_i+1)/Efi_i=296*18,4/17,4=313K=40ºC$

Extremadura - 2025 - Junio - 3.B

Un fluido refrigerante circula a baja temperatura a través de las paredes del compartimento de un congelador para mantenerlo a –7ºC cuando la temperatura del aire circundante es de 18ºC. La cesión de calor del congelador al fluido refrigerante es de 27,8 kW y la potencia para producir el ciclo frigorífico es de 8,35 kW. Se pide:

a) Coeficiente de operación del frigorífico real, es decir, su eficiencia real.

b) Eficiencia máxima de un frigorífico que operara entre esas temperaturas.

c) Calor entregado al aire de la cocina donde se encuentra el frigorífico, durante una hora de funcionamiento, en kJ.

<table>
<tr><td rowspan="3">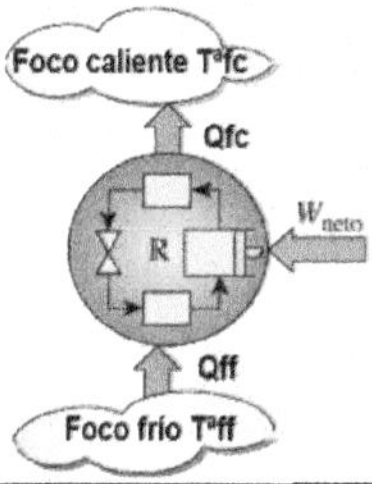
</td><td>Foco caliente = entorno
Tªfc=18ºC+273=291 K
Qfc=?</td><td rowspan="2">Eficiencia máquina frigorífica
$Efi_{real}=P_{útil}/P_{consumida}$=Qff/W=
=Qff/(Qfc–Qff)</td></tr>
<tr><td>W=$P_{consumida}$=8,35 kW</td></tr>
<tr><td>Foco Frío=cámaraFrigorífica
Tªff=–7ºC+273=266 K
Qff=P_{util}=27,8 kW</td><td>$Efi_{ideal\ cicloDeCarnot}$=
=Tªff/(Tªfc−Tªff)=
=266/(291−266)=10,64</td></tr>
<tr><td colspan="3">a) Efi_{real}=Qff/W=27,8/8,35=3,33</td></tr>
<tr><td colspan="3">b) $Wfi_{maxima}=Efi_{ideal\ cicloDeCarnot}$=Tªff/(Tªfc−Tªff)=266/(291−266)=10,64</td></tr>
<tr><td colspan="3">c) $Qfc_{real}=Qff+W_{real}$=27,8+8,35=36,15 kW</td></tr>
</table>

Asturias - 2025 - Julio - Ejercicio 2.B

Un congelador funciona según un ciclo de Carnot, enfriando a una velocidad de 700 kJ/h. La temperatura del interior debe ser –10ºC. En el exterior hay una temperatura de 23ºC. Determine:

a) Potencia que ha de tener el motor para conseguir esa temperatura.

b) Si el rendimiento del congelador fuese del 60% del rendimiento ideal de Carnot, ¿cuál debería ser entonces la potencia del motor?

c) Coste económico que si funciona durante 8 horas el congelador en las condiciones del apartado b) si el precio del kWh es de 0,14 euros.

<table>
<tr><td rowspan="3">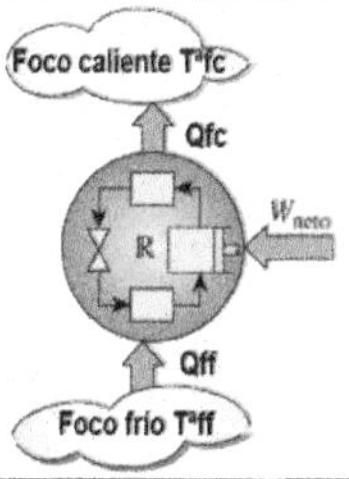
</td><td>Foco caliente = entorno
Tªfc=23ºC+273=296 K
Qfc</td><td rowspan="2">Eficiencia máquina frigorífica

$Efi_{real}=P_{útil}/P_{consumida}$=Qff/W=
=Qff/(Qfc–Qff)</td></tr>
<tr><td>W=$P_{consumida}$</td></tr>
<tr><td>FocoFrío=cámaraFrigorífica
Tªff=–10ºC+273=263 K
Qff=P_{util}=700kJ/h=194,44W</td><td>$Efi_{ideal\ cicloDeCarnot}$=Tªff/(Tªfc−Tªff)
=263/(296−263)=7,97</td></tr>
<tr><td colspan="3">a) $Efi_{ideal}=Qff/W_{ideal}$ → $W_{ideal}=Qff/Efi_{ideal}$=194,44/7,97=24,4 W</td></tr>
<tr><td colspan="3">b) Efi_{real}=60%*Efi_{ideal}=0,6*7,97=4,782
$Efi_{real}=Qff/W_{real}$ → $W_{real}=Qff/Efi_{real}$=194,44/4,782=40,66 W</td></tr>
<tr><td colspan="3">c) Energía consumida en 8 horas: E=P*t=0,04066kW*8h=0,3253 kWh
Coste=E*precio=0,3253kWh*0,14€/kWh=0,046 €</td></tr>
</table>

Andalucía – 2025 - modelo de prueba - Ejercicio 2.B a) La potencia del motor del compresor de una máquina frigorífica es 100 W. La temperatura en el interior es –19ºC y la del exterior, 24ºC. Suponiendo que funciona 10 horas diarias y que su eficiencia es el 60% de la ideal, Calcular el calor que extrae de su interior diariamente.		
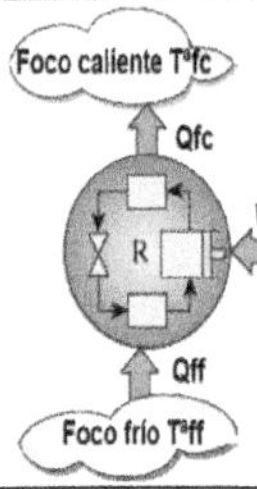	Foco caliente = entorno Tªfc=24ºC+273=297 K Qfc=? $W=P_{consumida}$=100W FocoFrío=cámaraFrigorífica Tªff=–19ºC+273=254 K $Qff=P_{util}$=?	Eficiencia máquina frigorífica $Efi_{real}=P_{útil}/P_{consumida}=Qff/W=$ $=Qff/(Qfc–Qff)$ $Efi_{ideal\ cicloDeCarnot}$=Tªff/(Tªfc–Tªff) =254/(297–254)=5,907
a) $Efi_{real}=60\%*Efi_{ideal}$=0,6*5,907=3,544 $Efi_{real}=Qff/W$ → $Qff=Efi_{real}*W$=3,544*100=354,4 W Calor extraído en 10 horas Qff=Qff*t=354,4J/s*10~~h~~*3600s/1~~h~~=12.758.400J		

Extremadura – 2025 - modelo de prueba - Ejercicio 4B Para mantener una temperatura de –5ºC, un frigorífico realiza un ciclo que absorbe calor desde el congelador a un ritmo de $1,68*10^8$ J cada día. Sabiendo que la temperatura del exterior es de 22ºC, determina: 1) Eficiencia de la máquina y potencia mínima necesaria para lograrlo. 2) Potencia real si el frigorífico funciona con una eficiencia del 60% del ideal de Carnot. 3) Cantidad de calor cedido al foco caliente en las condiciones reales.		
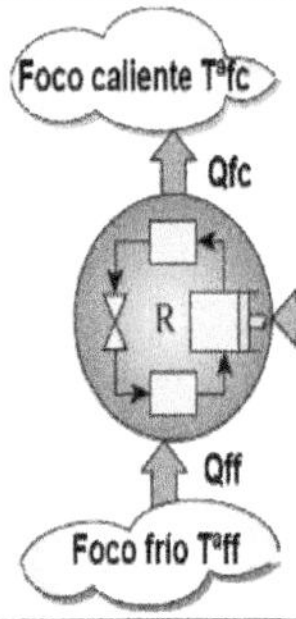	Foco caliente = entorno Tªfc=22ºC+273=295 K Qfc=? $W=P_{consumida}$=100W Foco Frío=cámaraFrigorífica Tªff=–5ºC+273=268 K $Qff=P_{util}=1,68*10^8$ J/día * *1dia/(24*3600s)=1944,44W	Eficiencia máquina frigorífica $Efi_{real}=P_{útil}/P_{consumida}=Qff/W=$ $=Qff/(Qfc–Qff)$ $Efi_{ideal\ cicloDeCarnot}$= =Tªff/(Tªfc–Tªff)= =268/(295–268)=9,926
a) $Efi_{ideal}=Qff/W_{ideal}$ → $W_{ideal}=Qff/Efi_{ideal}$=1944,44 W / 9,926 = 195,9 W		
b) $Efi_{real}=60\%*Efi_{ideal}$=0,6*9,926=5,96 $Efi_{real}=Qff/W_{real}$ → $W_{real}=Qff/Efi_{real}$=1944,44 W / 5,96 = 326,5 W		
c) $Qfc_{real}=Qff+W_{real}$=1944,44+326,5=2.270,94 W		

La Rioja – 2025 - modelo de prueba - Problema 3A

Una nevera enfría a una velocidad de 700 kJ/h. La temperatura en el interior de la nevera debe ser de –4ºC mientras que la temperatura ambiente del exterior es de 25ºC. Calcular:

a) Potencia del motor (W) necesaria para conseguir esa temperatura en el interior, si la nevera funcionara según el ciclo ideal de Carnot.

b) Si la eficiencia de la nevera es del 60% de la eficiencia del ciclo de Carnot, calcular entonces la potencia del motor.

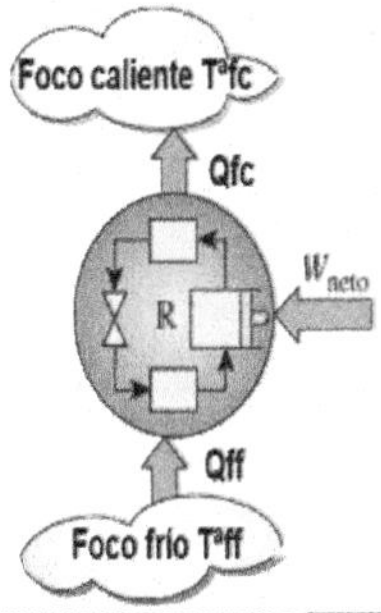

Foco caliente = entorno Tªfc=25ºC+273=298 K Qfc=?	Eficiencia máquina frigorífica $Efi_{real}=P_{útil}/P_{consumida}$=Qff/W= =Qff/(Qfc–Qff)
W=$P_{consumida}$=?	
Foco Frío=cámaraFrigorífica Tªff=–4ºC+273=269 K Qff=P_{util}=700 kJ/h * (1h/3600s) = 194,44 W	$Efi_{ideal\ cicloDeCarnot}$= =Tªff/(Tªfc−Tªff)= =269/(298−269)=9,276

a) $Efi_{real}=Efi_{ideal}$=Efi=9,276
Efi=Qff/W → W=Qff/Efi=194,44 W / 9,276 = 20,96 W

b) Efi_{real}=0,6*Efi_{ideal}=0,6*9,276=5,566
$Efi_{real}=Qff/W_{real}$ → $W_{real}=Qff/Efi_{real}$=194,44 W / 5,566 = 34,93 W

País Vasco - 2025 - Junio - 2.B

Una máquina frigorífica trabaja entre un foco frío a una temperatura de -18ºC y un foco caliente a una temperatura de 25ºC. La energía extraída del foco frío es 2000 J y el trabajo consumido es 1 kJ. Se pide calcular:

a) Eficiencia del ciclo ideal de la máquina frigorífica.

b) Cuanta energía le da la máquina al foco caliente (en J).

c) Porcentaje de rendimiento de la máquina respecto al rendimiento de ciclo ideal.

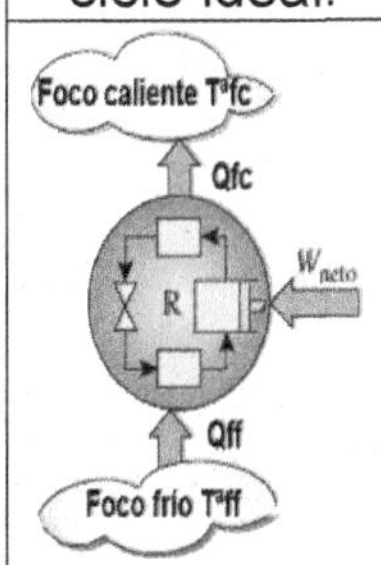

Foco caliente = entorno Tªfc=25ºC+273=298 K Qfc	Eficiencia máquina frigorífica $Efi_{real}=E_{útil}/E_{consumida}$=Qff/W= =Qff/(Qfc–Qff)
W=$E_{consumida}$=1000 J	
Foco Frío=cámaraFrigorífica Tªff=–18ºC+273=255 K Qff=E_{util} =2000 J	$Efi_{ideal\ cicloDeCarnot}$= =Tªff/(Tªfc−Tªff)= =255/(298−255)=5'93

b) Calor cedido al recinto (foco caliente): Qfc=W+Qff=1000+2000=3000 J

c) Rendimiento real de la máquina frigorífica: Efi_{real}=Qff/W=2000/1000=2
(Efi_{real}) / (Efi_{ideal}) * 100 = 2 / 5'93 * 100 = 33'73%

Cantabria - Junio - 2025 – 2.A

Se instala en un aula una máquina de aire acondicionado para conseguir una temperatura de 21ºC. La temperatura en el exterior es de 28ºC y el rendimiento de la máquina es del 45% del ciclo de Carnot. Se pide:

1) Eficiencia de la máquina.
2) Calor que cede la máquina al exterior si la máquina absorbe 1875 kJ del interior del aula.
3) Trabajo realizado por el compresor de la máquina.

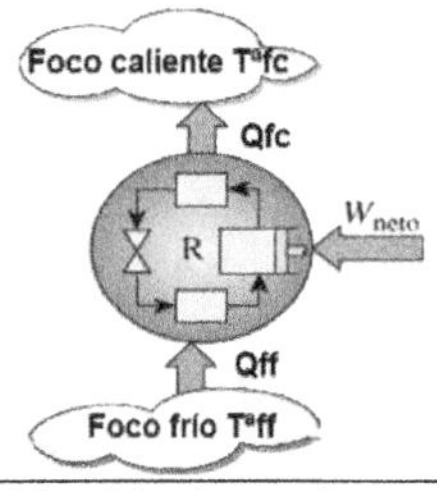	Foco caliente = exterior $T^afc=28ºC+273=301$ K $Qfc=E_{util}=?$ $W=E_{consumida}=?$ Foco Frío = local $T^aff=21ºC+273=294$ K Qff=1875 kJ	Eficiencia máquina frigorífica $Efi_{real}=E_{útil}/E_{consumida}=Qff/W=$ $=Qff/(Qfc–Qff)$ $Efi_{ideal\ cicloDeCarnot}=T^aff/(T^afc-T^aff)$ $=294/(301-294)=42$

2) No hay datos sobre eficiencia: $Efi_{real}=Efi_{ideal}=Efi=42$
$Efi=Qff/(Qfc-Qff)=42$ → $1875/(Qfc-1875)=42$ → $Qfc=1875*43/42=1919{,}6$kJ

3) $Efi=Qff/W$ → $W=Qff/Efi=1.875$kJ$/42=44{,}643$kJ$*(1$kcal$/4{,}18$kJ$)=10{,}68$ kcal
De otra manera: $W=Qfc–Qff=1919{,}6–1875=44{,}6$ kJ

La Rioja - 2025 - Julio – 3.1

El interior de un congelador se mantiene a –18ºC gracias al empleo de una máquina frigorífica de potencia 1,5 kW, Sabiendo que la temperatura exterior es de 21ºC, determine:

a) Eficiencia real de la máquina sabiendo que ésta es el 40% de la máquina de Carnot.
b) Calor retirado del interior del congelador por hora.

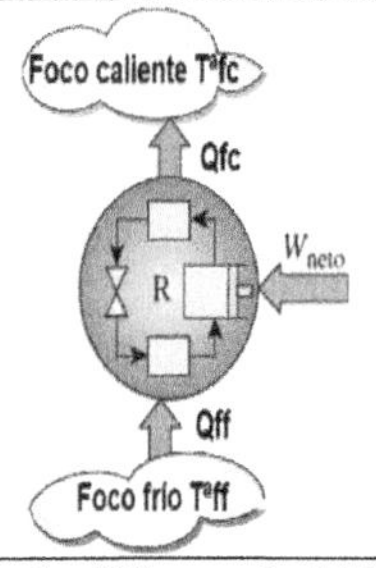	Foco caliente = entorno $T^afc=21ºC+273=294$ K Qfc=? $W=P_{consumida}=1{,}5$ kW Foco Frío=cámaraFrigorífica $T^aff=–18ºC+273=255$ K $Qff=P_{util}=?$	Eficiencia máquina frigorífica $Efi_{real}=P_{útil}/P_{consumida}=Qff/W=$ $=Qff/(Qfc–Qff)$ $Efi_{ideal\ cicloDeCarnot}=$ $=T^aff/(T^afc-T^aff)=$ $=255/(294-255)=6{,}54$

a) $Efi_{real}=0{,}4*Efi_{ideal}=0{,}4*6{,}54=2{,}62$
$Efi=Qff/W$ → $W=Qff/Efi=194{,}44$ W / 9,276 = 20,96 W

b) Calor retirado del interior del congelador = E_{util} = Qff
$Efi_{real}=Qff/W$ → $Qff=W*Efi_{real}=1{,}5kW*2{,}62 = 3{,}923$ kW =
=3,923 kJ/s * (3600s/1h) = 14.123 kJ/h

Bomba de calor

Cantabria - 2025 - Julio - 2 Para mantener una temperatura constante de 22ºC en un quirófano se instala una bomba de calor que aporta un trabajo de 3500 kJ. Si en invierno la temperatura en el exterior es de 8ºC, se pide: 1) Eficiencia de la máquina si el rendimiento del sistema es el 30% de la ideal. 2) Energía térmica entregada al quirófano. 3) Energía térmica absorbida desde el exterior.		
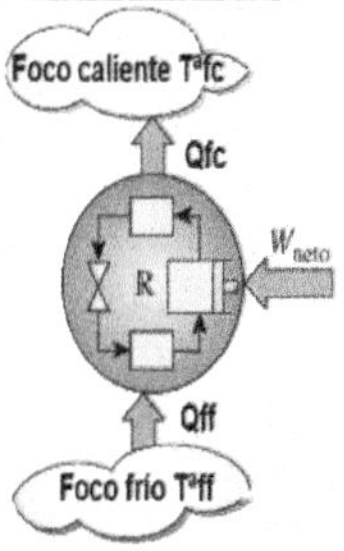 	Foco caliente = local $T^afc=22ºC+273=295$ K $Qfc=E_{util}=?$ $W=E_{consumida}=3500$ kJ Foco Frío exterior,entorno $T^aff=8ºC+273=281$ K $Qff=?$	Eficiencia bomba de calor $Efi_{real}=E_{útil}/E_{consumida}=Qfc/W=$ $=Qfc/(Qfc–Qff)$ $Efi_{ideal\ cicloDeCarnot}=T^afc/(T^afc-T^aff)$ $=295/(295–281)=21{,}07$
a) $Efi_{real}=0{,}3*Efi_{ideal}=0{,}3*21{,}07=6{,}32$		
b) $Efi_{real}=Qfc/W$ → $Qfc=Efi_{real}*W=6{,}32*3500=22.120$ kJ		
c) $Qfc=W+Qff$ → $Qff=Qfc–W=22.120–3.500=18.620$ kJ		

Andalucía - 2025 - Junio - Ejercicio 2A b) Mediante una bomba de calor reversible se climatiza una nave industrial a 23ºC en invierno. La máquina tiene una eficiencia real de 5 y se sabe que es el 30% de la ideal. Calcular la temperatura media en el exterior.		
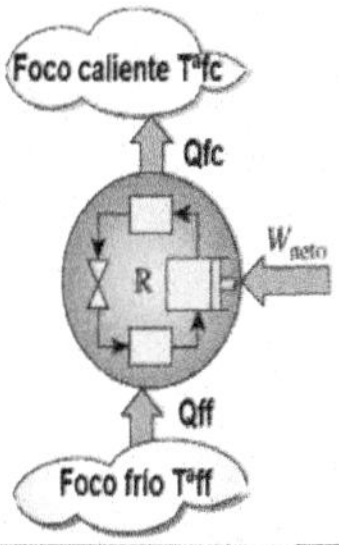 	Foco caliente = local $T^afc=23ºC+273=296$ K $Qfc=E_{util}=?$ $W=E_{consumida}=?$ Foco Frío exterior,entorno $T^aff=?$ $Qff=?$	Eficiencia bomba de calor $Efi_{real}=E_{útil}/E_{consumida}=Qfc/W=$ $=Qfc/(Qfc–Qff)$ $Efi_{ideal\ cicloDeCarnot}=T^afc/(T^afc-T^aff)$
b) $(Efi_{real}) / (Efi_{ideal}) = 0{,}3$ → $Efi_{ideal}=Efi_{real}/0{,}3=5/0{,}3=16{,}67$ $Efi_{ideal}=T^afc/(T^afc-T^aff)$ → $T^aff=T^afc*(Efi_i–1)/Efi_i=296*15{,}67/16{,}67=278K=5ºC$		

Castilla-León - 2025 - Junio - 2.B

Un local situado en una zona donde la temperatura media en el exterior es de 5°C requiere el empleo de una bomba de calor que aporta a su interior $214*10^3$ kJ en una hora para mantener la temperatura en su interior a 21°C. Sabiendo que la bomba de calor real aprovecha solo el 30% de un ciclo de Carnot reversible, calcular:

a) La eficiencia de la máquina reversible.
b) La eficiencia de la máquina real.
c) La potencia a la que tiene que funcionar la bomba de calor en kW.

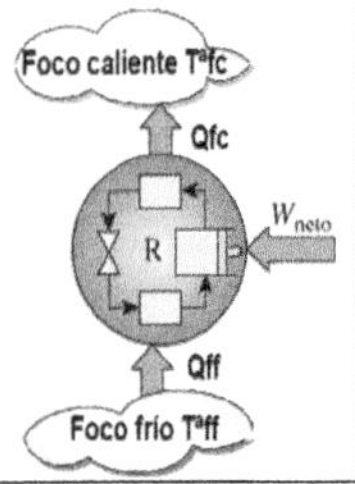

	Foco caliente = local Tªfc=21ºC+273=294 K $Qfc=P_{util}=214*10^3$ kJ/h	Eficiencia bomba de calor $Efi_{real}=P_{útil}/P_{consumida}=Qfc/W=$ $=Qfc/(Qfc–Qff)$
	$W=P_{consumida}=?$	
	Foco Frío exterior,entorno Tªff=5ºC+273=278 K Qff=?	$Efi_{ideal\ cicloDeCarnot}=Tªfc/(Tªfc−Tªff)$ =294/(294–278)/=18,375

b) $Efi_{real}=0{,}3*Efi_{ideal}=0{,}3*18{,}375=5{,}51$

c) Efi=Qfc/W → $W=Qfc/Efi=214*10^3/5{,}51=38.838$J/h*1h/3600s=10,8kW

Uned – 2025 - modelo de prueba - Ejercicio

Un local situado en una zona donde la temperatura media en el exterior es de 10°C requiere el empleo de una bomba de calor de 100 kW de potencia para mantener la temperatura en su interior a 24°C. Sabiendo que la bomba de calor funciona conforme a un ciclo de Carnot reversible, calcule:

1) Eficiencia de la máquina.
2) Calor aportado al interior del local.
3) Calor retirado del exterior.

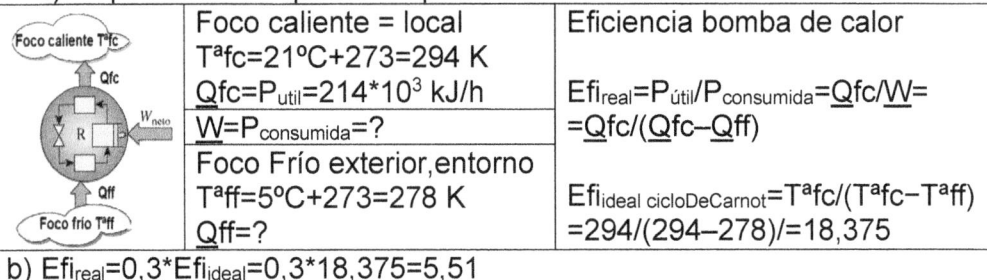

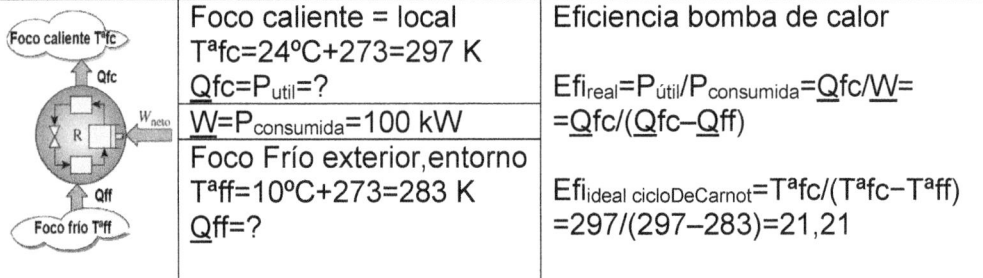

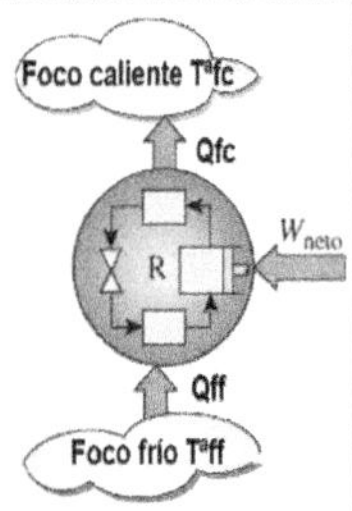

	Foco caliente = local Tªfc=24ºC+273=297 K $Qfc=P_{util}=?$	Eficiencia bomba de calor $Efi_{real}=P_{útil}/P_{consumida}=Qfc/W=$ $=Qfc/(Qfc–Qff)$
	$W=P_{consumida}=100$ kW	
	Foco Frío exterior,entorno Tªff=10ºC+273=283 K Qff=?	$Efi_{ideal\ cicloDeCarnot}=Tªfc/(Tªfc−Tªff)$ =297/(297–283)=21,21

a) Esta máquina funciona con un ciclo de Carnot ideal o reversible →
$Efi_{real}=Efi_{ideal}=21{,}214$

Efi=Qfc/W → Qfc=Efi*W=21,214*100=2.121,4 kW

c) Qff=Qfc–W=2.121,4–100=2.021,4 kW

Castilla-León - 2025 - Julio - Ejercicio 2

Un local situado en una zona donde la temperatura media en el exterior es de 5°C requiere el empleo de una bomba de calor de 10 kW de potencia para mantener la temperatura de su interior a 22°C. Sabiendo que la bomba de calor funciona conforme a un ciclo de Carnot reversible, calcular:

a) Eficiencia de la máquina.
b) Energía aportada al interior del local en una hora.
c) Energía retirada al exterior del local en una hora.

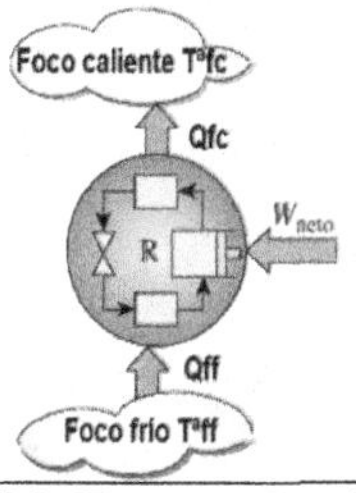	Foco caliente = local Tªfc=22ºC+273=295 K $Qfc=P_{util}=?$	Eficiencia bomba de calor $Efi_{real}=P_{útil}/P_{consumida}=Qfc/W=$ $=Qfc/(Qfc–Qff)$
	$W=P_{consumida}=10$ kW	
	Foco Frío exterior,entorno Tªff=5ºC+273=278 K Qff=?	$Efi_{ideal\ cicloDeCarnot}=Tªfc/(Tªfc−Tªff)$ =295/(295–278)=17,35

b) Esta máquina funciona con un ciclo de Carnot ideal o reversible →
$Efi_{real}=Efi_{ideal}=17,35$
Efi=Qfc/W → Qfc=Efi*W=17,35*10=173,5 kW
Energía aportada en una hora: Qfc=Qfc*t=173.500J/s * 3600s=624'6*10^6 J

c) Qff=Qfc–W=173,5–10=163,5 kW
Energía retirada en una hora: Qff=Qff*t=163.500J/s * 3600s=588,6*10^6 J

Canarias - 2025 - Julio - Problema 2.B

Una bomba de calor, que funciona según el ciclo ideal de Carnot, debe mantener la temperatura de una habitación a 21ºC. Si la temperatura externa es de 4ºC y al ciclo se le aportan 2500 J/h. Calcule:

a) Eficiencia de la bomba de calor y dibuje el esquema termodinámico de la bomba de calor.
b) Cantidad de calor absorbida del foco frio.
c) Rendimiento de la bomba de calor si funciona como máquina frigorífica.

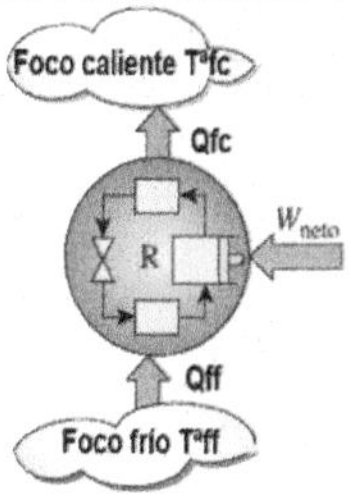	Foco caliente = local Tªfc=221ºC+273=294 K $Qfc=P_{util}=2500$ J/h	Eficiencia bomba de calor $Efi_{real}=P_{útil}/P_{consumida}=Qfc/W=$ $=Qfc/(Qfc–Qff)$
	$W=P_{consumida}=?$	
	Foco Frío exterior,entorno Tªff=4ºC+273=277 K Qff=?	$Efi_{ideal\ cicloDeCarnot}=Tªfc/(Tªfc−Tªff)$ =294/(294–277)=17,29

b) Esta máquina funciona con un ciclo de Carnot ideal o reversible →
$Efi_{real}=Efi_{ideal}=17,35$h
Efi=Qfc/W → W=Qfc/Efi=2500/17,29=144,59 J/h
Qfc=W+Qff → Qff=Qfc–W=2500–144,59=2355,41 J/h

c) Misma máquina funcionando como máquina frigorífica
$Efi_{real}=P_{útil}/P_{consumida}=Qff/W=2355,41/144,59=16,29$

La Rioja - Junio - 2025 - Problema 4B

Se utiliza una bomba de calor para mantener el recinto de una piscina climatizada a 27ºC cuando la temperatura exterior es de –3ºC. Sabiendo que hay que suministrar al recinto de la piscina un calor de 216 MJ en 12 horas de funcionamiento. Calcule:

a) Eficiencia de la bomba si ésta es el 40 % de la ideal.
b) Potencia de la bomba (kW).
c) Calor absorbido del ambiente durante las 12 horas de funcionamiento.

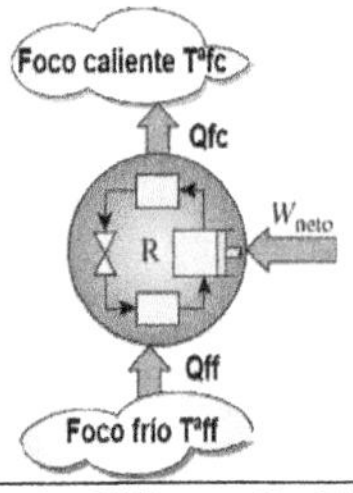

Foco caliente = local Tªfc=27ºC+273=300 K $Qfc=E_{util}$=216 MJ en 12h	Eficiencia bomba de calor $Efi_{real}=E_{útil}/E_{consumida}=Qfc/W=$ $=Qfc/(Qfc–Qff)$
$W=E_{consumida}$=?	
Foco Frío exterior,entorno Tªff=–3ºC+273=270 K Qff=?	$Efi_{ideal\ cicloDeCarnot}$=Tªfc/(Tªfc−Tªff) =300/(300–270)=10

a) $Efi_{real}=0,4*Efi_{ideal}$=0,4*10=4

b) Potencia calorífica Qfc=Qfc/t=216*10^{6}J/12h*(1h/3600s)=5.000 W
$Efi_{real}=Qfc/W_{real}$ → $W_{real}=Qfc/Efi_{real}$=5.000/4=1.250 W

c) Trabajo W=W*t=1.250W*12h*(3600s/1h)=54 MJ
Qff=Qfc–W=216–54=162 MJ

Madrid - 2025 - Julio – 3.1

Empleando como calefacción una bomba de calor, para mantener el interior de una vivienda a una temperatura de 25ºC cuando en el exterior es de –2ºC, se necesitan suministrar 5000 MJ al día al foco caliente. Se pide:

a) Potencia teórica, si la bomba de calor sigue un ciclo de Carnot. Si el rendimiento del ciclo operativo real es el 20% del ciclo de Carnot:
b) Determine la potencia consumida por la bomba.
c) Calcule el calor absorbido del foco frío por día.

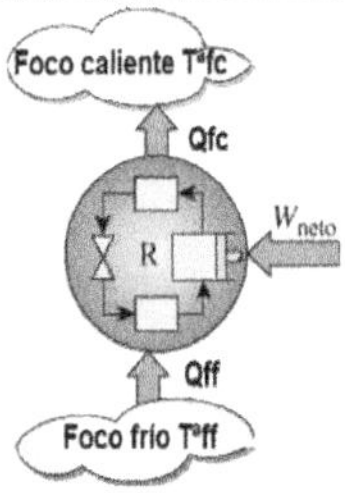

Foco caliente = local Tªfc=25ºC+273=298 K $Qfc=P_{util}$=5000 MJ/día	Eficiencia bomba de calor $Efi_{real}=P_{útil}/P_{consumida}=Qfc/W=$ $=Qfc/(Qfc–Qff)$
$W=P_{consumida}$=?	
Foco Frío exterior,entorno Tªff=–2ºC+273=271 K Qff=?	$Efi_{ideal\ cicloDeCarnot}$=Tªfc/(Tªfc−Tªff) =298/(298–271)=11,04

a) $Efi_{real}=0,2*Efi_{ideal}$=0,2*10=2,21

b) Potencia calorífica Qfc=Qfc/t=5.000*10^{6}J/24h*(1h/3600s)=57.870 W
$Efi_{real}=Qfc/W_{real}$ → $W_{real}=Qfc/Efi_{real}$=57.870/2,21=26.185,7 W

c) Trabajo en un día W=W*t=26.185,7W*24h*(3600s/1h)=2.262,4 MJ
De otra manera: $W_{real}=Qfc/Efi_{real}$=5000 MJ/2,21=2.262,4 MJ
Qff=Qfc–W=5.000–2.262,4=2.737,5 MJ

Canarias – 2025 - modelo de prueba - Ejercicio 2.A

Una vivienda se mantiene a una temperatura de 22ºC utilizando una bomba de calor. La temperatura media del exterior es 5ºC. Calcule:

a) COP o eficiencia de la bomba de calor.

b) Eficiencia de la bomba de calor funcionando como máquina frigorífica.

c) Para obtener un COP de la bomba de calor igual a 15, ¿a qué temperatura debe encontrarse el foco caliente?

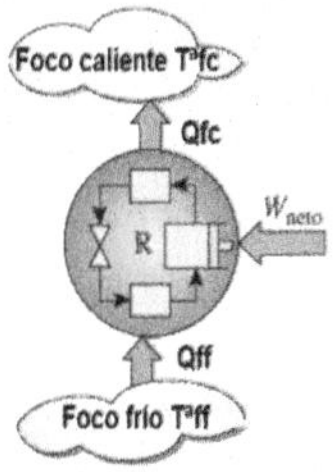	Foco caliente = local Tªfc=22ºC+273=295 K $Qfc=E_{util}$=216 MJ en 12h $W=E_{consumida}$=? Foco Frío exterior,entorno Tªff=5ºC+273=278 K Qff=?	Eficiencia bomba de calor $Efi_{real}=E_{\text{útil}}/E_{consumida}=Qfc/W=$ $=Qfc/(Qfc-Qff)$ $Efi_{ideal\ cicloDeCarnot}$=Tªfc/(Tªfc−Tªff) =295/(295–278)=17,35

b) Misma máquina funcionando como máquina frigorífica:
$Efi_{ideal\ cicloDeCarnot}$=Tªff/(Tªfc−Tªff)=278/(295−278)=16'35

c) $Efi_{ideal\ cicloDeCarnot}$=Tªfc/(Tªfc−Tªff)=15 → Tªfc/(Tªfc−278)=15 →
Tªfc=278*15/(15–1)=297,9 K

Madrid – 2025 - modelo de prueba - Ejercicio 3B

Para la climatización de una caravana se emplea una bomba de calor que funciona según el ciclo de Carnot reversible entre dos focos a temperaturas de 8ºC y 28ºC. Si la potencia útil del compresor es de 2,7 kW, calcule:

a) Eficiencia de la bomba si funciona como una máquina calorífica.

b) Eficiencia de la bomba si funciona como una máquina frigorífica.

c) Calor por unidad de tiempo aportado a la caravana cuando la bomba funciona como máquina calorífica.

d) Calor por unidad de tiempo retirado de la caravana cuando la bomba funciona como máquina frigorífica.

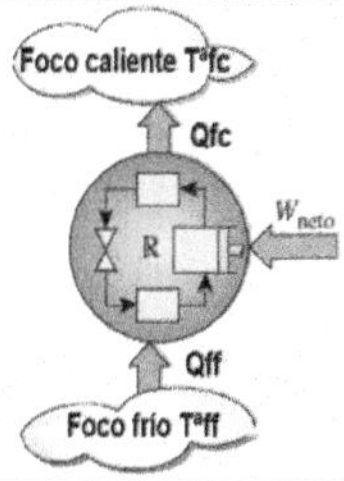	Foco caliente = local Tªfc=28ºC+273=301 K $Qfc=P_{util}$=? $W=P_{consumida}$=2,7 kW Foco Frío exterior,entorno Tªff=8ºC+273=281 K Qff=?	Eficiencia bomba de calor $Efi_{real}=P_{\text{útil}}/P_{consumida}=Qfc/W=$ $=Qfc/(Qfc-Qff)$ $Efi_{ideal\ cicloDeCarnot}$=Tªfc/(Tªfc−Tªff) =298/(298–271)=11,04

a) Eficiencia de la bomba de calor
$Efi_{ideal\ cicloDeCarnot}$=Tªfc/(Tªfc−Tªff)=301/(301−281)=15,05

b) Eficiencia de la máquina frigorífica
$Efi_{ideal\ cicloDeCarnot}$=Tªff/(Tªfc−Tªff)=281/(301−281)=14,05

c) Efi=Qfc/W → Qfc=Efi*W=15,05*2.700W=40.635W=40.935J/s=9.721cal/s

d) Qff = Qfc–W = 40.935J/s–2.700J/s = 38.235J/s = 9.147 cal/s

Asturias - 2025 - Junio - 3.B

Un propietario de una vivienda unifamiliar con el fin de reducir la combustión de combustibles fósiles y acceder a subvenciones económicas, se plantea sustituir su sistema tradicional de climatización y la instalación de una bomba de calor. La bomba de calor debería de tener una potencia de 3 kW, funcionaría conforme a un ciclo de Carnot con una eficiencia del 60% de la ideal durante un periodo diario de 5 horas. Para la determinación de estos parámetros se han tenido en cuenta las dimensiones del espacio, orientación, zona climática y aislamiento de la vivienda.

Se desea mantener una temperatura de 20ºC siendo la media de temperaturas en verano de 30ºC y en invierno de 10ºC. Calcule:

a) Eficiencia de la máquina tanto en verano como en invierno.
b) Calor aportado al recinto en un día de invierno en kilocalorías.
c) Calor extraído del recinto en un día de verano en kilocalorías.

<table>
<tr><td rowspan="3">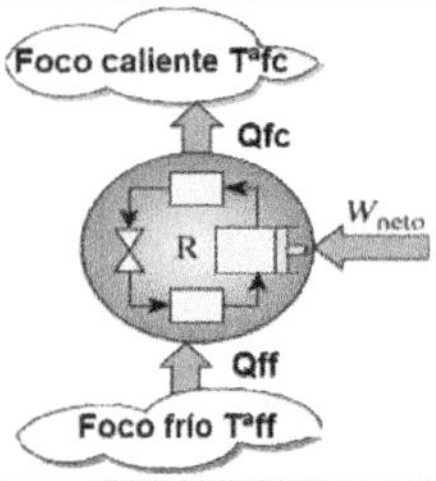
</td><td><u>Verano: máquina frigorífica</u>
Foco caliente = exterior
Tªfc=30ºC+273=303 K</td><td rowspan="2">Eficiencia máquina frigorífica
$Efi_{real}=E_{útil}/E_{consumida}$=Qff/W
=Qff/(Qfc–Qff)</td></tr>
<tr><td>W=$E_{consumida}$ ¿?</td></tr>
<tr><td>Foco frío = interior
Tªff=20ºC+273=293 K
Qff=$P_{útil}$</td><td>$Efi_{ideal\ cicloDeCarnot}$=
=Tªff/(Tªfc−Tªff)
=293/(303−293)=29,3</td></tr>
<tr><td rowspan="3">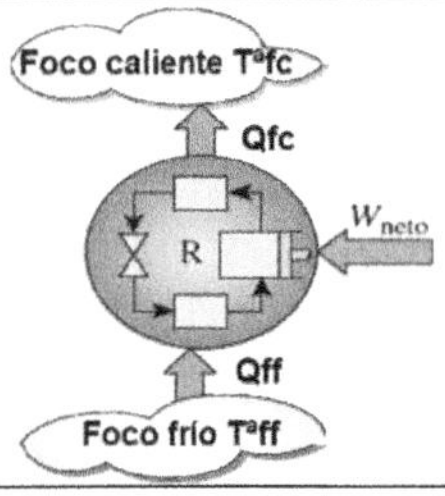
</td><td><u>Invierno: bomba de calor</u>
Foco caliente = interior
Tªfc=20ºC+273=293 K
Qfc=$P_{útil}$</td><td>Eficiencia bomba de calor
$Efi_{real}=P_{útil}/P_{consumida}$=Qfc/W
=Qfc/(Qfc–Qff)</td></tr>
<tr><td>W=$P_{consumida}$ =3 kW</td><td rowspan="2">$Efi_{ideal\ cicloDeCarnot}$=
=Tªfc/(Tªfc−Tªff)=
=293/(293–283)=29,3</td></tr>
<tr><td>Foco frío = exterior
Tªff=10ºC+273=283 K</td></tr>
</table>

a) Bomba de calor en invierno: Efi_{ideal}=Tªfc/(Tªfc−Tªff)=293/(293–283)=29,3
Máquina frigorífica en verano: Efi_{ideal}=Tªff/(Tªfc−Tªff)=293/(303–293)=29,3
Eficiencia real: Efi_{real}=0'6*Efi_{ideal}=0'6*29,3=17,58

b) Calor aportado al día al recinto (hacia el local) en invierno = $E_{útil}$ = Qfc
Efi_{real}=Qfc/W → Qfc=Efi_{real}*W=17,58*3kW=52,74 kW
Qfc=Qfc*t=52,74~~kJ/s~~*5~~h~~*(3600~~s~~/1~~h~~)*(kcal/4,18~~kJ~~)=227,1 Mcal

c) Calor extraído al día del recinto (hacia el exterior) en verano = $E_{útil}$ = Qff
Efi_{real}=Qff/W → Qff=Efi_{real}*W=17,58*3kW=52,74 kW
Qff=Qfc*t=52,74~~kJ/s~~*5~~h~~*(3600~~s~~/1~~h~~)*(kcal/4,18~~kJ~~)=227,1 Mcal

Asturias – 2025 - modelo de prueba – Ejercicio 2.B

Una máquina térmica reversible mantiene una vivienda a 20ºC, siendo la temperatura exterior en verano de 30ºC y en invierno de 0ºC. Calcule:

a) Eficiencia de la máquina en verano y en invierno.

b) Para el caso más desfavorable del apartado anterior, calcule la potencia requerida por el motor del compresor, si se han de transferir 900 kcal/min desde el foco frio. Suponga una eficiencia del 45% de la ideal de Carnot.

	Verano: máquina frigorífica	Invierno: bomba de calor
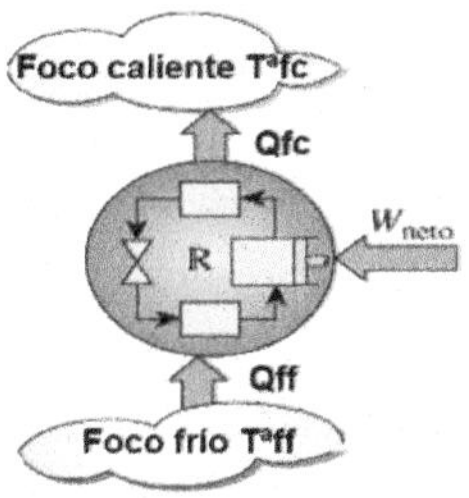	Foco caliente = exterior Tªfc=30ºC+273=303 K	Foco caliente = interior Tªfc=20ºC+273=293 K Qfc=$P_{útil}$
	W=$P_{consumida}$ ¿?	W=$P_{consumida}$
	Foco frío = interior Tªff=20ºC+273=293 K Qff=$P_{útil}$	Foco frío = exterior Tªff=0ºC+273=273 K

a) Bomba de calor en invierno Efi_{ideal}=Tªfc/(Tªfc−Tªff)=293/(293−273)=14,65
Máquina frigorífica en verano Efi_{ideal}=Tªff/(Tªfc−Tªff)=293/(303−293)=29,3

b) La <u>bomba de calor</u> es más desfavorable porque tiene menor eficiencia.
Eficiencia real: Efi_{real}=0'45*Efi_{ideal}=0,45*14,65=7,91
Dato: Qff=900 kcal/min
Efi_{real}=Qfc/W=Qfc/(Qfc–Qff) → 7,91=Qfc/(Qfc–900) →
Qfc=900*7,91/(7,91–1)=1.030 kcal/min
Potencia del compresor:
W=Qfc–Qff=1.030–900=130 k~~cal~~/~~min~~*(4,18J/~~cal~~)*(1~~min~~/60s)=9,06 kW

Aragón - 2025 – Julio - 4

En un laboratorio de metrología dimensional es necesario mantener tanto en verano como en invierno una temperatura constante de 20°C. Si la media de temperaturas en verano es 35°C y en invierno es 4°C, obtenga:

a) Eficiencia de la máquina térmica ideal de Carnot en cada caso.

b) Si la eficiencia es el 50% de la ideal de Carnot, calcule la potencia requerida por el motor del compresor para el caso más desfavorable, si se han de transferir 900 kcal/min desde el foco frío.

	Verano: máquina frigorífica	Invierno: bomba de calor
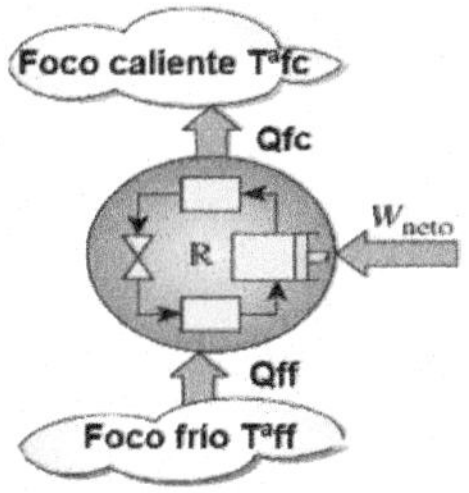	Foco caliente = exterior Tªfc=35ºC+273=308 K	Foco caliente = interior Tªfc=20ºC+273=293 K Qfc=$P_{útil}$
	W=$P_{consumida}$ ¿?	W=$P_{consumida}$ =3 kW
	Foco frío = interior Tªff=20ºC+273=293 K Qff=$P_{útil}$	Foco frío = exterior Tªff=4ºC+273=277 K

a) Bomba de calor en invierno Efi_{ideal}=Tªfc/(Tªfc−Tªff)=293/(293−277)=18,31
Máquina frigorífica en verano Efi_{ideal}=Tªff/(Tªfc−Tªff)=293/(308−293)=19,53

b) La bomba de calor es más desfavorable porque tiene menor eficiencia.
Eficiencia real: $Efi_{real}=0'5*Efi_{ideal}=0,5*18,31=9,16$
Dato: $Qff=900$ kcal/min
$Efi_{real}=Qfc/W=Qfc/(Qfc-Qff)$ → $9,16=Qfc/(Qfc-900)$ →
$Qfc=900*9,16/(9,16-1)=1.010$ kcal/min
Potencia del compresor:
$W=Qfc-Qff=1.010,3-900=110,3$ k~~cal/min~~*(4,18J/~~cal~~)*(1~~min~~/60s)=7,68 kW

Madrid - 2025 - Julio - 3.2

Se dispone de un aparato de aire acondicionado con bomba de calor para mantener constante la temperatura de un recinto a 25ºC en todo momento. Suponga que en el exterior del recinto la temperatura media en verano es de 35ºC, mientras que en invierno es de 5ºC. El aparato de aire acondicionado tiene una eficiencia del 60% de la ideal, una potencia de 2000 W y está funcionando durante 5 horas al día. Se pide:

a) Calcule la máxima eficiencia en invierno y en verano.
b) Determine la cantidad de calor aportada al recinto en un día de invierno y en un día de verano.

	Verano: máquina frigorífica	Invierno: bomba de calor
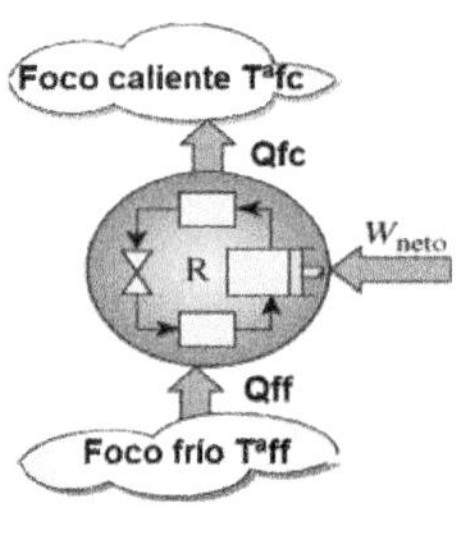 	Foco caliente = exterior $T^afc=35ºC+273=308$ K	Foco caliente = interior $T^afc=25ºC+273=298$ K $Qfc=P_{útil}$
	$W=P_{consumida}=2000$ W	$W=P_{consumida}=2000$ W
	Foco frío = interior $T^aff=25ºC+273=298$ K $Qff=P_{útil}$	Foco frío = exterior $T^aff=5ºC+273=278$ K

a) Bomba de calor en invierno $Efi_{ideal}=T^afc/(T^afc-T^aff)=298/(298-273)=11,92$
Máquina frigorífica en verano $Efi_{ideal}=T^aff/(T^afc-T^aff)=298/(308-298)=29,8$
Eficiencias reales: bomba de calor $Efi_{real}=0'6*Efi_{ideal}=0,6*11,92=7,15$
Máquina frigorífica $Efi_{real}=0'6*Efi_{ideal}=0,6*29,8=17,88$

b) Bomba calor: calor aportado al día al recinto en invierno = Qff
$Efi_{real}=Qfc/W$ → $Qfc=Efi_{real}*W=7,15*2000W=14.300$ W
Qfc=Qfc*t=14.300~~J~~/~~s~~*5~~h~~*(3600~~s~~/1~~h~~)=257,4 MJ

c) Máquina frigorífica: calor aportado al día al recinto en verano = $E_{útil}$ = Qff
$Efi_{real}=Qff/W$ → $Qff=Efi_{real}*W=17,88*2000W=35.760$ W
Qff=Qfc*t=35.760~~J~~/~~s~~*5~~h~~*(3600~~s~~/1~~h~~)=643,68 MJ

Valencia - 2025 - Julio - 3.A

En un invernadero se usa una bomba de calor para su calefacción. En el balance energético en una franja temporal se recibe procedente del sol Q_{sol}=1000W y las pérdidas son por ventilación Q_{ve}=2000W, a través de la cubierta Q_{cu}=1500W y por el suelo Q_{su}=900W. Con el calor Q_{bc} aportado por la bomba de calor se quiere mantener una temperatura de 25ºC, siendo la temperatura exterior de 10ºC.

Teniendo en cuenta: $Q_{sol}+Q_{bc}=Q_{ve}+Q_{cu}+Q_{su}$ y COP(eficiencia)=$T_{in}/(T_{in}-T_{ex})$

a) Calcular la eficiencia de la bomba de calor, considerando que es una máquina ideal de Carnot. Calcular la potencia eléctrica consumida.

b) Si la máquina real tiene una COP=3, calcula la potencia absorbida.

c) Calor extraído del ambiente por la máquina real.

a) Calor aportador=Calor perdido → $Q_{sol}+Q_{bc}=Q_{ve}+Q_{cu}+Q_{su}$

1000W+$Q_{bombaCalor,fococaliente}$=2000W+1500W+900W → $Q_{BC,fc}$=3.400 W

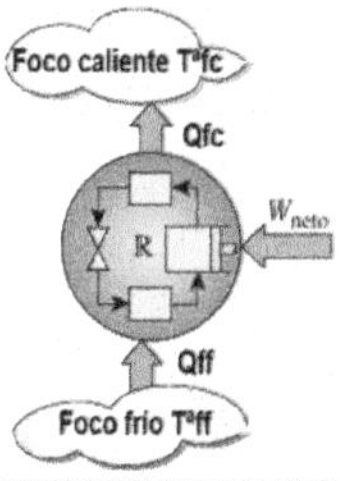	Foco caliente = local Tªfc=25ºC+273=298 K Qfc=P_{util}=3.400 W W=$P_{consumida}$=2,7 kW Foco Frío exterior,entorno Tªff=10ºC+273=283 K Qff=?	Eficiencia bomba de calor $Efi_{real}=P_{útil}/P_{consumida}$=Qfc/W= =Qfc/(Qfc–Qff) $Efi_{ideal\ cicloDeCarnot}$=Tªfc/(Tªfc−Tªff) =298/(298–283)=19,87

a) Eficiencia de la bomba de calor ideal de Carnot:

$Efi_{ideal\ cicloDeCarnot}$=Tªfc/(Tªfc−Tªff)=298/(298–283)=19,87

Potencia eléctrica=W → Efi_{ideal}=Qfc/W → W_{ideal}=Qfc/Efi=3400/19,87=171W

b) Eficiencia de la bomba de calor con EFI_{rea}=COP=3

Potencia eléctrica=W → Efi_{real}=Qfc/W → W_{real}=Qfc/Efi=3400/3=1.133 W

c) Máquina real Qff=Qfc–W=3.400–1.133=2.267 W

Motores térmicos

Murcia - 2025 - Junio - 2.A

-Funcionamiento del motor de combustión interna alternativo (MCIA) de:

-Encendido provocado (MEP).

-Encendido por compresión (MEC).

-En los motores MCIA explica las diferencias entre los tipos MEP y MEC.

-Explica que es el "diagrama indicado".

País Vasco - 2025 - Junio - 2.1

La figura muestra el ciclo de funcionamiento de un motor térmico de 4 tiempos. A partir de los datos de la tabla, calcular:

a) ¿Cuál es el tipo de motor correspondiente a este ciclo?

b) Describir los cuatro procesos termodinámicos del ciclo.

c) Cilindrada del motor (en cm^3).

d) Relación de compresión.

e) Diámetro del pistón (en mm).

f) Rendimiento de la máquina.

g) Rendimiento del 2ª principio.

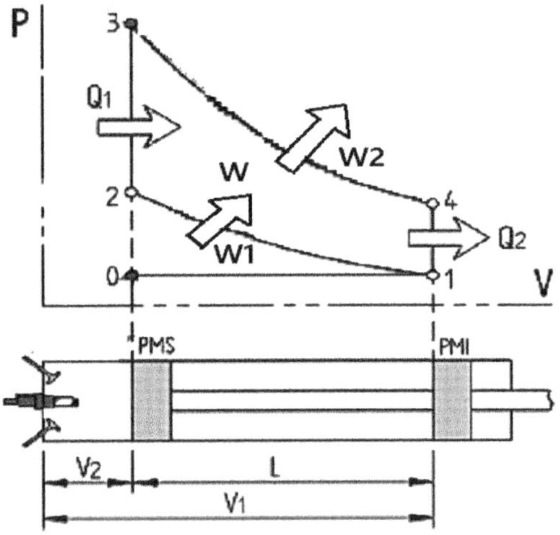

V1 (L)	V2 (L)	P1 (atm)	Recorrido del pistón
1	0.25	1	50 cm

a) Motor de explosión de cuatro tiempo . Ciclo Otto.

b) 0-1 <u>Carrera de admisión</u>: se abre la válvula de admisión y la mezcla (aire, gasolina) entra en el cilindro a presión atmosférica.

1-2 <u>Carrera de compresión</u> adiabática. Se aporta el trabajo exterior W1 (negativo).

2-3 <u>Fase de explosión</u>: combustión a volumen constante. Se aporta la energía Q1 positivo.

3-4 <u>Carrera de expansión adiabática</u>. Se realiza un trabajo W2 hacia el exterior (positivo).

4-1 y 1-0 <u>Carrera de escape</u>: se abre la válvula de escape y los gases de combustión se expulsan al exterior. Se desprende el calor Q2 (negativo).

c) Cilindra unitaria = Vu = Vpmi–Vpms = 1–0'25 = 0'75 L= 750 cm^3

Si el motor solo tiene un cilindro: Cilindrada=Vu*z=750*1=750 cm^3

d) Relación de compresión   r=Vpmi/Vpms=1/0'25=4

e) $Vu=S_{piston}*Carrera=(\pi*D^2/4)*s \rightarrow D=\sqrt{[4*Vu/(s*\pi)]}=\sqrt{[750*4/(50\pi)]}$=4'37cm

f) Rendimiento real del motor: $\eta_{motor}=E_{util}/E_{consumida}=(W2-W1)/Q1*100$

g) Rendimiento del 2º principio = $\eta_{motor}/\eta_{ideal}$

Valencia - 2025 - Julio (B) - 4.A

Dadas las características de un motor de combustión interna: número de cilindros 4, diámetro del cilindro 86 mm, carrera 90 mm, volumen de la cámara de combustión 50,2 cc, potencia máxima 100 kW a 5000 rpm, par máximo 200 N*m a 3800 rpm. Calcular:

a) Cilindrada unitario y cilindrada total (en centímetros cúbicos c.c.).

b) Relación de compresión del motor.

c) Potencia de salida correspondiente al par máximo (en W).

d) Par motor suministrado a la potencia máxima (en N*m).

a) Cilindrada unitaria=Vu=S_{piston}*carrera=π*$(D/2)^2$*s=π*$8,6^2$/4*9=522,8 cm^3
Cilindrada del motor = Vu * z = 522’8*4 = 2.091,17 cm^3

b) Relación de compresión rc=(Vu+Vcc)/Vcc=(522,8+50,2)/50,2=11,4

c) Potencia P = T_{max}*ω = 200 N*m * 3800 rpm * (2*π rad/60s) = 79,6 kW

c) P=T*ω → par T=P_{max}/ω=100.00W / [5000rpm*(2*π rad/60s)]=191 N*m

Asturias - 2025 - Julio - Ejercicio 2.B

Un motor monocilíndrico de 2 tiempos y encendido por chispa, tiene una cilindrada de 240 cm^3 y una relación de compresión de 7:1. Proporciona una potencia máxima de 6 kW a 6500 rpm, y un par máximo de 2,5 N*m a 5000 rpm. Sabiendo que la carrera s=5 cm calcule:

a) Volumen de la cámara de combustión.
b) Diámetro del cilindro.
c) Par a potencia máxima.
d) Potencia a par máximo.

a) Volumen unitario Vu = Cilindrada total / nºcilindros = 240/1 = 240 cm^3
Relación volumétrica de compresión rc=PMI/PMS=(Vu+Vcc)/Vcc
Volumen de la cámara de combustión Vcc=Vu/(rc–1)=240/(7–1)=40 cm^3

b) Vu=π*$(D/2)^2$*s=125cm^3 → D=2*√[Vu/(π*s)]=2*√[240/(π*5)]=7,82 cm

c) Par T: P=T*ω → T=P/ω=6000W / [6500rpm * (2*π rad/60s)] =8,81 N*m

d) Potencia P = T*ω = 2,5 N*m * 5000 rpm * (2*π rad/60s) = 1309 W

Andalucía - 2025 - Junio - Ejercicio 2A

a) Un motor Otto de 4T y 4 cilindros consume 9 litros a la hora de un combustible con poder calorífico 41.000 kJ/kg y densidad 0,850 kg/L. El rendimiento es 40 %, el diámetro de cada pistón es 70 mm y la carrera 90 mm. Obtener la potencia desarrollada y la cilindrada del motor.

Consumo de combustible = cc = 9~~L~~/~~h~~*0,85kg/~~L~~*(1~~h~~/3600s)=0,002125 kg/s
Potencia térmica $P_{termica}$=consumo*$Poder_{calorífico}$*rendimiento=
=0,002125 ~~kg~~/s * 41.000 kJ/~~kg~~ * 0,4 = 34,85 kW

Cilindrada unitaria = Vu=S_{piston}*carrera=π*$(D/2)^2$*s=π*7^2/4*9=346’36 cm^3
Cilindrada del motor = Vu * z = 346’36*4 = 1.385,4 cm^3

Baleares - 2025 - Julio - Ejercicio 2.2

La potencia máxima que puede desarrollar un motor alternativo de cuatro tiempo tricilíndrico a 6000 rpm es de 90 kW. La cilindrada total del motor es de 1000 cm^3 y la longitud de la carrera de los cilindros es de 9 cm. El volumen total de las cámaras de combustión es de 120 cm^3.

a) ¿Cuál es el diámetro de los cilindros?
b) ¿Cuál es el par motor a potencia máxima?
c) ¿Cuál es la relación de compresión del motor?

a) Cilindrada unitaria = Vu/z = 1000/3 = 333,33 cm^3
$Vu=\pi*(D/2)^2*s$ → $333,33=\pi*D^2/4*9$ → $D=\sqrt{[333.33*4/(\pi*9)]}=6,87$ cm

b) Potencia mecánica $P=\omega*T$
par $T=P/\omega$=90.000W/[6000~~rev/min~~*(2*π rad/1~~rev~~)*(1~~min~~/60s)]=143,24 N*m

c) Relación volumétrica de compresión r, Volumen cámara combustión Vcc
r=PMI/PMS=(Vu+Vcc)/Vcc=(1000+120)/120=(333,33+40)/40=9,33 → 9,33:1

Navarra - 2025 - Junio - 1.B

Un motor Otto de dos cilindros con diámetro 80 mm, carrera de 85 mm y volumen de la cámara de combustión es de 40 cm^3, calcular:

a) La relación carrera/diámetro.
b) Cilindrada unitaria.
c) Cilindrada total.
d) La relación de compresión.

a) Relación carrera/diámetro = 85/80 = 1.0625

b) Cilindrada unitaria=$Vu=S_{piston}*carrera=\pi*(D/2)^2*s=\pi*8^2/4*8,5=427,3\ cm^3$

c) Cilindrada total = Vu*z = 427,3*2 = 854,5 cm^3

c) Relación volumétrica de compresión r, volumen cámara combustión Vcc
r=PMI/PMS=(Vu+Vcc)/Vcc=(427,3+40)/40=11,7 → 11,7:1

Castilla-León – 2025 - modelo de prueba - Problema 4

Un motor alternativo de 4 cilindros genera un par máximo de M_{max}=300 Nm cuando gira a una velocidad de $n_{par\ máximo}$=3750 rpm. El diámetro de los cilindros es de 80 mm, la carrera es de 92 mm, y el volumen de la cámara de combustión de cada uno de los cilindros es de 58,5 cm^3. Determinar:

a) La cilindrada total del motor.
b) La potencia desarrollada por el motor operando en par máximo.
c) La relación volumétrica de compresión.

a) Cilindrada unitaria=$Vu=S_{piston}*carrera=\pi*(D/2)^2*s=\pi*8^2/4*9,2=462,44cm^3$
Cilindrada total = Vu*z = 462,44*4 = 1.849,8 cm^3

b) $P=\omega*T_{max}$=3750~~rev/min~~*(2*π rad/1~~rev~~)(1~~min~~/60s)*300N*m=117,81 kW

c) Relación volumétrica de compresión r, volumen cámara combustión Vcc
r=PMI/PMS=(Vu+Vcc)/Vcc=(462,44+58,5)/58,5=8,9 → 8,9:1

<u>Galicia – 2025 - Junio - Problema 3</u>

Un camión está equipado con motores alternativos de combustión interna. Este motor es de cuatro tiempos y cuenta con seis cilindros, con un diámetro de 85 mm y una carrera de 120 mm. Posee una relación de compresión de 18:1 y es capaz de generar una potencia máxima de 80 kW a 5000 r.p.m., así como un par máximo de 250 Nm a 3000 r.p.m. Hallar:

1) Cilindrada total del motor.
2) Volumen de la cámara de combustión.
3) Potencia al par máximo, y 4) Par a la potencia máxima.

1) CilindradaUnitaria=Vu=S_{piston}*carrera=π*(D/2)^2*s=π*8,5^2/4*12=680,9cm^3
Cilindrada total = Vu*z = 680,94*6 = 4.085,6 cm^3

2) Relación volumétrica de compresión rc=PMI/PMS=(Vu+Vcc)/Vcc →
Volumen de la cámara de combustión Vcc=Vu/(rc–1)=680,9/(18–1)=40cm^3

3) P=ω*T_{max}=3000~~rev/min~~*(2*π rad/1~~rev~~)(1~~min~~/60s)*250N*m=78,54 kW

4) par T=P/ω=80.000W/[5000~~rev/min~~*(2*π rad/1~~rev~~)*(1~~min~~/60s)]=152,8N*m

<u>Galicia – 2025 - modelo de prueba - Problema 3.B</u>

Un motor de cuatro tiempos tiene dos cilindros con diámetro de 60 mm y carrera de 70 mm. Si la relación de compresión es de 10:1 y proporciona una potencia máxima de 40 kW a 8000 r.p.m. y un par máximo de 70 Nm a 5000 r.p.m. Datos: 1 cal = 4,18 J. Calcule:

1) La cilindrada total del motor.
2) El volumen de la cámara de combustión.
3) La potencia al par máximo y 4) El par a la potencia máxima.

1) Cilindrada unitaria =Vu=S_{piston}*carrera=π*(D/2)^2*s=π*6^2/4*7=197,92 cm^3
Cilindrada total = Vu*z = 197,92*2 = 395,84 cm^3

2) Relación volumétrica de compresión rc=PMI/PMS=(Vu+Vcc)/Vcc
Volumen de la cámara de combustión Vcc=Vu/(rc–1)=197/(10–1)=22 cm^3

3) P=ω*T_{max}=5000~~rev/min~~*(2*π rad/1~~rev~~)(1~~min~~/60s)*70N*m=36,65 kW

4) par T=P/ω=40.000W/[8000~~rev/min~~*(2*π rad/1~~rev~~)*(1~~min~~/60s)]=47,7 N*m

<u>Galicia - 2025 - Julio - 3.2</u>

Un motor de 2500 cm^3 y hasta 150 CV de potencia máxima tiene una carrera del motor de 75 mm, una relación de compresión de 10:1 y alcanza la potencia máxima a 3500 r.p.m. Calcule:

1) Diámetro del cilindro en cm.
2) Volumen de la cámara de combustión en cm^3.
3) Par que proporciona a la potencia máxima en Nm.

a) Vu=π*(D/2)^2*s → D=√[Vu*4/(π*s)]=√[2500*4/(π*7,5)]=20,6 cm

b) Relación volumétrica de compresión rc=PMI/PMS=(Vu+Vcc)/Vcc
volumen de la cámara de combustión Vcc=Vu/(rc-1)=2500/(10-1)=277,8cm^3

c) par T=P/ω=150*735/[3500~~rev/min~~*(2*π rad/1~~rev~~)*(1~~min~~/60s)]=300,8 N*m

Valencia - 2025 - Junio - Ejercicio 2.A

Un vehículo con motor de combustión presenta los siguientes datos: nº cilindros: 4, diámetro de cada cilindro: 70 mm, carrera del pistón: 90 mm, relación de compresión (volumétrica): 10:1, potencia máxima del motor (a 4000 rpm): 100 kW. A partir de estos datos, calcula:

1) La cilindrada del motor.
2) El volumen de la cámara de combustión de cada cilindro.
3) El par motor cuando gira a 4000 rpm.
4) Analizar la conveniencia de sustituir este vehículo con motor de combustión por uno eléctrico desde el punto de vista medioambiental.

1) Cilindrada unitaria $=V_u=S_{piston}*carrera=\pi*(D/2)^2*s=\pi*7^2/4*9=346{,}36\ cm^3$
Cilindrada total $= V_u*z = 346{,}36*4 = 1.385{,}44\ cm^3$

2) Relación volumétrica de compresión rc=PMI/PMS=(Vu+Vcc)/Vcc
Volumen de la cámara de combustión $V_{cc}=V_u/(r_c-1)=346/(10-1)=38{,}5\ cm^3$

3) par T=P/ω=10^5W/[4000~~rev/min~~*(2*π rad/1~~rev~~)*(1~~min~~/60s)]=41,9 N*m

4) Ventajas del motor eléctrico: no contamina, menos mantenimiento, más fiable, carga nocturna, carga gratis a partir de placas solares domésticas.

Rioja – 2025 - Junio - Problema 4.A

Un motor de cuatro cilindros desarrolla una potencia de 70 CV a 3500 rpm. El diámetro de cada pistón es de 70 mm y la carrera de 90 mm, teniendo una relación de compresión de 9:1. Calcular:

a) Volumen de la cámara de combustión (cm^3).
b) Par motor (Nm).
c) Rendimiento del motor si el consumo es de 8 L/h de un combustible con poder calorífico de 12000 kcal/kg y una densidad de 0,9 kg/dm^3.

a) $V_u=S_{piston}*Carrera=(\pi*D^2/4)*s=\pi*7^2/4*9=346{,}36\ cm^3$
Relación volumétrica de compresión (r), cámara combustión (cc)
r=PMI/PMS=(Vu+cc)/cc → (346,36+cc)/cc=9 → cc=346,364/(9–1)=43,3cm^3

b) par T=P/ω=(70*735)/[3500~~rev/min~~*(2*π rad/1~~rev~~)*(1~~min~~/60s)]=140,4N*m

c) $P_1 = P_{termica\ o\ quimica}$
Consumo de combustible = cc =
= 8~~L~~/~~h~~*0,9kg/~~L~~*(1~~h~~/3600s)=0,002 kg/s
$P_{termica}=cc*Poder_{calorífico}=$
=0,002~~kg~~/s*12.000k~~cal~~/~~kg~~*4,18J/~~cal~~=
=100,32 kW

$\eta=P_2/P_1*100=$
=51,45/100,32*100
=51,3%

$P_2=P_{mecánica}=$
=ω*T=
=70*735=
=51,45 kW

Canarias - 2025 - Junio - 2.A

El motor de un vehículo consume gasolina con un poder calorífico de 9900 kcal/kg y densidad igual a 0,67 g/cm^3. El motor desarrolla una potencia de 50 CV a 4500 rpm, con rendimiento global del 30%. Suponiendo que las condiciones anteriores se mantienen constantes, calcular:

a) Potencia calorífica que aporta el combustible.
b) Consumo de litros de gasolina por cada hora.
c) Par motor (útil).

a) P_1= $P_{termica\ o\ quimica}$ P_1=P_2/η*100=36,75/0,3=122,5 kW	 η=P_2/P_1*100=30%	P_2=$P_{mecánica}$= =ω*T= =50*735= =36,75 kW

b) Caudal de combustible = cc (L/s)
$P_{termica}$=cc*$Poder_{calorífico}$=
122.500 J/s = cc(~~L~~/s) * (0,67~~kg/L~~) * (9900~~kcal/kg~~) * (4180J/~~kcal~~)
Caudal cc(L/s)=122.500/(0,67*9900*4180)=0,0044L/s*3600s/1h=15'9 L/h

c) par T=P/ω=(50*735)/[4500~~rev/min~~*(2*π rad/1~~rev~~)*(1~~min~~/60s)]=78 N*m

Extremadura – 2025 - modelo de prueba - Ejercicio 4A

Un motor de cuatro cilindros desarrolla una potencia efectiva de 50 CV a 3.200 rpm. Se conoce que el diámetro de cada pistón es de 50 mm, la carrera de 80 mm y la relación de compresión es de 9/1. Calcula:

1) La cilindrada del motor.
2) El volumen de la cámara de combustión.
3) El par motor.
4) Si este motor consume 6,5 Kg/h de combustible con un PC de 42.500 kJ/kg, determina la potencia absorbida (en CV) y su rendimiento.

1) Cilindrada unitaria =Vu=S_{piston}*carrera=π*(D/2)^2*s=π*5^2/4*8=157,08 cm^3
Cilindrada total = Vu*z = 157,08*4 = 628,32 cm^3

2) Relación volumétrica de compresión rc=PMI/PMS=(Vu+Vcc)/Vcc
Volumen de la cámara de combustión Vcc=Vu/(rc–1)=157/(9–1)=19,6 cm^3

3) par T=P/ω=50*735W/[3200~~rev/min~~*(2*π rad/1~~rev~~)*1~~min~~/60s]=109,7N*m

4) P_1= $P_{termica\ o\ quimica}$ ConsumoDeCombustible=cc= =6,5kg/~~h~~*(1~~h~~/3600s)= =0,001806 kg/s $P_{termica}$=cc*$Poder_{calorífico}$= =0,001806~~kg~~/s*42500kJ/~~kg~~= =76,74 kW	 η=P_2/P_1*100= =36,75/76,74*100= =47,9%	P_2=$P_{mecánica}$=ω*T= =50CV*0,735kW/CV =36,75 kW

Asturias – 2025 - modelo de prueba - 2.A

Un vehículo agrícola utiliza como combustible gasoil de densidad 850 kg/m^3 y poder calorífico 42.000 kJ/kg siendo su consumo de 14 litros por cada hora de funcionamiento. El motor gira a razón de 2000 rpm con un rendimiento efectivo del 30%.

a) Calcule la potencia que está proporcionando el motor.

b) Determine el par motor.

c) Calcule el consumo específico expresado en g/kWh.

a) ConsumoDeCombustible=cc=
= 14L/h*0,85kg/L*(1h/3600s)=
=0,003306 kg/s
$P_{termica}$=cc*$Poder_{calorífico}$=
=0,003306kg/s*42000kJ/kg=
=138,83 kW

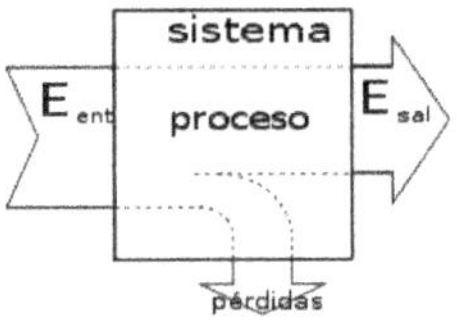

H=P_2/P_1*100=30%

P_2=$P_{mecánica}$=
=ω*T=

P_2=P_1*η=138,83*0,3
=41,65 kW

b) par T=P/ω=41.650W/[2000rev/min*(2*π rad/1rev)*(1min/60s)]=199 N*m

c) consumo específico de combustible
cec = (consumo másico de combustible en g/hora) / Potencia mecánica
cec=(14L/h*0,85kg/L*1000g/kg)/(41,65kW)=(11.900g/h)/(41,65)=286 g/kWh

Galicia – 2025 - modelo de prueba - Problema 3.A

Un motor diésel consume 5 L/h de gasóleo cuyo poder calorífico es de 10^4 kcal/kg y cuya densidad es de 0,85 kg/L. El rendimiento global del motor es de 25% y gira a 4500 r.p.m. Calcule:

1) La potencia absorbida por el motor.
2) La potencia útil del motor.
3) El par motor que suministra.

1) ConsumoDeCombustible=cc=
=5L/h*0'85kg/L*(1h/3600s)=
=0,00118 kg/s
$P_{termica}$=cc*$Poder_{calorífico}$=
0,00118kg/s*10^4kcal/kg*4,18J/cal
=49,35 kW

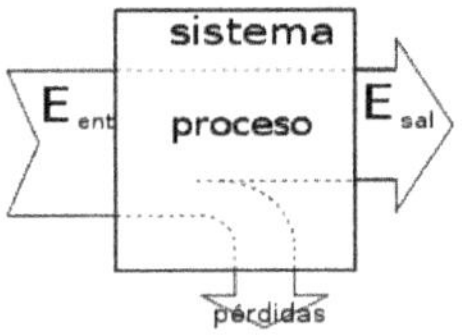

η=P_2/P_1*100=25%

2)
P_2=$P_{mecánica}$=ω*T

P_2=P_1*η=49,35*0,25
=12,34 kW

3) par T=P/ω=12.340W/[4500rev/min*(2*π rad/1rev)*1min/60s]=26,2N*m

Cataluña – 2025 - modelo de prueba - Ejercicio 1

Un motor de gasolina de cuatro tiempos consume 10,2 L/h cuando gira a 4000 rpm. El poder calorífico de la gasolina es de 42.000 kJ/kg, y su densidad, de 0,8 kg/L.

¿Cuál será la masa de combustible consumida en un ciclo del motor?

a) 30 mg b) 34 mg c) 68 mg d) 136 mg

Consumo (g/ciclo) = $\frac{\frac{10,2L}{h}*\frac{800g}{L}*\frac{1h}{60min}}{4000\frac{rev}{min}*\frac{1ciclo}{2rev}}$ = 0,068 g/ciclo = 68 mg/ciclo → c)

Cataluña - 2025 - Junio - 2
Un motor de propano líquido consume 7,5 kg/h cuando funciona a 2500 rpm. Si el motor es de cuatro tiempos, ¿qué masa de propano se consume en 100 ciclos termodinámicos del motor? a) 20 g, b) 10 g, c) 100 g, d) 200 g.
Consumo (g/ciclo) = $\frac{\frac{7500g}{\cancel{h}} * \frac{1\cancel{h}}{60\cancel{min}}}{2500\frac{\cancel{rev}}{\cancel{min}} * \frac{1ciclo}{2\cancel{rev}}}$ = 0,1 g/ciclo Consumo en 100 ciclos = 0,1 g/ciclo * 100 ciclos = 10 g → respuesta b)

Asturias - 2025 - Junio - 3.A		
Un ensayo de un motor de automóvil de cuatro cilindros realizado en un banco de pruebas determina que desarrolla una potencia efectiva de 65 CV a 3500 rpm. Sabiendo que la relación de compresión es 11:1, que los cilindros tienen 82 mm de diámetro y que la carrera de los pistones es igual a 85 mm, obténgase: a) Cilindrada del motor. b) Volumen de la cámara de combustión de cada cilindro. b) Rendimiento efectivo del motor si consume 9 L/h de combustible con poder calorífico de 45.000 kJ/kg y densidad 0,75 kg/L.		
1) CilindradaUnitaria=Vu=S_{piston}*carrera=π*$(D/2)^2$*s=π*$8,2^2$/4*8,5=448,9cm^3 Cilindrada total = Vu*z = 448,9*4 = 1.795,5 cm^3		
2) Relación volumétrica de compresión rc=PMI/PMS=(Vu+Vcc)/Vcc Volumen de la cámara de combustión Vcc=Vu/(rc–1)=448,97/(11–1)=44,9cm^3		
1) P_1= $P_{termica\ o\ quimica}$ ConsumoDeCombustible=cc= =9~~L~~/~~h~~*0'75kg/~~L~~*(1~~h~~/3600s)= =0,001875 kg/s $P_{termica}$=cc*$Poder_{calorífico}$= 0,001875~~kg~~/s*45000kJ/~~kg~~= =84,375 kW	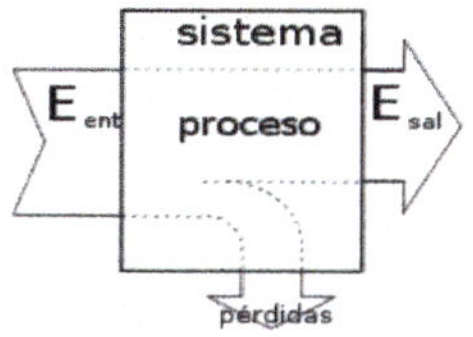 η=P_2/P_1*100= 44,8/84,4*100=56,6%	2) P_2=$P_{mecánica}$=ω*T =65cv*0,735kW/cv =44,775 kW

Navarra - 2025 - Junio - 2	
La gráfica muestra las curvas de par y potencia de un motor de explosión. a) Par máximo y su velocidad (rpm) b) Potencia máxima, velocidad (rpm) y par correspondiente.	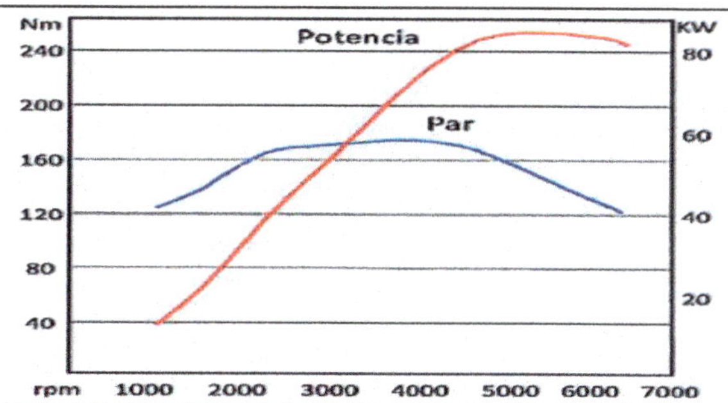
a) Par máximo $T_{máximo}$=170 N*m a la velocidad n=4000 rpm	
b) Potencia máxima $P_{máxima}$=90 kW, velocidad n=5000 rpm, par T=160 N*m	

País Vasco – 2025 - modelo de prueba - Ejercicio 2

En la tabla, se detallan las características de un motor térmico Diesel de 4 tiempos y 4 cilindros. Se pide:

a) Calcular la cilindrada del motor (en cm3).

b) Calcular la potencia efectiva (en W).

c) Calcular el momento motor generado (en N*m).

Velocidad de rotación del cigüeñal	Presión media efectiva de los gases en el pistón	Carrera del pistón	Diámetro del pistón
3000 rpm	pme=100N/cm^2=10^{6}N/m^2	100 mm	12 cm

a) Cilindrada unitaria = $V_u=S_{piston}$*carrera=π*(D/2)^2*s=π*12^2/4*10=1131cm^3

Cilindrada total = Vu*z = 1131*4 = 4.524 cm^3 = 4.524*10^{-6} m^3

b) Potencia efectiva Pe

Un motor de 4 tiempo realiza 1 ciclo cada 2 revoluciones: 1ciclo/2rev

Pe = pme * cilindrada * n(rps) * 1ciclo/2rev

Pe=10^{6}N/m^2*4524*10^{-6}m^3*3000 ~~rev/min~~*(1~~min~~/60s)*1ciclo/2~~rev~~=113,1 kW

c) par T=P/ω=113100W/[3000~~rev/min~~*(2*π rad/1~~rev~~)*1~~min~~/60s]=360 N*m

País Vasco - 2025 - Julio – 2.1

En un motor de cuatro tiempos y 1 cilindro, la velocidad media del pistón es de 7 m/s. El pistón (émbolo) tiene un diámetro de 50 mm y su recorrido (distancia entre el punto muerto superior y el punto muerto inferior) es de 85 mm. Por su parte, la biela AB tiene una longitud de 110 mm. Se pide:

a. Calcular la cilindrada del motor (en cm^3).

b. Calcular velocidad media de giro del cigüeñal (en rpm).

c. Si la potencia generada por el motor es de 70 kW, halla la fuerza que genera la combustión de los gases considerando dicha fuerza constante.

d. Calcular (en mm) el recorrido del pistón cuando, desde la posición correspondiente al PMI, el cigüeñal gira 90º en sentido horario.

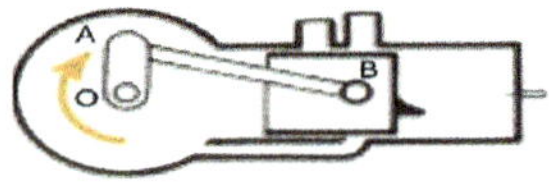

a) Cilindrada unitaria =$V_u=S_{piston}$*carrera=π*(D/2)^2*s=π*5^2/4*8,5=166,9 cm^3

Cilindrada total = Vt = Vu*z = 166,9*1 = 166,9 cm^3 = 166,9*10^{-6} m^3

b) En una revolución del motor el pistón recorre 2 carreras=2*0,085=0,17m

velocidad=recorrido/tiempo → t=r/v=0'17m/(7m/s)=0,0243 s

velocidad de giro = 1rev/0,0243s*(60s/min)=2470,6 rpm

c) Un motor de 4 tiempos realiza 1 ciclo cada 2 revoluciones: 1ciclo/2rev

Tiempo de un ciclo= tc=ángulo/ω=(2*2π rad)/(2470,6*2*π/60)=0,0486s

Trabajo por ciclo = Wc = P*tc = 70.000J/s*0,0486s = 3.402 J

Presión media efectiva =pme=Wc/Vt=3.402/(166,9*10^{-6})=20,38*10^6 Pa

Fuerza = pme*S_{piston}=20,38*10^{6}N*m^2*π*0,05^2/4m^2=40 kN

De otra manera: Energía durante un ciclo E=P*t_{ciclo}=70kW*0'0243*2=3402J

Fuerza=Energía/recorrido=3.402J/0'085m=40 kN

BLOQUE C

NEUMÁTICA E HIDRÁULICA

Neumática e hidráulica
Principios físicos en neumática. El aire, ley de los gases perfectos, magnitudes y unidades básicas. Principios físicos en hidráulica: presión hidráulica (principio de Pascal), principio de Bernoulli, efecto Venturi, magnitudes y unidades básicas de presión y caudal.
Análisis comparativo. Ventajas e inconvenientes.
Componentes: compresor (neumática), depósito, bomba (hidráulica, sistemas de mantenimiento, cilindros neumáticos e hidráulicos, motores, válvulas y modos de actuación, tuberías. Cálculo de volúmenes y caudales en cilindros.
Descripción, simbología, interpretación de esquemas, análisis de funcionamiento de circuitos.
Diseño de circuitos, montaje y/o simulación. Esquema de aplicaciones industriales: prensa, bombas. Diagrama espacio-fase.

<table>
<tr><td colspan="2"><u>Asturias - 2025 - Junio - 5.A</u>
Se dispone de una prensa hidráulica con un émbolo de 50 cm de diámetro y otro émbolo con 3 cm de diámetro.
a) Realice un esquema gráfico del problema planteado.
b) ¿En qué principio físico se basa la prensa hidráulica?
c) ¿Cuál es la fuerza requerida en el émbolo de menor diámetro expresada en kN, para levantar 10000 kg soportados sobre una plataforma encima del émbolo de mayor diámetro?</td></tr>
<tr><td rowspan="2">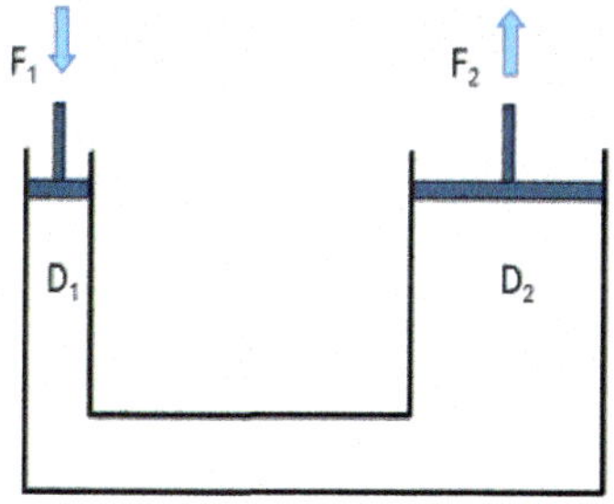
</td><td>b) La prensa hidráulica es una aplicación del Principio de Pascal. $p_1=F_1/S_1=p_2=F_2/S_2$</td></tr>
<tr><td>c) $F_1=?$
$S_1=\pi*D_1^2/4=\pi*0,03^2/4=707*10^{-6}\ m^2$
$F_2=m*g=10.000*9,81=98.100\ N$
$S_2=\pi*D_2^2/4=\pi*0,5^2/4=196,4*10^{-3}\ m^2$
$F_1/S_1=F_2/S_2 \rightarrow\ F_1=F_2*S_1)/S_2=$
$=(98.100*707*10^{-6}m^2)/(196,4*10^{-3}m^2)=353,1\ N$</td></tr>
</table>

Andalucía - 2025 - modelo de prueba - 2A

Un gato hidráulico para elevar cargas. El pistón B de diámetro 80mm y el pistón A se mueve mediante una palanca que multiplica por 10 la fuerza F aplicada en su extremo. Halla el diámetro del pistón A si el pistón B eleva una masa de 1000kg cuando F=100N.

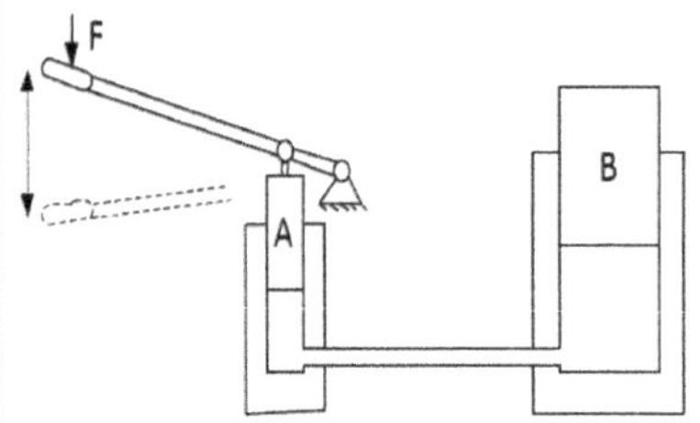

$F_A=100*10\ N$ $\quad$ $F_B=m*g=1.000*9,81=9.810\ N$

$S_A=\pi*D_A^2/4=?$ $\quad$ $S_B=\pi*D_B^2/4=\pi*0,08^2/4=5,027*10^{-3}\ m^2$

$F_A/S_A=F_B/S_B \rightarrow S_A=F_A*S_B/F_B=(1000*5,027*10^{-3}m^2)/(9810)=0,512*10^{-3}m^2$

$S_A=\pi*D_A^2/4 \rightarrow D_A=\sqrt{[4*S_A/\pi]}=\sqrt{[4*0,512*10^{-3}/\pi]}=0,08m=80mm$

Galicia - 2025 - Julio - 3.1

Si se aplica una fuerza de 15 kp en el émbolo pequeño, de diámetro 20cm, de una prensa hidráulica con émbolo grande de diámetro de 40cm, calcule:
1) Fuerza obtenida en el émbolo grande.
2) Desplazamiento del émbolo grande si el desplazamiento del pequeño es 6cm.

1) $F_1=15\ kp$ $\quad$ $F_2=?$

$S_1=\pi*0,2^2/4=0,0314m^2$ $\quad$ $S_2=\pi*0,4^2/4=0,1257m^2$

$F_1/S_1=F_2/S_2 \rightarrow F_2=F_1*S_2/S_1=(15*9,81*0,1257m^2)/(0,0314m^2)=588,8\ N$

$V_1=V_2 \rightarrow S_1*h_1=S_2*h_2 \rightarrow h_2=S_1*h_1/S_2=0,0314*6/0,1257=1,5cm$

Asturias – 2025 - modelo de prueba - Ejercicio 3.B

Un cilindro de simple efecto para aplicar a los frenos de un coche. El volumen de aire es 650cm^2, presión 11kg/cm^2 y longitud del cilindro 25cm. Calcular fuerzas de avance y retroceso si, tanto las fuerzas de rozamiento como la del muelle suponen un 10% de las fuerzas teóricas.

$V=S_{piston}*carrera \rightarrow S_{piston}=V/s=650cm^3/25cm=26\ cm^2$

$F_{apresionAire}=p*S=11\not{kg}/\not{cm^2}*(9,8N/\not{kg})*26\not{cm^2}*0,9=2803\ N$

$F_{avance}=F_{presionAire}*\eta F_{muelle}=p*S*\eta-k*s=2803*0,9-k*0,25$

$F_{retroceso}=k*s=k*0,25$

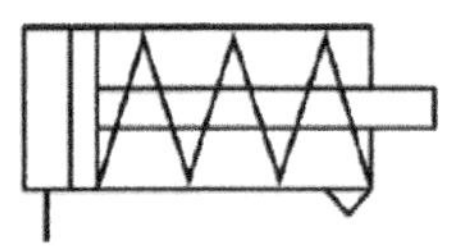

Madrid - 2025 - Junio - UC3M - 4

Un cilindro de simple efecto produce un trabajo de 300 J cuando la presión de aire es 5 bar (1bar=10^{5}N/m^2). El muelle cuya resistencia es de 500 N, y la carrera del pistón es 100 mm. El rendimiento neumático es del 80%:

a) Calcule la fuerza total necesaria para producir dicho trabajo.
b) Obtenga el diámetro que debe tener el cilindro.

a) $Trabajo_{util}=Fuerza_{util}*carrera=300\ J \rightarrow F_{util}=W/s=300J/0,1m=3000\ N$

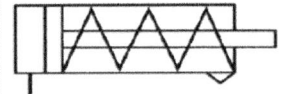

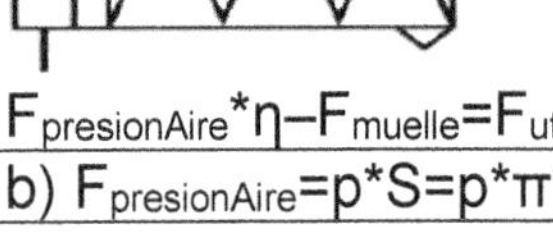

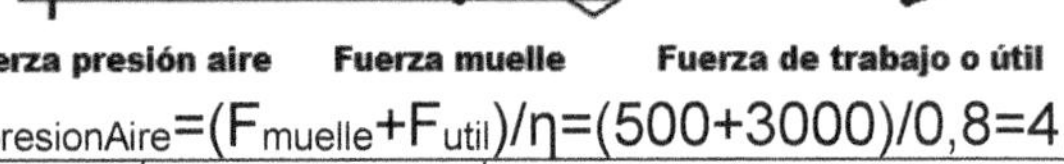

$F_{presionAire}*\eta-F_{muelle}=F_{util} \rightarrow F_{presionAire}=(F_{muelle}+F_{util})/\eta=(500+3000)/0,8=4.375N$

b) $F_{presionAire}=p*S=p*\pi*d^2/4 \rightarrow d=\sqrt{[4*F/(\pi*p)]}=\sqrt{[4*4375/(\pi*5*10^5)]}=0,105m$

Aragón - 2025 - Julio - 5

Un cilindro de simple efecto de longitud 20 cm, con presión de trabajo de 6 bar y capacidad de 7.000 cm^3 de aire en condiciones normales. 1bar=1atm.
a) Hallar consumo de aire en condiciones normales, si realiza 10ciclos/min.
b) Calcular el diámetro del cilindro (D).
c) Fuerza real de avance (Fr) considerando la fuerza del muelle y de rozamiento del 5 y 10% respectivamente de la fuerza teórica aplicada.

a) 1=exterior,2=cilindro $V_1*P_1=V_2*P_2$ → $7000*1=V_2*(6+1)$ → $V_2=1000cm^3$
Consumo = $V_{cilindro}$*ciclo/s = 1L*10ciclos/min=10L/min (con $P_{relativa}$=6bar)

b) $V_{cilindro}=S_{piston}*carrera=\pi*d^2/4*s$ → $d=\sqrt{[V*4/(\pi*s)]}=\sqrt{[1000*4/(\pi*20)]}$=8cm

c) $F_{avance}=F_{Aire}-F_{muelle}=p*S_{piston}*\eta=(6*10^5Pa)*(\pi*0,08^2/4)*(1-0,1-0,05)$=2564N

Asturias - 2025 - Julio - Ejercicio 5.B

Diseña un cilindro neumático de simple efecto de retorno por muelle con las características: carrera 200 mm, volumen de aire 600 cm^3, presión de trabajo 10 kp/cm^2, constante de elasticidad del muelle 200 N/m. Determine:
a) Diámetro del cilindro.
b) Fuerza real de avance si la fuerza de rozamiento es un 10% de la fuerza teórica.
c) El consumo de aire en c.n. expresado en L/min si efectúa 15 ciclos por minuto. Suponga la presión atmosférica de 1 bar.

a) $V=\pi*d^2/4*s$ → $d=\sqrt{[4*V/(\pi*s)]}=\sqrt{[4*600/(\pi*20)]}$=6,18cm 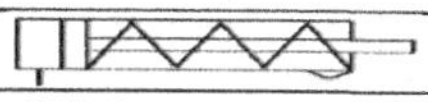

b) presión $p=10kp/cm^2*(9,8N/kp)*(10^4cm^2/m^2)$=980.000 Pa=9'8 bar
$F_{avance}=F_{presionAire}-F_{muelle}=S_{piston}*p*\eta-k*carrera=\pi*d^2/4*p*\eta-k*s$=
=$(\pi*0'0618^2/4)*(980.000Pa)*0,9-200N/m*0,2m$=2.606 N

c) Volumen/ciclo =$V_{avance}=S_{piston}*carrera=\pi*[0,0618^2]/4*0,2=0.0006m^3$=0,6L
Consumo=(0,6L)*(15ciclos/min)=9L/min (con presión relativa P_1=9,8bar)
Este consumo se pasa a condiciones normales (1atm≈10^5Pa≈1bar), $T_1=T_2$
P_1=1atm y la presión absoluta $P_2=P_{relativa}+P_{atmosferica}$=9,8bar+1atm=10,8atm
$V_1*P_1/\not{T_1}=V_2*P_2/\not{T_2}$ → $V_1=V_2*P_2/P_1=9*(9,8+1)/1$=97,2 L/min (en C.N.)

Murcia - 2025 - Julio - 2.A

c) Calcular la fuerza neta (o efectiva) que ejerce el vástago del cilindro 1A1 durante la extensión, diámetro del émbolo D=50mm, carrera 100mm, presión de aire 7 bar(rel), la contrapresión en la cámara del vástago es nula, y la fuerza de rozamiento, al igual que la fuerza del muelle, representan cada una un 10% de la fuerza neta de extensión.
d) Calcular el consumo de aire del cilindro 1A1 (m^3/h en condiciones normales), si el sistema realiza 8 ciclos/minuto. P_{atm}=1bar.

c) $F_{avance}=F_{presionAire}-F_{muelle}=S_{piston}*p*\eta=(\pi*0'05^2/4)*(7*10^5Pa)*0,9$=1.237 N

c) Volumen/ciclo =$V_{avance}=S_{piston}*carrera=\pi*[0,05^2]/4*0,1=0.0002m^3$=0,196L
Consumo=(0,2L)*(8ciclos/min)=1,57L/min (con presión relativa P_1=7bar)
$V_1*P_1/\not{T_1}=V_2*P_2/\not{T_2}$ → $V_1=V_2*P_2/P_1=1,57*(7+1)/1$=12,6 L/min=0'75$m^3$/h

Asturias – 2025 - modelo de prueba - Ejercicio 3.A

Un cilindro de doble efecto con un émbolo de diámetro 70 mm, vástago de diámetro 25 mm y carrera de 100 mm. La presión de trabajo es de 6 bar. Considerando que no existe rozamiento determine:

a) Fuerza teórica del avance y fuerza teórica de retroceso.

b) ¿Qué fuerza es mayor? ¿a qué es debido?

d) Consumo de aire en litros, para realizar un ciclo.

a) $F_{avance}=S_{piston}$*presión*$\eta=\pi$*$d^2/4$*p*η=
=π*0'025^2/4*6bar*(10^{5}Pa/bar)*1=294,5N

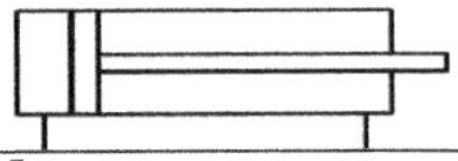

a) $F_{retroceso}=(S_{piston}-S_{vastago})$*p*$\eta=\pi$*(0'025^2–0'007^2)/4*6*10^{5}Pa*1=271,4N

b) $S_{piston}>S_{piston}-S_{vastago}$ → $S_{avance}>S_{retroceso}$ → $F_{avance}>F_{retroceso}$

c) Volumen de aire en un ciclo =$Volumen_{cilindro.avance}+Volumen_{cilindro.retroceso}$=
=π*[2*0,025^2–0,007^2]/4*0=94'3*10^{-6}m^3*(1000L/m^3)=0,0943 L (con P=9bar)

Andalucía - 2025 - Junio - Ejercicio 2B

Un brazo robótico usado en una línea de ensamblaje está equipado con un cilindro neumático de doble efecto que controla la apertura y el cierre de una pinza para la manipulación de piezas. El cilindro tiene un émbolo de 20 mm de diámetro, un vástago de 8 mm de diámetro y una carrera de 40 mm. El sistema incluye un compresor que suministra aire comprimido a 9 bares y realiza una maniobra de 12 ciclos por minuto. Calcular:

a) La fuerza que ejerce el vástago en la carrera de avance.

b) El consumo de aire en condiciones normales en L/min.

a) $F_{avance}=S_{piston}$*presión*rendimiento=(π*d^2/4)*p*η=
=π*0'02^2/4*9bar*(10^{5}Pa/bar)*1=282,7 N

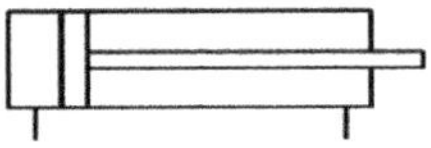

b) Volumen/ciclo =$V_{avance}+V_{retroceso}=S_{piston}$*carrera+$(S_{piston}-S_{vastago})$*carrera=
=π*[0,02^2+0,02^2–0,008^2]/4*0,04=23'12*10^{-6}m^3*(1000L/m^3)=0,0232 L
Consumo=0,0232L*12ciclos/min=0,278 L/min (con presión relativa P_1=9bar)
Este consumo se pasa a condiciones normales (1atm≈10^{5}Pa≈1bar), $T_1=T_2$
P_2=1atm y la presión absoluta $P_2=P_{relativa}+P_{atmosferica}$=9bar+1atm=10atm
V_1*P_1=V_2*P_2 → $V_1=V_2$*P_2/P_1=0,278*(9+1)/1=2,78 L/min (en C.N.)

La Rioja - 2025 - Julio – 3.2

Se tiene un cilindro neumático de doble efecto de diámetro 10 cm de diámetro y carrera 30 cm. La presión de trabajo es de 10 bar y el diámetro del vástago de 3 cm. Considerando la fuerza de rozamiento el 8 % de la fuerza teórica aplicada. Considerar 1atm=1bar. Calcular:

a) Fuerza de avance (N).

b) Fuerza de retroceso (N).

c) Consumo de aire del cilindro (l/min) en condiciones normales, si efectúa 5 ciclos por minuto.

a) $F_{avance}=S_{piston}$*presión*$\eta=\pi$*d^2/4*p*η=(π*0'1^2/4)*(10*10^{5}Pa)*0,92=7.226 N

b) $F_{retroceso}=(S_{piston}-S_{vastago})$*p*$\eta=\pi$*(0'1^2–0'03^2)/4*(10*10^{5}Pa)*0,92=6.575 N

c) Volumen/ciclo $=V_{avance}+V_{retroceso}=S_{piston}$*carrera+$(S_{piston}-S_{vastago})$*carrera=
$=\pi*[0,1^2+0,1^2-0,03^2]/4*0,3=0,0045m^3*(1000L/m^3)=4,5$ L
Consumo=(4,5L)*(5ciclos/min)=22,5 L/min (con presión relativa P_1=10bar)
Este consumo se pasa a condiciones normales (1atm≈10^5Pa≈1bar), $T_1=T_2$
P_1=1atm y la presión absoluta $P_2=P_{relativa}+P_{atmosferica}$=10bar+1atm=11atm
$V_1*P_1=V_2*P_2$ → $V_1=V_2*P_2/P_1=22,5*(10+1)/1=225$ L/min (en C.N.)

Navarra - 2025 - Junio - 3

En una prensa neumática está instalado un cilindro de doble efecto cuyas características son las siguientes: el diámetro del émbolo del cilindro es 60 mm, el diámetro del vástago es de 10 mm y su carrera de 250 mm. El rendimiento del cilindro es del 95%. Si la presión de trabajo es de 8 bares y la prensa realiza 8 ciclos/minuto, calcular:

a) Fuerzas de avance y retroceso del vástago.
b) Consumo de aire en litros/minuto en condiciones normales. (La presión atmosférica a efectos de cálculo es de 1 bar).

a) $F_{avance}=S_{piston}$*presión*$\eta=\pi*d^2/4*p*\eta=(\pi*0'06^2/4)*(8*10^5Pa)*0,95=2.149$ N

b) $F_{retroceso}=(S_{piston}-S_{vastago})*p*\eta=\pi*(0'06^2-0'01^2)/4*(8*10^5Pa)*0,95=2.089$ N

c) Volumen/ciclo$=V_{avance}+V_{retroceso}=S_{piston}$*carrera+$(S_{piston}-S_{vastago})$*carrera=
$=\pi*[0,06^2+0,06^2-0,01^2]/4*0,25=0.001394m^3*(1000L/m^3)=1,394$ L
Consumo=(1,39L)*(8ciclos/min)=11,15L/min (con presión relativa P_1=8bar)
Este consumo se pasa a condiciones normales (1atm≈10^5Pa≈1bar), $T_1=T_2$
P_1=1atm y la presión absoluta $P_2=P_{relativa}+P_{atmosferica}$=8bar+1atm=9atm
$V_1*P_1=V_2*P_2$ → $V_1=V_2*P_2/P_1=11,15*(8+1)/1=89,2$ L/min (en C.N.)

Madrid - 2025 - Junio - Ejercicio 3B

Dado un cilindro de doble efecto con secciones de émbolo 50 cm^2 en avance y 40 cm^2 en retroceso, carrera 20 cm, presión de alimentación 4 bar ($1bar=10^5N/m^2$), y se conoce que la fuerza de rozamiento que aparece es del 10% de la fuerza teórica. Considere que la temperatura en el interior del cilindro es constante y la presión atmosférica P_{atm}=1bar. Calcular:

a) Fuerza real de avance y de retroceso del vástago.
b) Trabajo realizado.
c) Consumo de aire total en un minuto (avance y retroceso) si se realizan 15 ciclos por minuto.

a) $F_{avance}=S_{piston}*p*\eta=50*10^{-4}m^2*4bar*(10^5Pa/bar)*0,9=1800$ N

b) $F_{retroceso}=(S_{piston}-S_{vastago})*p*\eta=40*10^{-4}m^2*4bar*(10^5Pa/bar)*0,9=1440$ N

c) Volumen de aire en un ciclo $=Volumen_{cilindro.avance}+Volumen_{cilindro.retroceso}=$
$=(S_{avance}+S_{retroceso})$*carrera=$(50cm^2+40cm^2)*20cm=1800\ cm^3$=1,8L/ciclo
Consumo de aire =(1,8 L/ciclo)*(15 ciclos/min) = 27 L/min

Murcia - 2025 - Junio - 3A c) Calcular la fuerza neta (o efectiva) que ejerce el vástago del cilindro de doble efecto durante la carrera de extensión, en función del diámetro del émbolo D, si la presión de aire es 7 bar(rel), la contrapresión en la cámara del vástago es nula, y la fuerza de rozamiento es un 10% de la fuerza neta. d) Calcular el consumo de aire del cilindro (m^3/h en condiciones normales), si realiza 9 ciclos/min (extensión/retracción) y que la carrera es 100 mm. Particularizar el resultado considerando que el diámetro del émbolo es 50 mm y que el diámetro del vástago es 10 mm. Nota: $P_{atmosferica}$=1bar.
c) $F_{avance}=F_{presionAire}-F_{rozamiento}$=presión*$S_{piston}$*$\eta=7*10^5*\pi*d^2/4*(1-0,1)$
d) Volumen/ciclo=$V_{avance}+V_{retroceso}=S_{piston}$*carrera+$(S_{piston}-S_{vastago})$*carrera= $=\pi*[0,05^2+0,05^2-0,01^2]/4*0,1=0.000385m^3*(1000L/m^3)=0,385$ L Consumo=(1,39L)*(9ciclos/min)=3,46L/min (con presión relativa P_2=7bar) Este consumo se pasa a condiciones normales (1atm≈10^5Pa≈1bar), $T_1=T_2$ P_1=1atm y la presión absoluta $P_2=P_{relativa}+P_{atmosferica}$=7bar+1atm=8atm $V_1*P_1=V_2*P_2$ → $V_1=V_2*P_2/P_1=3,46*(7+1)/1=27,68$ L/min (en C.N.)

Extremadura – 2025 - modelo de prueba - Ejercicio 1 Imagina que eres responsable técnico en una empresa de reciclaje y deseas diseñar un sistema para compactar materiales, como plástico y papel, en balas para su posterior transporte. Para ello decides emplear un sistema neumático utilizando un cilindro de doble efecto. El diámetro de émbolo es 15 cm, un diámetro de vástago de 3 cm, una carrera de 40 cm y, según el fabricante, un rendimiento del 85%. Para ahorrar costes decides emplear el compresor del que dispone la empresa te proporciona una presión de 7 bares. El estudio de rentabilidad determina que la prensa debe realizar 60 ciclos (compresión y liberación) en una hora. Calcula: 1. Fuerza máxima de compresión que realizar el cilindro en su avance. 2. Fuerza máxima de retorno que el cilindro ejercer para liberar la pieza. 3. Consumo de aire que precisa la instalación en m^3/h en C.N. 4. Trabajo realizado por el pistón en su carrera de avance.
1) $F_{avance}=F_{presionAire}-F_{rozamiento}=p*S_{piston}*\eta=7*10^5*\pi*0,15^2/4*0,85=10.515$ N
2) $F_{retroceso}=p*(S_{piston}-S_{vastago})*\eta=7*10^5*\pi*(0,15^2-0,03^2)/4*0,85=10.094$ N
3) Volumen/ciclo=$V_{avance}+V_{retroceso}=S_{piston}$*carrera+$(S_{piston}-S_{vastago})$*carrera= $=\pi*[0,15^2+0,15^2-0,03^2]/4*0,4=0.01385m^3*(1000L/m^3)=13,85$ L Consumo=(13,85L)*(60ciclos/min)=831,3L/min (presión relativa P_2=7bar) Este consumo se pasa a condiciones normales (1atm≈10^5Pa≈1bar), $T_1=T_2$ P_1=1atm y la presión absoluta $P_2=P_{relativa}+P_{atmosferica}$=7bar+1atm=8atm $V_1*P_1=V_2*P_2$ → $V_1=V_2*P_2/P_1=831*(7+1)/1=6650L/min=0,111m^3/h$ (en C.N.)
4) $W=F_{util}$*carrera=10.515N*0,4m=4206 J

Asturias - 2025 - Julio - 5.A

En una tubería horizontal de 35 mm de diámetro circula un líquido de densidad 1,03 g/cm^3 a razón de 75 L/min y a una presión de 1,25 kg/cm^2. La tubería tiene un estrechamiento con presión de 1 kg/cm^2. Determine:

a) Velocidades del líquido en ambas secciones.
b) El diámetro de la tubería en la zona del estrechamiento.
Tómese g=9,81m/s^2.

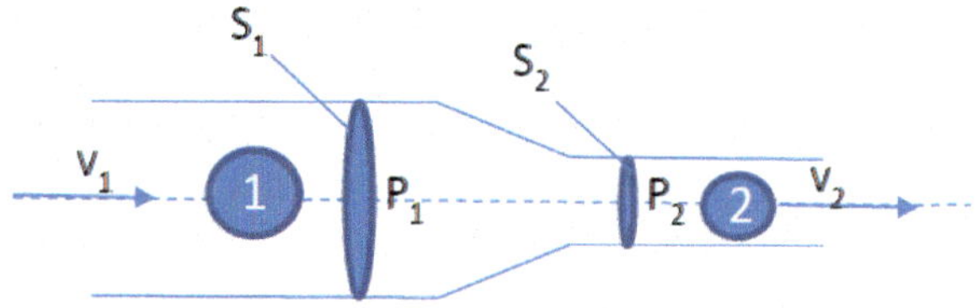

a) $S_1=\pi*d^2/4=(\pi*0'035^2/4)=0,962*10^{-3}m^2$

$Q_1=S_1*v_1 \rightarrow v_1=Q_1/S_1=75\cancel{L}/min*(m^3/10^3\cancel{L})*(1min/60s)/(0,962*10^{-3}m^2)=1,3m/s$

$p_1=1,25kg/cm^2*(9,8N/kp)*(10^4cm^3/m^3)=122.500Pa$

$p_2=1kg/cm^2*(9,8N/kp)*(10^4cm^3/m^3)=98.000Pa$

Ecuación de Bernoulli: $p_1+½*d*v_1^2+d*g*h_1=p_2+½*d*v_2^2+d*g*h_2$

$122500+½*1030kg/m^3*(1,3)^2+0=98000+½*1030kg/m^3*v_2^2+0 \rightarrow v_2=7,02m/s$

b) Principio de continuidad: $Q_1=Q_2 \rightarrow S_1*v_1=S_2*v_2 \rightarrow$

$S_2=S_1*v_1/v_2=(0,962*10^{-3}m^2)*(1,3m/s)/(7,02m/s)=0,178*10^{-3}m^2$

$S_2=\pi*d_2^2/4 \rightarrow d_2=\sqrt{[4*S_2/\pi]}=\sqrt{[4*(0,178*10^{-3}m^2)/\pi]}=0,01505m=15,05mm$

Canarias – 2025 - modelo de prueba - Ejercicio 2.A

Por la tubería circula un aceite de peso específico 8,6 kN/m^3. Para el control del fluido se dispone de un venturímetro y un manómetro diferencial de mercurio que proporciona una lectura de 150 mm. Se pide calcular:

a) Diferencia de presiones entre los puntos 1 y 2, en kPa.
b) Velocidad del aceite en las secciones 1 y 2, en m/s.
c) Caudal de aceite que circula por el venturímetro en L/s.

El flujo es estacionario, el fluido es incompresible y son despreciables todas las pérdidas de energía.
Datos: g=9,81 m/s^2, peso específico mercurio 133 kN/m^3.

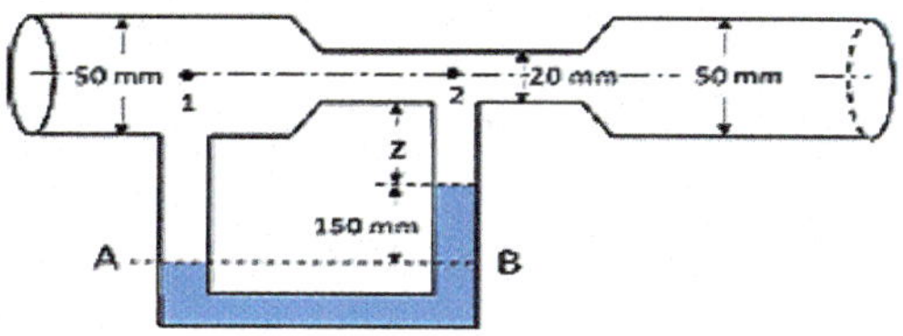

a) $p_A=p_1+\rho_{aceite}*g*(z+0,15)$ $\quad p_B=p_2+\rho_{aceite}*g*z+\rho_{mercurio}*g*0,15$

Fluido en reposo, A y B están a la misma altura $\rightarrow p_A=p_B \rightarrow$

$p_1+\rho_{aceite}*g*(z+0,15)=p_2+\rho_{aceite}*g*z+\rho_{mer}*g*0,15 \rightarrow$

$p_1-p_2=\rho_{aceite}*g*z+\rho_{mer}*g*0,15-\rho_{aceite}*g*(z+0,15)=(\rho_{mer}*g-\rho_{aceite}*g)*0,15=$

$=(133.000-8.600)*0,15=18.600$ Pa

b) Principio de continuidad $Q_1=Q_2 \rightarrow S_1*v_1=S_2*v_2 \rightarrow 5^2*v_1=2^2*v_2 \rightarrow v_1=4/25*v_2$

Ecuación de Bernoulli: $p_1+½*d*v_1^2+\cancel{d*g*h_1}=p_2+½*d*v_2^2+\cancel{d*g*h_2}$

$p_1-p_2=½*d*v_2^2-½*d*v_1^2 \rightarrow 18.600=½*8600/9,8*(v_2^2-4/25*v_2^2) \rightarrow v_2=$

$42,3907=21/25*v_2^2 \rightarrow v_2=7,1$ m/s $\rightarrow v_1=4/25*v_2=1,14$ m/s

c) Caudal$=Q=S_1*v_1=\pi*0,05^2/4*1,14m/s=0,00224$ m^3/s$=2,24$ L/s

Canarias - 2025 - Julio - 2.B

En el sistema de distribución de lubricante de un aerogenerador, se dispone de una tubería horizontal ramificada que se muestra en la figura. Por este sistema oleohidráulico fluye un aceite mineral cuyo peso específico es 8,5 kN/m^3. Se pide que calcule:

a) La presión p_1 en kilopascales, (kPa).
b) La velocidad v_3 en metros por segundo, (m/s).
c) El volumen de aceite que entra por la tubería 1 en una hora, medido en metros cúbicos (m^3).

Considere que el flujo es estable, el fluido es incompresible y son despreciables todas las pérdidas de energía (condiciones ideales). Suponga que g=9,81 m/s2. Tenga en cuenta que el sistema de tuberías está en el mismo plano.

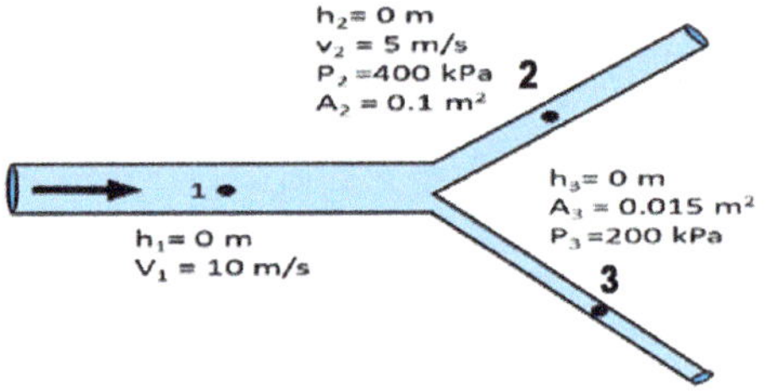

a) peso específico=densidad*g → d=pe/g=8500N/m^3/(9'8m/s^2)=866'5 kg/m^3
Ecuación de Bernoulli: $p_1+½*d*v_1^2+d*g*h_1=p_2+½*d*v_2^2+d*g*h_2$ →
p_1+½*866'5*10^2+0=400*10^3+½*866'5*5^2+0 → p_1=367.506 N/m^2=367,5 kPa

b) Ecuación de Bernoulli: $p_2+½*d*v_2^2+d*g*h_2=p_3+½*d*v_3^2+d*g*h_3$ →
400*10^3+½*866'5*5^2+0=200*10^3+½*866'5*v_3^2+0 → v_3=22,06 m/s

c) Caudal(m^3/s)=Sección(m^2)*velocidad$_{fluido}$(m/s)
$Q_2=S_2*v_2$=0'1m^2*5m/s=0'5 m^3/s
$Q_3=S_3*v_3$=0'015 m^2*22,06m/s=0'331 m^3/s
$Q_1=Q_2+Q_3$=0'5+0'331=0'831m^3/s*(3600s/1hora)=2.991 m^3/h

La Rioja - Junio - 2025 - Problema 2B

Por la tubería circular de sección variable de la figura circula agua (densidad, ρ=1000 kg/m^3) con un caudal de 0,1 m^3/s. En el punto 1, con diámetro del tubo es de 0,2 m, la presión del agua es de 1,2 bar. Calcular:
a) Velocidad del fluido en el punto 2, si el diámetro es la mitad que en el punto 1.
b) Presión (bar) en el punto 2 si la diferencia de alturas entre 1 y 2 es de 0,5 m.

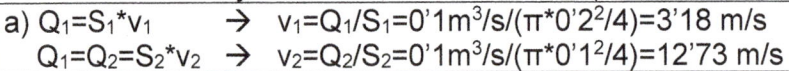

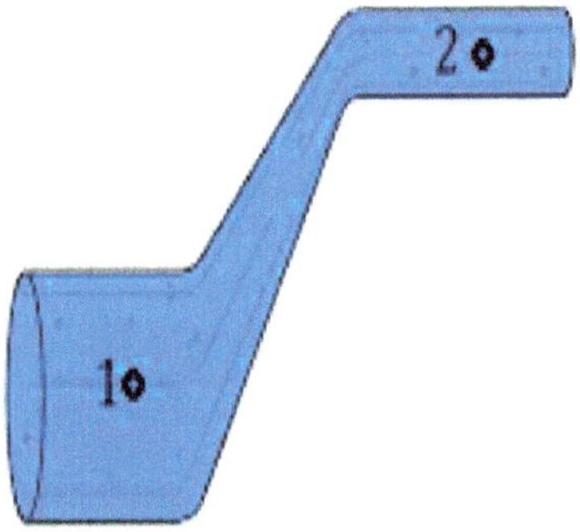

a) $Q_1=S_1*v_1$ → $v_1=Q_1/S_1$=0'1m^3/s/(π*0'2^2/4)=3'18 m/s
$Q_1=Q_2=S_2*v_2$ → $v_2=Q_2/S_2$=0'1m^3/s/(π*0'1^2/4)=12'73 m/s

b) Ecuación de Bernoulli: $p_1+½*d*v_1^2+d*g*h_1=p_2+½*d*v_2^2+d*g*h_2$ →
1,2*10^5+½*10^3*3,18^5+0=p_2+½*10^3*12,73^2+10^3*9,81*0,5 → p_2=39.125 Pa

Valencia - 2025 - Junio - Ejercicio 4A

Por seguridad se pretende diseñar un circuito neumático en el que sea necesario accionar simultáneamente dos pulsadores manuales para que un cilindro de simple efecto avance, de tal forma que si se deja de accionar alguno de los dos pulsadores el cilindro retroceda automáticamente.

Diseñar el circuito -dibujando el mismo- de dos formas diferentes:

1. Utilizando las siguientes 3 válvulas mostradas, esto es, dos válvulas 3/2 manual normalmente cerrada y una válvula de simultaneidad.

2. Utilizando las dos válvulas 3/2 manual normalmente cerrada del apartado anterior, pero sin utilizar la válvula de simultaneidad.

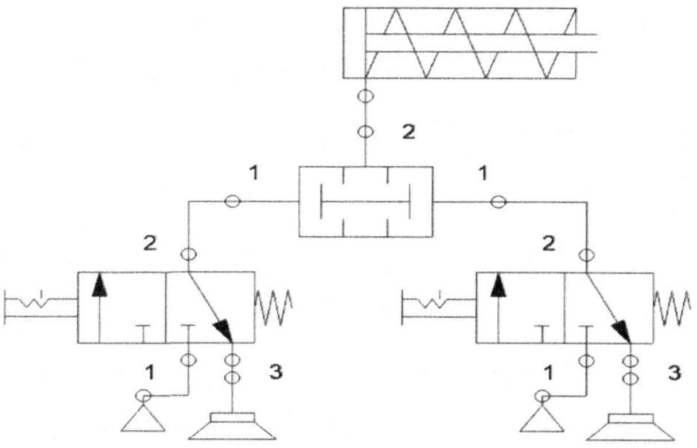

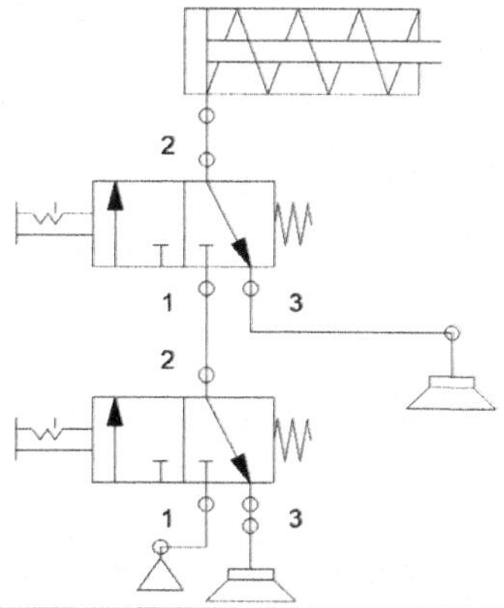

Cantabria-2025-Junio-2B

1) Identificar componentes del circuito.

2) Explicar funcionamiento del circuito.

3) ¿Cómo se podría aumentar la velocidad de salida del vástago?

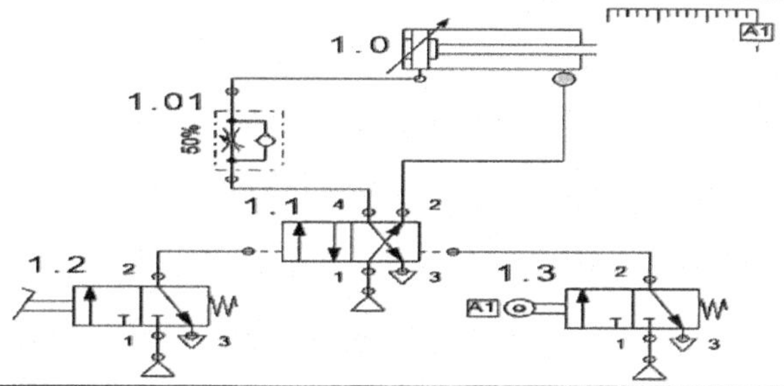

1) 1.2 y 1.3 válvula distribuidora 3/2 (3 orificios, 2 posiciones).
-1.4 válvula distribuidora 4/2 (4 orificios, 2 posiciones).
1.02 Válvula estranguladora unidireccional.
-1.0 cilindro neumático de doble efecto.

2) Posición inicial: vástago retrocedido.
-Se pulsa el pedal de válvula 1.2 que acciona válvula 1.1 y entra aire a la cavidad izquierda del cilindro regulado con 1.01. Vástago avanza despacio.
-El vástago acciona el final de carrera de la válvula 1.3, se desactiva válvula 1.1, el vástago retrocede rápido.

3) Quitando la válvula estranguladora unidireccional.

Castilla-León - 2025 - Junio - 3.A

En la instalación oleohidráulica de la figura:

a) Definir sus componentes.

b) Explicar el funcionamiento.

c) ¿Qué ocurre si al montar la instalación, el regulador "1.02" se conecta al revés?

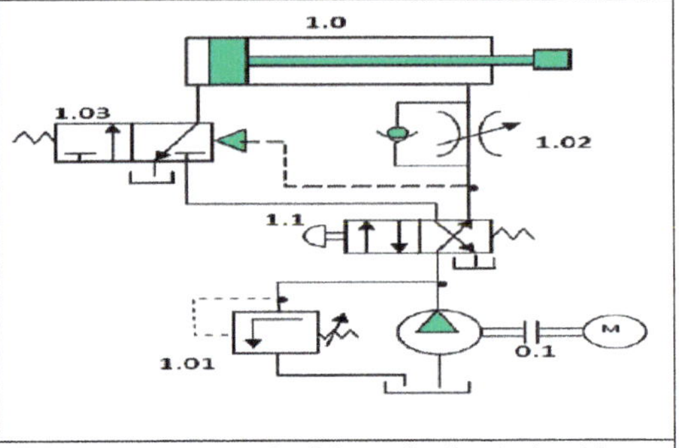

a) 0.1 Motor y compresor para suministrar aire comprimido a la instalación.
1.01 Regulador de presión.
1.1 Válvula distribuidora 3/2 (3 orificios, 2 posiciones), acciónamiento izquierdo por pulsador y accionamiento derecho por retorno de muelle.
1.03 Válvula distribuidora 3/2 (3 orificios, 2 posiciones), acciónamiento izquierdo por retorno de muelle y accionamiento derecho neumático.
1.02 Válvula estranguladora unidireccional.
1.0 Cilindro de doble efecto.

b) Posición inicial: En reposo el vástago está retrocedido.
-Se pulsa el pulsador de la válvula 1.1:
 -válvula 1.03: accionamiento derecho sin presión, actúa retorno de muelle.
 -Cilindro 1.0: cavidad izquierda se llena rápido y la derecha se vacía regulada, vástago avanza lento.
-Se suelta el pulsador de la válvula 1.1:
 -válvula 1.03: accionamiento derecho con presión.
 -Cilindro 1.0: cavidad izquierda se vacía rápido y la derecha se llena rápido, el vástado retrocede rápido.

c) Al invertir 1.02 el vástago avanza rápido y retrocede lento.

Valencia-2025-Julio(B)-4.B

El esquema de la figura muestra el control de apertura y cierre neumático de la puerta de un autobús.

a) Identificar cada uno de los elementos.

b) Explicar su función

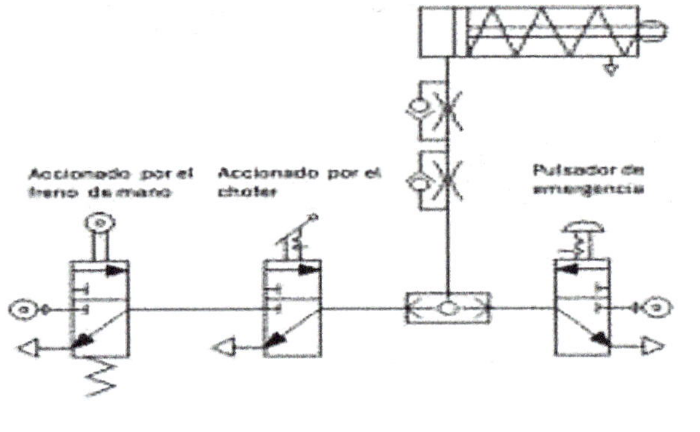

La orden de avanzar vástago se realiza de dos maneras:
-Accionando a la vez el freno de mano y el mando del chofer del autobús.
-Únicamente con el pulsador de emergencia.

Castilla-León - 2025 - Julio - 2

En el circuito neumático de la figura.

a) Describe los distintos elementos.
b) Explica su funcionamiento.

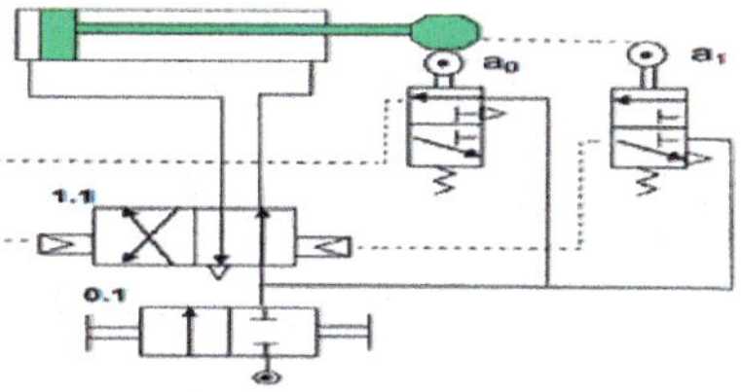

Posición inicial: válvula 0.1 desactivada, final de carrera FCa0 activado, final de carrera FCa1 desactivado, válvula 1.1 desactivada
Paso 1: Se activa 0.1.
Paso 2: FC-a0 activo, activa 1.1 lado izquierdo, vástago avanza.
Paso 3: Vástago activa FC-a1, activa 1.1 lado derecho, vástago retrocede.
Mientras 0.1 esté activada, se repite pasos 2 y 3 continuamente.
Si se desactiva 0.1, todo se detiene.

Cantabria – 2025 - modelo de prueba - Ejercicio 2.A
Sobre el circuito neumático representado en la figura adjunta, se solicita:
1) Identificar los componentes del circuito.
2) Explicar el funcionamiento.
3) Si se quisiese reducir la velocidad de salida del vástago del cilindro, ¿qué componente se necesita? ¿Cómo se conectaría en el esquema?

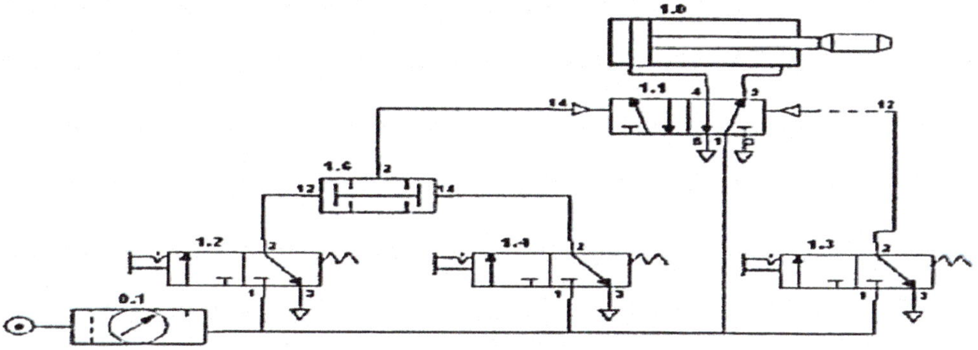

2) Posición inicial: 1.1, 1.2, 1.3 y 1.4 desactivados.
Paso 1: Pulsar simultáneamente 1.2 y 1.4, se activa 1.1, vástago avanza.
Paso 2: Desactivar 1.2 y/o 1.4, pulsar 1.3, se desactiva 1.1, retroceso.

3) En las entradas del cilindro se pueden colocan válvulas estranguladoras:
a) Al colocar una bidireccional, el avance y retroceso son lentos.
b) Al colocar una unidireccional en la entrada izquierda el avance es lento.
c) Al colocar una unidireccional en la entrada derecha retrocede lento.

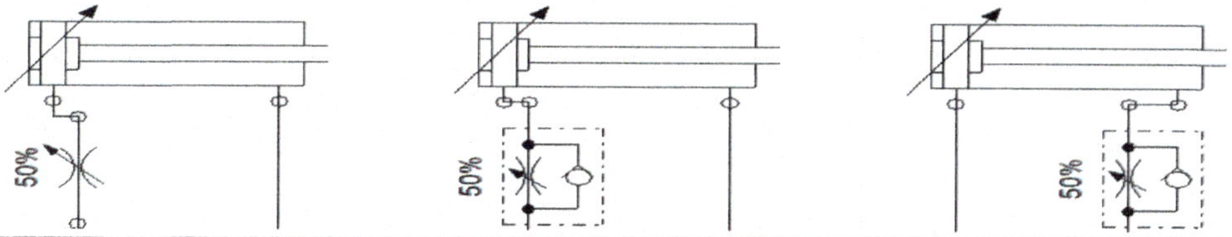

Aragón - 2025 - Junio - Ejercicio 3.B

Explique el funcionamiento del circuito neumático de la figura, identificando todos sus componentes. Describa una aplicación real de este circuito.

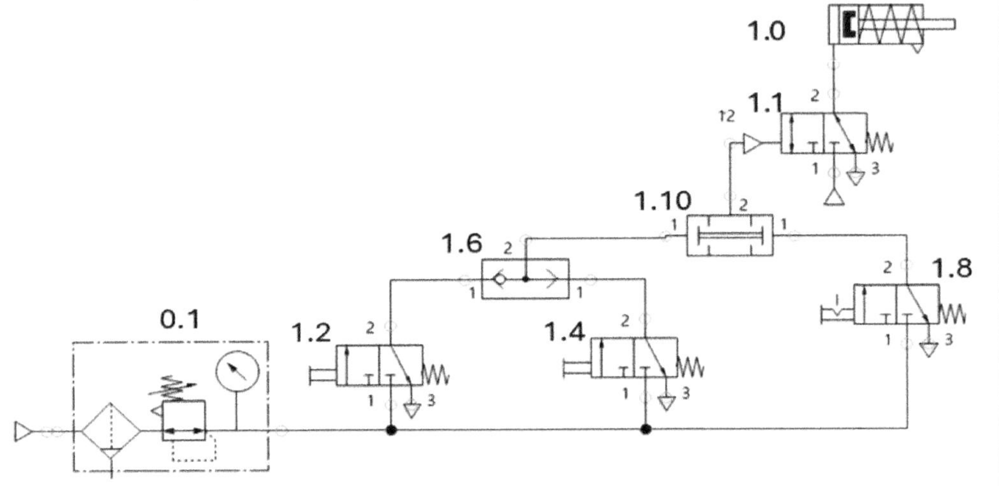

Posición inicial: todo desactivado, vástago retrocedido.
Paso 1: Pulsar simultáneamente (1.2 y/o 1.4) y (1.8), se activa 1.1, avance.
Paso 2: Desactivar (1.2 y/o 1.4) o (1.8), se desactiva 1.1, vástago retroceso.

El uso de la válvula de simultaneidad 1.10 proporciona la seguridad de que el vástago avanza cuando se cumple al menos dos condiciones.

Castilla-León – 2025 - modelo de prueba - Problema 4

Explica la unidad de mantenimiento, sus elementos, función y símbolos.

En la siguiente instalación oleohidráulica, se pide:
a) Define los componentes.
b) Explica la misión de los pulsadores manuales.
c) ¿Cuál es la primera operación que tiene lugar al arrancar la bomba?

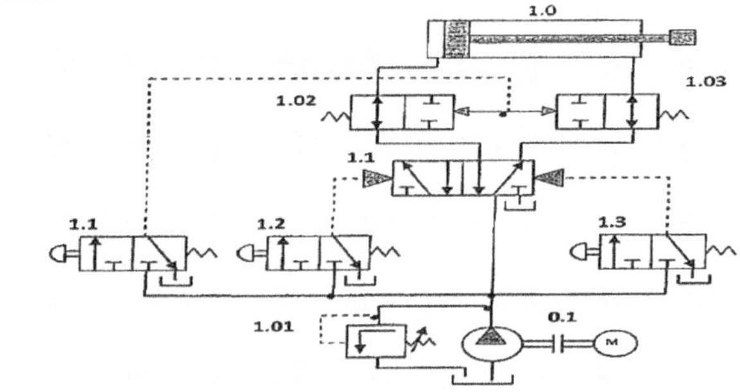

b) Posición inicial: 1.1, 1.2 y 1.3 desactivados, vástago retrocedido.
Paso 1: Pulsar 1.2, se activa 1.1, vástago avanza rápido.
Paso 2: Pulsar 1.3, se desactiva 1.1, vástago retrocede rápido.
El pulsador 1.1 es una parada de emergencia del vástago.

c) Regular la presión del aire a la presión de trabajo necesaria.

Murcia - 2025 - Junio - 3A

Sobre el circuito neumático representado en la figura adjunta, se solicita:

a) Identificar y describir los componentes: 1A1, 1B1, 1V1, 1V2, 1S2 y 0Z1.

b) Explicar el funcionamiento del circuito, y que condiciones deben cumplirse para que el cilindro realice las carreras de extensión y retracción.

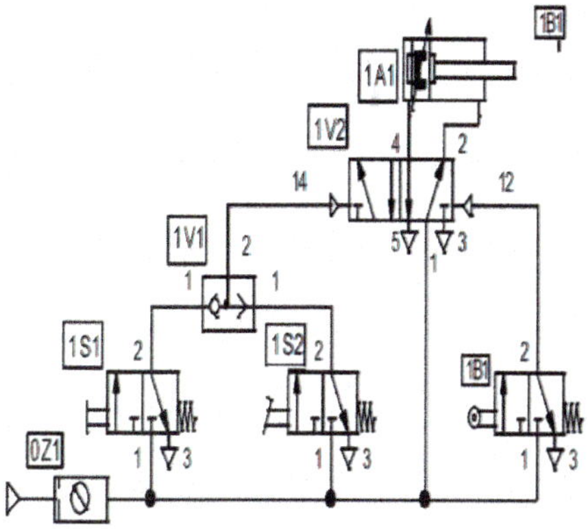

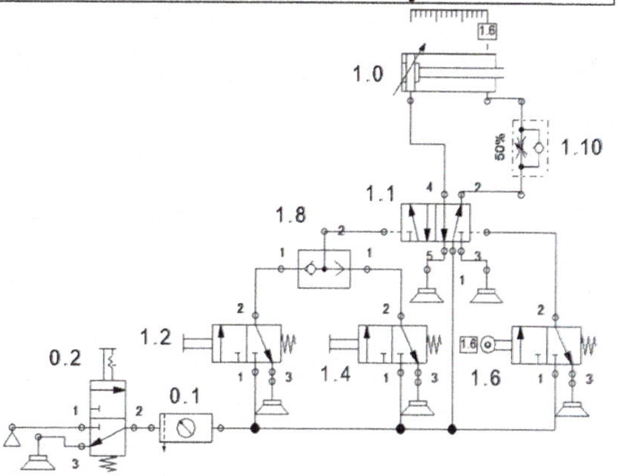

País Vasco - 2025 - Junio - 3.1

En el circuito neumático de la figura.

a) Define y nombra los componentes: 1.1; 1.2; 1.8; 1,10.

b) Explica el funcionamiento de la instalación.

c) Representa y explica el diagrama de movimientos espacio/fase.

b) Posición inicial: Se pulsa 0.2 para que el aire comprimido se propague por el circuito neumático. El vástago del cilindro está retrocedido.

Paso 1: Pulsar 1.2 o 1.4, 1.8 deja pasar el aire, se activa lado izquierdo de 1.1, el aire entra en lado izquierdo del cilindro y el vástago avanza rápido.

Paso 2: Cuando el vástago llega al final de su avance se activa el final carrera 1.6 , se activa el lado derecho de 1.1, el aire entra despacio (regulación 50%) en la cavidad derecha, el vástago retrocede despacio.

c) Diagrama de estado (movimientos, espacio/fase):

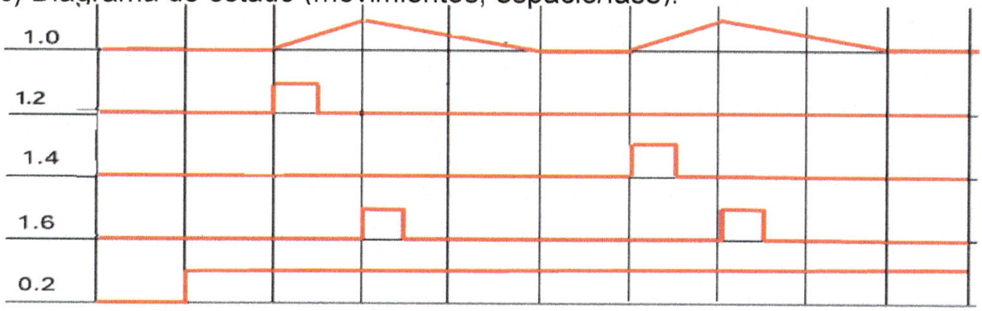

País Vasco - 2025 - Julio – 3.1

Dado el circuito neumático de la figura, se pide:

a) Explica el funcionamiento básico de la instalación.

b) Representa y explica el diagrama de movimientos del circuito (espacio/fase)

c) ¿Cuál es el componente que se debe añadir al circuito para que la velocidad de retroceso del vástago del cilindro sea la mitad del avance? Representarlo en el esquema y explicar su funcionamiento.

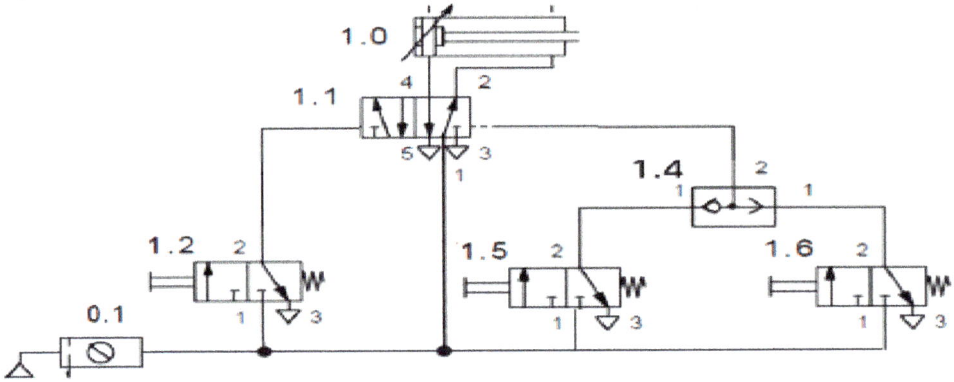

-Posición inicial: 1.2, 1.5 y 1.6 desactivados, vástago retrocedido.

-Paso 1: Pulsar 1.2, se activa 1.1, el vástago avanza.

-Paso 2: Pulsar 1.5 o 1.6, se desactiva 1.1, el vástago retrocede.

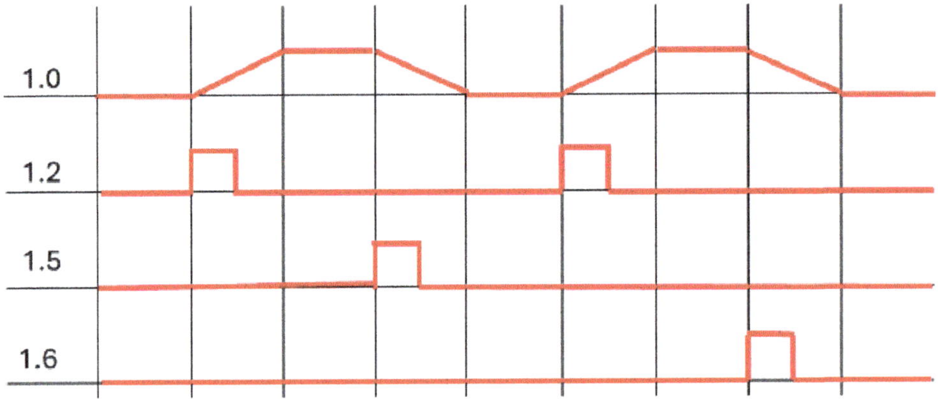

c) Una válvula de regulación unidireccional regula el caudal al 50%.

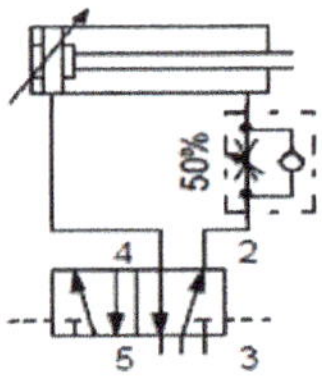

Cantabria – 2025 - modelo de prueba - Ejercicio 2

Analizar el sistema neumático de la figura adjunta mediante simbología normalizada. Se pide, responder a las siguientes cuestiones:

a) Identificar los siguientes componentes: 1A1, 1V4, 1V3, 1V1 y 1S2.

b) Explicar el funcionamiento del circuito, indicando claramente cuál es la posición de reposo del cilindro y porqué, y las condiciones que deben cumplirse para que el cilindro realice la carrera de extensión.

c) Razonar sobre si la carrera de retracción se produce de forma automática, o habría que actuar sobre alguna válvula de forma manual.

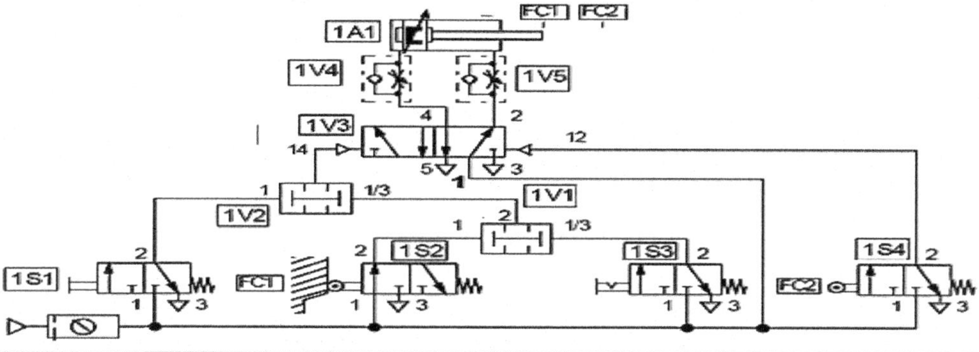

b) Posición inicial: FC1 (1s2) activado, 1s1, 1s3 y FC2 (1s4) desactivados.
Paso 1: Pulsar 1s1 y 1s3, se activa 1v3, 1v5 regula, avance despacio.
Paso 2: Cuando el vástago llega al FC2, se activa 1s4, se desactiva 1v3, 1v4 regula, retroceso despacio.

c) Cuando el vástago avanza y llega a FC2, se activa 1s4, el vástago retrocede de forma automática. Dejando 1s3 pulsado, cada vez que se pulsa 1s1 se repite el ciclo de forma automática.

Cantabria - 2025 - Julio - 2

Respecto al circuito neumático representado en la figura, se solicita:

1) Identificar los componentes del circuito y describir su función.

2) Explicar el funcionamiento del circuito indicando los 4 posibles estados: reposo, accionamiento, secuencia de paso y vuelta a reposo.

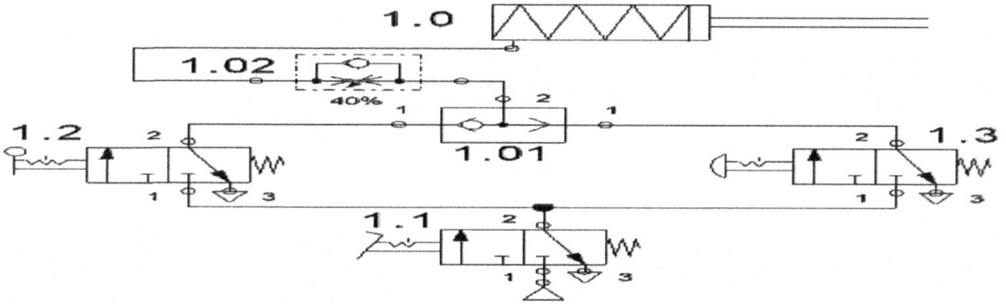

2) Posición inicial: 1.1 activo, 1.2, y 1.3 desactivados, vástago retrocedido.
Paso 1: Pulsar 1.2 o 1.3, vástago avanza rápido.
Paso 2: Soltar 1.2 o 1.3 que estaba activado, vástago retrocede rápido.

País Vasco – 2025 - modelo de prueba - Ejercicio 3A

Un circuito neumático para accionar un dispositivo de seguridad. Se pide:
a) Explica el funcionamiento básico de la instalación.
b) ¿Qué componente se añadiría para que la velocidad de avance del vástago sea la mitad que la de retroceso?¿Cómo se conecta en el circuito?
c) Una vez añadido ese componente, representa y explica el diagrama de movimientos del circuito (espacio/fase).

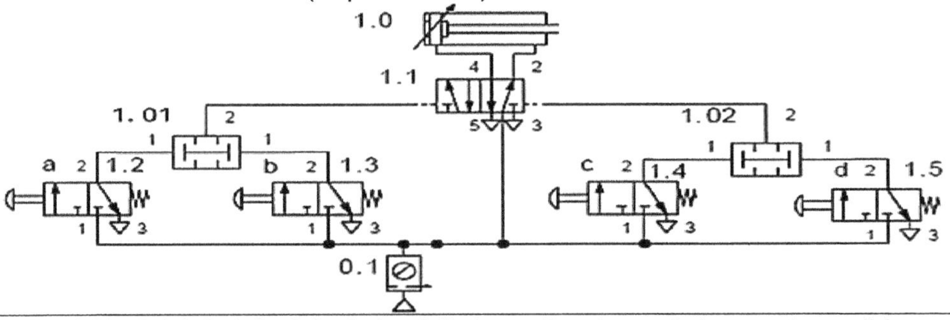

a) Posición inicial: 1.2, 1.3, 1.4 y 1.5 desactivados, vástago retrocedido.
Paso 1: Pulsar 1.2 y 1.3, se activa 1.1, vástago avanza rápido.
Paso 2: Pulsar 1.4 y 1.5, se desactiva 1.1, vástago retrocede rápido.

b) En la entrada izquierda del cilindro se coloca una válvula estranguladora unidireccional hacia la entrada de aire al cilindro.

Navarra - 2025 - Junio – 2.B

Para accionar una prensa neumática, por motivos de seguridad, se requiere activar dos pulsadores simultáneamente. El retroceso de la prensa es automático al accionar un final de carrera al final de su recorrido.
Diseña el automatismo neumático necesario con estas condiciones:

-La prensa utiliza un cilindro de doble efecto que realiza su carrera A+ al dar a dos pulsadores a la vez.

-El retroceso se realiza al accionar un final de carrera.

Para activar el cilindro se utiliza una válvula 5/2 pilotada neumáticamente y para los pulsadores y el final de carrera se utilizan válvulas 3/2.

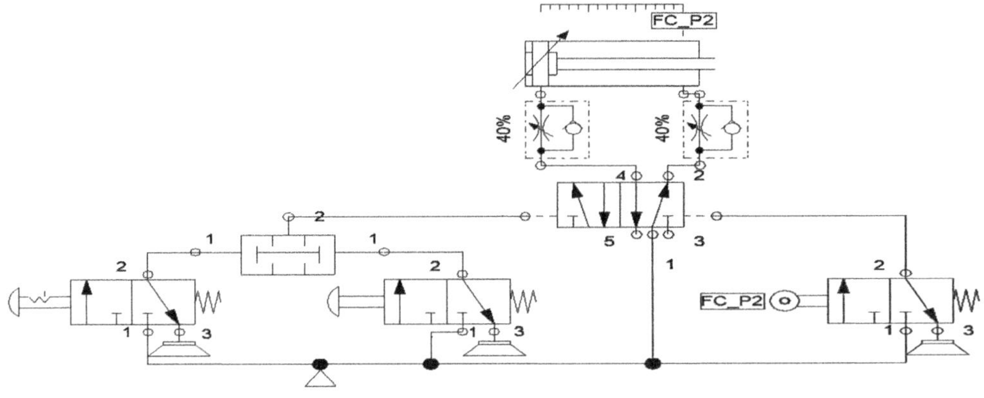

Castilla-La Mancha -Junio-2025-4	Navarra - 2025 - Junio - 3
Observa el dibujo que representa una máquina de colada con cuchara. Diseña un circuito neumático que realice la secuencia que sigue: al pulsar P1 se baja lentamente la cuchara. Cuando llega al fondo, de forma automática, la cuchara empieza a subir lentamente. Esto se produce con ayuda del rodillo P2 que es accionado al final del recorrido del vástago de C1 (cilindro de doble efecto). 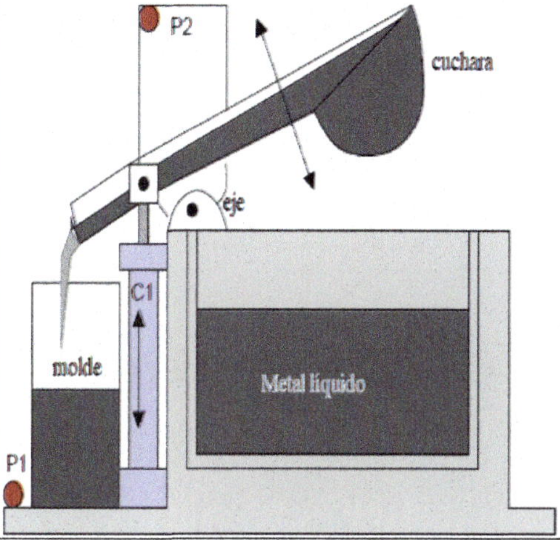	En una prensa neumática está instalado un cilindro de doble efecto. c) La prensa se activa con un pulsador P1 y retrocede automáticamente. Dibuja el esquema neumático de la prensa utilizando como válvula de accionamiento del cilindro una 5/2 con retorno por muelle y como mando del circuito P1 una válvula 3/2.
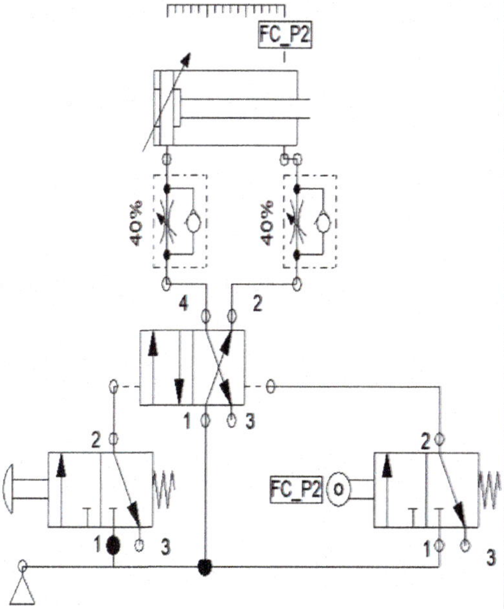	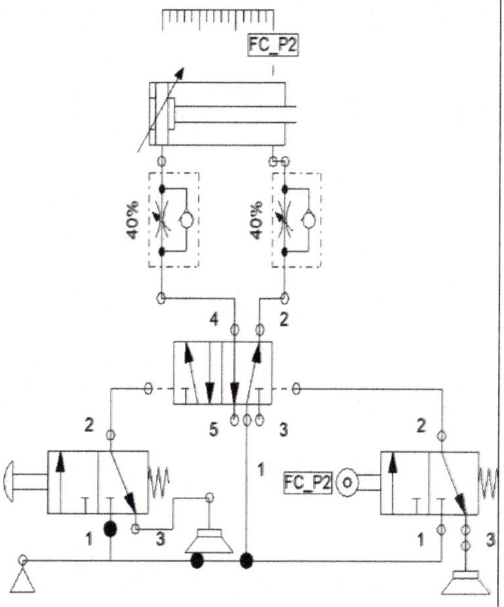

Murcia - 2025 - Julio - 2.A

Se quiere analizar un sistema neumático cuyo circuito se representa en la figura adjunta mediante simbología normalizada. Se pide:

a) Identificar y describir los componentes: 1A1, 2A1, 2V1, 2V2, y 1V1.

b) Explicar el funcionamiento del circuito, e indicar la secuencia de movimiento de ambos cilindros una vez que se actúe para iniciar el ciclo.

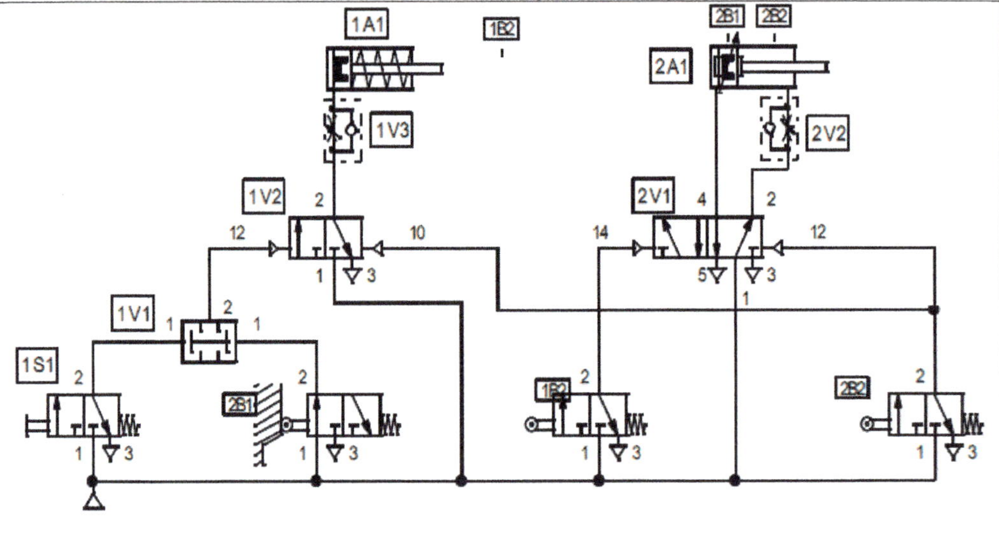

b) Posición inicial: 1s1 off, vástagoA retrocedido (FC-1B2 off), vástagoB retrocedido (FC-2B1 on, FC-1B2 off).

Paso1: Pulsar 1S1 con 2B1 on se activa 1V2, vástagoA avanza (A+).

Paso2: Al acabar A+ se activa FC-1B2, se activa 2V1, vástagoB avanza B+

Paso3: Al acabar B+ se activa FC-2B2, se desactiva 2V1 y 2V1, vástagoA retrocede A– y vástagoB retrocede B–.

Cada vez que se pulsa 1S1 se repite en ciclo automáticamente.

Asturias - 2025 - Junio - 5.B

Se solicita diseñar un circuito neumático que cumpla estas condiciones:

-El accionamiento es manual por un operario mediante un pulsador.

-Para evitar accidentes el pulsador no está activo hasta que una mampara aísla la zona de trabajo donde se lleva a cabo la operación de estampado. Cuando la mampara se cierra al accionar el pedal, se activa el compresor y el pulsador del operario ya es funcional.

-El cilindro debe avanzar rápido y retroceder más despacio.

a) Indique el tipo de cilindro y válvulas utilizadas.

b) Dibuje el circuito neumático.

c) Explique el funcionamiento.

d) Realice el diagrama espacio-fase del proceso y explíquelo.

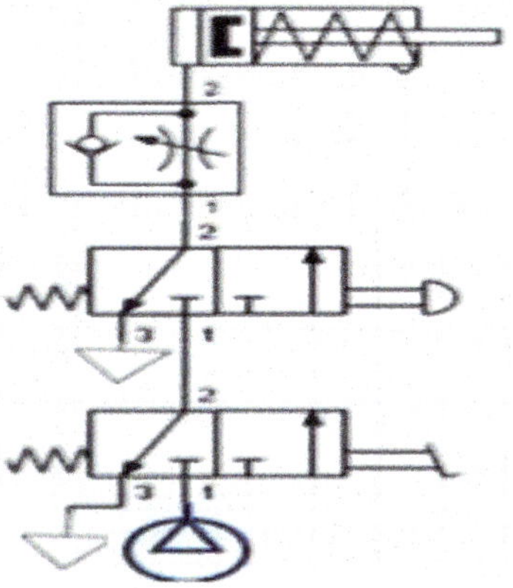

c) Posición inicial: mampara abierta (pulsador off), pedal off, vástago retrocedido.

Paso 1: operario coloca la pieza y baja mampara cerrada (pulsador on).

Paso 2: operario pulsa en pedal, vástago avanza rápido.

Paso 3: operario suelta en pedal, vástago retrocede lento.

Paso 4: operario abre mampara (pulsador off) para recoger la pieza. Se vuelve a la posición inicial.

Diagrama espacio-fase:

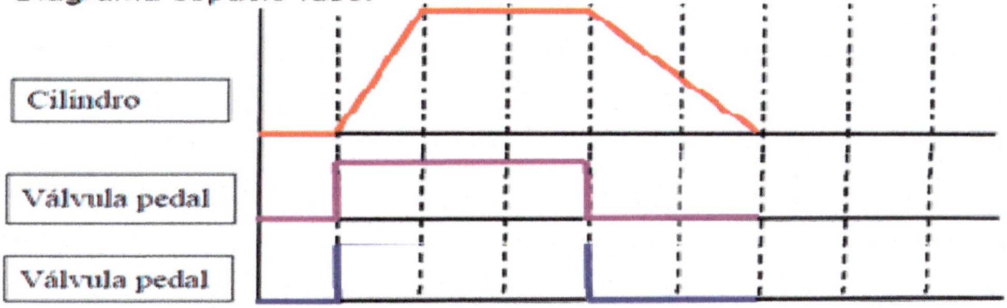

País Vasco - 2025 - Junio - Ejercicio 3.B

Se dispone de estos componentes para la fabricar un circuito neumático:

- Una unidad de mantenimiento.
- Un cilindro de doble efecto.
- Una válvula 5/2 biestable con pilotado neumático.
- Válvulas 3/2 NC con accionamiento por pulsador y retorno por muelle.
- Válvulas de simultaneidad (función “Y”).
- Válvulas de regulación de caudal unidireccional.

a) Realiza el esquema neumático del mando de un cilindro de doble efecto mediante una válvula 5/2 biestable pilotada neumáticamente por tres válvulas 3/2 (A, B y C) con accionamiento por pulsador y retorno por muelle. El vástago debe salir cuando se pulsa la válvula A. El vástago debe retroceder cuando se pulsan de forma simultánea las válvulas B y C. La velocidad de recogida del vástago debe ser la mitad que la de salida.

b) Representa y explica el diagrama de movimientos del circuito (espacio/fase).

c) Representa y explica el funcionamiento de los siguientes elementos neumáticos: cilindro de simple efecto con retorno por muelle; válvula 5/2 monoestable con accionamiento neumático y retorno por muelle; válvula 3/2 NC con accionamiento por rodillo y retorno por muelle, válvula selectora de circuito (función “O”).

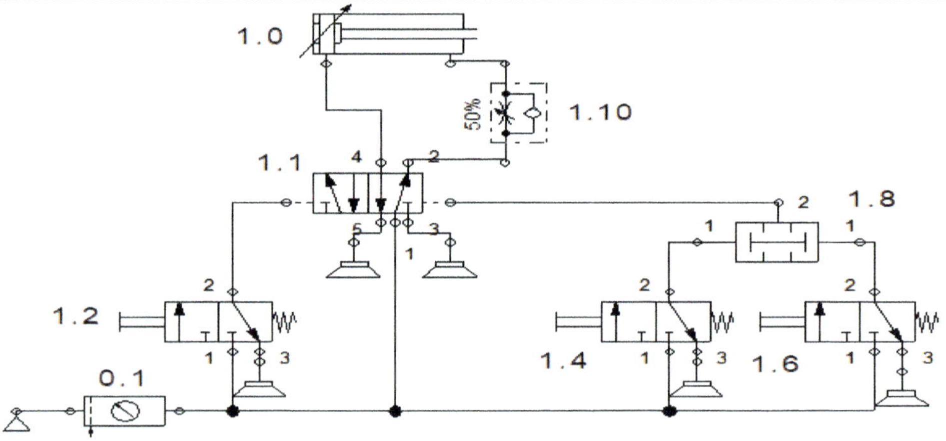

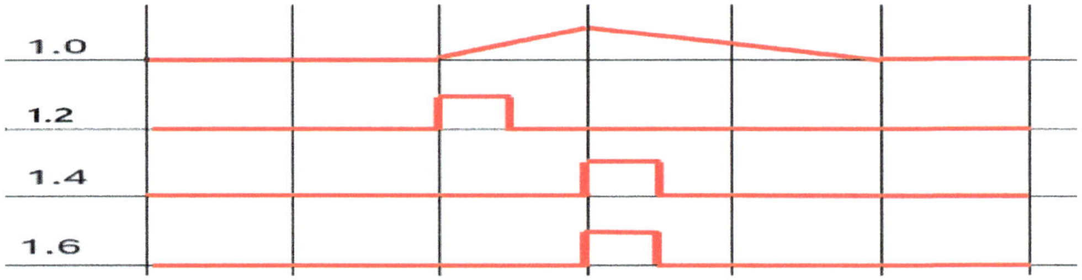

País Vasco - 2025 - Julio - Ejercicio 3.B

Se dispone de estos componentes para realizar un circuito neumático.

- -Una unidad de mantenimiento.
- -Un cilindro de doble efecto.
- -Una válvula 5/2 biestable con pilotado neumático.
- -Válvulas 3/2 NC con accionamiento por pulsador y retorno por muelle.
- -Válvulas selectoras de circuito (función "O").
- -Válvulas de simultaneidad (función "Y").
- -Válvulas reguladoras unidireccionales.

a) Realiza el esquema neumático del mando de un cilindro de doble efecto mediante una válvula 5/2 biestable pilotada neumáticamente por cuatro válvulas 3/2 (A,B,C y D) con accionamiento por pulsador y retorno por muelle. El vástago debe salir cuando se pulsan de forma simultánea las válvulas A y B. El vástago debe retroceder cuando se pulsa la válvula C o la válvula D. El vástago del cilindro debe retroceder a la mitad la velocidad con que sale.

b) Representa y explica el diagrama de movimientos del circuito (espacio/fase).

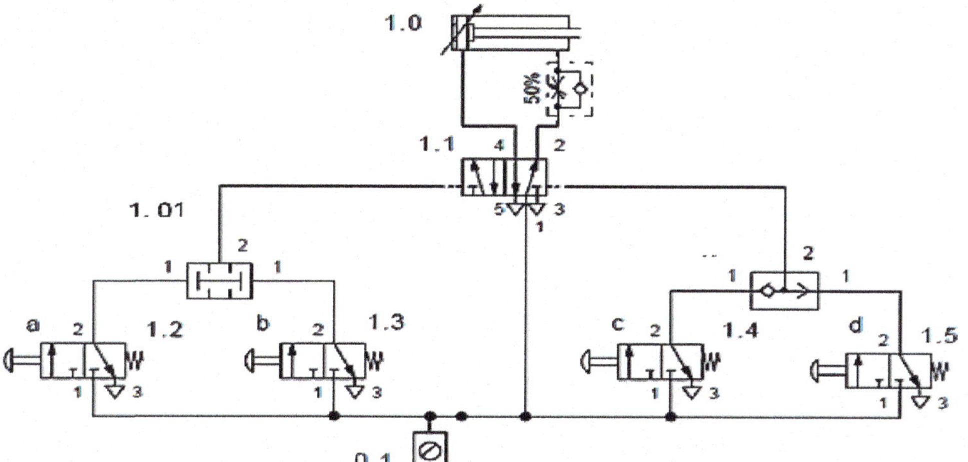

b) Diagrama espacio/fase de movimientos del circuito neumático.

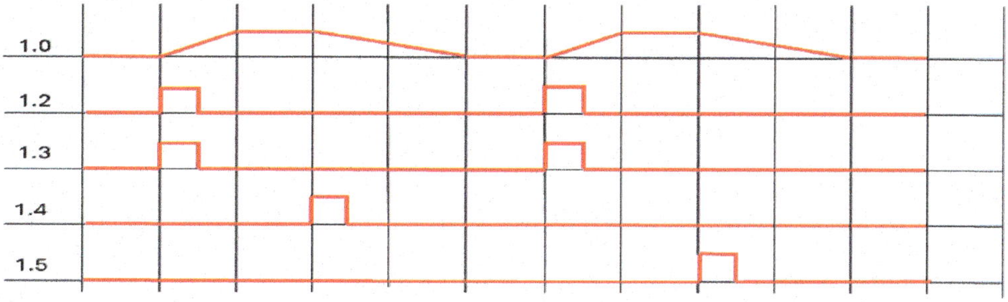

BLOQUE D

SISTEMAS ELÉCTRICOS Y ELECTRÓNICOS

Corriente alterna
Principios de funcionamiento y principales características de la corriente alterna. Generación y transporte de la corriente alterna. Transformadores.
Valores instantáneos, máximos y eficaces. Diagrama fasorial, manejo en forma binomial y polar. Caracterización de generadores, resistencias, bobinas y condensadores en corriente alterna. Cálculo de parámetros en circuitos RLC en serie y en paralelo.
Triángulo de potencias: potencia aparente, activa y reactiva. Mejora del factor de potencia.
Montaje y simulación de circuitos RLC.
Máquinas eléctricas de corriente alterna: principios de funcionamiento, evolución, tipos y características, esquema de cálculo, componentes y aplicaciones.

Aragón - 2025 - Junio - Ejercicio 4A

Explique los usos de la corriente alterna, y sus diferencias, ventajas y desventajas, con respecto a la corriente continua.

Andalucía-2025-modelo de prueba-3A

b) En el circuito eléctrico de la figura, E=10*sen(2*π*50*t), R=10Ω, C=10μF. Calcula la impedancia de la resistencia, la del condensador y la impedancia total.

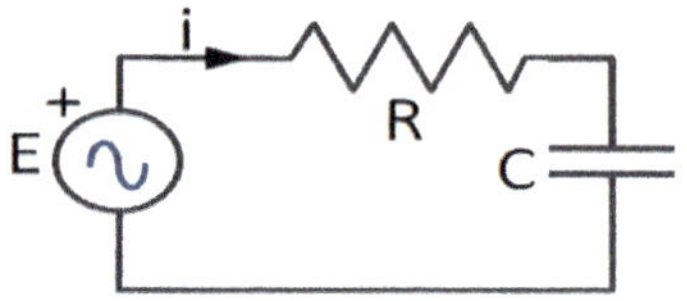

R=10 Ω C=10 μF	$\underline{Z_R}=10=10\angle_{0°}\ \Omega$ $\underline{Z_C}=-1/(C*\omega)*j=1/(10*10^{-6}*2*\pi*50)=-318,3*j=318,3\angle_{-90°}\ \Omega$ Impedancia de la R y C en serie: $\underline{Z}=\underline{Z_R}+\underline{Z_C}=10-318,3*j=\sqrt{(10^2+318,3^2)}\angle_{arcTag(-318/10)}=318,5\angle_{-88,2°}\Omega$

Asturias – 2025 - modelo de prueba - Ejercicio 5.A

En un circuito RL serie, la resistencia R=10 ohmios y autoinductancia L 0,02 henrios. La señal sinusoidal de tensión producida por el generador viene definida por la expresión v(t)=125*sen(300*t) en voltios. Calcule:

a) Dibuje el circuito y calcule la frecuencia y el periodo.
b) Valor máximo, valor medio y valor eficaz de la tensión.
c) Intensidad eficaz.
d) Potencia activa, reactiva y aparente.

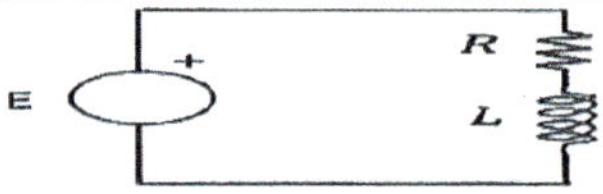

a) pulsación Ω=2*π*f=300
frecuencia f=Ω/(2*π)=300/(2*π)=47,75 Hz
período T=1/f=1/47,75=0,02094 s

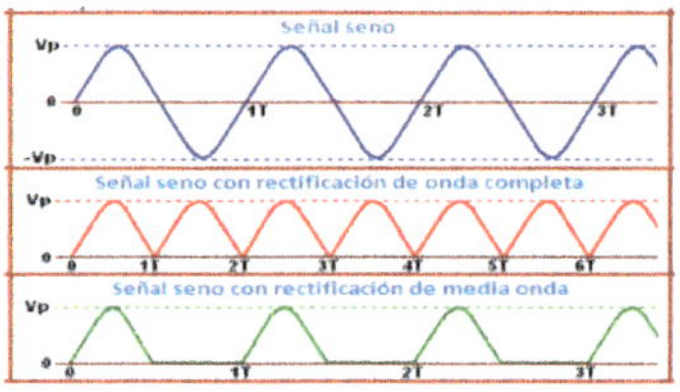

b) V_{max}=125 V
$V_{eficaz}=V_{RMS}=V_{max}/\sqrt{2}=88,39$ V
$V_{medio}=0$ V
$V_{medio,\ onda\ completa}=V_{max}/(\pi/2)=79,58$ V

$V_{medio,\ media\ onda}=V_{max}/\pi=39,79$ V

a) R=10 Ω L=0,02 H	$\underline{Z_R}=10=10\angle_{0°}\ \Omega$ $\underline{Z_L}=L*\omega*j=0,02*300=6*j=6\angle_{90°}\ \Omega$ Impedancia de la R y L en serie: $\underline{Z}=\underline{Z_R}+\underline{Z_L}=10+6*j=\sqrt{(10^2+6^2)}\angle_{arcTag(6/10)}=11,66\angle_{30,96°}\Omega$

Ley de Ohm $\underline{V}=\underline{I}*\underline{Z}$ → $\underline{I}=\underline{V}/\underline{Z}=(125/\sqrt{2})/(10+6*j)=6,5-3,9*j$ A
$\underline{I}=\underline{V}/\underline{Z}=(125/\sqrt{2}\angle_{0°})/(11,66\angle_{30,96°}\Omega)=7,58\angle_{-30,96°}$ A

a) potencia activa $P=I^2*R=7,58^2*10=574,6$ W
$P=V*I*\cos\varphi=88,39*7,58*\cos(30,96°)=574,6$ W
potencia reactiva $Q=I^2*X=7,58^2*6=344,7$ VAr
$Q=V*I*\text{sen}\varphi=88,39*7,58*\text{sen}(30,96°)=344,7$ VAr
potencia aparente $S=\sqrt{(P^2+Q^2)}=\sqrt{(574,6^2+344,7^2)}=670,1$ VA
$S=I^2*Z=7,58^2*11,66=670$ VA $S=U*I=88,39*7,58=670$ VA

Canarias - 2025 - Julio – 2.B

El circuito RL tiene conectado a una fuente de tensión de 380 V y 60Hz, R=80 Ω y L=0,2 H:

a) Impedancia Z y la corriente eficaz que circula.

b) Valor de la tensión eficaz a que se somete cada elemento del mismo y el diagrama tensiones.

c) La potencias activa, reactiva y aparente.

d) Factor de potencia.

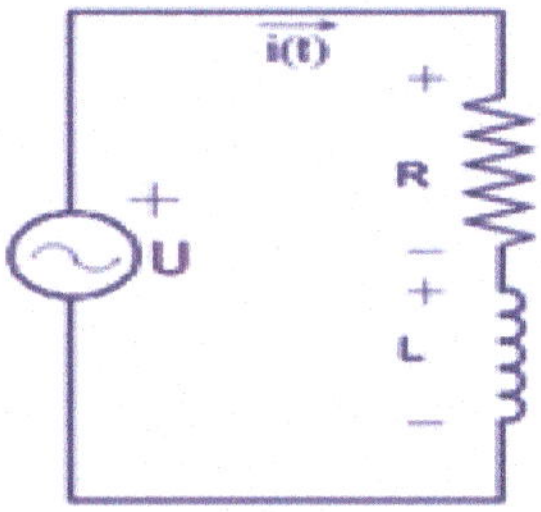

a) R=80 Ω, L=0,2 H

$\underline{Z_R}=80=80\angle_{0^\circ}\ \Omega$

$\underline{Z_L}=L*\omega*j=0,2*2*\pi*60=75,4*j=75,4\angle_{90^\circ}\ \Omega$

$\underline{Z}=\underline{Z_R}+\underline{Z_L}=80+75,4*j=\sqrt{(80^2+75,4^2)}\angle_{arcTag(62/80)}=109,9\angle_{43,3^\circ}\Omega$

$\underline{V}=\underline{I}*\underline{Z} \rightarrow \underline{I}=\underline{V}/\underline{Z}=(380)/(80+75,4*j)=2,52-2,38*j=3,46\angle_{-43,3^\circ}$ A

b) $\underline{V_R}=\underline{I}*\underline{Z_R}=(3,46\angle_{-43,3^\circ})*(80\angle_{0^\circ})=276,8\angle_{-43,3^\circ}$ V
$=(2,52-2,38*j)*(80)=201,6-190,4*j$ V

$\underline{V_L}=\underline{I}*\underline{Z_L}=(3,46\angle_{-43,3^\circ})*(75,4\angle_{90^\circ})=260,9\angle_{46,7^\circ}$ V
$=(2,52-2,38*j)*(75,4*j)=179,5+190*j$ V

Comprobación con 2ª ley de Kirchhoff

$\underline{U_G}=\underline{U_R}+\underline{U_L}=(201,6-190,4*j)+(179,5+190*j)=180+0*j$ V

Diagrama de tensiones

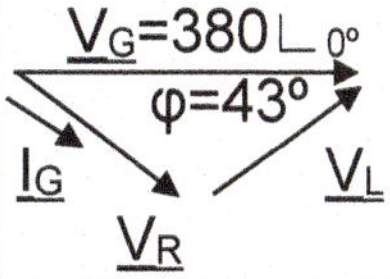

c) Potencia activa

$P=V*I*\cos\alpha=380*3,46*\cos(43,3^\circ)=956$ W

Potencia reactiva

$Q=V*I*\text{sen}\alpha=380*3'46*\text{sen}(43,3)=901$VAr

Potencia aparente

$S=V*I=380*3'46=1314$ VA

d) $Fdp=\cos(\varphi_u-\varphi_i)=\cos(-43,3^\circ)=0'728$

Triángulo de potencias

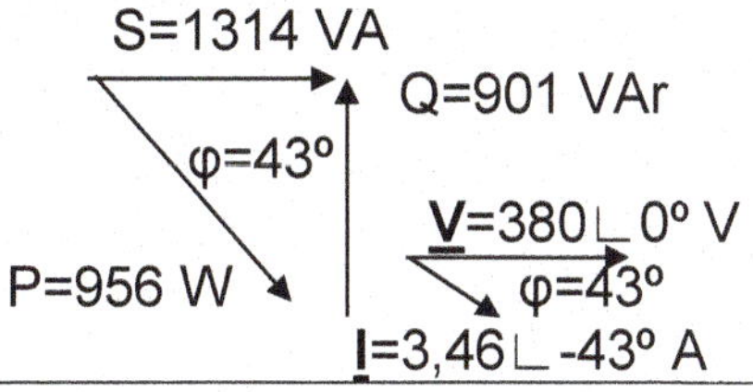

Uned – 2025 - modelo de prueba – Ejercicio 4

Una fuente de tensión alterna a 60 Hz, de 120 V, tiene conectados en paralelo una resistencia de 50 Ω y un condensador de 200 μF.

1) Dibuje el esquema del circuito, calcule y represente la impedancia total.

2) Calcule y dibuje el triángulo de tensiones.

3) Calcule y dibuje el triángulo de potencias.

a) R=50 Ω, C=200μF

$\underline{Z_R}=50=50\angle_{0^\circ}\ \Omega$

$\underline{Z_C}=-1/(C*\omega)*j=1/(200*10^{-6}*2*\pi*50)=-15,915*j=15,92\angle_{-90^\circ}\ \Omega$

$\underline{Z}=\underline{Z_R}+\underline{Z_C}=50-15,92*j=\sqrt{(50^2+15,92^2)}\angle_{arcTag(-15/50)}=52,47\angle_{-17,7^\circ}\Omega$

b) $\underline{V}=\underline{I}*\underline{Z} \rightarrow \underline{I}=\underline{V}/\underline{Z}=(120)/(40-10,61*j)=2,179+0,694*j=2,287\angle_{17,7^\circ}$ A

b) $\underline{V_R}=\underline{I}*\underline{Z_R}=(2,287\angle_{17,7^\circ})*(50\angle_{0^\circ})=114,35\angle_{17,7^\circ}$ V

$\underline{V_C}=\underline{I}*\underline{Z_C}=(2,287\angle_{17,7^\circ})*(15,92\angle_{-90^\circ})=36,25\angle_{-72,3^\circ}$ V

Comprobación con 2ª ley de Kirchhoff

$\underline{V_G}=\underline{V_R}+\underline{V_C}=(108,95+34,7*j)+(11,05-34,7*j)=120+0*j$ V

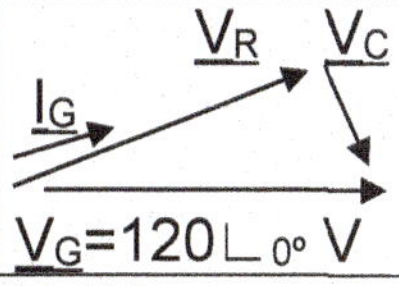

d) potencia activa $P=I^2*R=2,28^2*50=261,5$ W

potencia reactiva $Q=I^2*X=2,28^2*7=-83,2$ VAr

potencia aparente $S=V*I=120*2,28=274,4$ VA

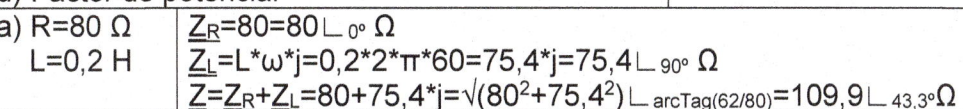

Cataluña – 2025 - modelo de prueba - Ejercicio 6

Se dispone de dos resistencias de valor R. En un primer experimento, se conectan en serie y se alimentan a una tensión U y, a consecuencia de ello, la potencia total disipada por las resistencias es P.
En un segundo experimento, las dos resistencias se conectan en paralelo y se alimentan a la misma tensión U. ¿Cuál será, en este caso, la potencia total disipada por las resistencias? a) P, b) 2P, c) 3P, d) 4P.

Prueba1 $R_T=R+R=2R \rightarrow U=I*2R \rightarrow I=U/(2R) \rightarrow P=U*I=U*U/(2R)=U^2/(2*R)$
Prueba 2 $R_T=R//R=R/2 \rightarrow U=I*R/2 \rightarrow I=2*U/R \rightarrow P_2=U*I=U*2U/R=2U^2/R$
$P_2/P=[2\cancel{U^2}/\cancel{R}]/[\cancel{U^2}/(2*\cancel{R})]=4 \rightarrow P_2=4*P \rightarrow$ d) 4P

Asturias - 2025 - Junio - 1.A

Dado el circuito de corriente alterna de la figura: V=100 V eficaces; f=50 Hz, R=10 Ω, L=2 mH. Calcular:
a) Justifique cuál debe de ser el componente pasivo Z (tipo: R, L ó C y valor numérico) para que la potencia reactiva sea mínima.
b) Potencias activa, reactiva y aparente en ese caso y triángulo de potencias.

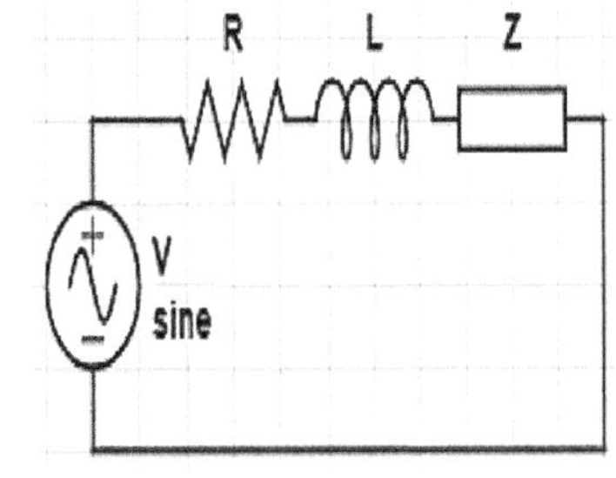

a) La potencia reactiva es mínima cuando $\cos\varphi=1 \rightarrow \varphi=0^\circ \rightarrow X=0$
$X_L+X_C=0 \rightarrow X_L=X_C \rightarrow L*\omega=1/(C*\omega) \rightarrow$
$C=1/(L*\omega^2)=1/[0,002*(2*\pi*50)^2]=5,066$ mF

b) Ley de Ohm $\rightarrow V=I*R \rightarrow I=V/R=100/100=1$ A
potencia active $P=V*I*\cos\varphi=100*1*\cos 0^\circ=100$ W
potencia reactiva $Q=V*I*\text{sen}\varphi=100*1*\text{sen}0^\circ=0$ VAr
potencia aparente $S=V*I=\sqrt{(100^2+0^2)}\angle=100$ VA

Navarra - 2025 - Junio – 2.A

En el circuito de la figura $E=100*\text{sen}(\omega*t)$ (V), f=50Hz. la potencia activa en la resistencia R es 1 kW y la potencia reactiva en la bobina L es 1,5 kVAr.
a) Corriente que suministra el generador.
b) Valor de resistencia R y inductancia de la bobina L.
c) Factor de potencia en el generador.

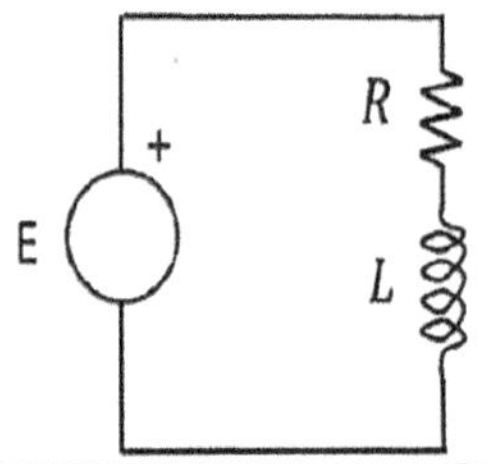

a) Potencia activa = P = 1000 W
Potencia reactiva = Q = 1500 VAr
Potencia aparente = $S=\sqrt{(P^2+Q^2)}=\sqrt{(1000^2+1500^2)}=1802,8$ VA
$U_G=100/\sqrt{2}=70,71$ V $\rightarrow S=V*I \rightarrow I=S/V=1802,8/70,71=25,5$ A

b) Valor de R: $P=I^2*R \rightarrow R=P/I^2=1000/25,5^2=1,54\ \Omega$

b) Valor de L $Q=I^2*X=I^2*(\omega*L) \rightarrow L=Q/(I^2*\omega)=1500/(25,5^2*2*\pi*50)=7,34$mH

c) Desfase entre U e I: $\varphi=\text{arcTag}(Q/P)=\text{arcTag}(1500/1000)=56,3^\circ$
Factor de potencia $FP=\cos(56,3^\circ)=0,56$

Uned – 2025 - modelo de prueba

Una fuente de tensión alterna a 50 Hz, de 220 V, tiene conectados en serie una resistencia de 40 Ω y un condensador de 300 µF.

a) Dibuje el esquema del circuito, calcule y represente la impedancia total.

b) Calcule y dibuje el triángulo de tensiones.

c) Calcule y dibuje el triángulo de potencias.

a) R=40 Ω C=300µF	$\underline{Z_R}=40=40\angle_{0^\circ}\ \Omega$ $\underline{Z_C}=-1/(C*\omega)*j=1/(300*10^{-6}*2*\pi*50)=-10,61*j=10,61\angle_{-90^\circ}\ \Omega$ Impedancia de la R y C en serie: $\underline{Z}=\underline{Z_R}+\underline{Z_C}=40-10,61*j=\sqrt{(40^2+10,61^2)}\angle_{arcTag(-10/40)}=41,38\angle_{-14,9^\circ}\Omega$

Ley de Ohm $\underline{V}=\underline{I}*\underline{Z}$ → $\underline{I}=\underline{V}/\underline{Z}=(220)/(40-10,61*j)=5,138+1,363*j$ A

$\underline{I}=\underline{V}/\underline{Z}=(220\angle_{0^\circ})/(41,38\angle_{-14,9^\circ})=5,317\angle_{14,9^\circ}$ A

b) $\underline{V_R}=\underline{I}*\underline{Z_R}=(5,317\angle_{14,9^\circ})*(40\angle_{0^\circ})=212,65\angle_{14,9^\circ}$ V

$=(5,138+1,363*j)*(40)=205,52+54,52*j$ V

$\underline{V_C}=\underline{I}*\underline{Z_C}=(5,317\angle_{14,9^\circ})*(10,61\angle_{-90^\circ})=0,501\angle_{-75,1^\circ}$ V

$=(5,138+1,363*j)*(-10,61*j)=14,46-54,51*j$ V

Comprobación con 2ª ley de Kirchhoff

$\underline{V_G}=\underline{V_R}+\underline{V_C}=(205,52+54,52*j)+(14,46-54,51*j)=220+0*j$ V

Diagrama de tensiones

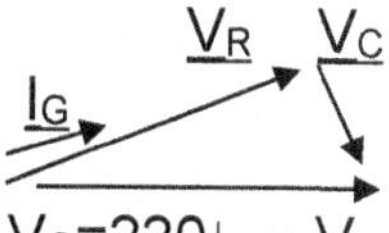

$\underline{V_G}=220\angle_{0^\circ}$ V

c) Potencia activa

P=V*I*cosα=220*5,32*cos(-14,9)=1130,5W

Potencia reactiva

Q=V*I*senα=220*5'32*sen(-14,9)=-300VAr

Potencia aparente

S=V*I=220*5'317=1.169,6 VA

Fdp=cos($\varphi_u-\varphi_i$)=cos(–43,3°)=0'728

Triángulo de potencias

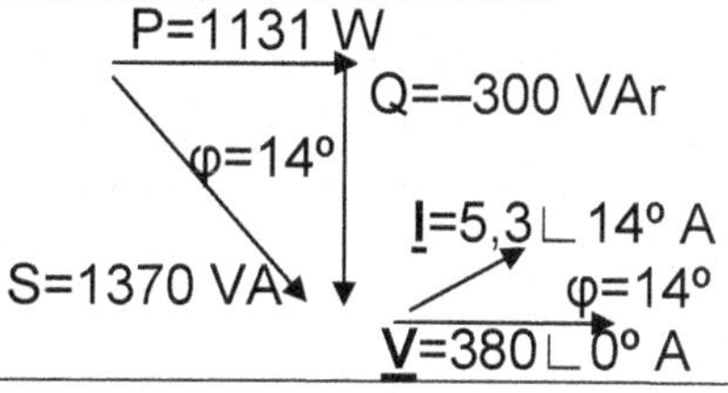

Valencia - 2025 - Junio - 2.A

Un circuito en serie RC de corriente alterna alimentado por un generador de tensión eficaz Ve=150V y frecuencia 50 Hz. La resistencia es R=20Ω, y el condensador tiene una capacidad de C=1000µF, calcular:

1) Reactancia capacitiva (XC) y la impedancia total del circuito (Z).

2) Intensidad eficaz (Ie) y máxima (Imax) que circula por el circuito.

3) Factor de potencia.

4) Potencia reactiva (Q) debida al condensador.

1) R=20 Ω C=1000µF	$\underline{Z_R}=20=20\angle_{0^\circ}\ \Omega$ $\underline{Z_C}=-1/(C*\omega)*j=1/(1000*10^{-6}*2*\pi*50)=-3,183*j=3,183\angle_{-90^\circ}\ \Omega$ Impedancia de la R y C en serie: $\underline{Z}=\underline{Z_R}+\underline{Z_C}=20-3,183*j=\sqrt{(20^2+3,18^2)}\angle_{arcTag(-10/40)}=20,252\angle_{-9^\circ}\Omega$

2) $\underline{V}=\underline{I}*\underline{Z}$ → $\underline{I}=\underline{V}/\underline{Z}=(150)/(20-3,183*j)=7,315+1,164*j=7,407\angle_{9^\circ}\Omega$

$I_{eficaz}=V_{RMS}=7,407$ A $\qquad V_{max}=\sqrt{2}*I_{eficaz}=\sqrt{2}*7,406=10,48$ A

3) Factor de potencia = fdp = cos(φ_Z) = cos(–9°) = 0,988

4) Potencia reactiva consumida por C: $Q_C=I^2*X_C=7,407^2*3,183=-174,6$ VAr

Canarias – 2025 - modelo de prueba - Ejercicio 2.A

La resistencia de un secador opera a 125 V y 2000 W. Ahora se conecta a un suministro eléctrico es 220V y 50Hz. Para utilizar el secador a 220 V añade un condensador para el secador esté sometido solo a 125 V.

a) Calcular el valor del condensador en serie y la potencia que disipa.
b) Nuevo factor de potencia y nuevo rendimiento del secador.

a) Secador conectado a 125V: $I=P/V=2000/125=16$ A
$P=V*I=R*I^2=V^2/R \rightarrow R=V^2/P=125^2/2000=7{,}8125\ \Omega$

b) Intensidad $I=16\angle_{0^\circ}$ A , $V_G=220$ V, $V_R=16*7'8=125$ V
$V_G^2=V_R^2+V_C^2 \rightarrow V_C=\sqrt{(V_G^2-V_R^2)}=\sqrt{(220^2+125^2)}=181$ V
2ª ley de Kirchhoff: $\underline{V_G}=\underline{V_R}+\underline{V_C}=125-181*j=$
$=\sqrt{(125^2+181^2)}\angle_{arcTag(-181/125)}=220\angle_{-55,4^\circ}\ \Omega$
Condensador: $V_C=I*Z_C \rightarrow Z_C=V_C/I=181/16=11{,}31\ \Omega$
$Z_C=1/(C*\omega) \rightarrow C=1/(Z_C*\omega)=1/(11{,}31*2*\pi*50)=280\mu F$

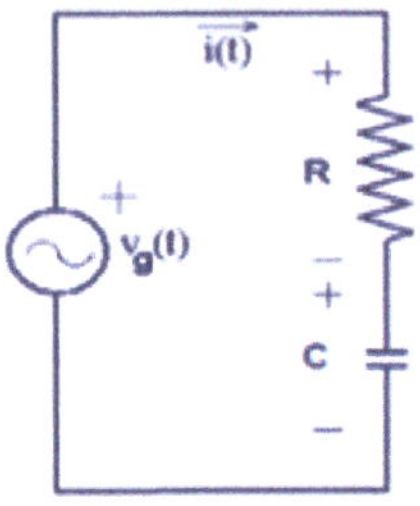

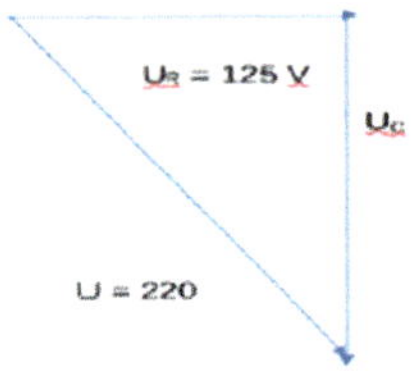

c) Factor de potencia inicial: $\cos(\varphi_1)=\cos(0^\circ)=1$
Nuevo fdp $\cos(\varphi_2)=\cos(-55{,}4^\circ)=0{,}57$ ¡muy bajo, malo!
potencia activa $P=I^2*R=16^2*7{,}81=2.000$ W
potencia reactiva $Q=I^2*X_C=16^2*11{,}31=2.895$ VAr
potencia aparente $S=V*I=220*16=3.520$ VA
Desfase entre tensión en intensidad $\varphi=arcCos0'57=55{,}4^\circ$

Canarias - 2025 - Junio - 3.A

La resistencia de un secador opera a 125 V y 2000 W. Ahora se conecta a un suministro eléctrico es 220V y 50Hz. Para utilizar el secador a 220 V añade una resistencia para el secador esté sometido solo a 125 V.

a) Valor de la resistencia en serie y potencia que debe disipar.
b) Potencia activa, reactiva y aparente y valor del Factor de potencia.
c) Hay otras alternativas.

a) Características del secador a 125V: $I=P/V=2000/125=16$ A
$P=V*I=R*I^2=V^2/R \rightarrow R=V^2/P=125^2/2000=7{,}8125\ \Omega$
R_1+R_2 siguen consumiendo I=16 A $\rightarrow P=V*I=220*16=3.520$ W
Nueva R total: $P=V^2/R \rightarrow R=V^2/P=220^2/3.520=13{,}75\ \Omega$
Resistencia adicional $R_2=R-R_1=13{,}756-7{,}81=5{,}9375\ \Omega$ que disipa 1520W

b) Factor de potencia inicial: circuito resistivo puro $\cos(\varphi)=\cos(0^\circ)=1$
Nuevo Factor de potencia inicial: $\cos(\varphi)=\cos(0)=1$
potencia activa $P=I^2*R=16^2*13{,}75=3.520$ W
potencia reactiva $Q=I^2*X_C=16^2*0=0$ VAr
potencia aparente $S=V*I=220*16=3.520$ VA
Rendimiento $\eta=P_{util}/P_{consumida}=2000/3520*100=57\%$

c) Hay 3 alternativas: añadir condensador en serie, añadir resistencia en serie, utilizar un transformador 125V/220V (mejor rendimiento 98%).

Navarra - 2025 - Junio – 2.B

En un circuito eléctrico se conecta en serie una R=270 Ω y una bobina de 180 mH. Se aplica una tensión de 230 V eficaces y 50 Hz, calcular:

a) Impedancia del circuito.

b) Intensidades y tensiones en todos los componentes (valores eficaces y desfase respecto a la tensión de alimentación.

c) Factor de potencia.

d) Balance de potencias (activa, reactiva y aparente).

Dibuje el circuito con sentidos de corrientes y polaridades de las tensiones.

a)
R=270 Ω
L=180 mH

$\underline{Z_R}=270=270\angle_{0^\circ}\ \Omega$

$\underline{Z_L}=L*\omega*j=0{,}18*2*\pi*50=56{,}55*j=56{,}55\angle_{90^\circ}\ \Omega$

Impedancia de la R y L en serie:

$\underline{Z}=\underline{Z_R}+\underline{Z_L}=270+56{,}6*j=\sqrt{(270^2+56{,}6^2)}\angle_{arcTag(56/270)}=275{,}86\angle_{11{,}8^\circ}\Omega$

Ley de Ohm $\underline{U}=\underline{I}*\underline{Z}$ → $\underline{I}=\underline{V}/\underline{Z}=(230)/(270+56{,}6*j)=0{,}816-0{,}171*j$ A

$\underline{I}=\underline{V}/\underline{Z}=(230\angle_{0^\circ})/(275{,}9\angle_{11{,}8^\circ}\Omega)=0{,}834\angle_{-11{,}8^\circ}$ A

b) $V_G=230\angle_{0^\circ}$ V

$\underline{V_R}=\underline{I}*\underline{Z_R}=(0{,}834\angle_{-11{,}8^\circ})*(270\angle_{0^\circ})=225{,}18\angle_{-11{,}8^\circ}$ V

$=(0{,}816-0{,}171*j)*(270)=220{,}32-46{,}17*j$ V

$\underline{V_L}=\underline{I}*\underline{Z_L}=(0{,}834\angle_{-11{,}8^\circ})*(56{,}55\angle_{90^\circ})=47{,}16\angle_{78{,}2^\circ}$ V

$=(0{,}816-0{,}171*j)*(56{,}55*j)=9{,}67+46{,}14*j$ V

Comprobación con 2ª ley de Kirchhoff

$\underline{V_G}=\underline{V_R}+\underline{V_L}=(220{,}32-46{,}17*j)+(9{,}67+46{,}14*j)=230+0*j$ V

Diagrama de tensiones

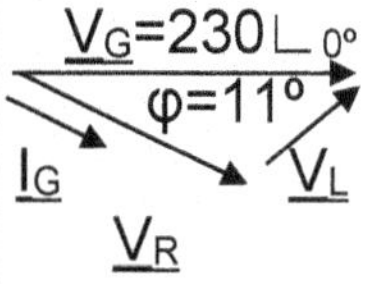

c) $FDP=\cos(\varphi)=\cos(\varphi_u-\varphi_i)=\cos(0+11{,}8)=0{,}98$

d) potencia activa

$P=V*I*\cos\alpha=230*0{,}38*\cos(11{,}8^\circ)=187{,}7W$

$P=I^2*R=0{,}834^2*270=187{,}7$ W

potencia reactiva

$Q=V*I*\operatorname{sen}\alpha=230*0'38*\operatorname{sen}(11^\circ)=39{,}3$ Var

$Q=I^2*X=0{,}834^2*56{,}55=39{,}3$ W

Potencia aparente

$S=V*I=230*0'834=191{,}8$ VA

$Fdp=\cos(\varphi_u-\varphi_i)=\cos(10{,}83^\circ)=0'98$

$\underline{E}=230\angle 0^\circ$ V adelantada a $\underline{I}=0'83\angle -11^\circ$ A

Triángulo de potencias

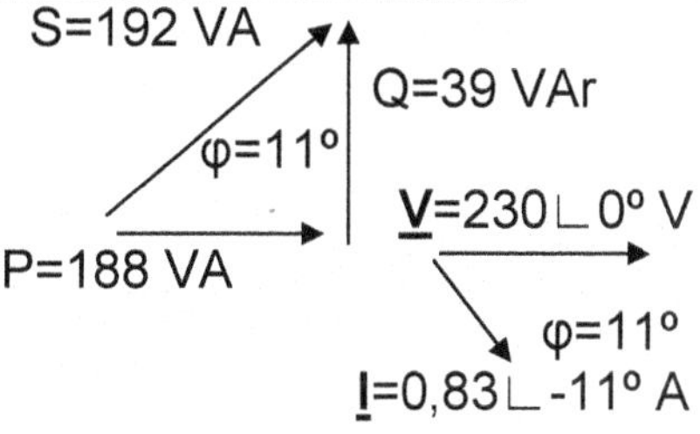

Castilla-León - 2025 - Junio - 3.B

En un circuito serie circula una corriente eficaz de 1,2 A, tiene conectados una resistencia, una bobina de 0,7 H y un condensador de 40 μF. Se aplica una tensión de 230 V eficaces, con una frecuencia de 50 Hz, calcular:

a) Resistencia del circuito, si es inductivo o capacitivo, factor de potencia.

b) Potencias: activa, reactiva y aparente. Triángulo de potencias.

a) R=?	$\underline{Z_R}=R=R\angle_{0^\circ}\ \Omega$
L=0,7 H	$\underline{Z_L}=L*\omega*j=0,7*2*\pi*50*j=219,91*j=219,91\angle_{90^\circ}\ \Omega$
C=40 μF	$\underline{Z_C}=-1/(C*\omega)*j=-1/(40*10^{-6}*2*\pi*50)=-79,58*j=79,58\angle_{-90^\circ}\ \Omega$
	Impedancia de la R, L y C en serie:
	$\underline{Z}=\underline{Z_R}+\underline{Z_L}+\underline{Z_C}=R+219,9j-79,6j=R-140,33j=\sqrt{(R^2+140^2)}\angle_{arcTag(140/R)}$

Ley de Ohm $\underline{V}=\underline{I}*\underline{Z}$ → $I=V/Z=230/\sqrt{(R^2+140,33^2)}=1,2$ → $R=130,55\ \Omega$

$\underline{Z}=\underline{Z_R}+\underline{Z_L}+\underline{Z_C}=130,55-140,33j=\sqrt{(130,6^2+140^2)}\angle_{arcTag(140/130)}=191,67\angle_{-47,1^\circ}\Omega$

a) $\underline{I}=\underline{V}/\underline{Z}=(230\angle_{0^\circ})/(191,67\angle_{-47,1^\circ})=1,2\angle_{47,1^\circ}A$

potencia activa=$P=I^2*R=1,2^2*130,6=188$ W

potencia reactiva=$Q=I^2*X=1,2^2*140,33=-202$ VAr

$Q=V*I*sen\varphi=230*1,2*sen(-47,1^\circ)=-202$ VAr

potencia aparente=$S=V*I=230*1,2=276$ VA

Fdp=$\cos(\varphi_u-\varphi_i)=\cos(0-10,1^\circ)=0'985$

Triángulo de potencias

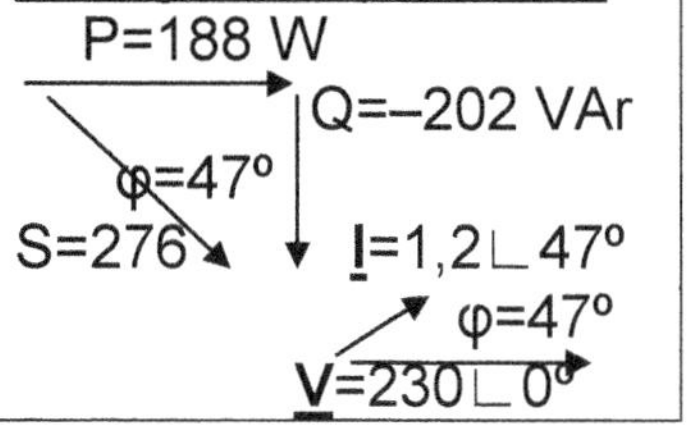

Castilla-León - 2025 - Julio - Ejercicio 2

En un circuito serie, por el que circula una corriente eficaz de 1,2A, están conectados una resistencia, una bobina de 0,4H y un condensador de 20μF. Se aplica una tensión de 230 V eficaces, con frecuencia 50 Hz, halla:

a) Resistencia del circuito, factor de potencia.

b) Potencias activa, reactiva y aparente. Dibujar triángulo de potencias.

a) R=?	$\underline{Z_R}=R=R\angle_{0^\circ}\ \Omega$
L=0,4 H	$\underline{Z_L}=L*\omega*j=0,4*2*\pi*50*j=125,66*j=125,66\angle_{90^\circ}\ \Omega$
C=20 μF	$\underline{Z_C}=-1/(C*\omega)*j=-1/(20*10^{-6}*2*\pi*50)=-159,15*j=159,2\angle_{-90^\circ}\ \Omega$
	Impedancia de la R, L y C en serie:
	$\underline{Z}=\underline{Z_R}+\underline{Z_L}+\underline{Z_C}=R+125,66j-159,15j=R-33,49j=\sqrt{(R^2+33^2)}\angle_{arcTag(33/R)}$

Ley de Ohm $\underline{V}=\underline{I}*\underline{Z}$ → $I=V/Z=230/\sqrt{(R^2+33,49^2)}=1,2$ → $R=188,72\Omega$

$\underline{Z}=\underline{Z_R}+\underline{Z_L}+\underline{Z_C}=188,72-33,49j=\sqrt{(188,7^2+33,5^2)}\angle_{arcTag(33/188)}=191,67\angle_{-10,1^\circ}\ \Omega$

a) potencia activa=$P=I^2*R=1,2^2*188,72=271,8$ W

$P=V*I*\cos\varphi=230*1,2*\cos(-10,1^\circ)=271,8$ W

potencia reactiva=$Q=I^2*X=1,2^2*33,49=-48,2$ VAr

$Q=V*I*sen\varphi=230*1,2*sen(-10,1^\circ)=-48,4$

potencia aparente=$S=I^2*Z=1,2^2*191,67=276$ VA

Fdp=$\cos(\varphi_u-\varphi_i)=\cos(0-10,1^\circ)=0'985$

Triángulo de potencias

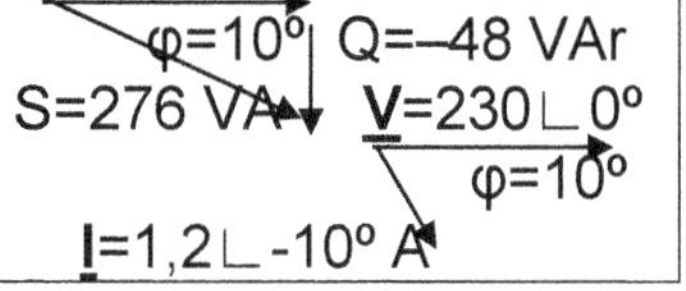

La Rioja - 2025 - modelo de prueba - 4.A

Se conecta una impedancia, $Z=40+j*31{,}41\ \Omega$ a un generador de corriente alterna de 220 V de tensión eficaz y 50 Hz de frecuencia. Calcule:

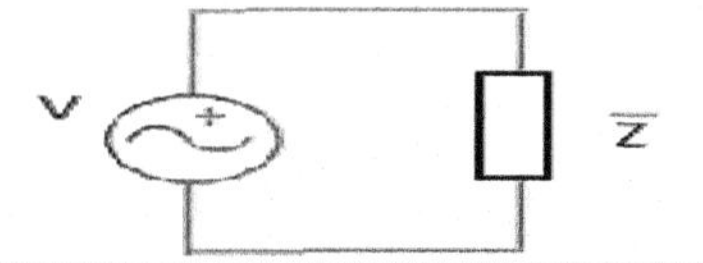

a) Potencia activa, reactiva y aparente, dibuje el triángulo de potencias.
b) Capacidad del condensador (μF) a conectar en paralelo con la impedancia para conseguir un factor de potencia de 0,98.

a) $Z=40+31{,}41*j=$
$=\sqrt{(40^2+31{,}41^2)}\angle_{\text{arcTag}(31{,}41/40)}=50{,}86\angle_{38{,}1°}\Omega$
$V_G=220$ V → $V=I*Z$ → $I=V/Z=1.959{,}2/220=4{,}33$ A
potencia activa$=P=I^2*R=4{,}326^2*40=748{,}4$ W
potencia reactiva$=Q=I^2*X=4{,}33^2*31{,}41=587{,}7$ VAr
potencia aparente $S=\sqrt{(P^2+Q^2)}=\sqrt{(748^2+588^2)}=952$VA

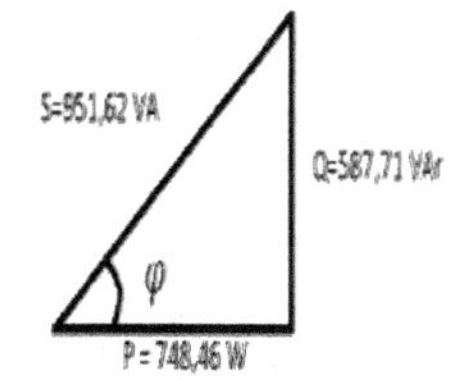

b) $\varphi_1=\text{arcTag}(Q/P)=\text{arcTag}(587{,}7/748{,}4)=38{,}1°$ $Q_1=587{,}7$ VAr
$\cos(\varphi_1)=0{,}98$ → $\varphi_2=\text{arcCos}(0{,}98)=11{,}5°$
$\text{tag}\varphi_2=Q_2/P$ $Q_2=P*\text{tag}(\varphi_1)=748{,}4*\text{tag}(11{,}5°)=152{,}3$ VAr
$Q_C=Q_1-Q_2=587{,}7-152{,}3=435{,}4$ VAr → $Q_C=U^2/X=U^2/(1/(C*\omega)=U^2*C*\omega$
$C=Q_C/(U^2*\omega)=435{,}4/(220^2*2*\pi*50)=28{,}6*10^{-6}F=28{,}6\mu F$

Castilla-La Mancha – 2025 - Junio - Problema 3.B

Un circuito serie RL tiene un generador de 120 V y 60 Hz, la resistencia tiene un valor de 9 Ω y la bobina una reactancia inductiva de 14 Ω.
a) Potencia activa, reactiva y aparente. Dibuja el triángulo de potencias.
b) Calcular la capacidad que hay que conectar en paralelo con el generador para obtener un factor de potencia de 0,9.

a) $R=9\ \Omega$
$X_L=14\ \Omega$

$\underline{Z_R}=9=9\angle_{0°}\ \Omega$
$\underline{Z_L}=L*\omega*j=14*j=14\angle_{90°}\ \Omega$
Impedancia de la R y L en serie:
$\underline{Z}=\underline{Z_R}+\underline{Z_L}=9+14*j=\sqrt{(9^2+14^2)}\angle_{\text{arcTag}(14/9)}=16{,}64\angle_{57{,}3°}\Omega$

Ley de Ohm $\underline{U}=\underline{I}*\underline{Z}$ → $\underline{I}=\underline{V}/\underline{Z}=(120)/(9+14*j)=3{,}9-6{,}065*j$ A
$\underline{I}=\underline{V}/\underline{Z}=(120\angle_{0°})/(16{,}64\angle_{57{,}3°}\Omega)=7{,}212\angle_{-57{,}3°}$ A

a) potencia activa$=P=I^2*R=7{,}212^2*9=468{,}1$ W
$P=V*I*\cos\varphi=120*7{,}212*\cos(57{,}3°)=468$
potencia reactiva$=Q=I^2*X=7{,}212^2*14=728{,}2$ VAr
$Q=V*I*\text{sen}\varphi=120*7{,}212*\text{sen}(57{,}3°)=728{,}3$
potencia aparente$=S=I^2*Z=7{,}21^2*16{,}6=865{,}5$ VA
$\text{Fdp}=\cos(\varphi_u-\varphi_i)=\cos(0+57{,}3°)=0'54$

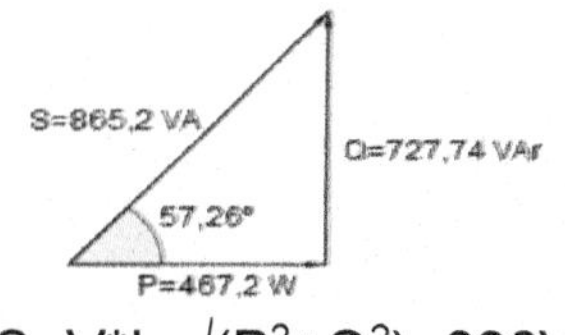

$S=V*I=\sqrt{(P^2+Q^2)}=866$VA

c) $\varphi_1=57{,}3°$ $Q_1=728{,}7$ VAr
$\cos(\varphi_2)=0{,}9$ → $\varphi_2=\text{arcCos}(0{,}9)=25{,}8°$
$\text{tag}\varphi_2=Q_2/P$ $Q_2=P*\text{tag}(\varphi_2)=468*\text{tag}(25{,}8°)=226{,}2$ VAr
potencia reactiva que C debe consumir C para reducir de $Q_1=728$ a $Q_2=226$
$Q_C=Q_1-Q_2=728{,}7-226{,}2=502{,}5$ VAr → $Q_C=U^2/X=U^2/(1/(C*\omega)=U^2*C*\omega$
$C=Q_C/(U^2*\omega)=502{,}5/(120^2*2*\pi*60)=92{,}6*10^{-6}F=92{,}6\mu F$

Baleares - 2025 - Junio - 1.B

En el circuito de la figura, R=10 Ω, L1=20 mH, L2=200 mH y V una tensión de 230 V eficaces y frecuencia 50 Hz, calcula:

a) Impedancia total e intensidad del circuito.
b) Valores eficaces de V1 y V2.
c) Potencias activa y reactiva.
d) Valor de R para que las potencias activa y reactiva sean iguales.

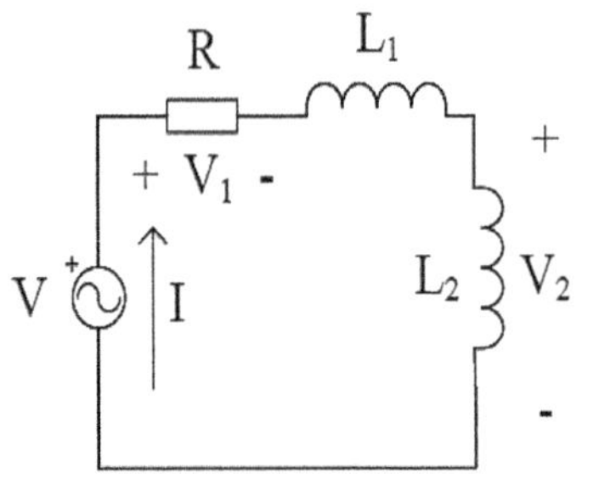

a) R=10 Ω
X_{L1}=20 mH
X_{L2}=200 mH

$\underline{Z_R}=10=10\angle_{0^\circ}\ \Omega$
$\underline{Z_{L1}}=L*\omega*j=0{,}02*2*\pi*50*j=72{,}26*j=6{,}28\angle_{90^\circ}\ \Omega$
$\underline{Z_{L2}}=L*\omega*j=0{,}2*2*\pi*50*j=62{,}83*j=62{,}83\angle_{90^\circ}\ \Omega$
$\underline{Z}=\underline{Z_R}+\underline{Z_{L1}}+\underline{Z_{L2}}=10+6{,}28*j+62{,}83*j=10+69{,}11*j=69{,}835\angle_{81{,}8^\circ}\Omega$

Ley de Ohm: $\underline{I}=\underline{V}/\underline{Z}=(230)/(10+69{,}11*j)=0{,}472-3{,}26*j=3{,}293\angle_{-81{,}8^\circ}$ A

b) $\underline{V_1}=\underline{V_R}=\underline{I}*\underline{Z_R}=(3{,}293\angle_{-81{,}8^\circ})*(10\angle_{0^\circ})=32{,}94\angle_{-81{,}8^\circ}$ V
$=(0{,}472-3{,}26*j)*(10)=4{,}72-32{,}6*j$ V
$\underline{V_2}=\underline{V_{L2}}=\underline{I}*\underline{Z_{L2}}=(3{,}293\angle_{-81{,}8^\circ})*(69{,}11\angle_{90^\circ})=227{,}65\angle_{8{,}2^\circ}$ V
$=(0{,}472-3{,}26*j)*(69{,}11*j)=225{,}3+32{,}62*j$ V

c) potencia activa $P=I^2*R=3{,}293^2*10=108{,}5$ W
$P=V*I*\cos\varphi=230*3{,}3*\cos 82^\circ=108{,}5$ W $P=P_R=I_R{}^2*R=3{,}3^2*10=108{,}5$ W
$P=P_R=V_R{}^2/R=32{,}9^2/100=108,$ W
$Q=V*I*\text{sen}\varphi=230*3{,}3*\text{sen-}81^\circ=749{,}7$ var $Q=Q_C=I_C{}^2*X=3{,}3^2*69{,}1=749{,}4$var
$S=V*I=\sqrt{(108^2+749^2)}=757{,}5$ VA $S=V^2/Z=230^2/69{,}835=757{,}5$ VA

d) P=Q → tag(Q/P)=1 → φ=arcTag(1)=45° → Z=R+X*j debe cumplir R=X
$\underline{Z}=\underline{Z_R}+\underline{Z_{L1}}+\underline{Z_{L2}}=(10+R)+(69{,}11*j)$ → R=69,11 Ω

Extremadura-2025-modelo prueba-3A

En el circuito de la figura, determina:

1) Intensidad que circula por el circuito.
2) Caída de tensión en cada elemento.
3) Potencias activa, reactiva y aparente.

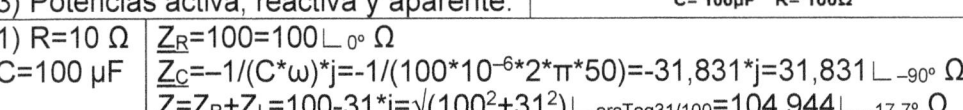

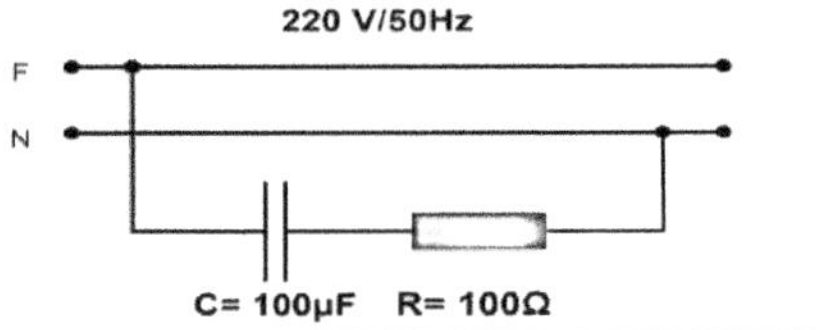

1) R=10 Ω
C=100 µF

$\underline{Z_R}=100=100\angle_{0^\circ}\ \Omega$
$\underline{Z_C}=-1/(C*\omega)*j=-1/(100*10^{-6}*2*\pi*50)=-31{,}831*j=31{,}831\angle_{-90^\circ}\ \Omega$
$\underline{Z}=\underline{Z_R}+\underline{Z_L}=100-31*j=\sqrt{(100^2+31^2)}\angle_{\text{arcTag}31/100}=104{,}944\angle_{-17{,}7^\circ}\ \Omega$

Ley de Ohm: $\underline{I}=\underline{V}/\underline{Z}=(220)/(100-31{,}831*j)=2+0{,}636*j=2{,}096\angle_{17{,}7^\circ}$ A

2) $V_R=I*R=2{,}096*100=209{,}6$ V
$V_C=I*X_C=2{,}096*31{,}831=66{,}7$ V

3) $P=V*I*\cos\varphi=220*2{,}1*\cos\text{-}17{,}7^\circ=440$ W $P=P_R=I_R{}^2*R=2{,}1^2*100=440$ W
$P=P_R=V_R{}^2/R=209{,}6^2/100=440$ W
$Q=V*I*\text{sen}\varphi=220*2{,}1*\text{sen-}17{,}7^\circ=-140$ VAr $Q=Q_C=I_C{}^2*X=2{,}1^2*31{,}8=-140$ var
$Q=Q_C=V_C{}^2/X=66{,}7^2/31{,}8=-140$ var
$S=V*I=\sqrt{(440^2+140^2)}=461{,}2$ VA $S=V*I=220*2{,}1=461{,}2$

Cantabria y Murcia - 2025 - 2

Se quiere analizar un sistema eléctrico cuyo circuito simplificado es el representado en la figura adjunta. Se pide, para los datos indicados:

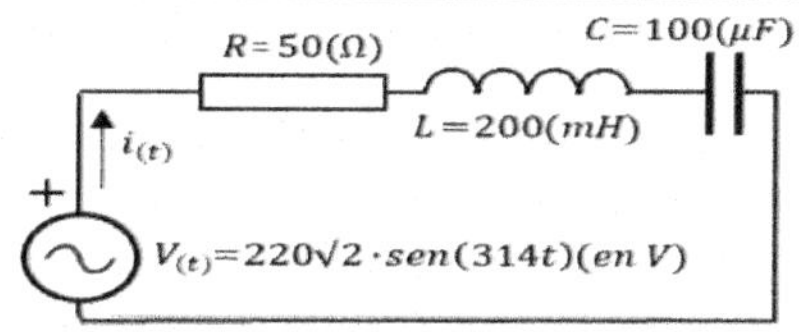

a) Tensión máxima, tensión eficaz y frecuencia de la fuente de tensión.
b) Impedancia total equivalente del circuito (en Ω), ángulo de desfase y factor de potencia. Razonar sobre si es un circuito inductivo o capacitivo.
c) Intensidad eficaz, máxima e instantánea (en A).
d) Potencias activa (P), reactiva (Q) y aparente (S) y diagrama fasorial.

a) $V_{max}=220*\sqrt{2}=311,13$ V
$V_{eficaz}=V_{RMS}=V_{max}/\sqrt{2}=220$ V
$V_{medio}=0$ V

pulsación $\Omega=2*\pi*f=314$
frecuencia $f=\Omega/(2*\pi)=314/(2*\pi)\approx 50$ Hz
período $T=1/f=1/50=0,02$ s

b) R=50 Ω
L=0,2 H
C=100 μF

$\underline{Z_R}=50=50\angle_{0^\circ}$ Ω
$\underline{Z_L}=L*\omega*j=0,2*2*\pi*50=62,83*j=62,83\angle_{90^\circ}$ Ω
$\underline{Z_C}=-1/(C*\omega)*j=-1/(100*10^{-6}*2*\pi*50)=-31,83*j=31,83\angle_{-90^\circ}$ Ω
Impedancia de la R, L y C en serie:
$\underline{Z}=\underline{Z_R}+\underline{Z_L}+\underline{Z_C}=50+62,83*j-31,83*j=50+31*j=$
$=\sqrt{(50^2+31^2)}\angle_{arcTag(31/50)}=58,83\angle_{31,8^\circ}$ Ω

c) Ley de Ohm $\underline{V}=\underline{I}*\underline{Z}$ → $\underline{I}=\underline{V}/\underline{Z}=(220)/(50+31*j)=3,178-1,971*j$ A
$\underline{I}=\underline{V}/\underline{Z}=(220\angle_{0^\circ})/(58,83\angle_{31,8^\circ})=3,74\angle_{-31,8^\circ}$ A
$I_{eficaz}=V_{RMS}=3,74$ A $\quad I_{max}=\sqrt{2}*I_{eficaz}=\sqrt{2}*3,74=5,3$ A
Intensidad instantánea: $i(t)=I_{max}*sen(\omega*t+\varphi_i)=5,3*sen(314*t-31,8^\circ)$ A

d) <u>potencia activa</u> $P=I^2*R=3,74^2*50=699,2$ W
$P=V*I*\cos\varphi=220*3,74*\cos(31,8^\circ)=669,2$ W
<u>potencia reactiva</u> $Q=I^2*X=3,74^2*31=433,5$ VAr
$Q=V*I*sen\varphi=88,39*7,58*sen(31,8^\circ)=433,5$ VAr
<u>potencia aparente</u> $S=\sqrt{(P^2+Q^2)}=\sqrt{(699,2^2+433,5^2)}=822,7$ VA
$S=I^2*Z=3,74^2*58,83=822,7$ VA
$S=V*I=220*3,74=822,7$ VA
$Fdp=\cos(\varphi_u-\varphi_i)=\cos(0+31,8^\circ)=0'85$

Murcia - 2025 - Junio y Julio -3

Un sistema eléctrico representado por el siguiente circuito simplificado consta de dos bobinas acopladas en serie, una de inductancia fija L_F y otra de inductancia regulable L_R, un condensador, y una resistencia. Calcula considerando inicialmente que L_R= 0 mH.

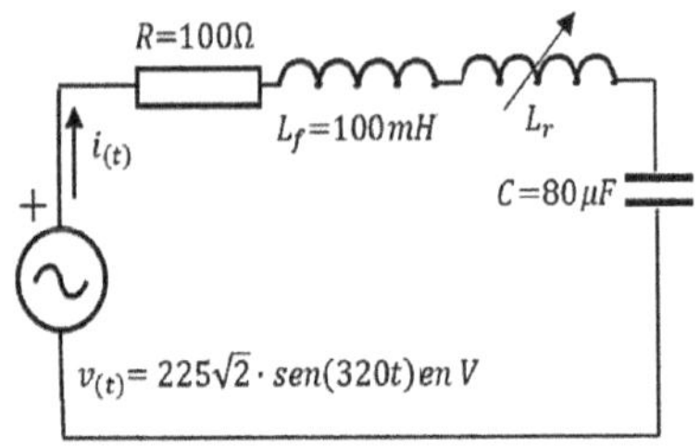

a) Impedancia total del circuito, y expresarla en forma binómica y polar.
b) Razonar si es un circuito inductivo o capacitivo, y obtener el ángulo de desfase y el factor de potencia.
c) Las intensidades: eficaz, máxima e instantánea.
d) La tensión eficaz entre los extremos de la resistencia, de la bobina y del condensador. Representar el diagrama fasorial de tensiones.
e) Potencias aparente, activa, y reactiva. Representar el diagrama fasorial.
f) Valor de L_R para que el circuito esté en resonancia.

a) R=100Ω
L=0,1 H
C=80 μF

$\underline{Z_R}=100=100\angle 0^\circ$ Ω
$\underline{Z_L}=L*\omega*j=0,1*320=32*j=32\angle 90^\circ$ Ω
$\underline{Z_C}=-1/(C*\omega)*j=-1/(100*10^{-6}*320)=-39,06*j=39,06\angle -90^\circ$ Ω
Impedancia de la R, L y C en serie:
$\underline{Z}=\underline{Z_R}+\underline{Z_L}+\underline{Z_C}=100+32*j-39,06*j=100-7,063*j$ forma binómica
$=\sqrt{(100^2+7,06^2)}\angle_{arcTag(-7/100)}=100,25\angle -4,04^\circ$ Ω forma polar

b) Carga $\underline{Z}=100-7,063*j$ → parte imaginaria negativa → carga capacitiva
Ángulo de desfase (V,I)=$\varphi=\varphi_u-\varphi_i=-4,04^\circ$ → $\underline{V}$ retrasada 4º respecto a $\underline{I}$.
Factor de potencia: fdp=$\cos\varphi=\cos(-4,04^\circ)=0,9975\approx 1$

c) Ley de Ohm $\underline{V}=\underline{I}*\underline{Z}$ → $\underline{I}=\underline{V}/\underline{Z}=(225)/(100-7,063*j)=2,239+0,1581*j$ A
$\underline{I}=\underline{V}/\underline{Z}=(225\angle 0^\circ)/(100,25\angle -4^\circ)=2,244\angle 4^\circ$ A
$I_{eficaz}=V_{RMS}=2,244$ A $I_{max}=\sqrt{2}*I_{eficaz}=\sqrt{2}*2,244=3,173$ A
Intensidad instantánea: $i(t)=I_{max}*sen(\omega*t+\varphi_i)=3,173*sen(320*t+4,04^\circ)$ A

d) $\underline{V_R}=\underline{I}*\underline{Z_R}=(2,244\angle 4^\circ)*(100\angle 0^\circ)=224,4\angle 4^\circ$ V
$=(2,239+0,1581*j)*(100)=223,9+15,81*j$ V
$\underline{V_L}=\underline{I}*\underline{Z_L}=(2,244\angle 4^\circ)*(32\angle 90^\circ)=71,81\angle 94^\circ$ V
$=(2,239+0,1581*j)*(32*j)=-5,059+71,65*j$ V
$\underline{V_C}=\underline{I}*\underline{Z_C}=(2,244\angle 4^\circ)*(39,06\angle -90^\circ)=87,65\angle -86^\circ$ V
$=(2,239+0,1581*j)*(-39,06*j)=6,18-87,46*j$ V
Comprobación con 2ª ley de Kirchhoff $\underline{U_G}=\underline{U_R}+\underline{U_L}+\underline{U_C}=$
$(223,9+15,81*j)+(-5,059+71,65*j)+(6,18-87,46*j)=225+0*j$

Diagrama de tensiones

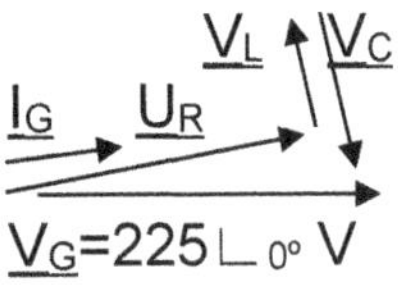

d) potencia activa $P=I^2*R=2,24^2*100=503,6$ W
potencia reactiva $Q=I^2*X=2,24^2*7=35,6$ VAr
potencia aparente $S=V*I=225*2,24=504,9$ VA

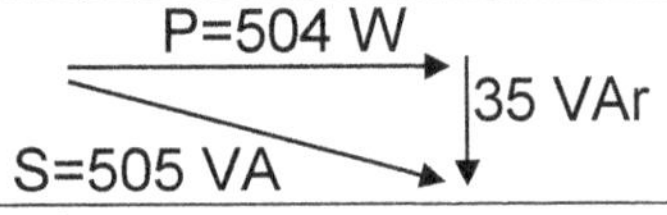

Resonancia X=0 → $X_{LF}+X_{LR}+X_C=32+X_{LR}-39=0$ →
$X_{LR}=L*\omega=7,06$ → L=7,06/320=0,022 H

Castilla-La Mancha-Junio-2025-3.A

Un circuito serie RLC en serie tiene un condensador de 30 microfaradios, una bobina de 0,7 henrios y una resistencia de 100 Ω conectados a un generador de 110V y 60Hz.
Calcular:

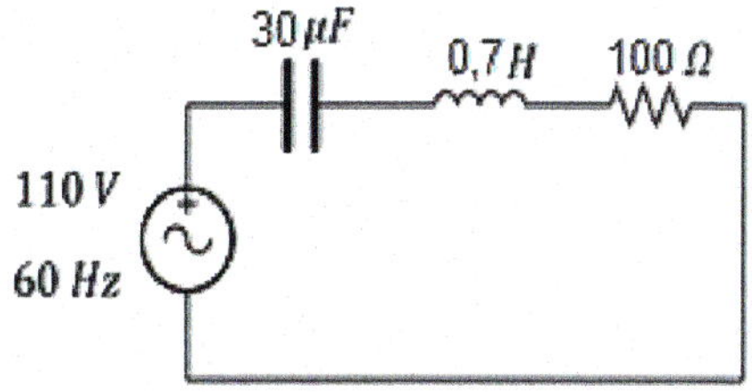

a) La reactancia inductiva, la capacitiva y la impedancia del circuito.
b) Intensidad que circula por el circuito expresada en forma polar y binómica.
c) Dibuja el triángulo de impedancia y de tensiones.

a) impedancia= parte.real + parte.imaginaria * j = resistencia + reactancia*j

$\underline{Z_R}=100=100\angle_{0°}\ \Omega$

$\underline{Z_L}=L*\omega*j=0{,}7*2*\pi*60=263{,}9*j=263{,}9\angle_{90°}\ \Omega$ reactancia inductiva

$\underline{Z_C}=-1/(C*\omega)*j=-1/(30*10^{-6}*2*\pi*60)=-88{,}42*j=88{,}42\angle_{-90°}\Omega$ reac.capacitiva

Impedancia del circuito = impedancias de R, L y C en serie

$\underline{Z}=\underline{Z_R}+\underline{Z_L}+\underline{Z_C}=100+263{,}9*j-88{,}426*j=100+175{,}47*j\ \ \Omega$ forma binómica

$=\sqrt{(100^2+175{,}47^2)}\angle_{arcTag(175/100)}=201{,}97\angle_{60{,}3°}\ \ \Omega$ forma polar

b) Ley de Ohm $\underline{V}=\underline{I}*\underline{Z}$ → $\underline{I}=\underline{V}/\underline{Z}=(110)/(100+175{,}47*j)=0{,}27-0{,}473*j$ A

$\underline{I}=\underline{V}/\underline{Z}=(110\angle_{0°})/(201{,}97\angle_{60{,}3°})=0{,}545\angle_{-60{,}3°}$ A

$I_{eficaz}=V_{RMS}=0{,}545$ A $\qquad I_{max}=\sqrt{2}*I_{eficaz}=\sqrt{2}*0{,}545=0{,}77$ A

Intensidad instantánea: $i(t)=I_{max}*sen(\omega*t+\varphi_i)=0{,}77*sen(377*t-60{,}3°)$ A

c) $\underline{V_R}=\underline{I}*\underline{Z_R}=(0{,}545\angle_{-60{,}3°})*(100\angle_{0°})=54{,}5\angle_{-60{,}3°}$ V

$=(0{,}27-0{,}473*j)*(100)=27-47{,}3*j$ V

$\underline{V_L}=\underline{I}*\underline{Z_L}=(0{,}545\angle_{-60{,}3°})*(263{,}9\angle_{90°})=143{,}83\angle_{29{,}7°}$ V

$=(0{,}27-0{,}473*j)*(263{,}9*j)=124{,}82+71{,}25*j$ V

$\underline{V_C}=\underline{I}*\underline{Z_C}=(0{,}545\angle_{-60{,}3°})*(88{,}42\angle_{-90°})=48{,}19\angle_{-150{,}3°}$ V

$=(0{,}27-0{,}473*j)*(-88{,}42*j)=-41{,}82-23{,}87*j$ V

Comprobación con 2ª ley de Kirchhoff $\underline{V_G}=\underline{V_R}+\underline{V_L}+\underline{V_C}=$
$(27-47{,}3*j)+(124{,}82+71{,}25*j)+(-41{,}82-23{,}87*j)=110+0*j$

Diagrama de tensiones

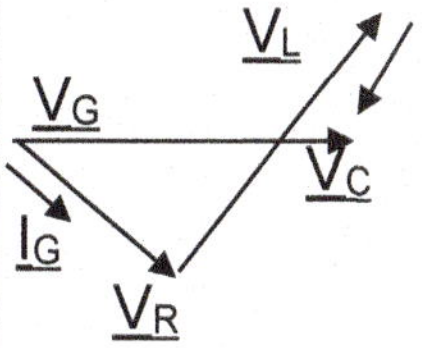

c. Triángulo de impedancias:

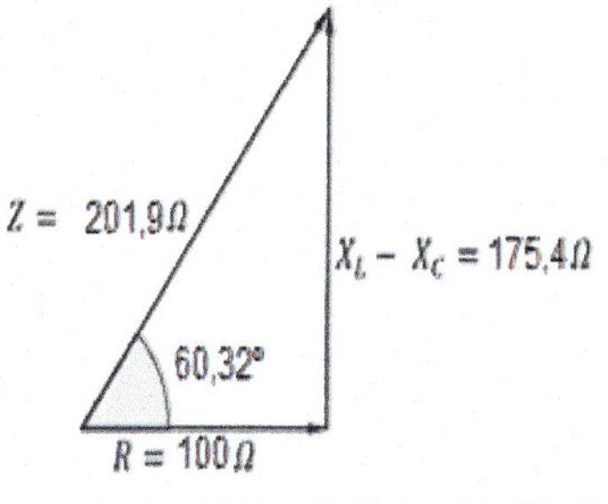

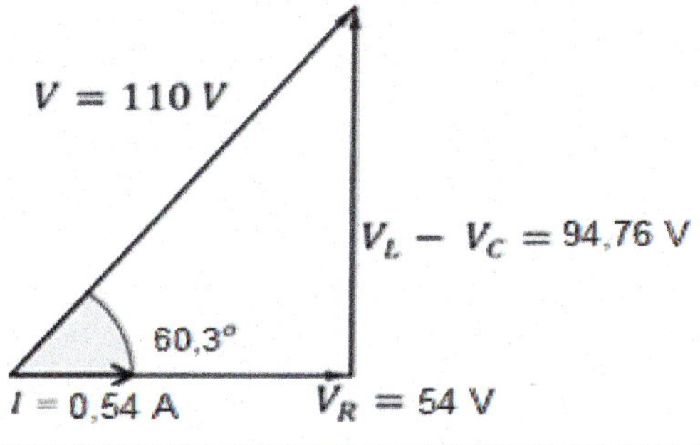

Valencia - 2025 - Julio - 2.A

El circuito en serie RLC se alimenta a una tensión alterna, calcula:

a) Impedancia total del circuito.

b) Intensidad I del circuito.

c) Tensión en bornes del condensador.

d) Potencias activa y reactiva.

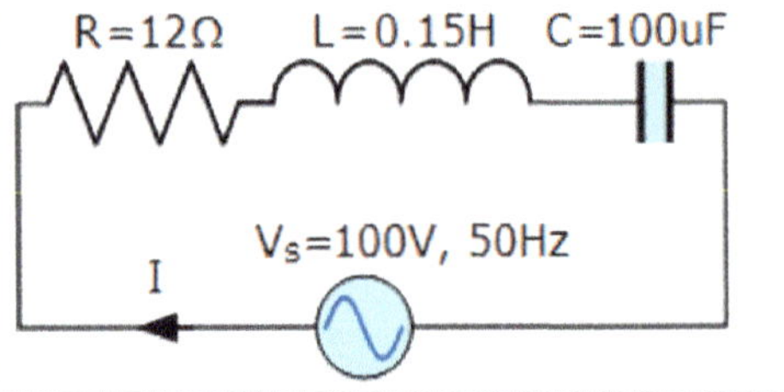

a) R=12 Ω, L=0,15 H, C=100 μF

$\underline{Z_R}=12=12\angle_{0°}\ \Omega$

$\underline{Z_L}=L*\omega*j=0,15*2*\pi*50=32*j=47,124\angle_{90°}\ \Omega$

$\underline{Z_C}=-1/(C*\omega)*j=-1/(100*10^{-6}*2*\pi*50)=-31,83*j=31,83\angle_{-90°}\ \Omega$

$\underline{Z}=\underline{Z_R}+\underline{Z_L}+\underline{Z_C}=12+47*j-39*j=12+15,293*j$ forma binómica

$=\sqrt{(12^2+15,3^2)}\angle_{arcTag(15/12)}=19,439\angle_{51,9°}\ \Omega$ forma polar

b) Ley de Ohm $\underline{V}=\underline{I}*\underline{Z}$ → $\underline{I}=\underline{V}/\underline{Z}=(100)/(12+15,293*j)=3,176-4,047*j$ A

$\underline{I}=\underline{V}/\underline{Z}=(100\angle_{0°})/(19,439\angle_{51,9°})=5,144\angle_{-51,9°}$ A

c) $\underline{V_C}=\underline{I}*\underline{Z_C}=(5,144\angle_{-51,9°})*(31,83\angle_{-90°})=163,73\angle_{-141,9°}$ V

d) potencia activa $P=I^2*R=5,14^2*12=317,6$ W

potencia reactiva $Q=I^2*X=5,14^2*15,3=404,7$VAr

potencia aparente $S=V*I=100*5,14=514,4$ VA

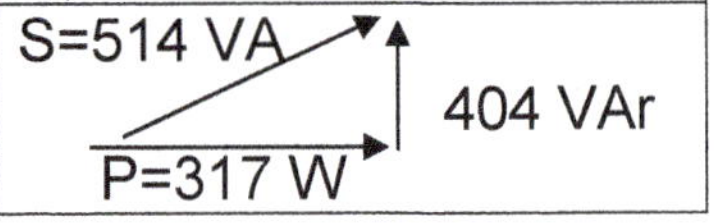

Castilla-León – 2025 - modelo de prueba - 5

Explica el valor instantáneo, el valor máximo y el valor eficaz de una señal.

Observa el siguiente circuito de corriente alterna, y determina:

a) Impedancia total del circuito.

b) Intensidad total y por cada elemento.

c) Potencia activa, reactiva y aparente.

d) Dibuja el triángulo de potencias.

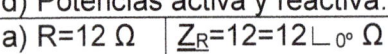

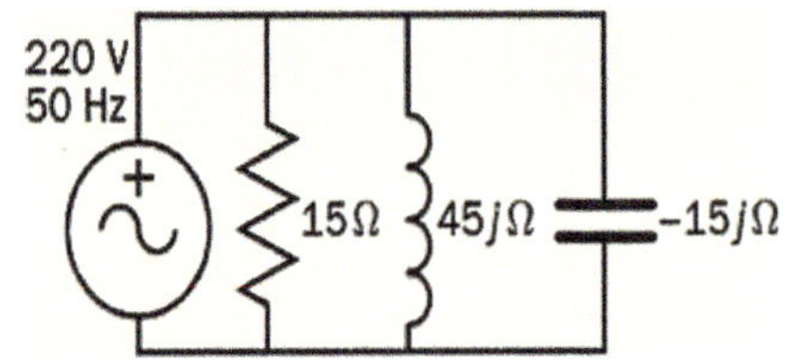

Valor eficaz $V_{eficaz}=220$ V

Valor máximo $V_{maximo}=\sqrt{2}*V_{eficaz}=\sqrt{2}*220=311,12$ V

Valor instanténeo

$v(t)=\sqrt{2}*V_{eficaz}*\cos(2*\pi*f*t+\varphi_0)=\sqrt{2}*220*\cos(2*\pi*50*t+0)=311,12*\cos(314*t)$

a) $\underline{Z}=\underline{Z_R}//\underline{Z_L}//\underline{Z_C}=1/[1/15+1/45j-1/15j]=10,385-6,923*j=12,481\angle_{-33,7°}\ \Omega$

b) $I_R=E/R=220/15=14,667$ A

$I_L=E/X_L=220/45=4,889$ A

$I_C=E/X_C=220/15=14,667$ A

$\underline{I_G}=\underline{E}/\underline{Z}=(220)/(10,385-6,923*j)=14,667+9,777*j=17,627\angle_{33,7°}$ A

c) $P_G=P_R=E^2/R=220^2/15=3.226,7$ W $\quad P_G=P_R=I_R{}^2*R=14,7^2*15=3.226,8$ W

$P_G=E*I_G*\cos(\varphi)=220*17,627*\cos(-33,7°)=3.226,3$ W

$Q_G=Q_L-Q_C=E^2/X_L-E^2/X_C=220^2/45-230^2/15=-2.151,1$ VAr

$Q_G=Q_L-Q_C=I_L{}^2*X_L-I_C{}^2*X_C=4,889^2*45-14,667^2*15=-2.151,2$ VAr

$Q_G=E*I_G*\text{sen}(\varphi)=220*17,627*\text{sen}(-33,7°)=-2.151,6$ VAr

$S_G=\sqrt{(P_G{}^2+Q_G{}^2)}=\sqrt{(3226^2+2151^2)}=3878$ VA $\quad S_G=E*I_G=220*17,6=3878$ VA

Madrid – 2025 – Junio - UC3M - 4.1

Dado el siguiente circuito, determine:
a) Valor de autoinducción L y la capacidad C.
b) Valor eficaz de la corriente por R, L y C.
c) Valor eficaz de la corriente del generador.
d) Potencias en el generador.
$e(t)=100*\sqrt{2}*sen(60*t)$ (V), $R=10\Omega$, $X_L=10\Omega$, $X_C=5\Omega$

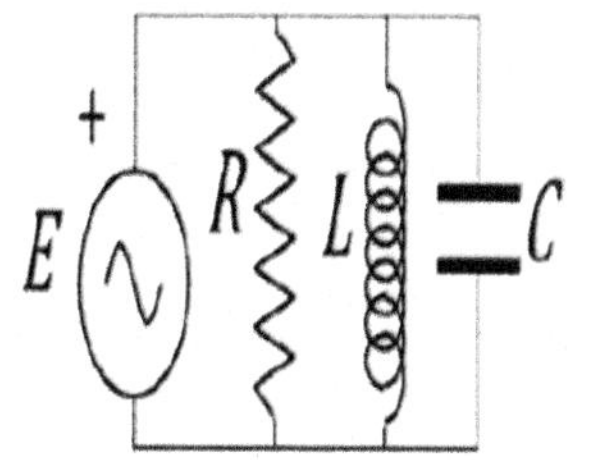

a) $X_L=L*\omega \rightarrow L=X_L/\omega=10/60=0,1667=166,7$ mH
$X_C=1/(C*\omega) \rightarrow C=1/(X_C*\omega)=1/(5*60)=0,00333$ F$=3,333$ mF

b)) $I_R=E/R=100/10=10$ A
$I_L=E/X_L=100/10=10$ A
$I_C=E/X_C=100/5=20$ A

c) $\underline{Z}=\underline{Z_R}//\underline{Z_L}//\underline{Z_C}=1/[1/10+1/10j-1/5j]=5-5*j=7,071\angle_{-45^\circ}\ \Omega$
$\underline{I_G}=\underline{E}/\underline{Z}=(100)/(5-5*j)=10+10*j=14,142\angle_{45^\circ}$ A

c) $P_G=P_R=E^2/R=100^2/10=1.000$ W $\qquad P_G=P_R=I_R^2*R=10^2*10=1.000$ W
$P_G=E*I_G*\cos(\varphi)=100*14,142*\cos(-45^\circ)=1.000$ W
$Q_G=Q_L-Q_C=E^2/X_L-E^2/X_C=100^2/10-100^2/5=-1.000$ VAr
$Q_G=Q_L-Q_C=I_L^2*X_L-I_C^2*X_C=10^2*10-20^2*5=-1.000$ VAr
$Q_G=E*I_G*sen(\varphi)=100*14,142*sen(-45^\circ)=-1.000$ VAr
$S_G=\sqrt{(P_G^2+Q_G^2)}=\sqrt{(1000^2+1000^2)}=1414,2$VA $\quad S_G=E*I_G=100*14,1=1414,2$VA

La Rioja - 2025 - Julio - 4.1

Se conectan en paralelo una resistencia de $R=4\Omega$, una bobina de $L=100$mH y un condensador de $C=200\mu$C a un generador de corriente alterna de tensión eficaz 220 V y frecuencia 50 Hz. Calcular:
a) Intensidad total del circuito.
b) Potencias consumidas.

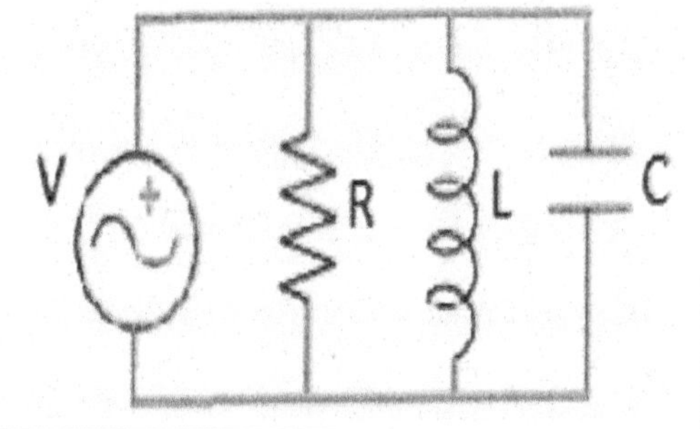

a) $\underline{Z_L}=L*\omega*j=0,1*2*\pi*50*j=31,416*j\ \Omega$
$\underline{Z_C}=-j/(C*\omega)=-j/(200*10^{-6}*2*\pi*50)=-15,915*j\ \Omega$
$\underline{Z}=\underline{Z_R}//\underline{Z_L}//\underline{Z_C}=1/[1/4+1/31,416j-1/15,915j]=3,939-0,489*j=3,969\angle_{-7,1^\circ}\ \Omega$

b) $I_R=E/R=220/4=55$ A
$I_L=E/X_L=220/31,416=7,003$ A
$I_C=E/X_C=220/15,915=13,823$ A
$\underline{I_G}=\underline{E}/\underline{Z}=(220)/(3,939-0,489*j)=55,004+6,828*j=55,426\angle_{7,07^\circ}$ A

c) $P_G=P_R=E^2/R=220^2/4=12.100$ W $\qquad P_G=P_R=I_R^2*R=55^2*4=12.100$ W
$P_G=E*I_G*\cos(\varphi)=220*55,426*\cos(-7,07^\circ)=12.100$ W
$Q_G=Q_L-Q_C=E^2/X_L-E^2/X_C=220^2/31,416-220^2/15,915=-1.500$ VAr
$Q_G=Q_L-Q_C=I_L^2*X_L-I_C^2*X_C=7,003^2*31,416-13,823^2*15,915=-1.500$ VAr
$Q_G=E*I_G*sen(\varphi)=220*55,426*sen(-7,07^\circ)=-1.500$ VAr
$S_G=\sqrt{(P_G^2+Q_G^2)}=\sqrt{(12100^2+1500^2)}=12193$ VA $\quad S_G=E*I_G=220*55=12193$ VA

Valencia - 2025 - Julio - 2.B

Un cargador ultrarrápido para patinetes eléctricos se conecta a la red eléctrica de 220 V y 50 Hz y tiene una potencia activa de 50 kW con un factor de potencia 0,6 (inductivo). La empresa de mantenimiento quiere mejorar el factor de potencia a 0,85 mediante un condensador en paralelo.

a) Potencia reactiva inicial consumida por el cargador.

b) Capacidad del condensador para mejorar el factor de potencia y comparar los dos triángulos de potencia.

c) ¿Qué ventajas tiene mejorar el factor de potencia de una instalación?

a) $Fdp=\cos\varphi_1=0,6 \rightarrow \varphi_1=arcCos(0,6)=+53,13^o$ (+, inductivo)

$tag\varphi=Q/P \rightarrow Q_1=P*tag\varphi_1=50.000*tag(53,13^o)=66.666,4$ VAr

b) $Fdp=\cos\varphi_2=0,85 \rightarrow \varphi_2=arcCos(0,85)=+31,78^o$ (+, inductivo)

$tag\varphi=Q/P \rightarrow Q_2=P*tag\varphi_2=50.000*tag(31,78^o)=30.987$ VAr

$Q_C=Q_2-Q_1=66.666,4-30,987=35.679,45$

$Q_C=V^2/X_C=V^2*(C*2*\pi*f) \rightarrow C=Q_C/(V^2*2*\pi*f)=35.679/(220^2*2*\pi*50)=2,35$ mF

c) aumenta el fdp de 0,6 a 0,85 → disminuye la intensidad $P=V*I*\cos\varphi$

$I_1=P/(V*\cos\varphi_1)=50.000/(220*0,6)=378,8$ A

$I_2=P/(V*\cos\varphi_2)=50.000/(220*0,85)=267,4$ A

Navarra - 2025 - Junio - 2.A

Para la distribución de energía eléctrica (monofásica, tensión eficaz $230V\angle 0^o$, 50Hz) destinada a alumbrado dentro de una factoría se van a emplear cables cuyos valores de resistencia y reactancia son R=5,92 Ω/km y X=0,3 Ω/km respectivamente.

Calcular la caída de tensión causada al alimentar una sección de alumbrado situada a 50 m del armario de distribución. La potencia nominal instalada en la sección es 1 kVA (factor de potencia 0,7 inductivo).

Línea:

$R=5,95/1000\ \Omega/m*50*2=0,592\ \Omega$

$X=0,3/1000\ \Omega/m*50*2=0,03\ \Omega$ $\quad \underline{Z_L}=R+X*j=0,592+0,03*j=0,593\angle_{2,9^o}\ \Omega$

Carga:

$Fdp=\cos\varphi=0,7 \rightarrow \varphi=arcCos(0,7)=+45,57^o$ (+, inductivo)

Potencia activa $\quad P=V^2/R \rightarrow R=V^2/P=230^2/1000=52,9\ \Omega$

Potencia reactiva $\quad tag\varphi=Q/P \rightarrow Q=P*tag\varphi=1000*tag(45,57^o)=1020$ VAr

$Q=V^2/X \rightarrow X=V^2/Q=230^2/1020=51,86\ \Omega$

$Z=\underline{Z_L}+\underline{Z_{Lcarga}}=(0,592+0,03*j)+(52,9+51,86*j)=53,49+51,89*j=74,52\angle_{44,1^o}\ \Omega$

$\underline{I}=\underline{V}/\underline{Z}=(230)/(53,49+51,89*j)=2,215-2,149*j=3,086\angle_{-44,1^o}\ \Omega$ A

Caída de tensión en la línea $=V_L=I*Z_L=3,086*0,593=1,83$ V

Navarra - 2025 - Junio - 2.B

El siguiente circuito se conecta a una red monofásica de 230 V eficaces y 50 Hz. Calcular:

a) Factor de potencia del circuito

b) Capacidad del condensador a conectar en paralelo con la red para mejorar el factor de potencia a 0,90 en retraso.

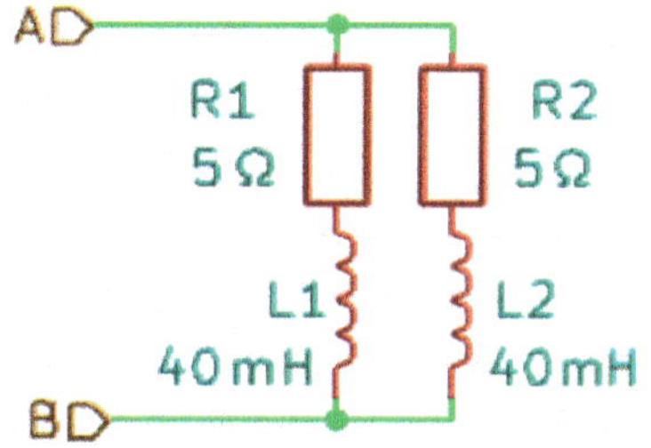

a) $\underline{Z_1}$=R+X*j=5+L*(2*π*f)=5+(0,04*2*π*50)*j=5+12,566*j

$\underline{Z_2}$=R+X*j=5+L*(2*π*f)=5+(0,04*2*π*50)*j=5+12,566*j

$\underline{Z}$=$\underline{Z_1}$//$\underline{Z_2}$=1/[1/$\underline{Z_1}$+1/$\underline{Z_2}$]=($\underline{Z_1}$*$\underline{Z_2}$)/($\underline{Z_1}$+$\underline{Z_2}$)=(com $\underline{Z_1}$=$\underline{Z_2}$)=$\underline{Z_1}$/2=2,5+6,283*j= =$6,762\angle_{68,3^\circ}$ Ω

Fdp=cos(φ_{carga})=cos(68,3°)=0,37

I=V/Z=230/6,762=34,01 A

b) Situación1: φ_1=68,3°

P=I^2*R=$34,01^2$*2,5=2.892,3 W

Q_1=I^2*X=34.01^2*6,283=7.268,6 VAr

Situación2: Fdp=cosφ_2=0,9 → φ_2=arcCos(0,9)=25,84°

tagφ=Q/P → Q_2=P*tagφ_2=2.892,3*tag(25,84°)=1.400,8 VAr

potencia reactiva en C: Q_C=Q_2–Q_1=7.269–1.400,8=5.867,8 VAr

Q_C=V^2/X_C=V^2*(C*2*π*f) → C=Q_C/(V^2*2*π*f)=1.491/(230^2*2*π*50)=353 μF

Madrid - 2025 - Junio - 4.A

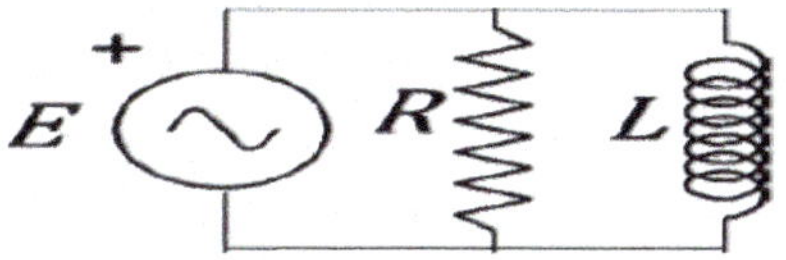

E(t)=230*√2*sen(100*π*t) V

R=10Ω, L=200/π mH

Dado el circuito de la figura, determine:

a) Valor eficaz de la fuerza electromotriz E y frecuencia de trabajo.

b) Valor eficaz de la corriente por la resistencia y por la bobina.

c) Corriente que circula por el generador.

d) Potencias del generador E.

a) E_{eficaz}=E_{RMS}=230 V

pulsación ω=2*π*f → frecuencia f=ω/(2*π)=(100*π)/(2*π)=50 Hz

b) I_R=E/R=230/10=23 A

$\underline{Z_L}$=L*ω*j=0,2/π*2*π*50*j=20*j Ω

I_L=E/X_L=230/20=11,5 A

$\underline{Z_C}$=$\underline{Z_R}$//$\underline{Z_L}$=1/[1/10+1/20j]=8+4*j=$8,944\angle_{26,6^\circ}$ Ω

$\underline{I_G}$=$\underline{E}$/$\underline{Z_{Total}}$=($230\angle_{0^\circ}$)/(8+4*j)=23–11,5*j=$25,715\angle_{-26,6^\circ}$ A

c) P_G=P_R=E^2/R=230^2/10=5.290 W P_G=P_R=$I_R{}^2$*R=23^2*10=5.290 W

P_G=E*I_G*cos(φ)=230*25,715*cos(26,6°)=5.290 W

Q_G=Q_L=E^2/X_L=230^2/20=2.645 VAr Q_G=Q_L=$I_L{}^2$*X_L=$11,5^2$*20=2.645 VAr

Q_G=E*I_G*sen(φ)=230*25,715*sen(26,6°)=2.645 VAr

S_G=√($P_G{}^2$+$Q_G{}^2$)=√(5290^2+2645^2)=5914 VA S_G=E*I_G=230*25,715=5914 VA

Asturias - 2025 - Julio - 3.A

Un circuito formado por dos resistencias R1 y R2 de 10 y 50 Ω conectadas en paralelo que están en serie con una bobina L=30mH. Todo conectado a un generador de corriente alterna sinusoidal de 297 V de valor máximo (valor de pico) y un periodo de 0,02 segundos. Caluca:

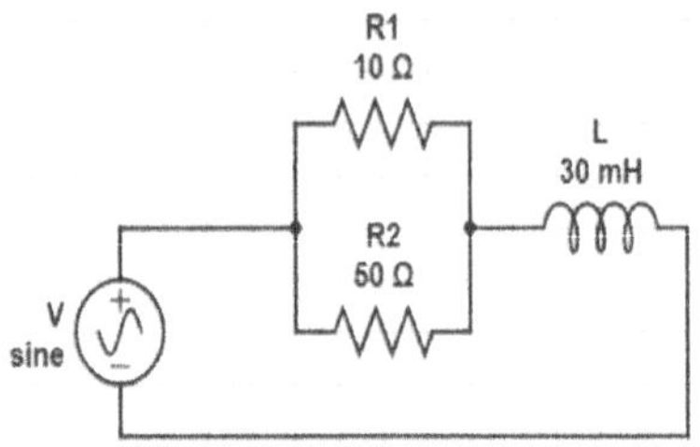

a) Impedancia total del circuito.
b) Valor eficaz de la tensión del generador.
c) Factor de potencia del circuito.
d) Dibuje la representación fasorial de la tensión e intensidad de este circuito RL tomando la intensidad en el origen de fases.

a) $R_{R//R}=R_1//R_2=(R_1*R_2)/(R_1+R_2)=(10*50)/(10+50)=8{,}333\Omega$
T=0,02 s → f=1/T=1/0,02=50 Hz
$\underline{Z_L}=R+L*\omega*j=8{,}333+0{,}03*2*\pi*50=8{,}333+9{,}425*j=12{,}58\angle_{48{,}5^\circ}\ \Omega$

b) $V_{max}=297$ V
$V_{eficaz}=V_{max}/\sqrt{2}=210$ V

c) $Fdp=\cos(\varphi_{carga})=\cos(48{,}5^\circ)=0{,}663$

$\underline{V_G}=210\angle_{0^\circ}$ V
$I=16{,}\_7\angle_{-48{,}3^\circ}$ A

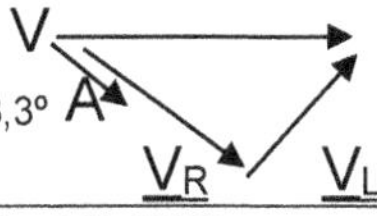

d) $\underline{I}=\underline{V_G}/\underline{Z_{Total}}=(210\angle_{0^\circ})/(8{,}333+9{,}425*j)=11{,}057-12{,}506*j=16{,}693\angle_{-48{,}3^\circ}$ A
$\underline{V_R}=\underline{I}*\underline{Z_R}=(11{,}057-12{,}506*j)*(8{,}333)=(92{,}138-104{,}212*j)=139{,}1\angle_{-48{,}3^\circ})$
$\underline{V_L}=\underline{I}*\underline{Z_L}=(11{,}057-12{,}506*j)*(9{,}425*j)=(117{,}869+104{,}212*j)=157{,}3\angle_{41{,}5^\circ})$

Baleares - 2025 - Julio - 1.1

Un circuito con una fuente de tensión de 230 V eficaz y frecuencia 50 Hz. Se mide con un amperímetro las corrientes resultando I_1=20A e I_2=10 A. Calcula:

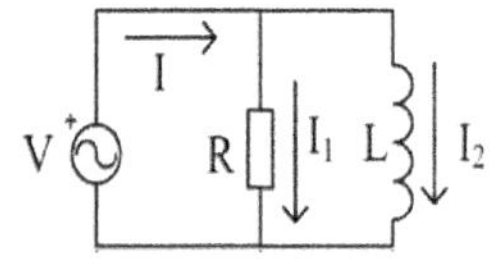

a) Valor de la resistencia R y de la inductancia L de la bobina.
b) Valor de la impedancia total y el factor de potencia.
c) Valor de la corriente eficaz. d) Potencias activa, reactiva y aparente.

a) $R=V/I_1=230/20=11{,}5\ \Omega$
$X_L=V/I_2=230/10=23\ \Omega \rightarrow X_L=L*2*\pi*f \rightarrow L=X_L/(2*\pi*f)=23/(2*\pi*50)=0{,}0732$ H

b) $\underline{Z_L}=1/[1/11{,}5+1/23j]=9{,}2+4{,}6*j=\sqrt{(9{,}2^2+4{,}6^2)}\angle_{arcTag(4{,}6/9{,}2)}=10{,}286\angle_{26{,}6^\circ}\ \Omega$
$Fdp=\cos(\varphi_{carga})=\cos(26{,}6^\circ)=0{,}894$

c) $\underline{I}=\underline{V_G}/\underline{Z_{Total}}=(230\angle_{0^\circ})/(9{,}2+4{,}6*j)=20-10*j=22{,}361\angle_{-26{,}6^\circ}$ A

d) potencia activa $P=V^2/R=230^2/11{,}5=4600$ W
potencia reactiva $Q=V^2/X=230^2/23=2300$ VAr
potencia aparente $S=V*I=230*22{,}361=5143$ VA

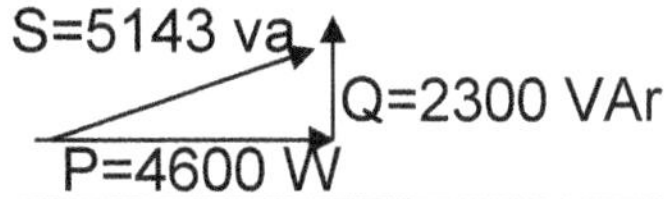

Madrid - 2025 - Julio – 4.1

Dado el circuito de la figura, halla:

a) Impedancia total del circuito.

b) Valor eficaz de la corriente que circula por el generador.

c) Potencias en el generador.

=20 V (eficaces); R_1=8 Ω; R_2=8 Ω; X_{L1}=10 Ω ; X_{L2}=10 Ω ; X_{C1}=2 Ω

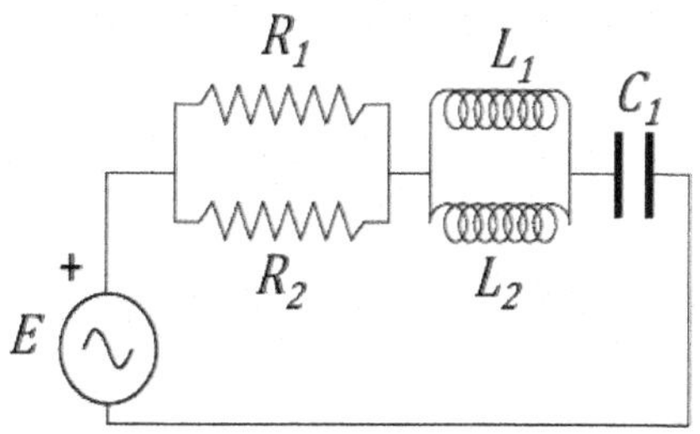

a) $\underline{Z_R}$=R1//R2=(8*8)/(8+8)=4 Ω $\underline{Z_C}$=–2*j Ω

$\underline{Z_L}$=X1//X2=(10*10)/(10+10)=5j Ω $\underline{Z_{total}}=\underline{Z_R}+\underline{Z_L}+\underline{Z_C}$=4+5j–2j=4+3j=$5\angle_{36,9°}$Ω

b) $\underline{I}=\underline{E}/\underline{Z_{Total}}$=($20\angle_{0°}$)/(4+3*j)=3,2–2,4*j=$4\angle_{-36,9°}$ A

c) potencia activa $P=I^2*R=4^2*4$=64 W

potencia reactiva $Q=I^2*X=4^2*3$=48 VAr

potencia aparente S=V*I=20*4=$\sqrt{(64^2+48^2)}$=80 VA

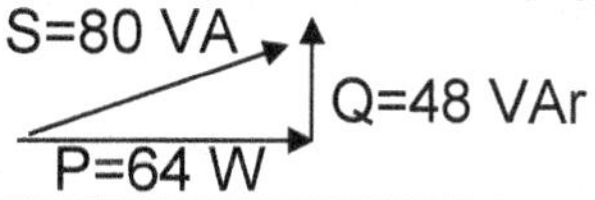

Madrid - 2025 - Julio - 4.2

En el siguiente circuito E=20 V (eficaces), X_C=4 Ω, el amperímetro mide I_A=4 A (eficaces) y el generador E entrega 128 W, determine:

a) Valores de resistencias R_1 y R_2.

b) Potencias del generador E.

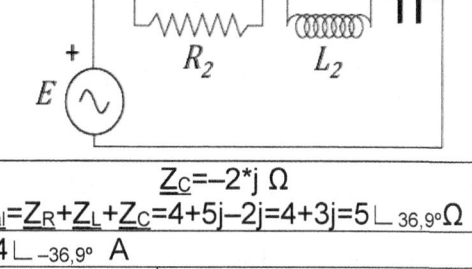

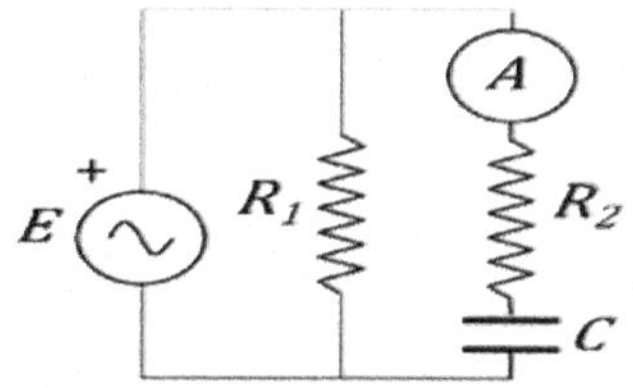

a) Balance de potencias: $P_{activa.generada}=P_{activa.consumida}$(en las resistencias)

$P_G=P_{R1}+P_{R2}$ → $P_G=P_{R1}+I_2^2*R_2$ → $148=P_{R1}+4^2*3$ → P_{R1}=100 W

$P_{R1}=E^2/R_1$ → $R_1=E^2/P_{R1}=20^2/100$=4 Ω

2ª ley de Kirchhoff en la malla 1ª:

$\underline{E}=\underline{I_1}*R_1$ → $\underline{I_1}=\underline{E}/R_1$=($20\angle_{0°}$)/4=$5\angle_{0°}$ A

2ª ley de Kirchhoff en la malla 2ª: $\underline{E}=20\angle_{0°}=\underline{I_2}*(R_2–X_C*j)=\underline{I_2}*(R_2–4*j)$

20+0*j=(4*cosφ+4*j*senφ)*(R_2–4*j)

5+0*j=(a+j*b)*(R_2–4*j)=(a*R_2+4*b)+(–a*4+b*R_2)*j

$a^2+b^2=1$; b=$\sqrt{(1–a^2)}$

5=a*$_2$+4* ; 5=aR_2+4$\sqrt{(1–a^2)}$; 5=a[4a/$\sqrt{(1–a^2)}$]+4$\sqrt{(1–a^2)}$; a=0,6=cosφ

0=–4a+bR_2 ; 4a=$R_2\sqrt{(1–a^2)}$; R_2=4a/$\sqrt{(1–a^2)}$; b=0'8=senφ

φ=arcCos(0,6)=53,1°

R_2=4*0,6/$\sqrt{(1–0,6^2)}$=3 Ω

$\underline{Z_2}$=R_2–X_C*j=3–4*j

$\underline{Z_T}=\underline{Z_1}//\underline{Z_2}$=1/[1/4+1/(3–4*j)]=2,277–0,985*j

b) En esta rama hay un condensador → $\underline{I_2}$ está adelantada a $\underline{E}=20\angle_{0°}$

$\underline{I_2}$=4*(0,6+0,8*j)=2,4+3,2*j

Generador: $\underline{I_G}=\underline{I_1}+\underline{I_2}$=5+(2,4+3,2*j)=7,4+3,2*j=$8,062\angle_{23,4°}$ A

$P_G=E*I_G*\cos\varphi_G$=20*8,062*cos(0–23,4°)=148 W

$Q_G=E*I_G*\text{sen}\varphi_G$=20*8,062*sen(0–23,4°)=–64 VAr

$S_G=E*I_G$=20*8,062=161,2 VA

Fdp=cos(φ_E–φ_i)=cos(0–23,4°)=0,918

Madrid - 2025 - modelo de prueba - 4.A

Dado el circuito eléctrico en corriente alterna con E=230 V (valor eficaz), 50 Hz. Determine:

a) Valor eficaz de la corriente que circula por cada componente pasivo.

b) Potencia activa y reactiva en el generador.

c) Valor eficaz de la corriente que circula por el generador.

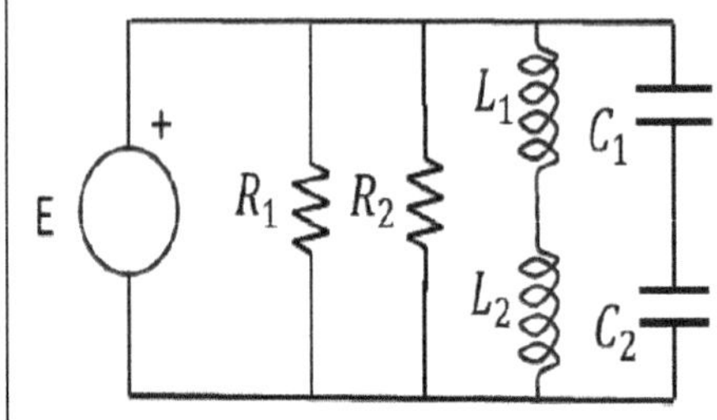

R_1=80 Ω; R_2=120 Ω
L_1=80 mH; L_2=20 mH
C_1=150 μF; C_2=75 μF

a) $I_{R1}=E/R_1=230/80=2{,}875$ A

$I_{R2}=E/R_2=230/120=1{,}917$ A

$\underline{Z_L}=\underline{Z_{L1}}+\underline{Z_{L2}}=L_1*\omega*j+L_2*\omega*j=(0{,}08+0{,}02)*2*\pi*50*j=31{,}416*j\ \Omega$

$I_L=E/X_L=230/31{,}416=7{,}321$ A

$\underline{Z_C}=\underline{Z_{C1}}+\underline{Z_{C2}}=-j/(C_1*\omega)-j/(C_2*\omega)=-j/(150*10^{-6}*100*\pi)-j/(75*10^{-6}*100*\pi)=$

$=-63{,}662\ \Omega$

$I_L=E/X_L=230/63{,}662=3{,}613$ A

b) $P_G=P_{R1}+Q_{R2}=E^2/R_1+E^2/R_2=230^2/80+230^2/120=1.102$ W

$=I_{R1}{}^2*R_1+I_{R2}{}^2*R_2=2{,}875^2*80+1{,}917^2*120=1.102$ W

$Q_G=Q_{ZL}-Q_{ZC}=E^2/X_L-E^2/X_C=230^2/31{,}416-230^2/63{,}662=852{,}9$ VAr

$=I_L{}^2*X_L-I_C{}^2*X_C=7{,}321^2*31{,}416-3{,}613^2*63{,}662=852{,}8$ VAr

c) $S_G=E*I_G=\sqrt{(P_G{}^2+Q_G{}^2)}=\sqrt{(1102^2+852{,}8^2)}=1.393{,}4$ VA

$I_G=S_G/E=1.393{,}4/230=6{,}06$ A

Valencia – 2025 - modelo de prueba - Ejercicio 3.A

En una explotación agrícola, la bomba del sistema de riego opera con una potencia activa (P) de 20 kW a un factor de potencia (fp) de 0,75 (inductivo). La gerente de mantenimiento ha solicitado mejorar el factor de potencia a 0,95 mediante la instalación de un banco de condensadores. El sistema opera a una frecuencia de 50 Hz y con un voltaje de 220 V.

a) Calcule la potencia reactiva (Q) actual consumida por la bomba.

b) Determine la capacidad del banco de condensadores (en faradios) que se debe instalar para corregir el factor de potencia a 0,95. Con este nuevo factor de potencia, calcule las potencias activa (P), aparente (S) y reactiva (Q). Dibuje el nuevo triángulo de potencias.

a) Factor de potencia:

$fdp=\cos(\varphi_V-\varphi_V)=\cos(\varphi_{carga})=0'75$ → $\varphi=41'41^o$

Potencia activa:

$P=U*I*\cos\alpha=220*I*\cos\varphi=220*I*0'75=20.000W$

→ $I=P/(U*\cos\alpha)=20.000/(220*0'75)=121'21$ A

Potencia reactiva: $Q = U*I*\text{sen}\alpha =$

$= 220*121'21*\text{sen}(41'4^o) = 17.638$ VAR

potencia aparente $S=U*I=220*121=26.666$ VA

Triángulo de potencias

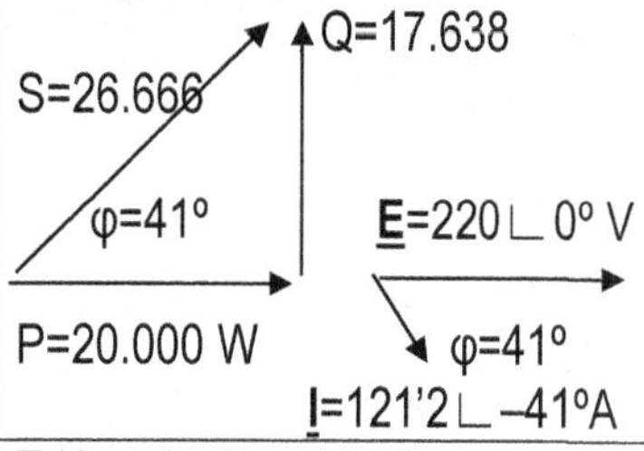

Se conecta un C en paralelo con la carga.

Este C consume energía reactiva negativa.

La energía reactiva Q_1 se reduce al valor Q_2.

$Q_{condesador}=U^2/X_c=U^2/(1/C\omega)=U^2*C\omega=U^2*C*2\pi f$

$Q_2=Q_1-Q_{condesador}$

$tag\varphi_1=Q_1/P$ → $Q_1=P*tag\varphi_1$

Nueva situación: $fdp_2=\cos\varphi_2=0'95$ → $\varphi_2=18'2^o$

$tag\varphi_2=Q_2/P$ → $Q_2=P*tag\varphi_2$

$P*tag\varphi_2=P*tag\varphi_1-U^2*C*2*\pi*f$

$C=P*(tag\varphi_1-tag\varphi_2)/(U^2*C*2*\pi*f)=$

$=20000*(tag41'4^o-tag18'2^o)/(220^2*2\pi 50)=0'73$ mF

Triángulo de potencias

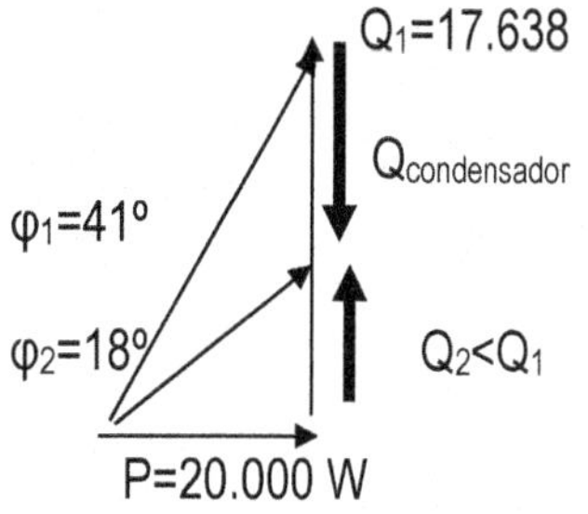

BLOQUE D

SISTEMAS ELÉCTRICOS Y ELECTRÓNICOS

Electrónica digital
Circuitos combinacionales: componentes, diseño, puertas lógicas not, and, or, nor, nand universales. Álgebra de Boole, operaciones, propiedades, teoremas de Morgan. Diseño y simplificación por mapas de Karnaugh. Experimentación en simuladores. Simbología de puestas lógicas según normas DIN, ASA y ANSI-IEEE. Puertas lógicas universales y aplicaciones.
Montaje y/o simulación de circuitos electrónicos.
Circuitos combinacionales integrados: decodificador, codificador, multiplexor, demultiplexor. Circuitos secuenciales integrados . biestables.

<u>Galicia - Junio - 2025 - Problema 4.A</u>

Dado el siguiente conjunto de números, complete los valores en la tabla realizando las transformaciones entre sistemas de numeración.

Número decimal	Número binario	Número hexadecimal
–26	–11010	–1A
115	1110011	73
11	**1011 0110**	B
0101 1101,0100	$5*16^1+13*16^0,4*16^{-1}=93,25$	**5D,4**

Asturias - 2025 – Julio - Ejercicio 3.B

a) Convierta el número binario 101010 al sistema decimal.
b) Convierta el número $(136)_{10}$ al sistema binario.
c) Convierta $(10110001111110011110100100100 1110)_2$ al hexadecimal.
NOTA: Indique todos los pasos realizados para llegar al resultado.

a) $(101010)_2=1*2^5+0*2^4+1*2^3+0*2^2+1*2^1+0*2^0=32+0+8+0+2+0=(42)_{10}$

b)
```
136 / 2
   0   68 / 2
         0   34 / 2
               0   17 / 2
                      1   8 / 2
                            0   4 / 2
                                  0   2 / 2
                                        0   1   →   (10001000)2
```

c) $(10110001111110011110100100100 1110)_2=$
$= 1011.0001.1111.0011.1101.0010.0100.1110 =$
$(1*2^3+1*2^1+1*2^0).(1*2^0).(1*2^3+1*2^2+1*2^1+1*2^0).(1*2^1+1*2^0).(1*2^3+1*2^2+0*2^0)$
$(1*2^1).(1*2^2).(1*2^3+1*2^2+1*2^1) = 11.1.15.3.13.2.4.14 = (B1F3D24E)_{16}$

Andalucía-2025-modelo de prueba-3B

a) Para el circuito lógico de la figura, obtén la función lógica F(a,b,c).

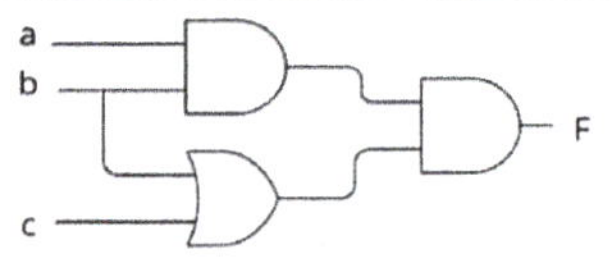

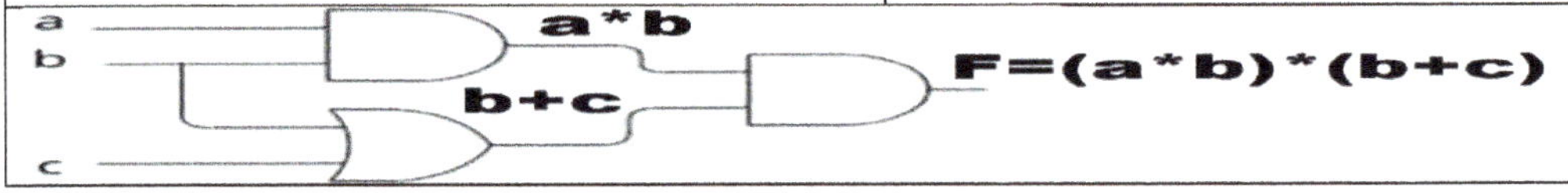

Extremadura-2025-modelo prueba-3B

Dado el siguiente circuito lógico:
1) Obtén su función lógica de salida.
2) Tabla de verdad correspondiente.
3) Construye el circuito con puertas NAND de dos entradas.

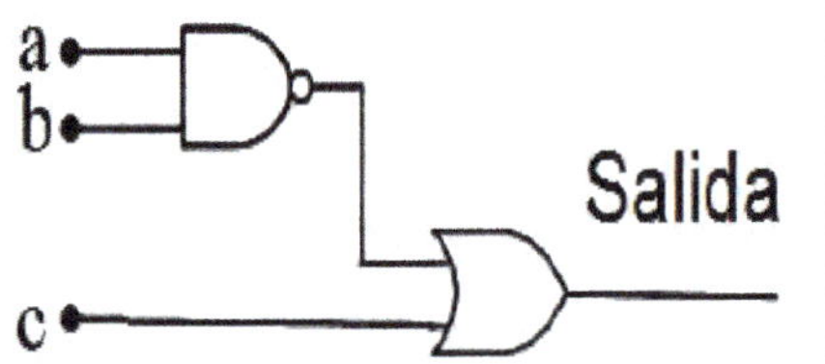

a	b	c	$F=\underline{(a*b)}+c$
0	0	0	$\underline{(0*0)}+0=1$
0	0	1	$\underline{(0*0)}+1=1$
0	1	0	$\underline{(0*1)}+0=1$
0	1	1	$\underline{(0*1)}+1=1$
1	0	0	$\underline{(1*0)}+0=1$
1	0	1	$\underline{(1*0)}+1=1$
1	1	0	$\underline{(1*1)}+0=0$
1	1	1	$\underline{(1*1)}+1=1$

$$F=\overline{(a*b)}+c=\overline{\overline{\overline{(a*b)}+c}}=\overline{\overline{\overline{(a*b)}}*\overline{c}}$$

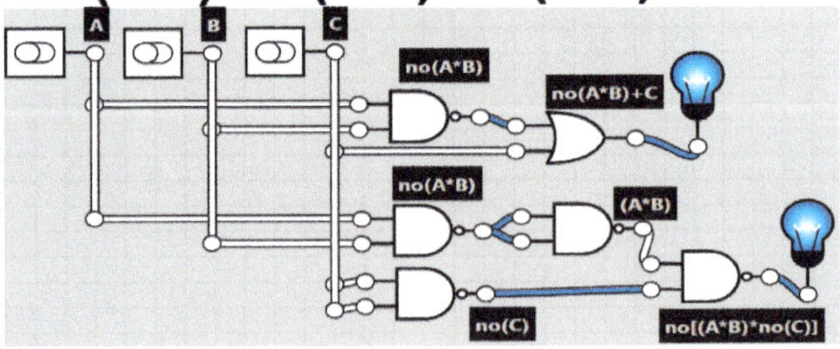

Galicia – 2025 - Junio – 4.B

Dada la función en forma de maxterms, obtener su función lógica.

$$\prod_4 (0,2,4,6,8,9,10,11,12,14)$$

A	B	C	D	F	Miniterms	Maxterms
0	0	0	0	1	$\underline{A}*\underline{B}*\underline{C}*\underline{D}$	
0	0	0	1	0		$A+B+C+\underline{D}$
0	0	1	0	1	$\underline{A}*\underline{B}*C*\underline{D}$	
0	0	1	1	0		$A+B+\underline{C}+\underline{D}$
0	1	0	0	1	$\underline{A}*B*\underline{C}*\underline{D}$	
0	1	0	1	0		$A+\underline{B}+C+\underline{D}$
0	1	1	0	1	$\underline{A}*B*C*\underline{D}$	
0	1	1	1	0		$\underline{A}+B+C+D$
1	0	0	0	1	$A*\underline{B}*\underline{C}*\underline{D}$	
1	0	0	1	1	$A*\underline{B}*\underline{C}*D$	
1	0	1	0	1	$A*\underline{B}*C*\underline{D}$	
1	0	1	1	1	$A*\underline{B}*C*D$	
1	1	0	0	1	$A*B*\underline{C}*\underline{D}$	
1	1	0	1	0		$\underline{A}+\underline{B}+C+\underline{D}$
1	1	1	0	1	$A*B*C*\underline{D}$	
1	1	1	1	0		$\underline{A}+\underline{B}+\underline{C}+\underline{D}$

Función lógica en forma de miniterms (suma de productos):
$F=(\underline{A}*\underline{B}*\underline{C}*\underline{D})+(\underline{A}*\underline{B}*C*\underline{D})+$
$+(\underline{A}*B*\underline{C}*\underline{D})++(\underline{A}*B*C*\underline{D})+$
$+(A*\underline{B}*\underline{C}*\underline{D})+(A*\underline{B}*\underline{C}*D)+$
$+(A*\underline{B}*C*\underline{D})+(A*\underline{B}*C*D)+$
$+(A*B*\underline{C}*\underline{D})++(A*B*C*\underline{D})$

Función lógica en forma de maxterms (producto de sumas):
$F=(A+B+C+\underline{D})*(A+B+\underline{C}+\underline{D})*$
$*(A+\underline{B}+C+\underline{D})*(\underline{A}+B+C+D)*$
$*(\underline{A}+\underline{B}+C+\underline{D})/(\underline{A}+\underline{B}+\underline{C}+\underline{D})$

Cantabria-2025-Junio-3.A

Obtener la ecuación lógica correspondiente al circuito digital de la figura.

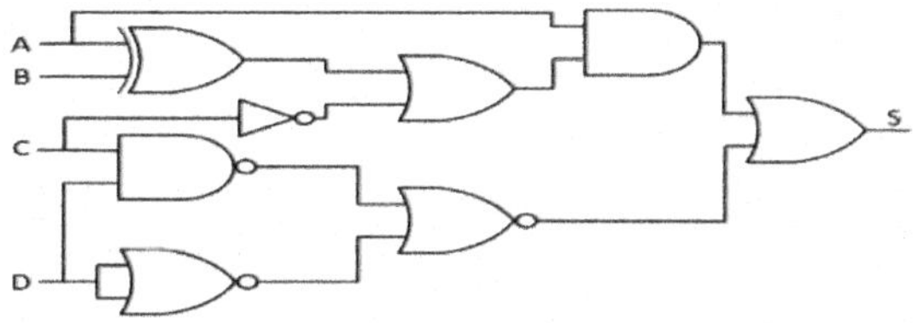

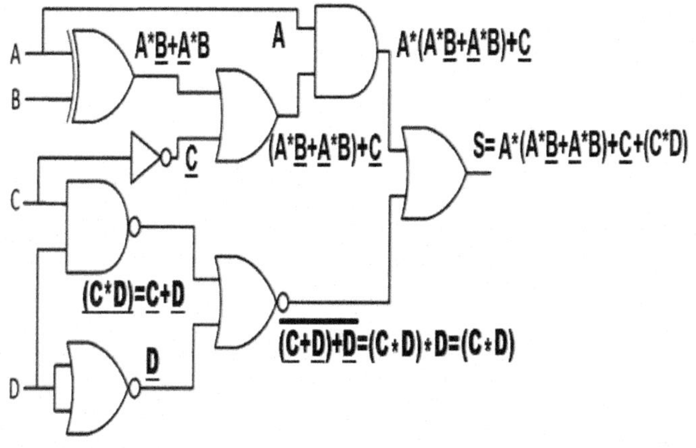

A	B	C	D	F
0	0	0	0	0
0	0	0	1	0
0	0	1	0	0
0	0	1	1	1
0	1	0	0	0
0	1	0	1	0
0	1	1	0	0
0	1	1	1	1
1	0	0	0	1
1	0	0	1	1
1	0	1	0	1
1	0	1	1	1
1	1	0	0	1
1	1	0	1	1
1	1	1	0	0
1	1	1	1	1

Cantabria - 2025 - prueba - 3.A Obtener la función lógica de este circuito electrónico digital.	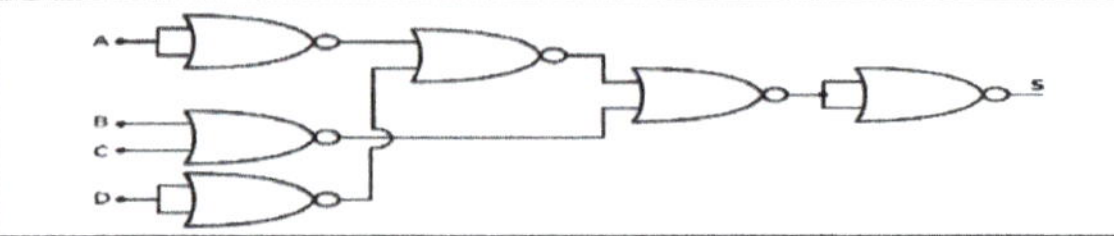

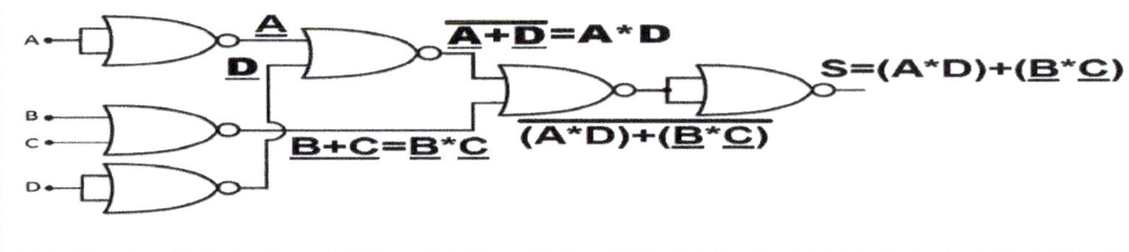

Castilla-La Mancha - 2025 - Julio – 1.B

Partiendo de la expresión lógica: $S=AB+A\bar{C}+\overline{AC}+\bar{B}\,\bar{C}$. Obtener:

a) Tabla de verdad que representa la función lógica y expresar la función en la 1ª y 2ª formas canónicas.

b) Dibujar el circuito lógico que resulte más sencillo entra ambas formas.

a) Tabla de verdad: S=(a*b)+(a*-c)+(-a*-c)+(-b*-c)

a	b	c	S=a*b+a*$\underline{c}$+$\underline{a}$*$\underline{c}$+$\underline{b}$*$\underline{c}$	Miniterms (1ª)	Maxterms (2ª)
0	0	0	(0*0)+(0*1)+(1*1)+(1*1)=0+0+1+1=1	$\underline{a}$*$\underline{b}$*$\underline{c}$	
0	0	1	(0*0)+(0*0)+(1*0)+(1*0)=0+0+0+0=0		a+b+$\underline{c}$
0	1	0	(0*1)+(0*1)+(1*1)+(0*1)=0+0+1+0=1	$\underline{a}$*b*$\underline{c}$	
0	1	1	(0*1)+(0*0)+(1*0)+(0*0)=0+0+0+0=0		a+$\underline{b}$+$\underline{c}$
1	0	0	(1*0)+(1*1)+(0*1)+(1*1)=0+1+0+1=1	a*$\underline{b}$*$\underline{c}$	
1	0	1	(1*0)+(1*0)+(0*0)+(1*0)=0+0+0+0=0		$\underline{a}$+b+$\underline{c}$
1	1	0	(1*1)+(1*1)+(0*1)+(0*1)=1+1+0+0=1	a*b*$\underline{c}$	
1	1	1	(1*1)+(1*0)+(0*0)+(0*0)=1+0+0+0=1	a*b*c	

Función lógica en forma de miniterms (suma de productos, 1ª forma):

F=($\underline{a}$*$\underline{b}$*$\underline{c}$)+($\underline{a}$*b*$\underline{c}$)+(a*$\underline{b}$*$\underline{c}$)+(a*b*$\underline{c}$)+(a*b*c)

Función lógica en forma de maxterms (producto de sumas, 2ª forma):

F=(a+b+$\underline{c}$)*(a+$\underline{b}$+$\underline{c}$)*($\underline{a}$+b+$\underline{c}$)

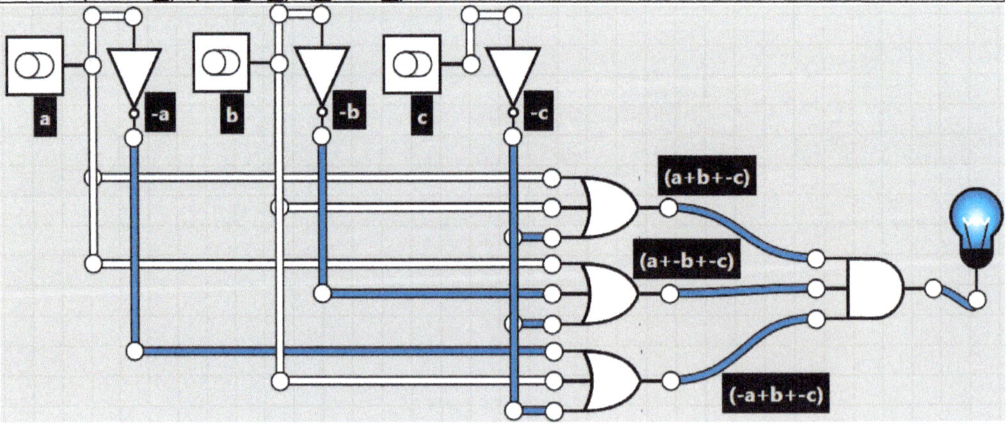

Cantabria – 2025 - Junio - 3.B

Una máquina dispone de tres pulsadores identificados como a, b y c. En base a estos pulsadores, el funcionamiento de dicha máquina sigue la función booleana S de la expresión S=b*c+a*b*c+a*b. Se pide obtener:

a) Tabla de verdad de la función lógica.

b) Función lógica en 1ª forma canónica (suma de productos o minterms).

c) Simplificar la función mediante el método de Karnaugh.

d) Implementar la función simplificada utilizando únicamente puertas lógicas de dos entradas NAND o NOR.

Puede usarse los símbolos de la norma DIN o de la norma ASA.

a) Tabla de verdad

a	b	c	S=a*b+a*b*c+b*c
0	0	0	S=(0*0)+(0*0*0)+(0*0)=0+0+0=0
0	0	1	S=(0*0)+(0*0*1)+(0*1)=0+0+0=0
0	1	0	S=(0*1)+(0*1*0)+(1*0)=0+0+0=0
0	1	1	S=(0*1)+(0*1*1)+(1*1)=0+0+1=1
1	0	0	S=(1*0)+(1*0*0)+(0*0)=0+0+0=0
1	0	1	S=(1*0)+(1*0*1)+(0*1)=0+0+0=0
1	1	0	S=(1*1)+(1*1*0)+(0*0)=1+0+0=1
1	1	1	S=(1*1)+(1*1*1)+(1*1)=1+1+1=1

b) Método de Karnaugh para simplificar la función lógica.

a/**bc**	**00**	**01**	**11**	**10**
0	0	0	1	0
1	0	0	1	1

Suma de productos (unos):

F(a,b,c)=(a*b)+(b*c)

$$(a*b)+(b*c)=\overline{\overline{(a*b)+(b*c)}}=\overline{\overline{(a*b)}*\overline{(b*c)}}$$

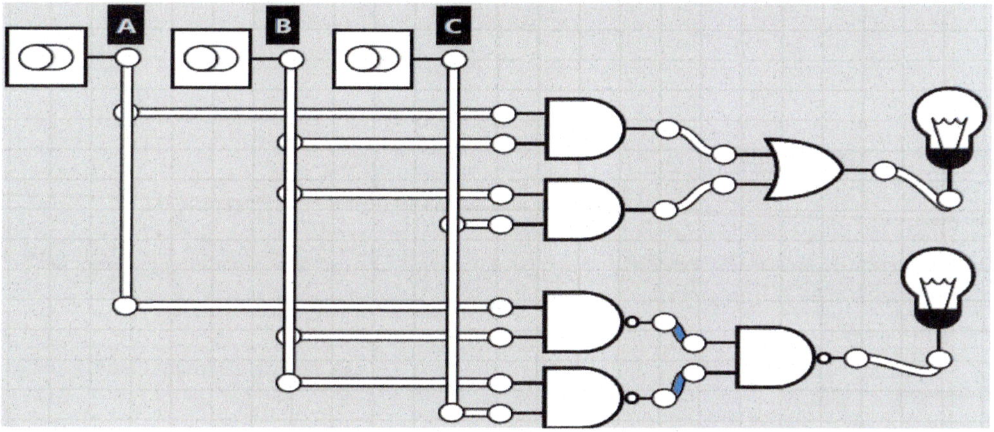

Madrid - 2025 - Julio - 4.2

Dada la función lógica $F(A,B,C) = (A+\overline{B}+C)\cdot(A+\overline{B}+\overline{C})\cdot(A+\overline{C})\cdot(\overline{A}+B)$. Se pide:
a) Obtener la forma canónica como suma de productos.
b) Implementar el circuito más simplificado usando puertas NOT, AND y OR con el número de entradas que corresponda.

a) Tabla de verdad

a	b	c	F=(a+**b**+c)*(a+**b**+**c**)*(a+**c**)*(**a**+b)	
0	0	0	F=(0+1+0)*(0+1+1)*(0+1)*(1+0)=1*1*1*1=1	(**a***b***c**)
0	0	1	F=(0+1+0)*(0+1+0)*(0+0)*(1+0)=1*1*0*1=0	
0	1	0	F=(0+0+0)*(0+0+1)*(0+1)*(1+1)=0*1*1*1=0	
0	1	1	F=(0+0+1)*(0+0+0)*(0+0)*(1+1)=1*0*0*1=0	
1	0	0	F=(1+1+0)*(1+1+1)*(1+1)*(0+0)=1*1*1*0=0	
1	0	1	F=(1+1+1)*(1+1+0)*(1+0)*(0+0)=1*1*1*0=0	
1	1	0	F=(1+0+0)*(1+0+1)*(1+1)*(0+1)=1*1*1*1=1	(a*b***c**)
1	1	1	F=(1+0+1)*(1+0+0)*(1+0)*(0+1)=1*1*1*1=1	(a*b*c)

Forma canónica como suma de productos (maxterms)

F=(**a***b***c**)
+(a*b***c**)
+(a*b*c)

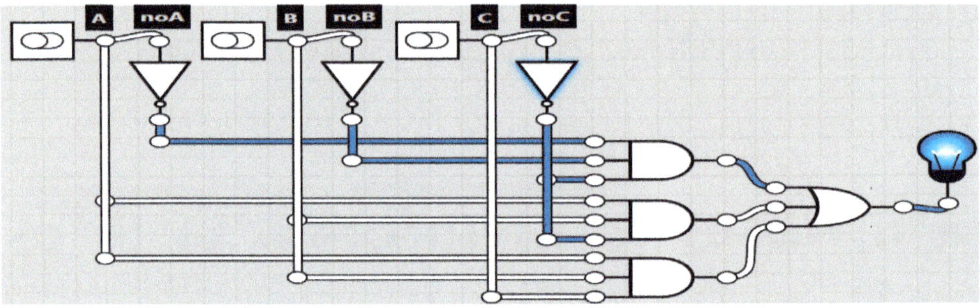

Madrid - 2025 - Julio – 4.1

Dado el circuito digital de la figura:
a) Obtener la función lógica F(A,B,C).
b) Obtener la tabla de verdad.
c) Representar el circuito simplificado.

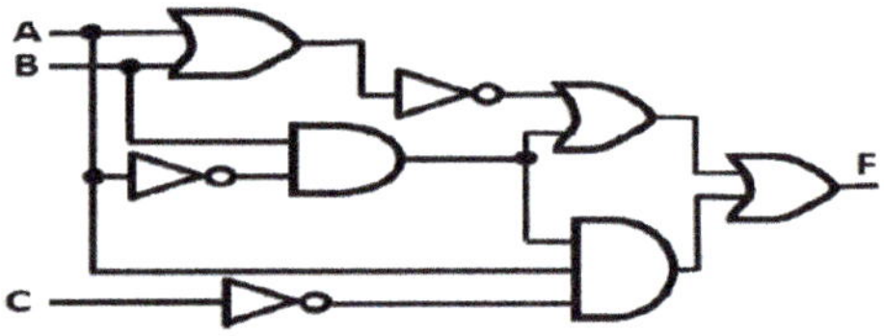

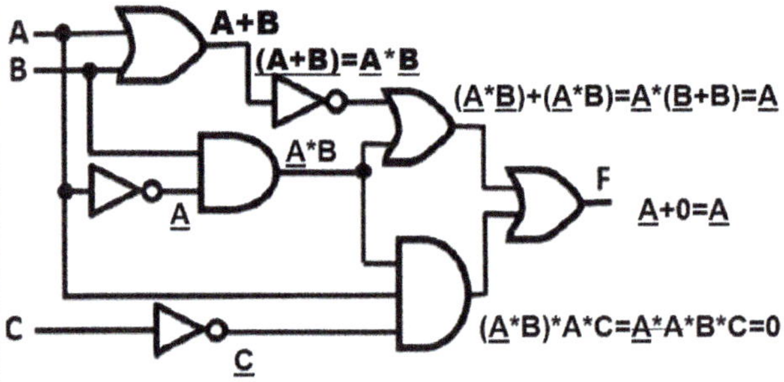

Tabla de verdad

A	F=A
0	1
1	0

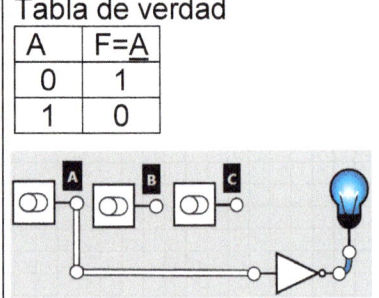

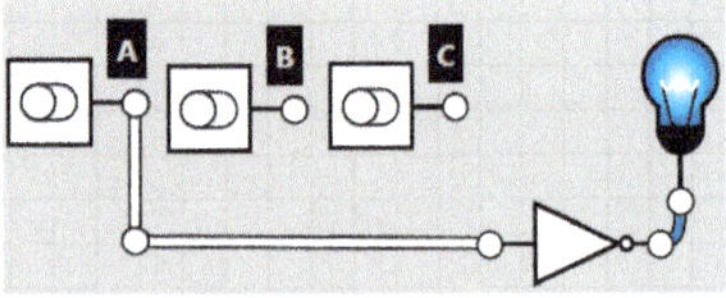

Cataluña – 2025 - modelo de prueba - Ejercicio 8

El acceso a un edificio de oficinas está regulado por 3 sistemas de control: una clave numérica, una tarjeta magnética y la huella dactilar. Se permite el acceso al edificio, en horario laboral, validando cualquiera de los tres sistemas de control. Fuera del horario laboral, es necesario validar al menos dos de los tres sistemas. Se definen las variables de estado:

- -horario h: 1 laboral, 0 no laboral
- -clave: c: 1 válida, 0 no válida
- -huella e: 1 válida, 0 no válida
- -tarjeta t: 1 válida, 0 no válida
- -acceso a: 1 permitido, 0 no permitido

Diseñe el sistema de control que garantice el acceso a la oficina según el horario. Como resultado, proporcione el diagrama de puertas lógicas que represente visualmente el funcionamiento del sistema. Para ello, es recomendable elaborar la tabla de verdad del sistema, determinar la función lógica entre estas variables (y, en su caso, simplificarla) y, por último, dibujar el diagrama de puertas lógicas.

h	c	e	t	caso1	caso2
0	0	0	0		0
0	0	0	1		0
0	0	1	0		0
0	0	1	1		1
0	1	0	0		0
0	1	0	1		1
0	1	1	0		1
0	1	1	1		1
1	0	0	0	0	
1	0	0	1	1	
1	0	1	0	1	
1	0	1	1	1	
1	1	0	0	1	
1	1	0	1	1	
1	1	1	0	1	
1	1	1	1	1	

caso1: Fa=1 si h=1 y alguna c,e,t=1

caso2: Fa=1 si h=0 y al menos dos c,e,t=1

Fa=(h+c+e+t)*(h+c+e+**t**)*(h+c+**e**+t)*
*(h+**c**+e+t)*(**h**+c+e+t)

simplificando:

(h+c+e+t)*(h+c+e+**t**)=(h+c+e)

(h+c+e+t)*(h+c+**e**+t)=(h+c+t)

(h+c+e+t)*(h+**c**+e+t)=(h+e+t)

(h+c+e+t)*(**h**+c+e+t)=(c+e+t)

Fa=(h+c+e)*(h+c+t)*(h+e+t)*(c+e+t)

Otra forma de simplificar es el método de Karhoug.

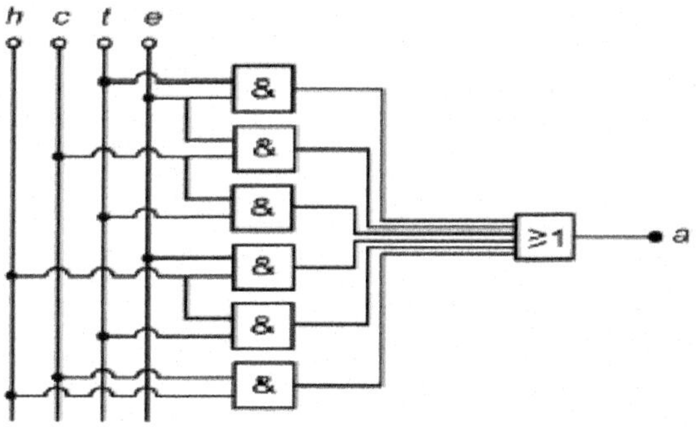

Aragón - 2025 - Julio - 7

Dada la función lógica:

$$F=\underline{a}*\underline{b}*\underline{c}*\underline{d}+\underline{a}*\underline{b}*\underline{c}*d+\underline{a}*\underline{b}*c*d+a*\underline{b}*\underline{c}*\underline{d}+a*\underline{b}*\underline{c}*d+a*\underline{b}*c*d$$

a) Simplifíquela en la primera forma canónica (suma de productos o minterms) a través de mapas de Karnaugh.

b) Construya el circuito equivalente a la función simplificada empleando cualquier tipo de puertas lógicas de dos entradas.

$F=\underline{a}*\underline{b}*\underline{c}*\underline{d}+\underline{a}*\underline{b}*\underline{c}*d+\underline{a}*\underline{b}*c*d+a*\underline{b}*\underline{c}*\underline{d}+a*\underline{b}*\underline{c}*d+a*\underline{b}*c*d=\Pi_4(0,1,3,8,9,11)$

a	b	c	d	F=
0	0	0	0	$\underline{a}*\underline{b}*\underline{c}*\underline{d}=1$
0	0	0	1	$\underline{a}*\underline{b}*\underline{c}*d=1$
0	0	1	0	
0	0	1	1	$\underline{a}*\underline{b}*c*d=1$
0	1	0	0	
0	1	0	1	
0	1	1	0	
0	1	1	1	
1	0	0	0	$a*\underline{b}*\underline{c}*\underline{d}=1$
1	0	0	1	$a*\underline{b}*\underline{c}*d=1$
1	0	1	0	
1	0	1	1	$a*\underline{b}*c*d=1$
1	1	0	0	
1	1	0	1	
1	1	1	0	
1	1	1	1	

Método de Karnaugh para simplificar función lógica:

ab/cd	00	01	11	10
00	1	1	1	0
01	0	0	0	0
11	0	0	0	0
10	1	1	1	0

Producto de sumas:

grupo de 2 "1": $\underline{\mathbf{b}}*\underline{\mathbf{c}}$

grupo de 2 "1": $\underline{\mathbf{b}}*d$

$F=(\underline{\mathbf{b}}*\underline{\mathbf{c}})+(\underline{\mathbf{b}}*d)=\underline{\mathbf{b}}*(\underline{\mathbf{c}}+d)$

solución con puertas OR, NOT AND

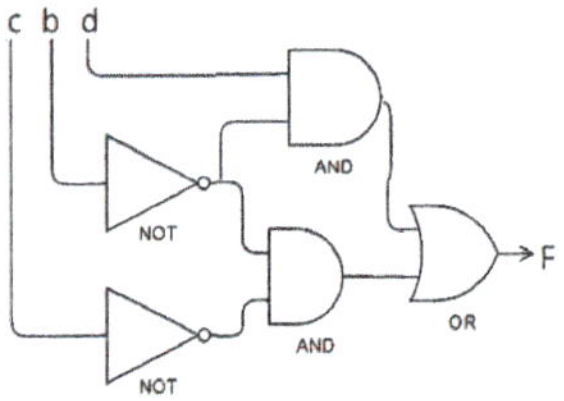

puertas OR, NOT AND

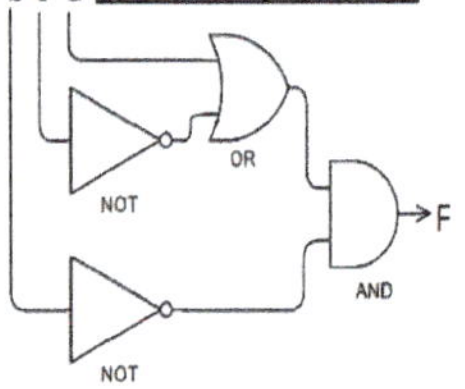

Con puertas NOR:

$F=\bar{b}(\bar{c}+d)=\overline{\overline{\bar{b}(\bar{c}+d)}}=\overline{\bar{\bar{b}}+\overline{(\bar{c}+d)}}=\overline{b+\overline{(\bar{c}+d)}}$

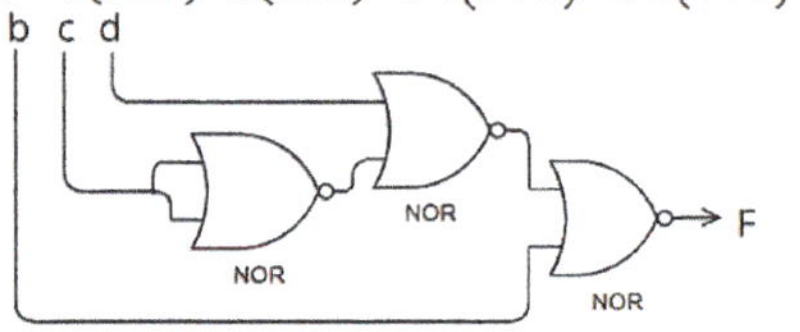

Aragón - 2025 - Junio - Ejercicio 4.B

a) Utilizando puertas NAND de dos entradas, construya una puerta AND, una puerta OR y una puerta NOT de dos entradas.

b) Explica la importancia de puertas NAND en fabricación de circuitos integrados.

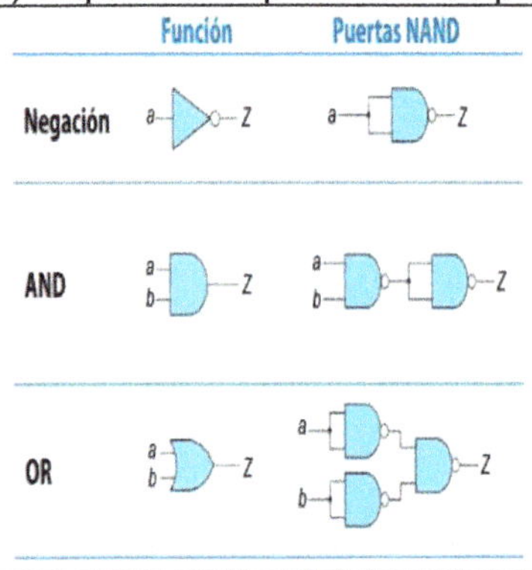

Las puertas NAND y NOR son fundamentales en la fabricación de circuitos integrados debido a su versatilidad y simplicidad. La puerta NAND es una puerta lógica universal, lo que significa que se puede usar para construir cualquier otra puerta lógica (AND, OR, NOT, NAND, NOR, XOR, XNOR) y, en consecuencia, cualquier circuito digital. Esto permite que los diseñadores creen circuitos complejos solo con puertas NAND o NOR, simplificando el diseño y la fabricación.

Asturias – 2025 - modelo de prueba - Ejercicio 4.A

a) Demuestre mediante tablas de verdad el siguiente teorema del álgebra de Boole: (AB)+(BC)+($\underline{A}$C)=(AB)+($\underline{A}$C).

b) Simplificar la función lógica siguiente utilizando las propiedades y teoremas del álgebra de Boole: $F = \overline{(A+B)\cdot\overline{A\cdot\overline{B}+C}}$

c) Obtener aplicando mapas de Karnaugh la función lógica simplificada de:

$$F=\overline{A}\,\overline{B}C\overline{D}+ABC\overline{C}\,\overline{D}+\overline{A}\,\overline{B}CD+\overline{A}\,\overline{B}\,\overline{C}\,\overline{D}+\overline{A}B\overline{C}D+\overline{A}BC\overline{D}+\overline{A}B\overline{C}\,\overline{D}+A\overline{B}\,\overline{C}\,\overline{D}+\overline{A}BCD$$

a) Tabla de verdad

a	b	c	F=(a*b)+(b*c)+($\underline{\mathbf{a}}$*c)
0	0	0	(0*0)+(0*0)+(1*0)=0+0+0=0
0	0	1	(0*0)+(0*1)+(1*1)=0+0+1=1
0	1	0	(0*1)+(1*0)+(1*0)=0+0+0=0
0	1	1	(0*1)+(1*1)+(1*1)=0+1+1=1
1	0	0	(1*0)+(0*0)+(1*0)=0+0+0=0
1	0	1	(1*0)+(0*1)+(0*1)=0+0+0=0
1	1	0	(1*1)+(0*0)+(0*0)=1+0+0=1
1	1	1	(1*1)+(1*1)+(0*1)=1+1+0=1

a) Tabla de verdad

a	b	c	F=(a*b)+($\underline{\mathbf{a}}$+c)
0	0	0	(0*0)+(0*0)=0+0=0
0	0	1	(0*0)+(1*1)=0+1=1
0	1	0	(0*1)+(1*0)=0+0=0
0	1	1	(0*1)+(1*1)=0+1=1
1	0	0	(1*0)+(0*0)=0+0=0
1	0	1	(1*0)+(0*1)=0+0=0
1	1	0	(1*1)+(0*0)=1+0=1
1	1	1	(1*1)+(0*1)=1+0=1

b) $\overline{(A+B)*\overline{A*\underline{B}+C}} = \overline{(A+B)}+\overline{\overline{A*\underline{B}+C}} = \underline{A}*\underline{B}+A*\underline{B}+C = (A+\underline{A})*\underline{B}+C = 1*\underline{B}+C = \underline{B}+C$

$$F=\overline{A}\,\overline{B}C\overline{D}+ABC\overline{C}\,\overline{D}+\overline{A}\,\overline{B}CD+\overline{A}\,\overline{B}\,\overline{C}\,\overline{D}+\overline{A}B\overline{C}D+\overline{A}BC\overline{D}+\overline{A}B\overline{C}\,\overline{D}+A\overline{B}\,\overline{C}\,\overline{D}+\overline{A}BCD$$

F=Π_4(0,2,3,4,5,6,7,8,12)

a	b	c	d	F=
0	0	0	0	$\underline{a}*\underline{b}*\underline{c}*\underline{d}=1$
0	0	0	1	$\underline{a}*\underline{b}*\underline{c}*d=0$
0	0	1	0	$\underline{a}*\underline{b}*c*\underline{d}=1$
0	0	1	1	$\underline{a}*\underline{b}*c*d=1$
0	1	0	0	$\underline{a}*b*\underline{c}*\underline{d}=1$
0	1	0	1	$\underline{a}*b*\underline{c}*d=1$
0	1	1	0	$\underline{a}*b*c*\underline{d}=1$
0	1	1	1	$\underline{a}*b*c*d=1$
1	0	0	0	$a*\underline{b}*\underline{c}*\underline{d}=1$
1	0	0	1	$a*\underline{b}*\underline{c}*d=0$
1	0	1	0	$a*\underline{b}*c*\underline{d}=0$
1	0	1	1	$a*\underline{b}*c*d=0$
1	1	0	0	$a*b*\underline{c}*\underline{d}=1$
1	1	0	1	$a*b*\underline{c}*d=0$
1	1	1	0	$a*b*c*\underline{d}=0$
1	1	1	1	$a*b*c*d=0$

Método de Karnaugh para simplificar función lógica:

ab/cd	00	01	11	10
00	1	0	1	1
01	1	1	1	1
11	1	0	0	0
10	1	0	0	0

Producto de sumas:

3 grupos de 4 "1": $\underline{\mathbf{a}}$*b, $\underline{\mathbf{a}}$*c , $\underline{\mathbf{c}}$*$\underline{\mathbf{d}}$

F=($\underline{\mathbf{a}}$*b)+($\underline{\mathbf{a}}$*c)+($\underline{\mathbf{c}}$*$\underline{\mathbf{d}}$)

Producto de sumas:

F=($\underline{\mathbf{a}}$+$\underline{\mathbf{c}}$)*($\underline{\mathbf{a}}$+$\underline{\mathbf{d}}$)*(b+c+$\underline{\mathbf{d}}$)

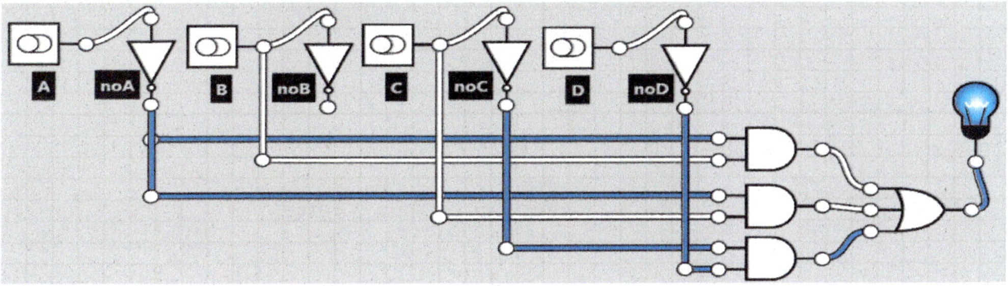

Andalucía - 2025 - Junio - Ejercicio 3A

a) Indicar el principio de funcionamiento y las aplicaciones principales de los sensores inductivos.

b) Considerando el circuito digital de la figura, se pide:

b1) Obtener la tabla de verdad y la función lógica S.

b2) La función S simplificada por el método de Karnaugh y su implementación con puertas lógicas.

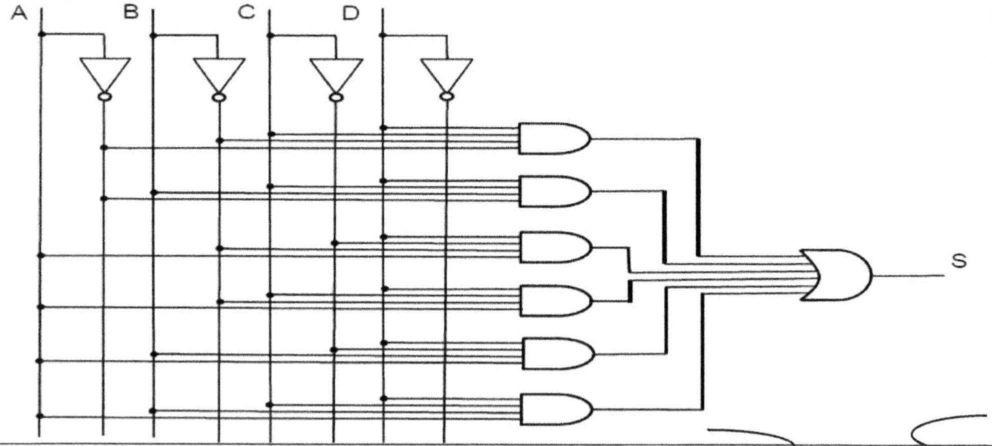

a) $(\underline{A}*\underline{B}*C*D)+(\underline{A}*B*C*D)+(A*\underline{B}*\underline{C}*D)+(A*\underline{B}*C*D)+(A*B*\underline{C}*D)+(A*B*C*D)$

Tabla de verdad:

	A	B	C	D	miniterms	F
0	0	0	0	0		0
1	0	0	0	1		0
2	0	0	1	0		0
3	0	0	1	1	$\underline{A}*\underline{B}*C*D$	1
4	0	1	0	0		0
5	0	1	0	1		0
6	0	1	1	0		0
7	0	1	1	1	$\underline{A}*B*C*D$	1
8	1	0	0	0		0
9	1	0	0	1	$A*\underline{B}*\underline{C}*D$	1
10	1	0	1	0		0
11	1	0	1	1	$A*\underline{B}*C*D$	1
12	1	1	0	0		0
13	1	1	0	1	$A*B*\underline{C}*D$	1
14	1	1	1	0		0
15	1	1	1	1	$A*B*C*D$	1

b) Mapa de Karnaugh:

CP/Pa T	00	01	11	10
00	0	0	1	0
01	0	0	1	0
11	0	1	1	0
10	0	1	1	0

F con suma de productos ("1"):

Dos grupos de 4 "1":

F=(A*D)+(C*D)=(A+C)*D

F con producto de sumas ("0"):

Un grupos de 8 "0" y uno de 4 "0":

S=D*(A+C)

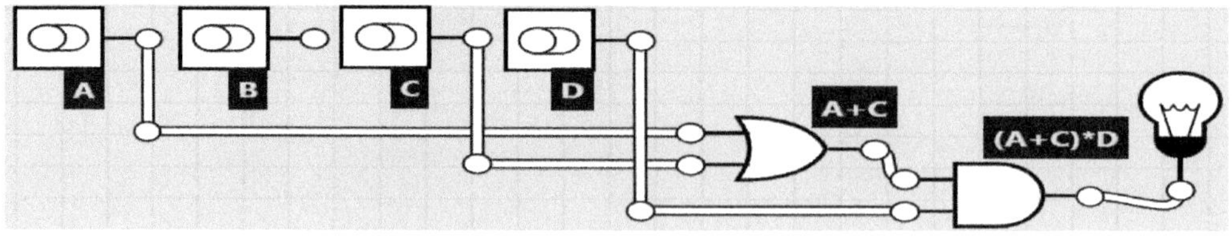

Andalucía - 2025 - Junio - Ejercicio 3B Dado el circuito digital de la figura, obtener otro simplificado que realice la misma función con puertas lógicas de dos entradas.	

$$A+B$$
$$\overline{(A+B)*(B*C)}=\overline{(A*B*C)+B*C}=\overline{ABC*\overline{BC}}$$
$$S$$
$$B*C$$
$$\overline{ABC*\overline{BC}}+\overline{(B*C)}$$
$$\underline{\overline{B*C}}$$

a) Tabla de verdad					Forma canónica

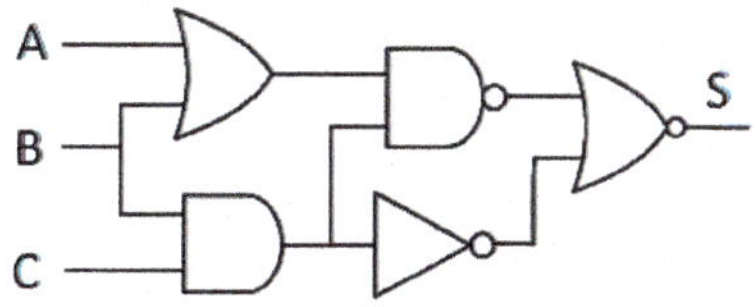

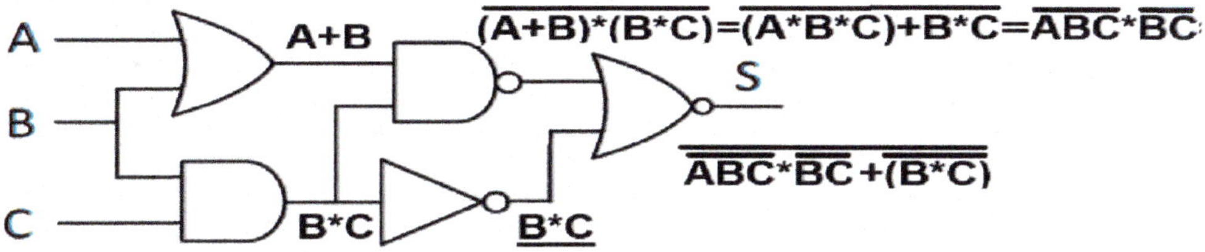

a) Tabla de verdad

a	b	c	$F=\overline{\overline{ABC*\overline{BC}}+\overline{(B*C)}}$ $f=-[-(A*B*C)*-(B*C)]+-(B*C)]$	
0	0	0	-[-(0*0*0)*-(0*0)+-(0*0)]=-[1*1+1]=0	
0	0	1	-[-(0*0*1)*-(0*1)+-(0*1)]=-[1*1+1]=0	
0	1	0	-[-(0*1*0)*-(1*0)+-(1*0)]=-[1*1+1]=0	
0	1	1	-[-(0*1*1)*-(1*1)+-(1*1)]=-[1*0+0]=1	A*B*C
1	0	0	-[-(1*0*0)*-(0*0)+-(0*0)]=-[1*1+1]=0	
1	0	1	-[-(1*0*1)*-(0*1)+-(0*1)]=-[1*1+1]=0	
1	1	0	-[-(1*1*0)*-(1*0)+-(1*0)]=-[1*1+1]=0	
1	1	1	-[-(1*1*1)*-(1*1)+-(1*1)]=-[0*0+0]=1	A*B*C

Forma canónica
$F=(\overline{A}*B*C)+(A*B*C)$
b) Método de Karnaugh

a/bc	00	01	11	10
0	0	0	1	0
1	0	0	1	0

Suma de productos "1"
$F=B*C$

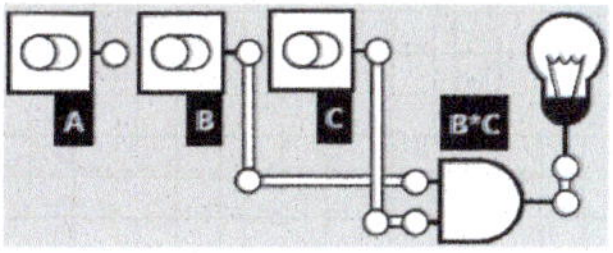

Cantabria - 2025 - Julio – 3.2 Obtener la ecuación lógica correspondiente al circuito de la figura y simplificar algebraicamente todo lo posible.	

$$\overline{a}$$
$$a*b*c+\underline{a}*b*c$$
$$b*c$$
$$\overline{b*c*(c+d)}$$
$$S$$
$$c+d$$
$$\underline{(c+d)}$$
$$(a*b*c+\underline{a}*b*c)+\overline{b*c*\underline{(c+d)}}+(c+d)=a*b*c+\underline{b}*c+c*d$$

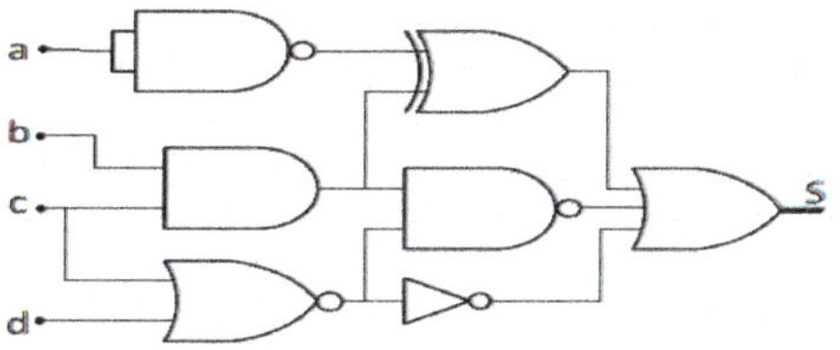

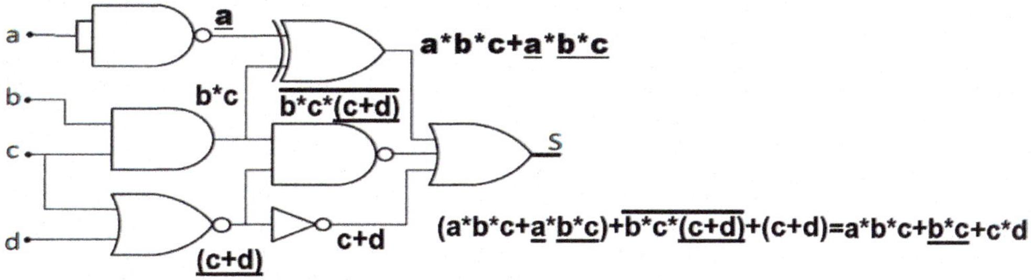

Asturias - 2025 - Junio - 4.A

Diseñe un circuito lógico combinacional con tres variables de entrada que cumple: La salida lógica es “1” cuando el valor binario de las variables de entrada es ≤ 2. En cualquier otro caso la salida es “0”. Determine:

a) Tabla de verdad y las funciones lógicas F canónica y simplificada.

b) Dibuje el circuito únicamente con puertas NAND de dos entradas.

a) Tabla de verdad

a	b	c	Nº binario	S
0	0	0	$0*2^2+0*2^1+0*2^0=0$	1
0	0	1	$0*2^2+0*2^1+1*2^0=1$	1
0	1	0	$0*2^2+1*2^1+0*2^0=2$	1
0	1	1	$0*2^2+1*2^1+1*2^0=3$	0
1	0	0	$1*2^2+0*2^1+0*2^0=4$	0
1	0	1	$1*2^2+0*2^1+1*2^0=5$	0
1	1	0	$1*2^2+1*2^1+0*2^0=6$	0
1	1	1	$1*2^2+1*2^1+0*2^0=7$	0

a)Función lógica canónica de “1”:

$F=\underline{\mathbf{a}}*\underline{\mathbf{b}}*\underline{\mathbf{c}}+\underline{\mathbf{a}}*\underline{\mathbf{b}}*c+\underline{\mathbf{a}}*b*\underline{\mathbf{c}}$

b) Método de Karnaugh para simplificar la función lógica.

a/**bc**	**00**	**01**	**11**	**10**
0	1	1	0	1
1	0	0	0	0

Suma de productos (unos):

$F(a,b,c)=(\underline{\mathbf{a}}*\underline{\mathbf{b}})+(\underline{\mathbf{a}}*\underline{\mathbf{c}})$

$$Fs(A,B,C)=\bar{A}\,\bar{B}+\bar{A}\,\bar{C}=\overline{\overline{\bar{A}\,\bar{B}+\bar{A}\,\bar{C}}}=\overline{\overline{\bar{A}\,\bar{B}}\cdot\overline{\bar{A}\,\bar{C}}}$$

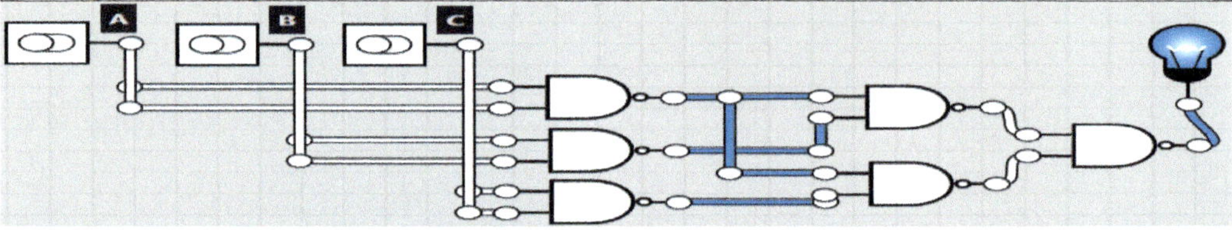

País Vasco - 2025 - Julio - Ejercicio 4.A

Un mecanismo está controlado por un sistema digital formado por tres sensores (A,B y C) de forma que se pone en marcha siempre que se active el sensor A y, además, al menos uno de los otros dos sensores. Se pide:

a) Tabla de verdad del sistema de control y función simplificada.

b) Esquema lógico-electrónico que controla el sistema de control.

a) Tabla de verdad:

	A	B	C	S
0	0	0	0	0
1	0	0	1	0
2	0	1	0	0
3	0	1	1	0
4	1	0	0	0
5	1	0	1	1
6	1	1	0	1
7	1	1	1	1

b) Mapa de Karnaugh:

A / BC	00	01	11	10
0	0	0	1	0
1	0	0	1	1

S=A*B+A*C

A / BC	00	01	11	10
0	0	0	1	0
1	0	0	1	1

S=A*(B+C) ¡más sencilla!

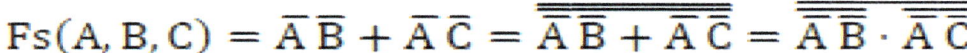

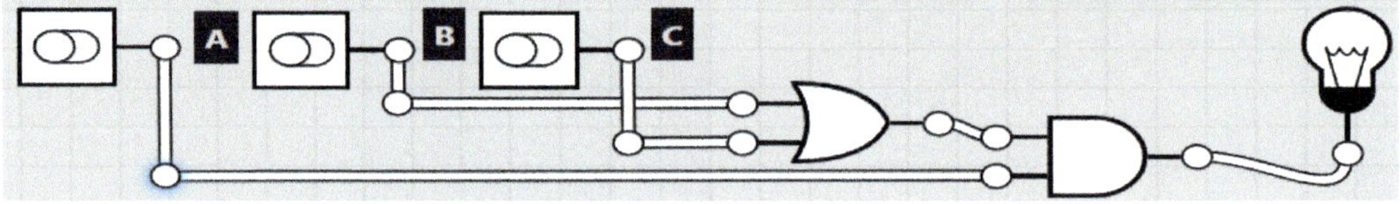

Valencia - 2025 - Junio - Ejercicio 2B

Se ha instalado un sistema digital de reconocimiento facial para gestionar el acceso de entrada a una empresa. Se utiliza un circuito digital combinacional con 3 entradas de factores faciales, boca, cejas y nariz (B, C, N). La salida del circuito es 1 cuando el número binario (formado por BCN) de la entrada sea 0, 2 o 4. La salida será 0 en el resto de los casos.

a) Calcule la tabla de verdad de este circuito.

b) Función lógica simplificada y circuito digital usando puertas lógicas.

a) Tabla de verdad:

F=1 si el binario $BCN_2=(0, 2, 4)_{10}$

B	C	N		F
0	0	0	$0*2^2+0*2^1+0*2^0=0$	1
0	0	1	$0*2^2+0*2^1+1*2^0=1$	0
0	1	0	$0*2^2+1*2^1+0*2^0=2$	1
0	1	1	$0*2^2+1*2^1+1*2^0=3$	0
1	0	0	$1*2^2+0*2^1+0*2^0=4$	1
1	0	1	$1*2^2+0*2^1+1*2^0=5$	0
1	1	0	$1*2^2+1*2^1+0*2^0=6$	0
1	1	1	$1*2^2+1*2^1+0*2^0=7$	0

b) Mapa de Karnaugh:

B / CN	00	01	11	10
0	1	0	0	1
1	1	0	0	0

Función con suma de productos "1":

$F=(\underline{\mathbf{B}}*\underline{\mathbf{N}})+(\underline{\mathbf{C}}*\underline{\mathbf{N}})$

Función con producto de sumas "0":

$F=(\underline{\mathbf{B}}+\underline{\mathbf{C}})*\underline{\mathbf{N}}$

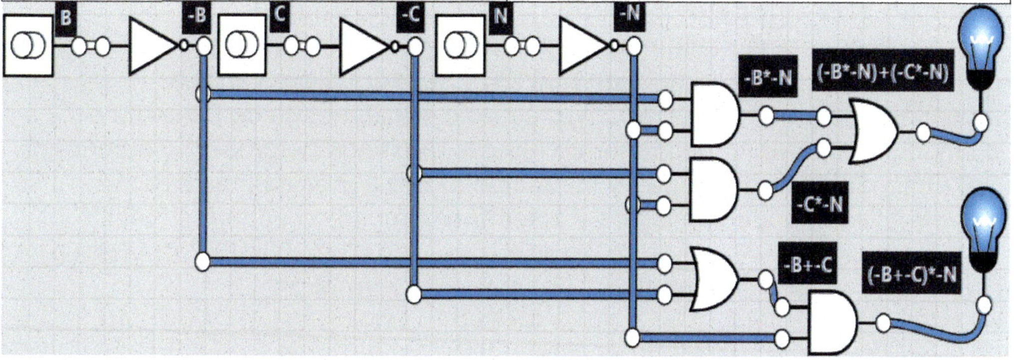

Valencia - 2025 - Julio - 1

Se desea diseñar un sistema de riego de un invernadero con dos sensores:

-Sensor de humedad (H): H=1 suele con humedad, H=0 suelo seco.

-Sensor de temperatura (T): T=1 calor, T=0 frío.

El sistema de riego se alimenta de agua de un depósito con un sensor (D): D=1 depósito con agua, D=0 depósito vacío.

El sistema de riego (R) se pondrá en funcionamiento R=1 cuando:

-Hay agua en el depósito y el suelo esté seco: D=1, H=0.

-Hay agua en el depósito y la temperatura es elevada: D=1, T=1.

a) Obtener tabla de verdad.

b) Función de R simplificada mediante Karnagh.

c) Representar con puertas lógicas la función obtenida.

a) Tabla de verdad:
R=1 si (D=1 y H=0) o (D=1 y T=1)

n	D	H	T	R
0	0	0	0	0
1	0	0	1	0
2	0	1	0	0
3	0	1	1	0
4	1	0	0	1
5	1	0	1	1
6	1	1	0	0
7	1	1	1	1

b) Mapa de Karnaugh de la función R:

D / HT	00	01	11	10
0	0	0	0	0
1	1	1	1	0

Función con suma de productos "1":
$F=(D*\underline{H})+(D*T)=D*(\underline{H}+T)$

Función con producto de sumas "0":
$F=D*(\underline{H}+T)$

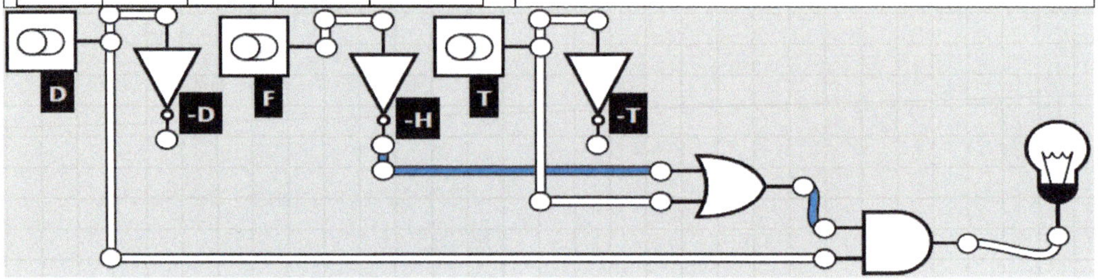

Castilla-León - modelo de prueba - 2025 - Problema 5

Diseñar el control digital de la señal de alarma con tres sensores: sensor de incendio (A), sensor de humedad (B) y sensor de presión (C).
La señal de alarma se debe activar cuando exista riesgo de incendio o cuando se superen conjuntamente niveles máximos de presión y humedad.

a) Obtén la tabla de verdad y la función lógica canónica más sencilla.
b) Simplificar la función lógica y diseñar el circuito con puertas NAND.

a) Tabla de verdad:

Ai	Bh	Cp	caso1	caso2
0	0	0		0
0	0	1		0
0	1	0		0
0	1	1		1
1	0	0	1	
1	0	1	1	
1	1	0	1	
1	1	1	1	

a) $F_{Maxiterms}=(A+B+C)*(A+B+\underline{C})*(A+\underline{B}+C)$

b) Mapa de Karnaugh:

A / BC	00	01	11	10
0	0	0	1	0
1	1	1	1	1

Suma de productos "1" F=A+(B*C)
Conversión a puertas Nand.

$$A+(B*C)=\overline{\overline{A+(B*C)}}=\overline{\overline{A}*\overline{(B*C)}}$$

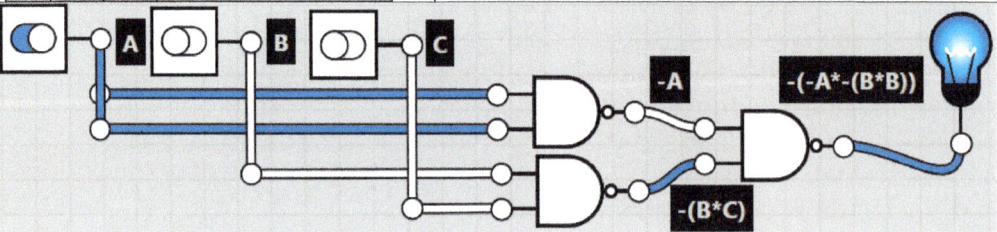

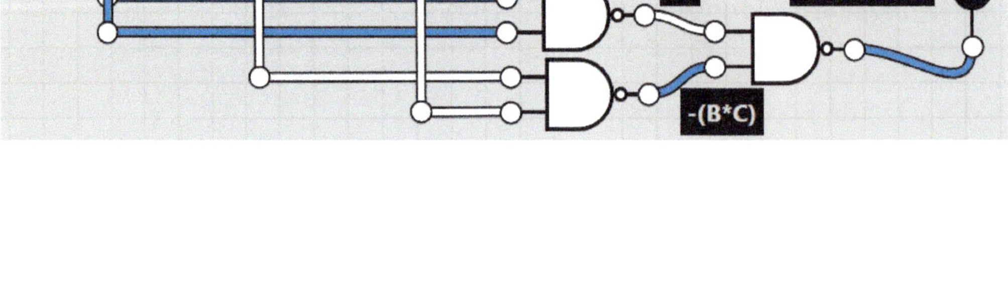

Cantabria y Murcia – 2025 - modelo de prueba - Ejercicio 2 y 4

Diseñar un sistema digital para automatizar la activación de un sistema de extinción de incendios en un recinto protegido. El sistema se disparará automáticamente dependiendo de la combinación de 3 variables M, P y T:

-caso1: El sensor de temperatura “T” esté activado, o

-caso2: Las puertas del recinto estén cerradas P=1 y el contacto “M” que dispara el sistema de extinción manualmente esté desactivado M=0.

a) Tabla de verdad y función lógica con Minterms (suma de productos).

b) Simplificar la función lógica y diseñar el circuito con puertas NAND.

a) Tabla de verdad:

T	P	M	caso1	caso2
0	0	0	0	
0	0	1	0	
0	1	0		1
0	1	1	0	
1	0	0	1	
1	0	1	1	
1	1	0	1	
1	1	1	1	

a) $F_{Minterms}=(T+P+M)*(T+P+\underline{\mathbf{M}})*(T+\underline{\mathbf{P}}+\underline{\mathbf{M}})$

b) Mapa de Karnaugh:

T / PM	00	01	11	10
0	0	0	0	1
1	1	1	1	1

Suma de productos “1” $F=T+(P*\underline{\mathbf{M}})$

Conversión a puertas Nand.

$$\mathbf{F=T+(P*\underline{M})=\overline{\overline{T+(P*\underline{M})}}=\overline{\overline{T}*\overline{(P*\underline{M})}}}$$

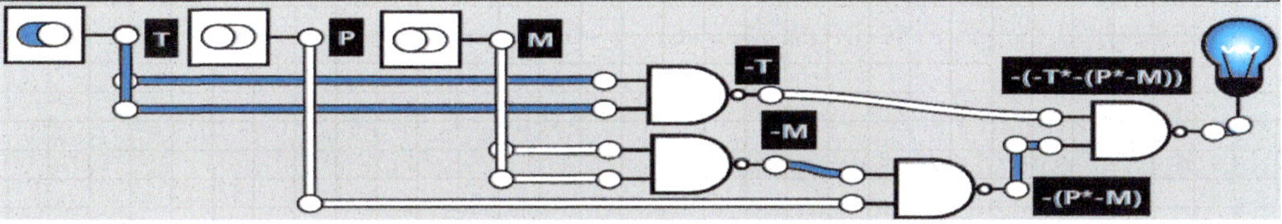

La Rioja - 2025 - Julio - 4.2

Se tiene una cerradura controlada por un electroimán (relé). La cerradura permanece bloqueada por el émbolo del electroimán cuando no pasa corriente por su bobina (posición de reposo). Cuando se introduzca, mediante tres interruptores de entrada (A, B y C) la combinación de “1” y “0” lógicos adecuada, el electroimán se activará y abre el cerrojo. Condiciones de apertura: el electroimán se activa cuando al menos una de las entradas B o C está activada, pero cierra si la entrada A está activada.

a) Obtener la tabla de verdad y la función lógica expresada en MINTERMS.

b) Simplificar la función lógica e implementar el circuito con puertas NAND.

a) Tabla de verdad:

A	B	C	Relé
0	0	0	0
0	0	1	1
0	1	0	1
0	1	1	1
1	0	0	0
1	0	1	0
1	1	0	0
1	1	1	0

a) $F_{Miniterms}=(\underline{\mathbf{A}}*\underline{\mathbf{B}}*C)+(\underline{\mathbf{A}}*B*\underline{\mathbf{C}})+(\underline{\mathbf{A}}*B*C)$

b) Mapa de Karnaugh:

A / BC	00	01	11	10
0	0	1	1	1
1	0	0	0	0

Suma de productos “1” $F=(\underline{\mathbf{A}}*C)+(\underline{\mathbf{A}}*B)$

Conversión a puertas Nand.

$$\mathbf{(\underline{A}*B)+(\underline{A}*C)=\overline{\overline{(\underline{A}*B)+(\underline{A}*C)}}=\overline{\overline{(\underline{A}*B)}*\overline{(\underline{A}*C)}}}$$

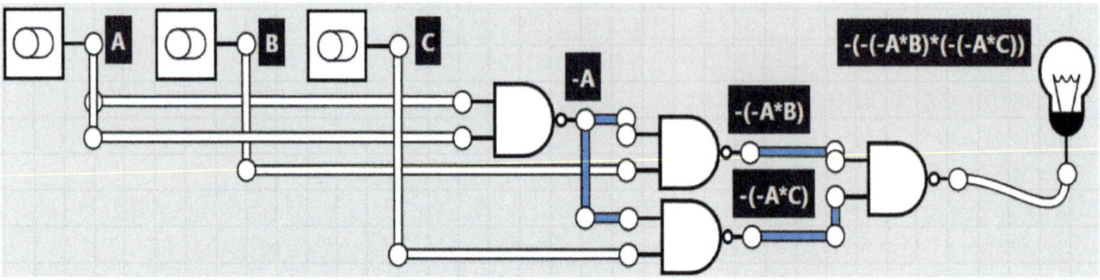

Murcia - 2025 – Junio y Julio - Ejercicio 2.4

Diseñar un sistema electrónico digital para controlar el motor de una grúa (G), que se pone en marcha según el estado de 3 variables M, P, T:

-Caso1: Si el sensor “M” que detecta la presencia de operarios en la zona de la grúa esté desactivado, y simultáneamente se actúe sobre el pulsador manual de puesta en marcha del motor “P”. Indistintamente del estado del sensor “T” que detecta si la grúa tiene carga suspendida.

-Caso2: Adicionalmente el motor del puente grúa también se pondrá en marcha al actuar sobre el pulsador “P”, aunque haya operarios en la zona de operación (sensor “M” activado), siempre que no haya ninguna carga suspendida del puente grúa (sensor “T” desactivado).

Se pide, obtener:

a) Tabla de verdad y la función lógica de salida en su segunda forma canónica desarrollada y compacta.

b) Función lógica simplificada en forma de “Maxterms”.

c) Diseñar el circuito lógico utilizando el “mínimo” número de puertas lógicas NOR de dos entradas y simbología normalizada ANSI-IEEE.

a) Tabla de verdad:

<table>
<tr><th>M</th><th>P</th><th>T</th><th>caso1</th><th>caso2</th></tr>
<tr><td>0</td><td>0</td><td>0</td><td colspan="2">0</td></tr>
<tr><td>0</td><td>0</td><td>1</td><td colspan="2">0</td></tr>
<tr><td>0</td><td>1</td><td>0</td><td>1</td><td></td></tr>
<tr><td>0</td><td>1</td><td>1</td><td>1</td><td></td></tr>
<tr><td>1</td><td>0</td><td>0</td><td colspan="2">0</td></tr>
<tr><td>1</td><td>0</td><td>1</td><td colspan="2">0</td></tr>
<tr><td>1</td><td>1</td><td>0</td><td></td><td>1</td></tr>
<tr><td>1</td><td>1</td><td>1</td><td colspan="2">0</td></tr>
</table>

$G_{miniterms}=(\underline{\mathbf{M}}*P*\underline{\mathbf{T}})+(\underline{\mathbf{M}}*P*T)+(M*P*\underline{\mathbf{T}})$

b) Mapa de Karnaugh:

M / PT	00	01	11	10
0	0	0	1	1
1	0	0	0	1

Función con producto de sumas “0”:

$G=P*(\underline{\mathbf{M}}+\underline{\mathbf{T}})$

Conversión a puertas NOR.

$$\mathbf{P*(\underline{M}+\underline{T})=\overline{\overline{P*(\underline{M}+\underline{T})}}=\overline{\overline{P}+\overline{(\underline{M}+\underline{T})}}}$$

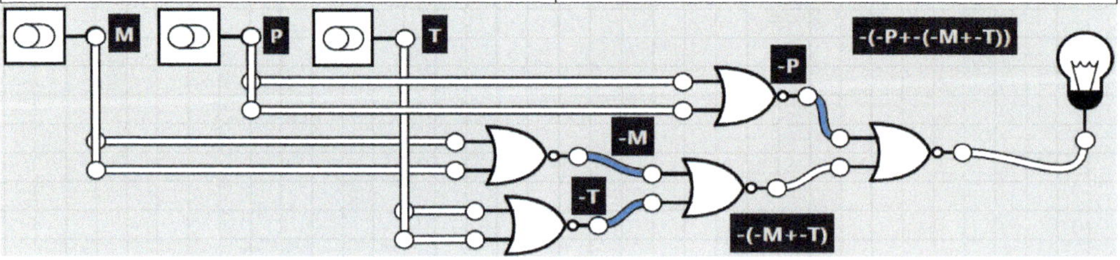

Asturias - 2025 - Julio – Ejercicio 4.B

Una máquina se controla con 3 sensores A,B,C digitales, con estados “0” ó “1” según estén desactivados o activados respectivamente. La máquina está activa si está activado el sensor B independientemente de cómo estén los otros sensores, excepto en el caso de que se activen los tres sensores simultáneamente, combinación para la cual la máquina se detiene.

a) Obtener tabla de verdad y función lógica en su 1ª forma canónica.

b) Simplificar la función e implementarla el circuito con puertas lógicas.

a) Tabla de verdad:

A	B	C	F
0	0	0	0
0	0	1	0
0	1	0	1
0	1	1	1
1	0	0	0
1	0	1	0
1	1	0	1
1	1	1	0

F=1 si B=1 pero F=0 si A=B=C=1

$F_{miniterm,1^a}=m_2+m_3+m_6=(\underline{\mathbf{A}}*B*\underline{\mathbf{C}})+(\underline{\mathbf{A}}*B*C)+(A*B*\underline{\mathbf{C}})$

b) Mapa de Karnaugh:

A / BC	00	01	11	10
0	0	0	1	1
1	0	0	0	1

Producto de sumas: $F=(\underline{\mathbf{A}}*B)+(B*\underline{\mathbf{C}})=B*(\underline{\mathbf{A}}+\underline{\mathbf{C}})$

Suma de productos: $F=B*(\underline{\mathbf{A}}+\underline{\mathbf{C}})$

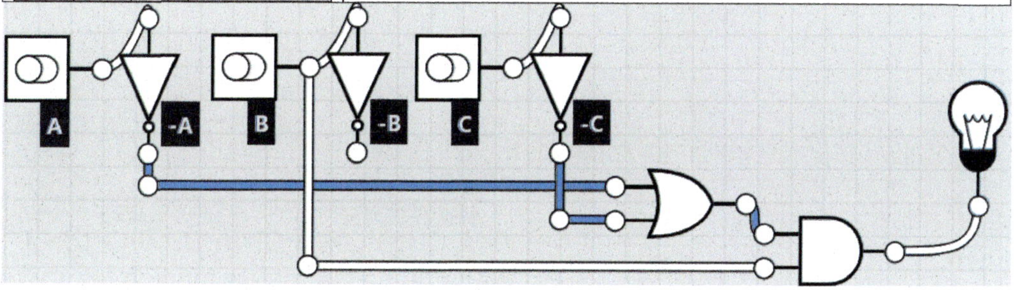

Castilla-León - 2025 - Junio - 4.A

En la figura, CD es un circuito digital que indica el nivel del agua de un depósito. Si el líquido no llega a S1, no se enciende ninguna lámpara, si llega a S1 sólo se enciende la lámpara L1, si llega a S2, se enciende sólo L2 y si llega a S3, sólo se activa L3. Si se da alguna combinación de la que se deduzca un fallo en la detección de nivel se encienden las 3 lámparas a la vez.

a) Tabla de verdad para las tres salidas.

b) Mapa de Karnaugh las tres salidas.

c) Funciones lógicas simplificadas con puertas NAND.

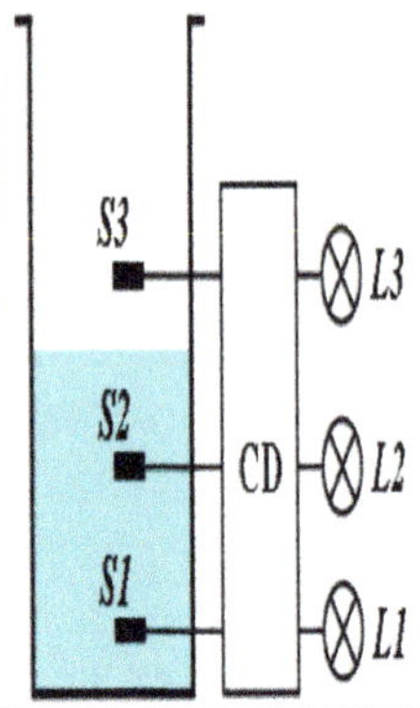

a) Tabla de verdad:

L1=1 si S1=1, S2=0, S3=0

L2=1 si S1=1, S2=1, S3=0

L3=1 si S1=1, S2=1, S3=1

Si S1=S2=S3=0 → L1=L2=L3=0

Si situación de fallo → L1=L2=L3=1

entradas			salidas		
S1	S2	S3	L1	L2	L3
0	0	0	0	0	0
0	0	1	1	1	1
0	1	0	1	1	1
0	1	1	1	1	1
1	0	0	1	0	0
1	0	1	1	1	1
1	1	0	0	1	0
1	1	1	0	0	1

b) Mapa de Karnaugh de función L1:

A / BC	00	01	11	10
0	0	1	1	1
1	1	1	0	0

Producto de S: $F=(A*\underline{\mathbf{B}})+(\underline{\mathbf{A}}*B)+(\underline{\mathbf{B}}*C)$

$$F=\overline{\overline{\overline{\overline{(A*\underline{B})+(\underline{A}*B)}}+(\underline{B}*C)}}=\overline{\overline{\overline{\overline{(A*\underline{B})}*\overline{(\underline{A}*B)}}}*\overline{(\underline{B}*C)}}$$

Mapa de Karnaugh de función L2:

A / BC	00	01	11	10
0	0	1	1	1
1	0	1	0	1

Producto de S: $F=(B*\underline{\mathbf{C}})+(\underline{\mathbf{B}}*C)+(\underline{\mathbf{A}}*C)$

$$F=\overline{\overline{\overline{\overline{(\underline{A}*C)+(B*\underline{C})}}+(\underline{B}*C)}}=\overline{\overline{\overline{\overline{(\underline{A}*C)}*\overline{(B*\underline{C})}}}*\overline{(\underline{B}*C)}}$$

Mapa de Karnaugh de función L3:

A / BC	00	01	11	10
0	0	1	1	1
1	0	1	1	0

Producto de S $F=C+(\underline{A}*B)=\overline{\overline{C+(\underline{A}*B)}}=\overline{\overline{C}*\overline{(\underline{A}*B)}}$

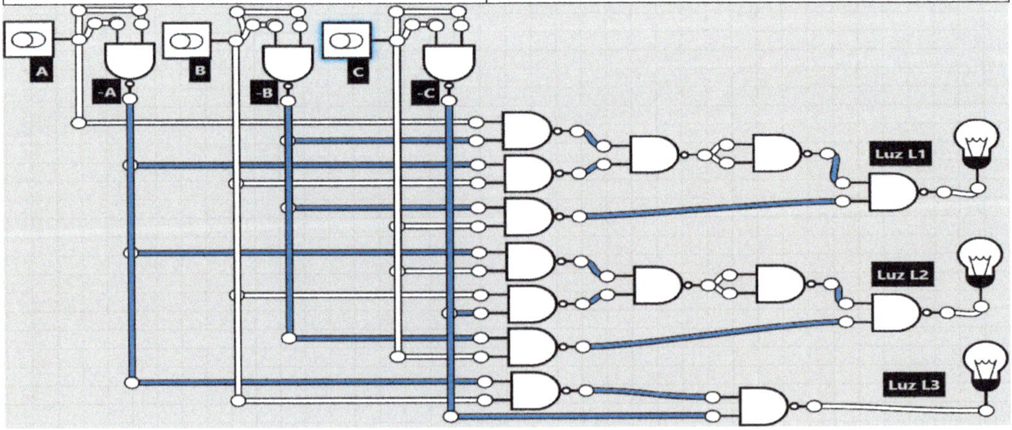

Galicia – 2025 - modelo de prueba - Problema 4

Los vehículos de dos puertas disponen del siguiente funcionamiento para la luz interior de cortesía. La luz interior se enciende cuando el actuador de cada puerta se desactiva o cuando el conductor, de manera voluntaria, activa el correspondiente botón en el panel de instrumentos.

Responda estos tres apartados:

1) Defina la tabla de verdad y la función lógica por el mapa de Karnaugh.
2) Represente el circuito lógico con puertas NAND de dos entradas.
3) Represente el circuito lógico con puertas NAND de tres entradas.

1) Tabla de verdad:

F=1 si sensor puerta P1=0 o P2=0

F=1 si botón B=1

entradas			salida
B	P1	P2	F
0	0	0	1
0	0	1	1
0	1	0	1
0	1	1	0
1	0	0	1
1	0	1	1
1	1	0	1
1	1	1	1

.

Mapa de Karnaugh de función L1:

B / p1p2	00	01	11	10
0	1	1	0	1
1	1	1	1	1

Producto de S: $F=B+\underline{\mathbf{P1}}+\underline{\mathbf{P2}}$

Suma de P: $F=B+\underline{\mathbf{P1}}+\underline{\mathbf{P2}}$

2) Cambio a NAND de 2 y 3 entradas:

$$F=B+\underline{P1}+\underline{P2}=\overline{\overline{B+\underline{P1}+\underline{P2}}}=\overline{\overline{B}*\overline{\underline{P1}}*\overline{\underline{P2}}}=\overline{\underline{B}*P1*P2}$$

3) Conversión a NAND de 2 entradas:

$$F=B+\underline{P1}+\underline{P2}=\overline{\overline{\overline{\overline{B+\underline{P1}}}+\underline{P2}}}=\overline{\overline{\overline{\overline{B}*\overline{\underline{P1}}}}*\overline{\underline{P2}}}=\overline{\overline{\overline{\underline{B}*P1}}*P2}$$

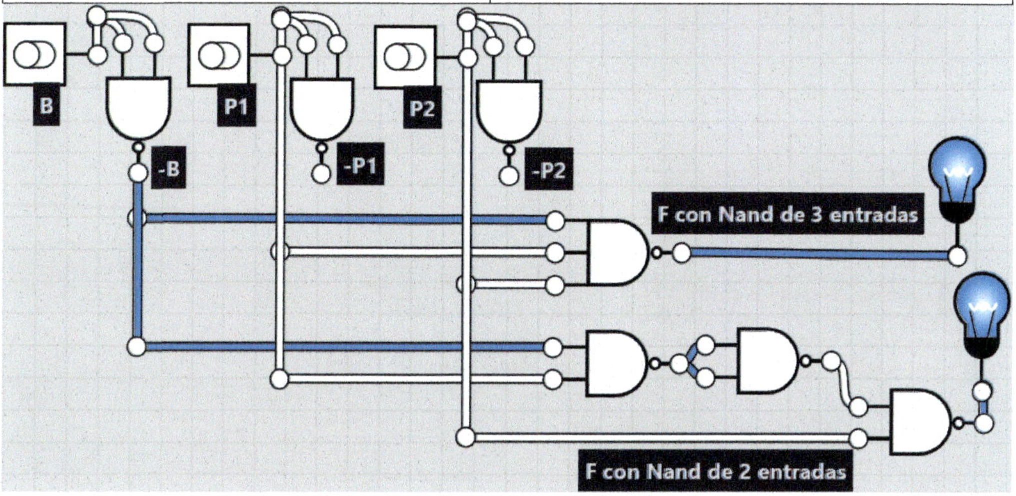

Andalucía – 2025 - modelo de prueba – Ejercicio 2.B

Para que se active el motor M se deben cumplir las condiciones: que se presione el pulsador de arranque, P, que el sensor que detecta exceso de temperatura del motor, T, esté a "0" y que la llave de contacto, C, esté a "1". En el caso de que la temperatura sea excesiva (T=1) el motor se podrá activar mediante un pulsador auxiliar Pa, independientemente del estado de las demás variables.

a) Obtener la función lógica M simplificada por Karnaugh.

b) Circuito lógico mediante puertas lógicas.

a) Tabla de verdad: M=1 si:

caso1: C=1, P=1, T=0 → 12,14

caso2: Pa=1, T=1 → 3,7,11,15

	C	P	Pa	T	M
0	0	0	0	0	0
1	0	0	0	1	0
2	0	0	1	0	0
3	0	0	1	1	1
4	0	1	0	0	0
5	0	1	0	1	0
6	0	1	1	0	0
7	0	1	1	1	1
8	1	0	0	0	0
9	1	0	0	1	0
10	1	0	1	0	0
11	1	0	1	1	1
12	1	1	0	0	1
13	1	1	0	1	0
14	1	1	1	0	1
15	1	1	1	1	1

b) Mapa de Karnaugh:

CP/Pa T	00	01	11	10
00	0	0	1	0
01	0	0	1	0
11	1	0	1	1
10	0	0	1	0

F con suma de productos ("1"):

un grupo de 4 "1": Pa*T

un grupo de 2 "1": C*P*$\underline{\mathbf{T}}$

S=(Pa*T)+(C*P*$\underline{\mathbf{T}}$)

CP/Pa T	00	01	11	10
00	0	0	1	0
01	0	0	1	0
11	1	0	1	1
10	0	0	1	0

F con producto de sumas ("0"):

3 grupos de 4 "0":

S=(C+T)*(P+T)*(Pa+$\underline{\mathbf{T}}$)

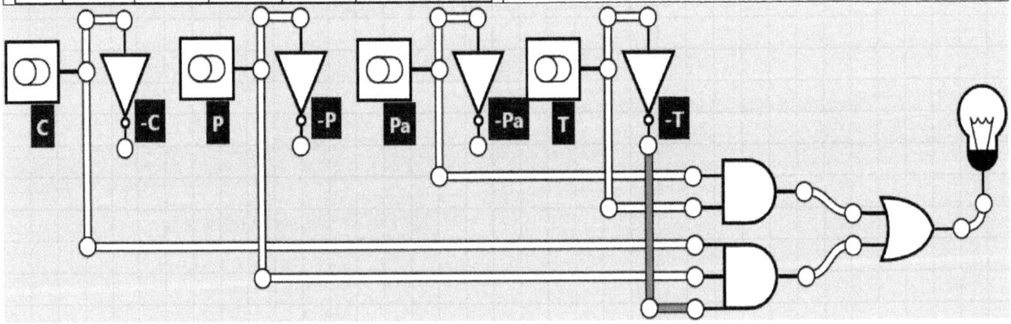

Navarra - 2025 - Junio - 4

La veleta de un aerogenerador tiene su eje conectado al conmutador rotativo SW1 con 4 contactos digitales denominados J, K, L y M, que toman los valores mostrados en la tabla según la orientación de la veleta. Se pide:

a) Tabla de verdad de una función "Y" que indique con un "1" lógico que la veleta está orientada al Oeste-sudoeste (OSO), al oeste (O) o al este (E).

b) Tabla de verdad de "Z" que indique con un "1" cuando el viento viene del Sur-sudoeste (SSO), del Sudoeste (SO) o del Oeste-sudoeste (OSO).

c) Simplificar las funciones lógicas e dibujar sus circuitos digitales.

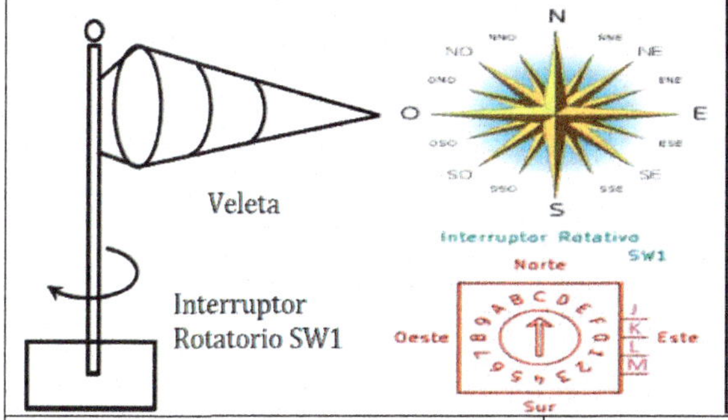

Posición del rotor del interruptor SW1	Estado de los contactos			
	J	K	L	M
0	0	0	0	0
1	0	0	0	1
2	0	0	1	1
3	0	0	1	0
4	0	1	1	0
5	0	1	1	1
6	0	1	0	1
7	0	1	0	0
8	1	1	0	0
9	1	1	0	1
A	1	1	1	1
B	1	1	1	0
C	1	0	1	0
D	1	0	1	1
E	1	0	0	1
F	1	0	0	0

Tabla de verdad de "Y" y "Z":

	J	K	L	M	**Y**	**Z**
N	0	0	0	0		
NNE	0	0	0	1		
NE	0	0	1	0		
ENE	0	0	1	1		
E	0	1	0	0	1	
ESE	0	1	0	1		
SE	0	1	1	0		
SEE	0	1	1	1		
S	1	0	0	0		
SSO	1	0	0	1		1
SO	1	0	1	0		1
OSO	1	0	1	1	1	1
O	1	1	0	0	1	
ONO	1	1	0	1		
NO	1	1	1	0		
NNO	1	1	1	1		

a) Mapa de Karnaugh de la función Y:

JK / LM	00	01	11	10
00	0	0	0	0
01	1	0	0	0
11	1	0	0	0
10	0	0	1	0

F con suma de productos ("1"):

grupo de 2 "1": Pa*T y grupo de 1: $C*P*\underline{\mathbf{T}}$

$S=(K*\underline{\mathbf{L}}*\underline{\mathbf{M}})+(J*\underline{\mathbf{K}}*L*M)$

b) Mapa de Karnaugh de la función Z:

JK / LM	00	01	11	10
00	0	0	0	0
01	0	0	0	0
11	0	0	0	0
10	0	1	1	1

F con sumas de productos ("1"):

2 grupos de 2 "1": $S=(J*\underline{\mathbf{K}}*L)+(J*\underline{\mathbf{K}}*M)$

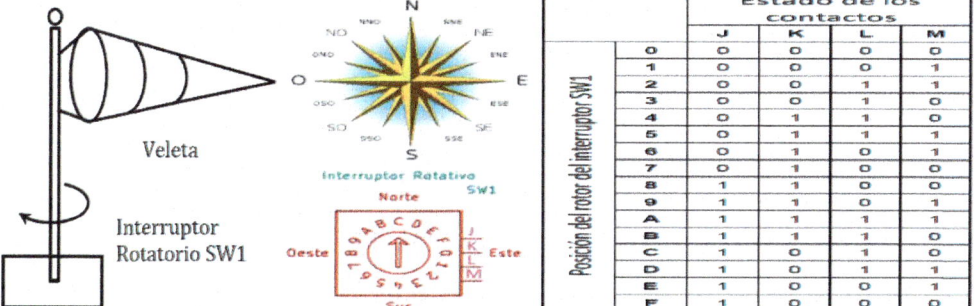

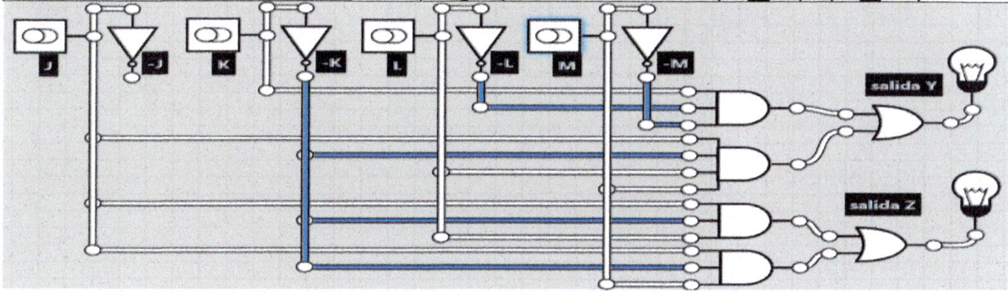

País Vasco - 2025 - Junio - Ejercicio 4.A

El sistema de alimentación de una máquina está controlado por un sistema digital formado por 4 sensores (A, B, C y D). El sistema de bloqueo se activa en cualquiera de los siguientes casos:

- Cuando se activa únicamente el sensor A.
- Cuando se activan únicamente los sensores B y C.
- Cuando se activa el sensor D independientemente del estado de los sensores restantes.

a) Tabla de verdad del sistema de bloqueo: S=1 activado; S=0 desactivado.
b) Representar el Mapa de Karnaugh.
c) La función mínima simplificada del sistema de bloqueo.
d) El esquema lógico electrónico que controla el sistema de bloqueo.

a) Tabla de verdad:

	A	B	C	D	S
0	0	0	0	0	0
1	0	0	0	1	1
2	0	0	1	0	0
3	0	0	1	1	1
4	0	1	0	0	0
5	0	1	0	1	1
6	0	1	1	0	1
7	0	1	1	1	1
8	1	0	0	0	1
9	1	0	0	1	1
10	1	0	1	0	0
11	1	0	1	1	1
12	1	1	0	0	0
13	1	1	0	1	1
14	1	1	1	0	0
15	1	1	1	1	1

b) Mapa de Karnaugh:

AB / CD	00	01	11	10
00	0	1	1	0
01	0	1	1	1
11	0	1	1	0
10	1	1	1	0

c1) Función simplificada con suma de productos ("1"):

grupo de 8 "1": D

grupo de 2 "1": A***B*****C** y **A***B*C

S=D+(A***B*****C**)+(**A***B*C)

AB / CD	00	01	11	10
00	0	1	1	0
01	0	1	1	1
11	0	1	1	0
10	1	1	1	0

c2) Función simplificada con producto de sumas ("0"):

grupo de 2 "1": hay 3

S=(A+B+D)*(**B**+C+D)*(**A**+**C**+D)

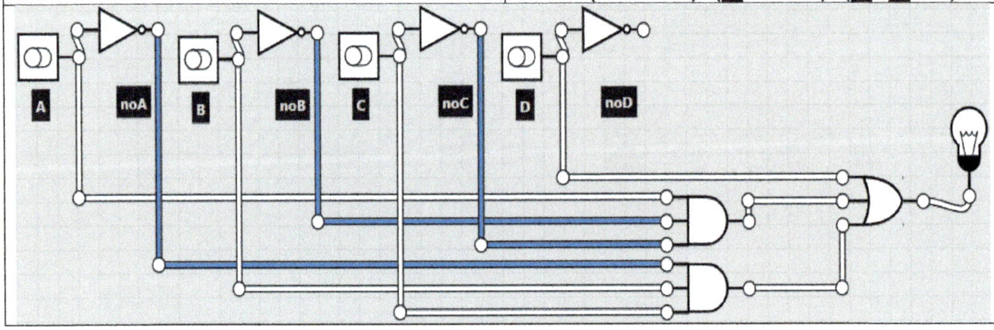

Valencia – 2025 - modelo de prueba - Ejercicio 3.A

En una explotación agrícola, se han implementado sistemas de seguridad y gestión. En la casa de aperos o pequeño almacén exterior, se ha instalado un sistema digital de alarma para gestionar los sistemas de riego. Este sistema utiliza un circuito combinacional con una entrada de cuatro bits (y3, y2, y1, y0). La salida del circuito será 1 cuando el número binario de la entrada sea 0, múltiplo de 4 distinto de 12.

a) Calcule la tabla de verdad de este circuito.

b) Obtenga el mapa de Karnaugh asociado.

c) Implemente usando solamente puertas lógicas del tipo NOT, AND y OR el caso de función combinacional mínima (menor número de puertas posible). Puede usar la norma ASA o la DIN para su representación.

a) Tabla de verdad:

	y3	y2	y1	y0	S
0	0	0	0	0	1
1	0	0	0	1	0
2	0	0	1	0	0
3	0	0	1	1	0
4	0	1	0	0	1
5	0	1	0	1	0
6	0	1	1	0	0
7	0	1	1	1	0
8	1	0	0	0	1
9	1	0	0	1	0
10	1	0	1	0	0
11	1	0	1	1	0
12	1	1	0	0	0
13	1	1	0	1	0
14	1	1	1	0	0
15	1	1	1	1	0

b) Mapa de Karnaugh:

AB / CD	00	01	11	10
00	1	0	0	0
01	1	0	0	0
11	0	0	0	0
10	1	0	0	0

c1) Función con suma de productos:

grupos de 2 "1" **y3*****y1*****y0** y **y2*****y1*****y0**

S=(**y3*****y1*****y0**)+(**y2*****y1*****y0**)

AB / CD	00	01	11	10
00	1	0	0	0
01	1	0	0	1
11	0	0	0	0
10	1	0	0	0

c2) Función con producto de sumas:

2 grupos de 8 "1": **y0** y **y1**

1 grupo de 4 "1": **y3**+**y2**

S=(**y0**)*(**y1**)*(**y3**+**y2**)

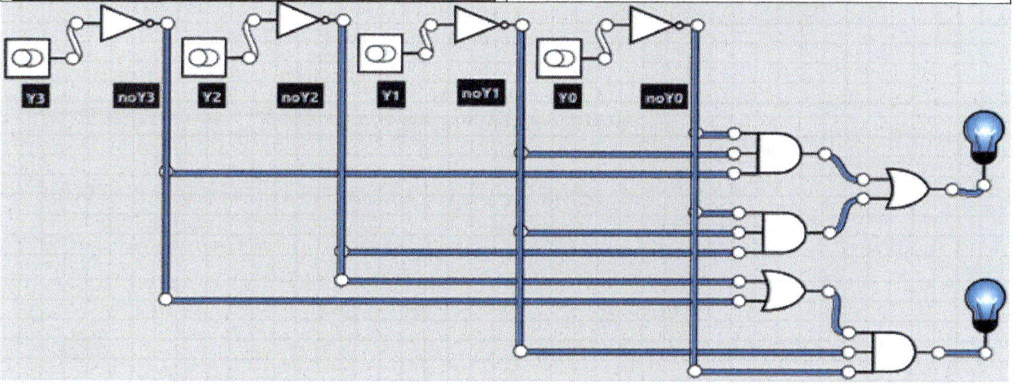

Castilla-La Mancha – 2025 - Junio - Problema 4

Para proteger de forma eficiente un almacén se diseña un sistema de seguridad formado por 4 sensores y una alarma que avisa hay situaciones de riesgo en el almacén. Los cuatro sensores son los siguientes:

A: sensor de puerta que detecta si la puerta está abierta o cerrada.
B: sensor de movimiento que indica si hay alguien dentro del almacén.
C: sensor de ventana que detecta si la ventana está rota o no.
D: sensor de horario nocturno que dice si es de noche (D=1) o día (D=0).

La alarma debe activarse (S=1) en los siguientes casos:

1 Si la puerta está abierta y hay movimiento dentro de la bodega.
2 Si la ventana está rota y es de noche.
3 Si hay movimiento dentro de la bodega y es de noche.

a) Construye la tabla de verdad con las 4 variables de entrada y la salida.
b) Función lógica simplificada usando mapas de Karnaugh.
c) Implementar circuito digital mediante puertas NAND de 2 entradas.

a) Tabla de verdad:

	A	B	C	D	S
0	0	0	0	0	0
1	0	0	0	1	0
2	0	0	1	0	0
3	0	0	1	1	1
4	0	1	0	0	0
5	0	1	0	1	1
6	0	1	1	0	0
7	0	1	1	1	1
8	1	0	0	0	0
9	1	0	0	1	0
10	1	0	1	0	0
11	1	0	1	1	1
12	1	1	0	0	1
13	1	1	0	1	1
14	1	1	1	0	1
15	1	1	1	1	1

caso1 S=1 si A=1 y B=1 → 12,13,14,15
caso2 S=1 si C=1 y D=1 → 3,7,11,15
caso3 S=1 si B=1 y D=1 → 5,7,13

b) Mapa de Karnaugh de función S

AB / CD	00	01	11	10
00	0	0	1	0
01	0	1	1	0
11	1	1	1	1
10	0	0	1	0

Función con suma de productos:
S=(A*B)+(B*D)+(C*D)
Conversión a puertas Nand.

Función con producto de sumas:
S=(**A̲**+**D̲**)*(**B̲**+**C̲**)*(**B̲**+**D̲**)

$(A*B)+(B*D)+(C*D)=(A+D)*B+(C*D)=\overline{\overline{(A+D)*B+(C*D)}}=\overline{\overline{(A+D)*B}*\overline{(C*D)}}=\overline{\overline{\overline{\overline{(A+D)}}*B}*\overline{(C*D)}}=\overline{\overline{\overline{(\underline{A}*\underline{D})}*B}*\overline{(C*D)}}$

$S=\overline{\overline{A\cdot B+B\cdot D+C\cdot D}}=\overline{\overline{A\cdot B}\cdot\overline{B\cdot D}\cdot\overline{C\cdot D}}$ pero se usa una puerta Nand de 3 entradas.

$S=(A*B)+(B*D)+(C*D)=\overline{\overline{(A*B)+(B*D)}}+(C*D)=\overline{\overline{(A*B)}*\overline{(B*D)}}+(C*D)=\overline{\overline{\overline{\overline{(A*B)}*\overline{(B*D)}}+(C*D)}}=\overline{\overline{\overline{(A*B)}*\overline{(B*D)}}*\overline{(C*D)}}$

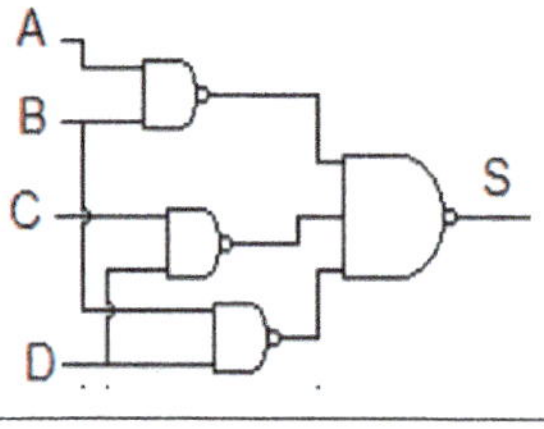

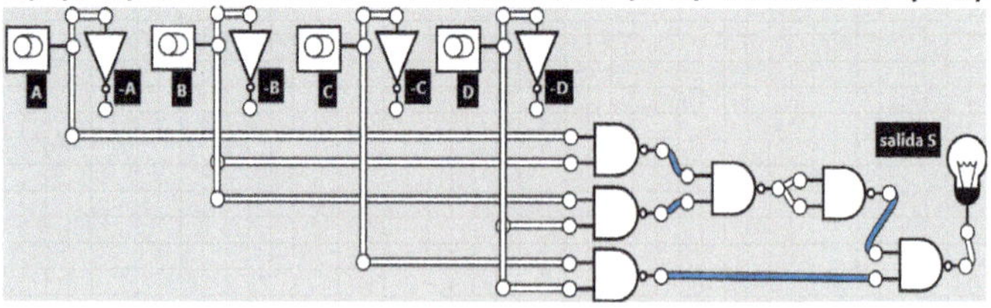

Baleares - 2025 - Julio - Ejercicio 1.1

En un edificio de 16 plantas (del 0 hasta la 15) se instala un ascensor con un sistema que avisa si se encuentra en las plantas 5, 7, 8, 11, 13 o 15.

a) Representa la tabla de verdad y la función lógica canónica.

b) Simplifica la función lógica e implementa el circuito con puertas lógicas.

a) Tabla de verdad:

	A	B	C	D	F
0	0	0	0	0	0
1	0	0	0	1	0
2	0	0	1	0	0
3	0	0	1	1	0
4	0	1	0	0	0
5	0	1	0	1	1
6	0	1	1	0	0
7	0	1	1	1	1
8	1	0	0	0	1
9	1	0	0	1	0
10	1	0	1	0	0
11	1	0	1	1	1
12	1	1	0	0	0
13	1	1	0	1	1
14	1	1	1	0	0
15	1	1	1	1	1

$F=(\underline{\mathbf{A}}*B*\underline{\mathbf{C}}*D)+\underline{\mathbf{A}}*B*C*D)+A*\underline{\mathbf{B}}*\underline{\mathbf{C}}*\underline{\mathbf{D}})+$
$+(A*\underline{\mathbf{B}}*C*D)+A*B*\underline{\mathbf{C}}*D)+A*B*C*D)$

b) Mapa de Karnaugh de función F:

AB / CD	00	01	11	10
00	0	0	0	0
01	0	1	1	0
11	0	1	1	0
10	1	0	1	0

Función como suma de productos:

$S=(B*D)+(A*C*D)+(A*\underline{\mathbf{B}}*\underline{\mathbf{C}}*\underline{\mathbf{D}})=$
$=(B+A*C)*D+(A*\underline{\mathbf{B}}*\underline{\mathbf{C}}*\underline{\mathbf{D}})$

Función como producto de sumas:

$S=(A+B)*(\underline{\mathbf{B}}+D)*(\underline{\mathbf{C}}+D)*(B+C+\underline{\mathbf{D}})$

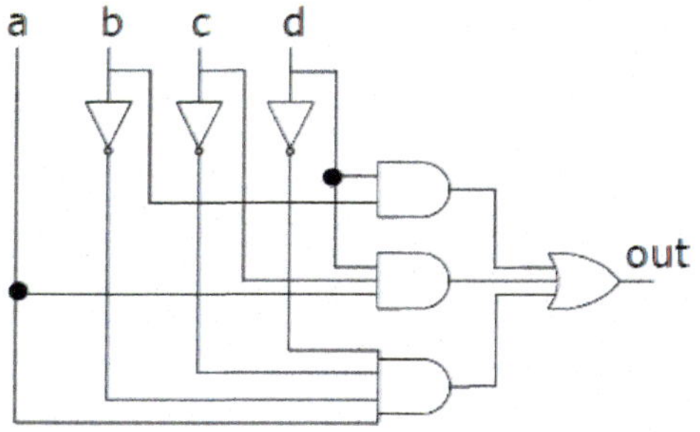

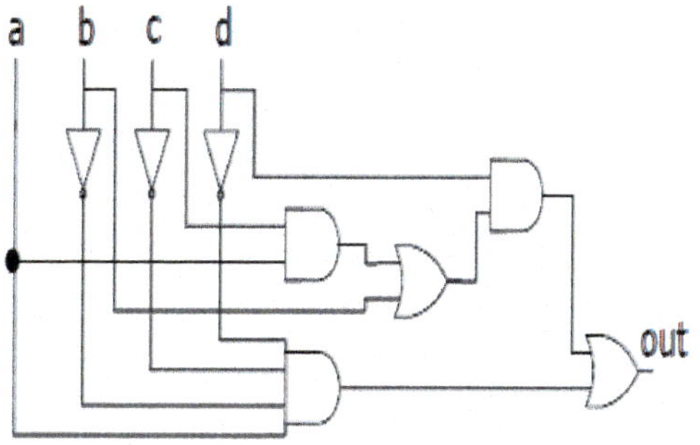

Baleares - 2025 - Junio - 1.A

En un proceso de selección de personal de una empresa, 4 miembros del comité -el presidente (A), dos vocales (B y C) y el secretario (D)- se encargan de decidir si el candidato es apto o no apto para ser contratado. Cada miembro dispone de un pulsador, y pulsar (1) indica que sí aceptan al candidato y pulsar (0) significa que éste no es válido para ser contratado. El candidato será contratado si el número de votos "sí" es superior al número de votos "no", y, en caso de empate, decide el voto del presidente. Con estas condiciones, se quiere diseñar un sistema electrónico que, a partir de las entradas de los pulsadores (A, B, C y D), genere una salida que valga 1 si el candidato debe ser aceptado y 0 si debe ser rechazado.

a) Obtén la tabla de verdad y la función lógica no simplificada.

b) Simplifica la función lógica e implementa el circuito con puertas lógicas.

a) Tabla de verdad:

	A	B	C	D	F
0	0	0	0	0	0
1	0	0	0	1	0
2	0	0	1	0	0
3	0	0	1	1	0
4	0	1	0	0	0
5	0	1	0	1	0
6	0	1	1	0	0
7	0	1	1	1	1
8	1	0	0	0	0
9	1	0	0	1	1
10	1	0	1	0	1
11	1	0	1	1	1
12	1	1	0	0	1
13	1	1	0	1	1
14	1	1	1	0	1
15	1	1	1	1	1

a) F=($\underline{\mathbf{A}}$*B*C*D)+A*$\underline{\mathbf{B}}$*$\underline{\mathbf{C}}$*D)+(A*$\underline{\mathbf{B}}$*C*$\underline{\mathbf{D}}$)+
+(A*B*$\underline{\mathbf{C}}$*D)+(A*B*$\underline{\mathbf{C}}$*$\underline{\mathbf{D}}$)+(A*B*$\underline{\mathbf{C}}$*D)+
(A*B*C*$\underline{\mathbf{D}}$)+(A*B*C*D)

b) Mapa de Karnaugh de función F:

AB / CD	00	01	11	10
00	0	0	0	0
01	0	0	1	0
11	1	1	1	1
10	0	1	1	1

Función como suma de productos:
S=(A*B)+(A*C)+(A*D)+(B*C*D)=
=A*(B+C+D)+(B*C*D)

Función como producto de sumas:
S=(A+B)*(A+C)*(A+D)*(B+C+D)

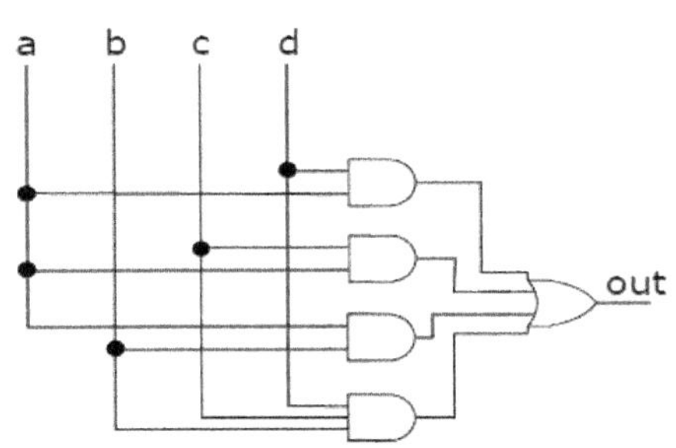

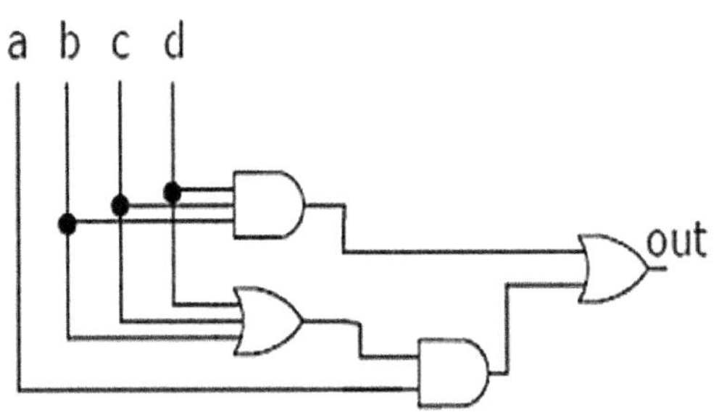

La Rioja – 2025 - modelo de prueba - Problema 4B

Para controlar el toldo de la terraza de una vivienda, se usan cuatro sensores que dan las siguientes señales: señal L (lluvia), señal V (viento), señal S (sol) y señal F (frio en el interior de la vivienda). El toldo se extenderá (función de salida =1) siempre que hace calor en el interior (F=0) y no se extenderá cuando haga frio dentro de la vivienda (F=1), con las siguientes excepciones:

- Cuando ningún sensor está activado no se extenderá.
- Cuando sólo esté activado el sensor de viento, tampoco se extenderá.

a) Obtenga la tabla de verdad y la función lógica que extiende el toldo expresada en MINTERMS (suma de productos o 1ª forma canónica).

b) Simplifique la función de salida mediante el método de Karnaugh.

c) Implemente el circuito con puertas lógicas NAND.

a) Tabla de verdad:

	F	L	S	V	fs	excep
0	0	0	0	0		0
1	0	0	0	1		0
2	0	0	1	0	1	
3	0	0	1	1	1	
4	0	1	0	0	1	
5	0	1	0	1	1	
6	0	1	1	0	1	
7	0	1	1	1	1	
8	1	0	0	0	0	
9	1	0	0	1	0	
10	1	0	1	0	0	
11	1	0	1	1	0	
12	1	1	0	0	0	
13	1	1	0	1	0	
14	1	1	1	0	0	
15	1	1	1	1	0	

fs=1 si F=0, fs=0 si F=1

excepciones: fs=0 si F=L=S=V=0

fs=0 si F=L=S=0, V=1

a) $fs=\sum(2,3,4,5,6,7)=$

$=(\underline{F}*\underline{L}*S*\underline{V})+(\underline{F}*\underline{L}*S*V)+(\underline{F}*L*\underline{S}*\underline{V})+$

$+(\underline{F}*L*\underline{S}*V)+(\underline{F}*L*S*\underline{V})+(\underline{F}*L*S*V)$

b) Mapa de Karnaugh de función F:

FL / SV	00	01	11	10
00	0	0	1	1
01	1	1	1	1
11	0	0	0	0
10	0	0	0	0

Función como suma de productos:

$fs=(\underline{F}*L)+(\underline{F}*S)=\underline{F}*(L+S)$

Función como producto de sumas:

$fs=\underline{F}*(L+S)$

$$fs=(\underline{F}*L)+(\underline{F}*S)=\overline{\overline{(\underline{F}*L)+(\underline{F}*S)}}=\overline{\overline{(\underline{F}*L)}*\overline{(\underline{F}*S)}}$$

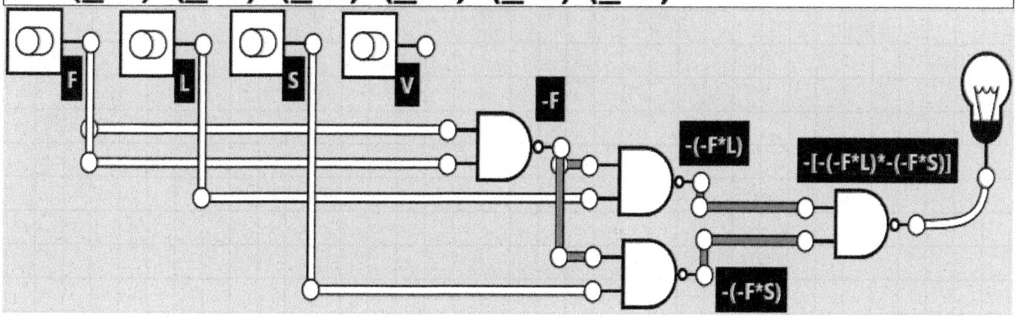

Madrid – 2025 - modelo de prueba - Ejercicio 4B

Dada la función lógica F(A,B,C,D) = ΠM (2,4,5,10,11,12,13):

a) Obtenga la forma más simplificada de la función, como suma de productos, usando el método de Karnaugh.

b) Dibuje el circuito simplificado usando el menor número de puertas (NOT, OR o NAD) con el número de entradas que corresponda.

a) Tabla de verdad:

	A	B	C	D	F
0	0	0	0	0	0
1	0	0	0	1	0
2	0	0	1	0	1
3	0	0	1	1	0
4	0	1	0	0	1
5	0	1	0	1	1
6	0	1	1	0	0
7	0	1	1	1	0
8	1	0	0	0	0
9	1	0	0	1	0
10	1	0	1	0	1
11	1	0	1	1	1
12	1	1	0	0	1
13	1	1	0	1	1
14	1	1	1	0	0
15	1	1	1	1	0

a) F=∑(2,4,5,10,11,12,13)=
=(**A***__B__*__C__*D)+(**A***B*__C__*__D__)+(**A***B*__C__*D)+
+(A*__B__*C*__D__)+(A*__B__*C*D)+(A*B*__C__*__D__)+
+(A*B*__C__*D)

b) Mapa de Karnaugh de función F:

AB / CD	00	01	11	10
00	0	0	0	1
01	1	1	0	0
11	1	1	0	0
10	0	0	1	1

Función como suma de productos:
F=(A*__B__*C)+(B*__C__)+(__B__*C*__D__)

Función como producto de sumas:
F=(A+B+__D__)*(B+C)*(__B__+__C__)

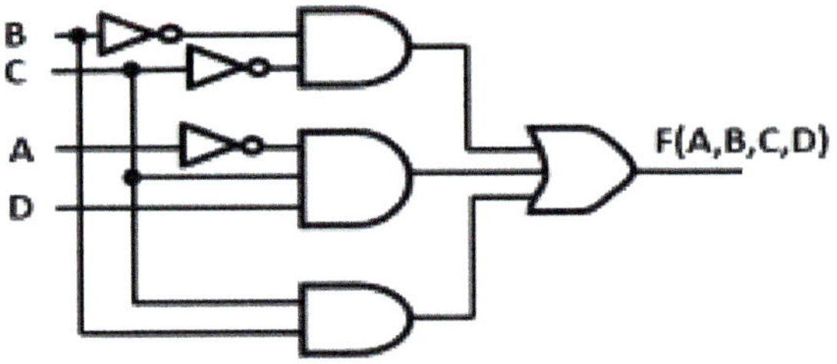

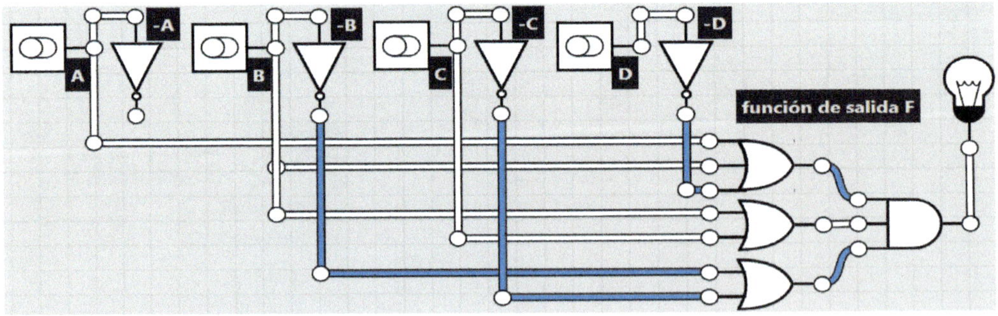

País Vasco – 2025 - modelo de prueba - Ejercicio 4A

Un sistema de bloqueo de seguridad está controlado por un sistema digital formado por 4 sensores (A,B,C,D). El sistema de bloqueo se activa S=1 en cualquiera de los siguientes casos:

- Cuando se activan únicamente los sensores A y B.
- Cuando se activan únicamente los sensores A y D.
- Cuando se activan los sensores C y D independientemente del resto.

a) Obtener la tabla de verdad del sistema de bloqueo.
b) Función mínima simplificada del sistema de bloqueo.
c) Esquema lógico electrónico que controla el sistema de bloqueo.

a) Tabla de verdad:
caso1º: S=1 si A=B=1 y C=D=0
caso2º: S=1 si A=D=1 y B=C=0
caso3º: S=1 si C=D=1 y A=B=X

	A	B	C	D	1º	2º	3º	0
0	0	0	0	0				0
1	0	0	0	1				0
2	0	0	1	0				0
3	0	0	1	1			1	
4	0	1	0	0				0
5	0	1	0	1				0
6	0	1	1	0				0
7	0	1	1	1			1	
8	1	0	0	0				0
9	1	0	0	1		1		
10	1	0	1	0				0
11	1	0	1	1			1	
12	1	1	0	0	1			
13	1	1	0	1				0
14	1	1	1	0				0
15	1	1	1	1			1	

b) Mapa de Karnaugh de función F:

AB / CD	00	01	11	10
00	0	0	1	0
01	0	0	1	0
11	1	0	1	0
10	0	1	1	0

Función como suma de productos:
F=(C*D)+(A*$\underline{\mathbf{B}}$*D)+(A*B*$\underline{\mathbf{C}}$*$\underline{\mathbf{D}}$)

Función como producto de sumas:
F=(A+C)*(B+D)*($\underline{\mathbf{C}}$+D)*($\underline{\mathbf{B}}$+C+$\underline{\mathbf{D}}$)

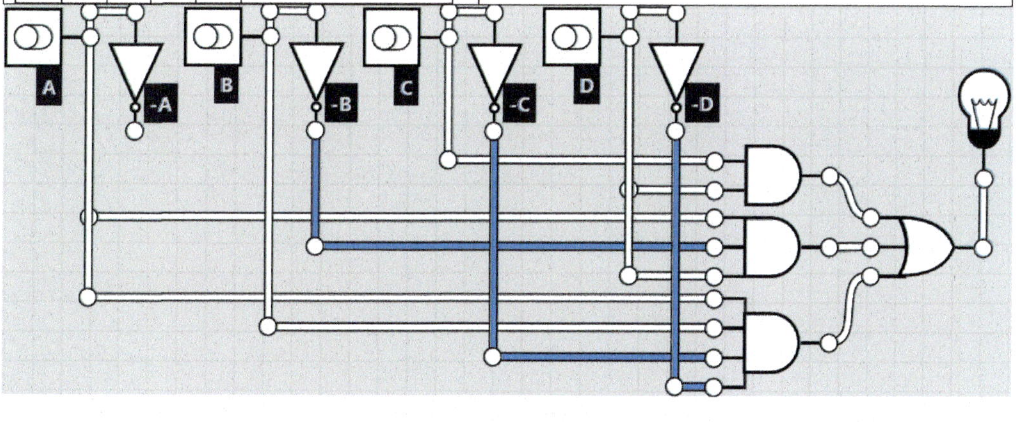

Cantabria – 2025 - modelo de prueba - Ejercicio 3B

Una perfiladora es accionada mediante 4 mandos. Por motivos de seguridad y para que la máquina pueda funcionar es necesario pulsar simultáneamente al menos dos de los cuatro mandos. Realizar la tabla de verdad, simplificar la función resultante e implementar el circuito lógico correspondiente con puertas NAND.

a) Tabla de verdad:

	A	B	C	D	F
0	0	0	0	0	0
1	0	0	0	1	0
2	0	0	1	0	0
3	0	0	1	1	1
4	0	1	0	0	0
5	0	1	0	1	1
6	0	1	1	0	1
7	0	1	1	1	1
8	1	0	0	0	0
9	1	0	0	1	1
10	1	0	1	0	1
11	1	0	1	1	1
12	1	1	0	0	1
13	1	1	0	1	1
14	1	1	1	0	1
15	1	1	1	1	1

b) Mapa de Karnaugh de función F:

AB / CD	00	01	11	10
00	0	0	1	0
01	0	1	1	1
11	1	1	1	1
10	0	1	1	1

Función como suma de productos:

F=(A*B)+(C*D)+(B*C)+(B*D)+(A*C)+(A*D)

AB / CD	00	01	11	10
00	0	0	1	0
01	0	1	1	1
11	1	1	1	1
10	0	1	1	1

Función como producto de sumas:

F=(A+B+C)*(A+C+D)*(A+B+D)*(B+C+D)

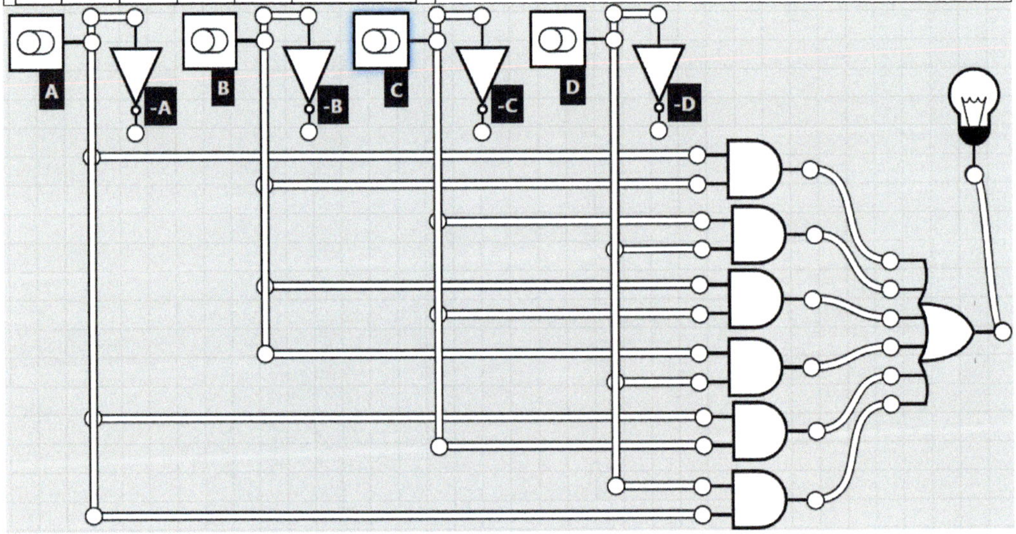

Navarra - 2025 - Junio - 3

Una iluminación está formada por 4 de luces (rojo Rj, azul Az, verde V y blanco Bl), controladas con 4 interruptores A-B-C-D de forma que:

-Luz Az se enciende si B no está pulsado o cuando D sí y A no.

-Luz blanca se enciende si están las otras tres luces encendidas.

-Luz Rj se enciende si A está pulsado, o si está pulsado B y no está C.

-Luz V se enciende cuando C no está pulsador o A y B sí, o D sí.

a) Obtener la tabla de verdad de todo el sistema y simplificar por Karnaugh.

b) Implementar las cuatro funciones usando puertas AND, OR e inversores.

a) Tabla de verdad:

Azul=1 si B=0 o (A=0 y D=1)

Bl=1 si Az=Rj=V=1→ Bl=Az*Rj*V

Rj=1 si A=1 o (B=1 y C=0)

V=1 si C=0 o (A=B=1) o D=1

	A	B	C	D	Az	Bl	Rj	V
0	0	0	0	0	1		0	1
1	0	0	0	1	1		0	1
2	0	0	1	0	1		0	0
3	0	0	1	1	1		0	1
4	0	1	0	0	0		1	1
5	0	1	0	1	1		0	1
6	0	1	1	0	0		1	0
7	0	1	1	1	1		0	1
8	1	0	0	0	1		1	1
9	1	0	0	1	1		1	1
10	1	0	1	0	1		1	0
11	1	0	1	1	1		1	1
12	1	1	0	0	0		1	1
13	1	1	0	1	0		1	1
14	1	1	1	0	0		1	1
15	1	1	1	1	0		1	1

b) Mapa de Karnaugh de función Az:

AB / CD	00	01	11	10
00	1	1	1	1
01	0	1	1	0
11	0	0	0	0
10	1	1	1	1

Función luz azul Az=$\underline{\mathbf{B}}$+($\underline{\mathbf{A}}$*D)

Az=($\underline{\mathbf{A}}$+$\underline{\mathbf{B}}$)*($\underline{\mathbf{B}}$+D)

Mapa de Karnaugh de función Rj:

AB / CD	00	01	11	10
00	0	0	0	0
01	1	0	0	1
11	1	1	1	1
10	1	1	1	1

Función luz roja Rj=A+(B*$\underline{\mathbf{D}}$)

Rj=(A+B)*(A+$\underline{\mathbf{D}}$)

Mapa de Karnaugh de función V:

AB / CD	00	01	11	10
00	1	1	1	0
01	1	1	1	0
11	1	1	1	1
10	1	1	1	0

Función luz verde V=$\underline{\mathbf{C}}$+D+(A*B)

V=(A+$\underline{\mathbf{C}}$+D)*(B+$\underline{\mathbf{C}}$+D)

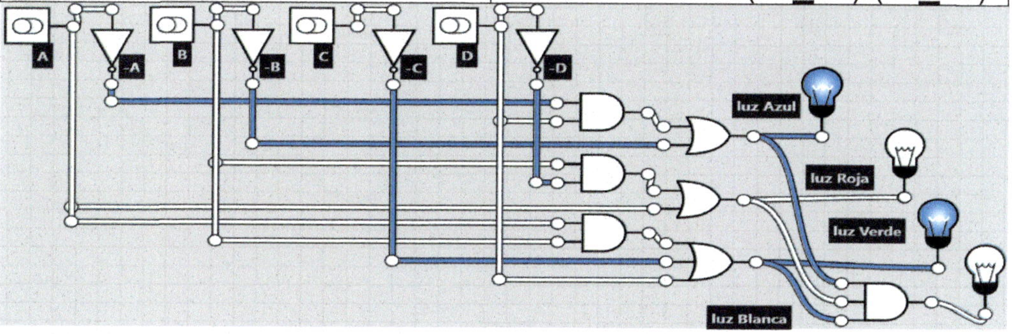

Castilla-León - 2025 – Julio - Ejercicio 4

Una alarma digital se controla con 4 sensores A, B, C y D de forma que:

-La alarma F suena cuando se activan tres o cuatro sensores.

-Si se activan dos sensores, su disparo es indiferente (la alarma puede sonar o no, puede implementarse como 0 o como 1, según convenga).

-La alarma nunca suena con un único sensor activado o ninguno.

a) Obtener la tabla de verdad.

b) Función lógica más simplificada con su circuito lógico correspondiente.

a) Tabla de verdad:

F=1 si se activan 3 o 4 sensores

F=X si se activan 2 sensores

F=0 si se activa 0 o 1 sensor.

	A	B	C	D	F
0	0	0	0	0	0
1	0	0	0	1	0
2	0	0	1	0	0
3	0	0	1	1	X
4	0	1	0	0	0
5	0	1	0	1	X
6	0	1	1	0	X
7	0	1	1	1	1
8	1	0	0	0	0
9	1	0	0	1	X
10	1	0	1	0	X
11	1	0	1	1	1
12	1	1	0	0	X
13	1	1	0	1	1
14	1	1	1	0	1
15	1	1	1	1	1

b) Mapa de Karnaugh de función F:

AB / CD	00	01	11	10
00	0	0	x	0
01	0	x	1	x
11	x	1	1	1
10	0	x	1	x

Función como suma de productos:

F=(A*B)+(C*D)

AB / CD	00	01	11	10
00	0	0	x	0
01	0	x	1	x
11	x	1	1	1
10	0	x	1	x

Función como producto de sumas:

F=(A+B)*(C+D)

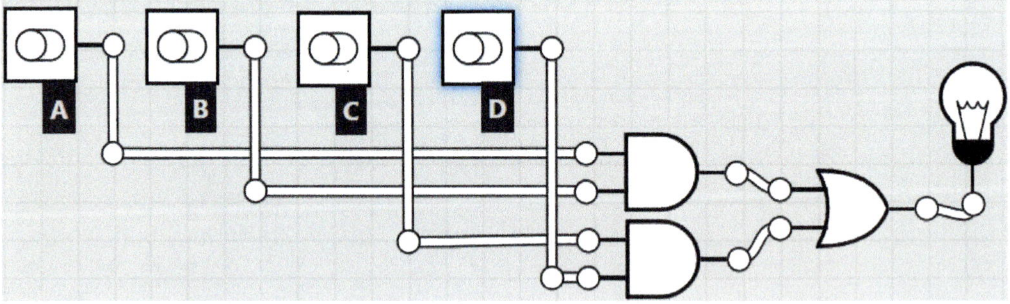

Rioja - Junio - 2025 - Problema 1

Se pretende implantar un sistema de control de riego inteligente mediante la implementación del circuito digital con 4 entradas:

V sensor de nivel que indica el nivel del depósito: vacío V=1, lleno V=0.

S sensor de humedad de la tierra: tierra seca S=1, tierra húmeda S=0.

D célula fotoeléctrica que indica día o noche: día D=1, noche D=0.

R señal que indica la restricción de agua: hay restricción R=1, no hay R=0.

El circuito deberá accionar el riego de la siguiente forma:

- El circuito accionará el riego solamente cuando la tierra esté seca, pero antes debe comprobar las siguientes condiciones:
  - No se regará cuando el depósito de agua esté vacío.
  - Si hay restricciones en el riego (verano) sólo se regar de noche.
  - En el resto del año no hay restricción, se riega de día y de noche.

a) Obtener la tabla de verdad y la función lógica que activa el sistema de riego expresada en MINTERMS (suma de productos o 1ª forma canónica).

b) Simplifique la función de salida mediante el método de Karnaugh.

c) Implemente el circuito con puertas lógicas NAND.

a) Tabla de verdad:

F=1 si S=1 y

(D=0 y R=1) o (D=X y R=0)

F=0 si V=1

	V	S	D	R	F
0	0	0	0	0	0
1	0	0	0	1	0
2	0	0	1	0	0
3	0	0	1	1	0
4	0	1	0	0	1
5	0	1	0	1	1
6	0	1	1	0	1
7	0	1	1	1	0
8	1	0	0	0	0
9	1	0	0	1	0
10	1	0	1	0	0
11	1	0	1	1	0
12	1	1	0	0	0
13	1	1	0	1	0
14	1	1	1	0	0
15	1	1	1	1	0

b) Mapa de Karnaugh de función F:

AB / CD	00	01	11	10
00	0	0	0	0
01	1	1	0	1
11	0	0	0	0
10	0	0	0	0

Función como suma de productos:

$F=(\underline{\mathbf{A}}*B*\underline{\mathbf{C}})+(\underline{\mathbf{A}}*B*\underline{\mathbf{D}})=\underline{\mathbf{A}}*B*(\underline{\mathbf{C}}+\underline{\mathbf{D}})$

AB / CD	00	01	11	10
00	0	0	0	0
01	1	1	0	1
11	0	0	0	0
10	0	0	0	0

Función como producto de sumas:

$F=\underline{\mathbf{A}}*B*(\underline{\mathbf{C}}+\underline{\mathbf{D}})$

Transformación a puertas NAND:

$\underline{A}*B*(\underline{C}+\underline{D})=\underline{A}*B*\overline{\overline{(\underline{C}+\underline{D})}}=\underline{A}*B*\overline{(\overline{\underline{C}}*\overline{\underline{D}})}=\underline{A}*B*\underline{(C*D)}=\overline{\overline{\underline{A}*B}}*\underline{(C*D)}$

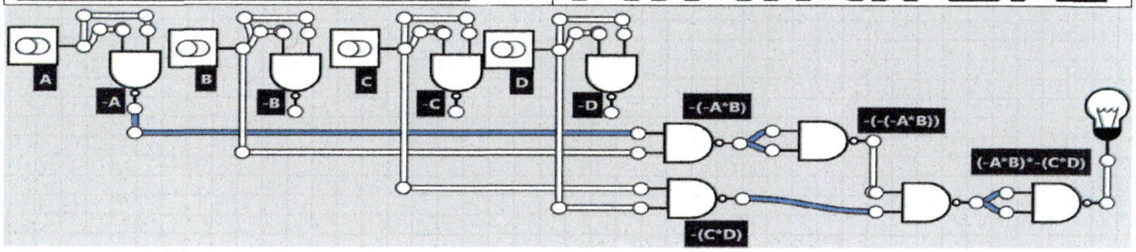

Madrid - 2025 - Junio - Ejercicio 4B

Se dispone de un circuito electrónico que tiene como entradas de datos las salidas de 4 pulsadores, P1, P2, P3 y P4 respectivamente. El circuito tiene tres salidas, S0, S1 y S2, que funcionan de la siguiente forma:

-S0 es 1 solo cuando están activados los pulsadores pares P2 y P4.

-S1 es 1 solo cuando están activados P1 y P2, con P3 no activado.

-S2 es 1 cuando están activados solo 2 o 3 pulsadores a la vez.

a) Obtener la tabla de verdad correspondiente del circuito.

b) Función S0 y S2 en su forma canónica como suma de productos.

c) Obtener la función S1 en su forma más simplificada como producto de sumas, usando el método de Karnaugh.

a) Tabla de verdad:

S0=1 si (P2=1 o P4=1) y P1=P3=0

S1=1 si (P1=1 o P2=1) y P3=0

S2=1 si P2=P3=1

	Entradas				Salidas		
	P1	P2	P3	P4	S0	S1	S2
0	0	0	0	0	0	0	0
1	0	0	0	1	1	0	0
2	0	0	1	0	0	0	0
3	0	0	1	1	0	0	0
4	0	1	0	0	1	1	0
5	0	1	0	1	1	1	0
6	0	1	1	0	0	0	1
7	0	1	1	1	0	0	1
8	1	0	0	0	0	1	0
9	1	0	0	1	0	1	0
10	1	0	1	0	0	0	0
11	1	0	1	1	0	0	0
12	1	1	0	0	0	1	0
13	1	1	0	1	0	1	0
14	1	1	1	0	0	0	1
15	1	1	1	1	0	0	1

b) Función lógica en forma canónica como suma de productos (SP):

Función S0 en forma canónica SP:

S0=(**P1*****P2*****P3***P4)+
+(**P1***P2***P3*****P4**)+(**P1***P2***P3***P4)

Función S2 en forma canónica SP:

S2=(**P1***P2*P3***P4**)+(**P1***P2*P3*P4)
+(P1***P2*****P3*****P4**)+(P1***P2*****P3***P4)

c) Mapa de Karnaugh de función S1:

p1p2/p3p4	00	01	11	10
00	0	0	0	0
01	1	1	0	0
11	1	1	0	0
10	1	1	0	0

Función como suma de productos:

F=(P1***P3**)+(P2***P3**)=(P1+P2)***P3**

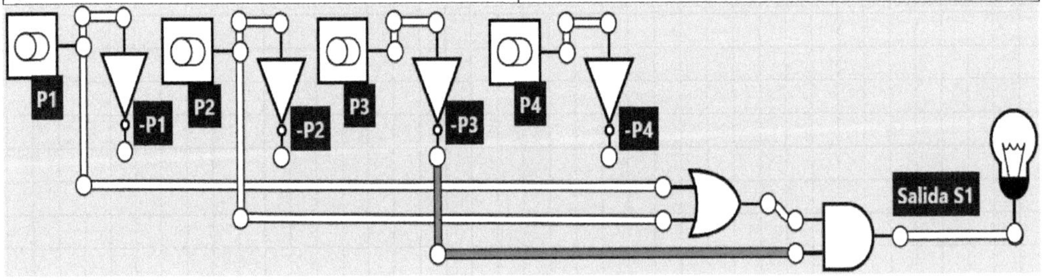

Extremadura - 2025 - Junio - 1

Una empresa de distribución de gas quiere diseñar un sistema de control de un depósito de gas que contemple 4 variables: temperatura del depósito (A), presión del gas (B), nivel de la fase líquida (C) y masa total (D).
El depósito posee cuatro sensores con dos posiciones lógicas ("1" y "0") cada uno, utilizándose para monitorizar la temperatura (A), la presión (B), el nivel (C) y el peso (D) del producto contenido. Al valor alto de cada una de las variables se le asigna es estado "1" y al valor bajo se le asigna "0".
La alarma (S) actúa cuando se dé cualquiera de estas circunstancias:

- -Alta temperatura, bajo nivel líquido y alto peso.
- -Alta temperatura, bajo nivel líquido y bajo peso.
- -Alta temperatura, alta presión y alto nivel líquido.
- -Baja temperatura, alta presión y bajo nivel líquido.

a) Obtener la tabla de verdad y la función lógica en su 1ª forma canónica.
c) Simplificar la función por Karnaugh y dibujar el circuito lógico digital.

a) Tabla de verdad:
S=1 si (A=1 y C=0 y D=1)→a:1X01
S=1 si (A=1 y C=0 y D=0)→b:1X00
S=1 si (A=1 y B=1 y C=1)→c:111X
S=1 si (A=0 y B=1 y C=0)→d:010X

	A	B	C	D	S
0	0	0	0	0	0
1	0	0	0	1	0
2	0	0	1	0	0
3	0	0	1	1	0
4	0	1	0	0	d: 1
5	0	1	0	1	d: 1
6	0	1	1	0	0
7	0	1	1	1	0
8	1	0	0	0	b: 1
9	1	0	0	1	a: 1
10	1	0	1	0	0
11	1	0	1	1	0
12	1	1	0	0	b: 1
13	1	1	0	1	a: 1
14	1	1	1	0	c: 1
15	1	1	1	1	c: 1

b) Mapa de Karnaugh de función F:

AB / CD	00	01	11	10
00	0	0	0	0
01	1	1	0	0
11	1	1	1	1
10	1	1	0	0

Función como suma de productos:
F=(A*B)+(A*$\underline{\mathbf{C}}$)+(B*$\underline{\mathbf{C}}$)=A*(B+$\underline{\mathbf{C}}$)+(B*$\underline{\mathbf{C}}$)

AB / CD	00	01	11	10
00	0	0	0	0
01	1	1	0	0
11	1	1	1	1
10	1	1	0	0

Función como producto de sumas:
F=(A+B)*(A+$\underline{\mathbf{C}}$)*(B+$\underline{\mathbf{C}}$)

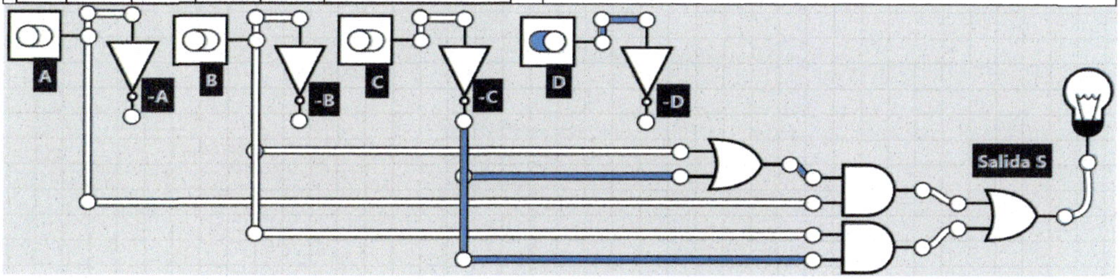

Canarias – 2025 - modelo de prueba - Ejercicio 3.B

Un agricultor ha dividido su finca en 10 zonas de riego independiente que quiere controlar un circuito digital. Se dispone de un sensor de crepuscular cuya salida N=1 durante la noche y N=0 durante el día suministra. Además, tiene por cada zona dos sensores de humedad del suelo (H1 y H2).
Se riega si al menos un sensor de humedad indica que el suelo está seco H=0 y es de noche, y cuando ambos sensores de humedad detectan suelo seco, aunque sea de día. En el resto de los casos no se debe regar.
El relé que activa la bomba de agua de cada zona se activa a nivel alto (1), siendo en este estado cuando se produce el riego.

a) Obtener la tabla de verdad del circuito para una zona y la forma canónica en MINITÉRMINOS (Suma de productos o 1ª forma canónica).

b) Simplifique la función aplicando Karnaugh e implemente el circuito con puertas NAND.

c) Se quiere registrar la salida con un biestable RS, implementado con puertas NAND, dibuje su símbolo y escriba su tabla de verdad.

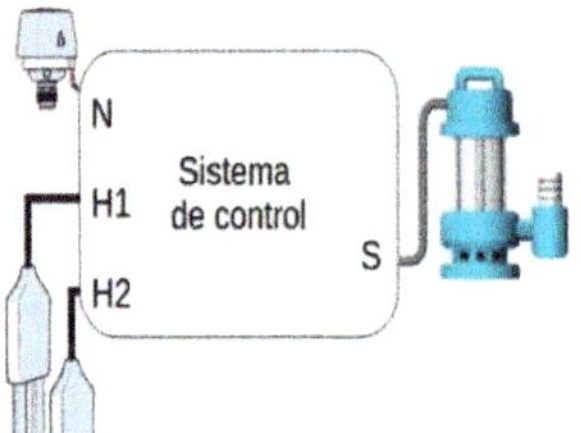

Figura 3. Circuito de control de riego.

a) Tabla de verdad:
caso1: S=1 si N=1 y (V=0 y/o W=0)
caso2: S=1 si (V=0 y W=0) y N=X

N	V	W	caso1	caso2
0	0	0		1
0	0	1	0	
0	1	0	0	
0	1	1	0	
1	0	0	1	
1	0	1	1	
1	1	0	1	
1	1	1	0	

$F_{miniterm,1^a}=m_0+m_4+m_5+m_6=(\underline{\mathbf{N}}*\underline{\mathbf{V}}*\underline{\mathbf{W}})+(N*\underline{\mathbf{V}}*\underline{\mathbf{W}})+(N*\underline{\mathbf{V}}*W)+(N*V*\underline{\mathbf{W}})$

b) Mapa de Karnaugh:

N / VW	00	01	11	10
0	1	0	0	0
1	1	1	0	1

Producto de sumas:
$F=(N*\underline{\mathbf{V}})+(N*\underline{\mathbf{W}})+(\underline{\mathbf{V}}*\underline{\mathbf{W}})$
Suma de productos:
$F=(N+\underline{\mathbf{V}})*(N+\underline{\mathbf{W}})*(\underline{\mathbf{V}}+\underline{\mathbf{W}})$

$$(A*\underline{B})+(A*\underline{C})+(\underline{B}*\underline{C})=\overline{\overline{(A*\underline{B})+(A*\underline{C})+(\underline{B}*\underline{C})}}=\overline{\overline{(A*\underline{B})}*\overline{(A*\underline{C})}*\overline{(\underline{B}*\underline{C})}}=\overline{\overline{\overline{\overline{(A*\underline{B})}*\overline{(A*\underline{C})}}}*\overline{(\underline{B}*\underline{C})}}$$

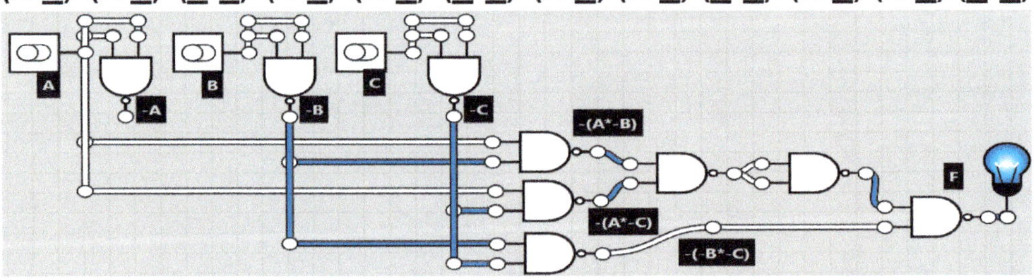

c) Circuito báscula RS con NAND

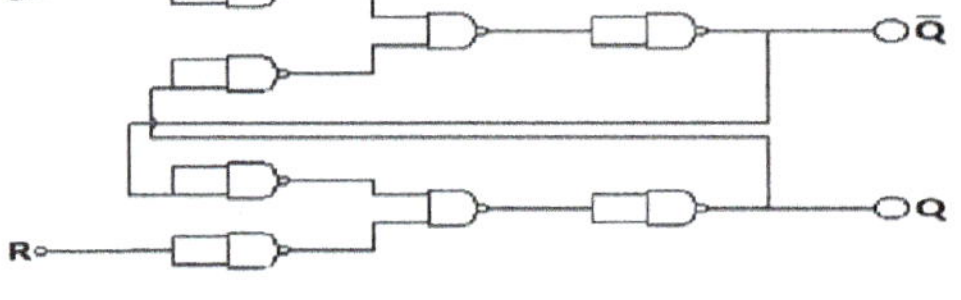

Símbolo

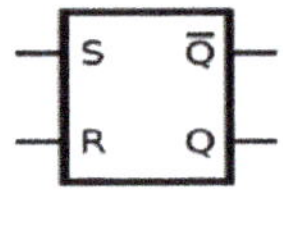

Tabla de verdad:

S	R	Q
0	0	Qprevia
0	1	0
1	0	1
1	1	-

Canarias - 2025 - Julio – 4.A

Para un coche eléctrico se implementa un sistema de seguridad que evaluará tres condiciones mediante sensores digitales:

- Sensor de llave electrónica detectada (SA): Entrega un 1 lógico si la llave está presente o un 0 si no lo está.
- Sensor de cinturones abrochados (SB): Entrega un 1 lógico si todos los ocupantes del coche se lo han puesto el cinturón o un 0 si falta alguno.
- Sensor de puertas cerradas (SC): Entrega un 1 lógico si todas las puertas del coche están cerradas o un 0 si alguna está abierta.

Diseñe un sistema que permita el arranque del vehículo mediante una señal de salida de nivel bajo (0 lógico), si se cumplen las siguientes condiciones: i) que la llave está dentro del coche, ii) que al menos uno de los otros dos sensores está activo. Para ello:

a) Obtener la tabla de verdad y obtenga la función canónica expresada en MINITÉRMINOS (Suma de productos o 1ª forma canónica).

b) Reduzca la función e implemente el circuito con puertas NAND.

c) Registrar la salida del circuito con una báscula JK. Escriba la tabla de verdad y dibuje su circuito interno con puertas NAND y de dicha báscula.

a) Tabla de verdad:

F=1 si A=1 y (B=0 y/o C=0)

A	B	C	F
0	0	0	0
0	0	1	0
0	1	0	0
0	1	1	0
1	0	0	0
1	0	1	1
1	1	0	1
1	1	1	1

$F_{miniterm,1^a}=m_4+m_5+m_6=$

$=(A*\underline{B}*C)+(A*B*\underline{C})+(A*B*C)$

b) Mapa de Karnaugh:

A / BC	00	01	11	10
0	0	0	0	0
1	0	1	1	1

Producto de sumas:

$F=(A*B)+(A*C)=A*(B+C)$

Suma de productos: $F=A*(B+C)$

$$A*(B+C)=A*\overline{\overline{(B+C)}}=A*(\overline{\bar{B}*\bar{C}})=\overline{\overline{A*(\overline{\bar{B}*\bar{C}})}}$$

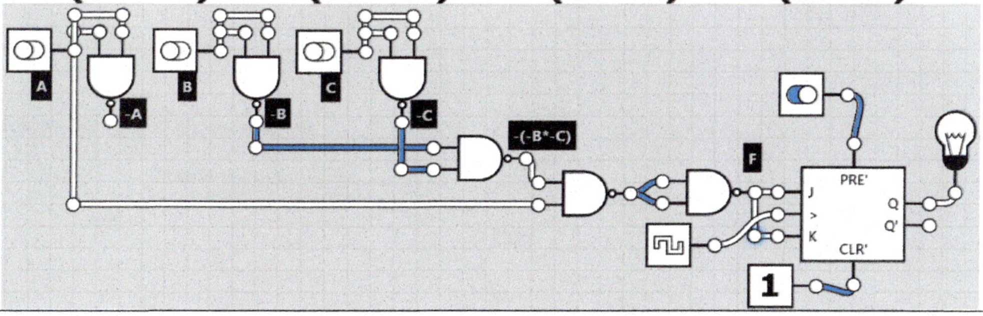

Canarias - 2025 - Junio – 4.A

Una empresa tecnológica diseña un sistema digital que controla el acceso a una sala de ordenadores críticos. Para mejorar la seguridad, el sistema solo abrirá la puerta (la cerradura se abre con un nivel alto) si se cumplen al menos dos de las tres condiciones de las siguientes señales digitales:

-A (Autorización personal): Se activa con un 1 si el trabajador está autorizado, 0 si se detecta que no lo está.

-B (Biometría válida): Genera un 1 si el lector biométrico reconoce al trabajador o un 0 si no lo reconoce.

-C (Horario permitido): Se genera un 1 si el acceso se intenta dentro del horario permitido, mientras que si se está fuera del horario un nivel bajo.

a) Obtener la tabla de verdad y la función canónica expresada en MINITÉRMINOS (Suma de productos o 1ª forma canónica).

b) Simplificar la función e implemente el circuito con puertas NAND.

c) Registrar la salida del circuito con una báscula RS. Escriba la tabla de verdad y dibuje su circuito interno con puertas NAND y dicha báscula.

a) Tabla de verdad:

F=1 si se cumple 2 de 3: A=1, B=1, C=1

A	B	C	F
0	0	0	0
0	0	1	0
0	1	0	0
0	1	1	1
1	0	0	0
1	0	1	1
1	1	0	1
1	1	1	1

b) Mapa de Karnaugh de la función F:

A / BC	00	01	11	10
0	0	0	1	0
1	0	1	1	1

Producto de sumas:

$F=(A*B)+(A*C)+(B*C)$

Conversión a NAND con 2 y 3 entradas

$$F=(A*B)+(A*C)+(B*C)=\overline{\overline{(A*B)+(A*C)+(B*C)}}=\overline{\underline{(A*B)}*\underline{(A*C)}*\underline{(B*C)}}$$

Conversión a NAND con 2 entradas

$$F=(A*B)+(A*C)+(B*C)=\overline{\overline{\overline{\overline{(A*B)+(A*C)}}+(B*C)}}=\overline{\overline{\overline{\underline{(A*B)}*\underline{(A*C)}}}*\overline{\underline{(B*C)}}}$$

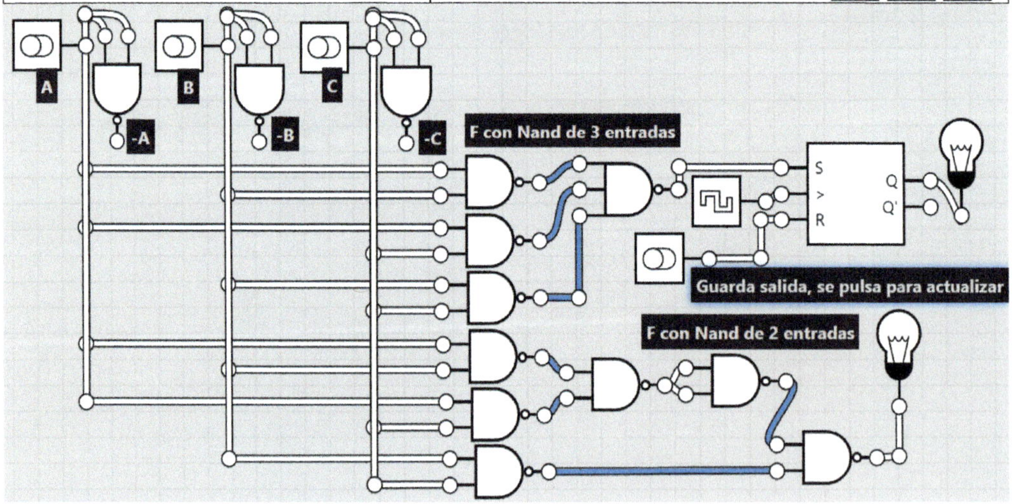

Madrid - 2025 - Junio – UC3M - 4.2

La figura muestra un multiplexor de 4 entradas de datos (I0, I1, I2, I3) y dos entradas de control (S0 y S1), ordenadas ambas de menor a mayor peso. En las entradas de datos se conectan las variables A, B, C y D y en las de control las señales X e Y, según muestra el esquema. Se pide:

a) Describir el funcionamiento de un multiplexor.

b) Sabiendo que las entradas de datos del multiplexor de la figura tienen los valores A=0, B=1, C=1 y D=0, completar el cronograma según los valores de las entradas de control X e Y mostradas, justificando la solución.

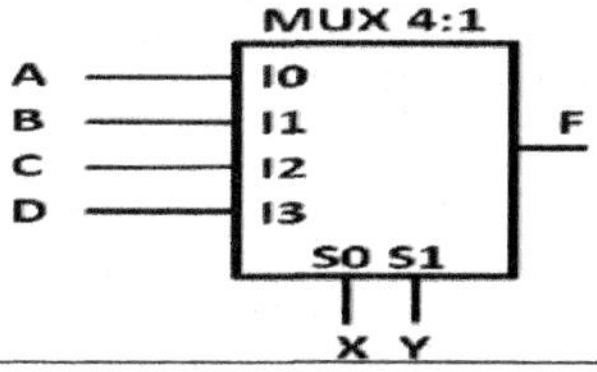

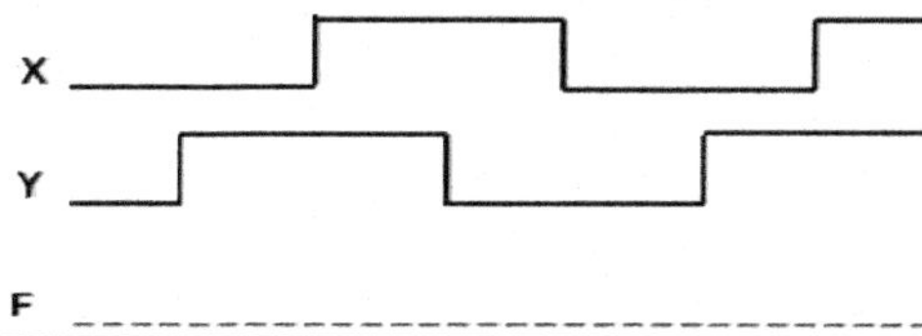

a) El multiplexor es un circuito de electrónica digital combinacional con varias entradas (I0, I1, I2, I3) y una salida (F), que mediante las señales de control (X,Y) se selecciona una de esas entradas (I0, I1, I2, I3) y se transmite a su salida única (F).

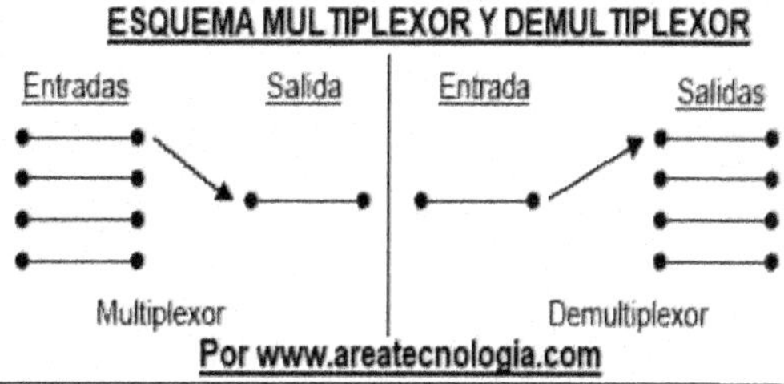

b) Las señales X e Y son las entradas de control del multiplexor (X la de menor peso e Y la de mayor peso), por lo que la salida de este dependerá de los valores que vayan tomando a lo largo del tiempo, mostrados en el cronograma. La salida se muestra en el siguiente cronograma:

Señales de control		Salida
X	Y	F
0	0	Entrada i0
0	1	Entrada i1
1	0	Entrada i2
1	1	Entrada i3

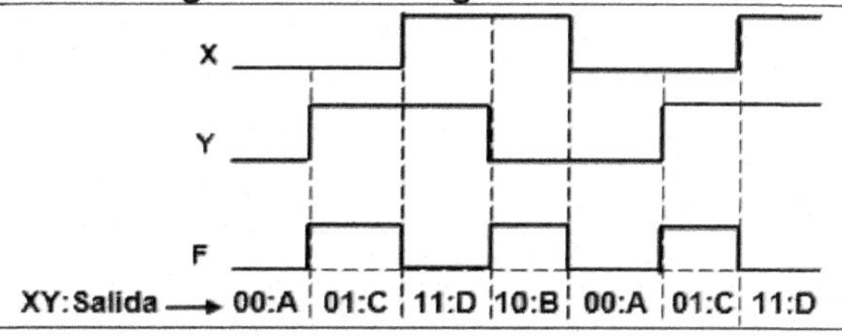

Valencia - 2025 - Julio (B) - 4.A El circuito de la figura muestra un comparador de palabras de un bit. Las palabras de entrada a comparar son a y b, y las salidas son c, d y e.	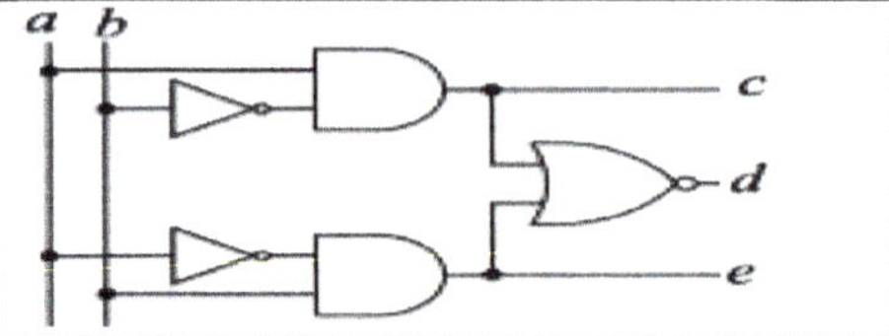

a) Obtener la tabla de verdad para los siguientes casos posibles:

a=b, cuando a=0 y b=0 o cuando a=1 y b=1

a>b, cuando a=1 y b=0

a<b, cuando a=0 y b=1

b) Diseño y representa un circuito equivalente usando únicamente puertas universales NAND para las salidas c, d y e.

c) ¿Cuántas entradas necesitaría un comparador de palabras de 8 bits?

Tabla de verdad:

entradas		Salidas		
A	B	A>B	A=B	A<B
0	0	0	1	0
0	1	0	0	1
1	0	1	0	0
1	1	0	1	0

Funciones lógicas de salida:

$F(A>B)=A*\underline{B}=A*\underline{B}=\overline{\overline{A*\underline{B}}}$

$F(A=B)=A*B+\underline{A}*\underline{B}=$

$F(A<B)=\underline{A}*B$

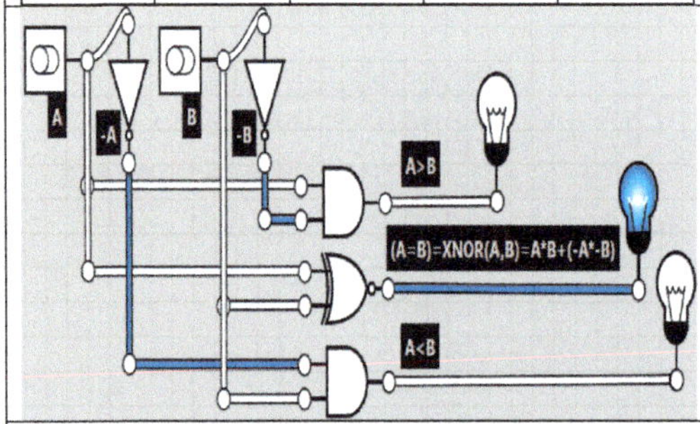

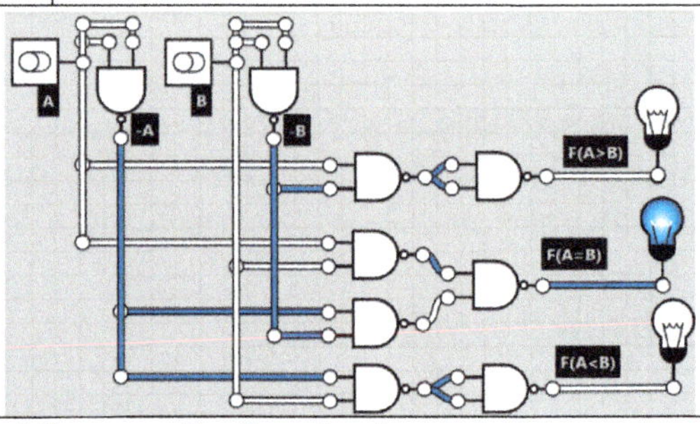

c) Un comparador de dos datos de un bit necesita 2 entradas.

-Un comparador de 2 bits necesita 4 entradas.

-Un comparador de 4 bits necesita 8 entradas.

-Un comparador de 8 bits: 16 entradas o dos comparadores de 4 bits.

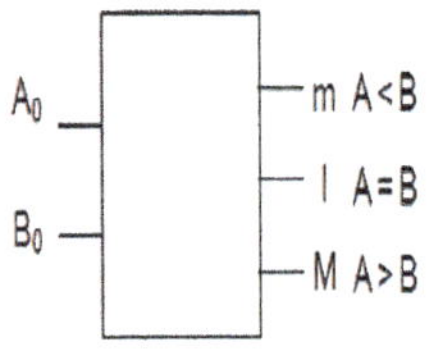

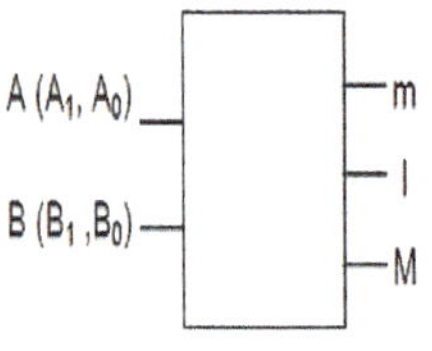

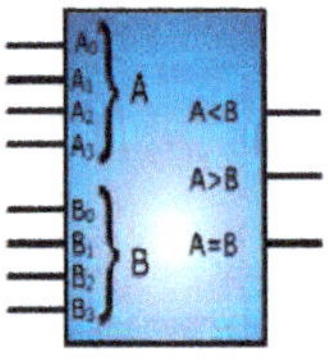

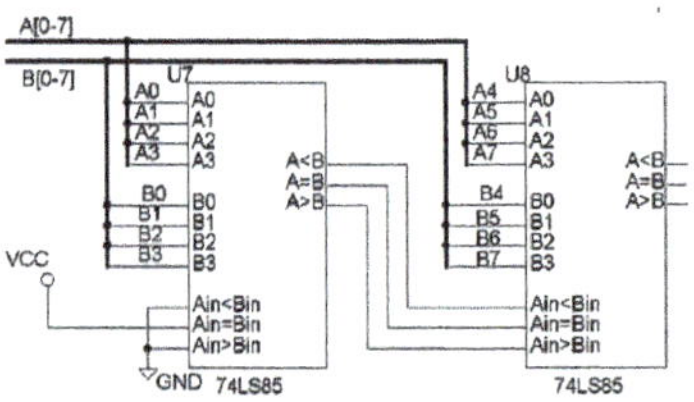

Bloque F

Automatización

Automatización:
Sistemas automáticos de control en lazo abierto y en lazo cerrado. Álgebra de bloques. Simplificación de diagramas de bloques. Obtención de la función de transferencia.
Estabilidad de los sistemas de control: método de Routh.
Experimentación en simuladores.
Tipos de controladores: proporcional (P), integral (I), derivativo (D) y proporcional-integral-derivativo (PID).
Tipos de sensores y transductores: posición, presión, temperatura, humedad, ruido, luminosidad, etc.
Detectores de error. Actuadores.

<u>País Vasco – 2025 - modelo de prueba - Ejercicio 4A</u>

Explica los siguientes conceptos: a) Proceso. b) Regulador.

<u>Aragón - 2025 - Junio - 8 y Julio - 7</u>

Explique la diferencia entre sistema de control de lazo abierto y cerrado. Dibuja sus esquemas de bloques.

Sistema de control de lazo abierto	Sistema de control de lazo cerrado
Proceso lineal.	Proceso cíclico. Se añaden 2 elementos: sensor y comparador
No corrige posibles anomalías o perturbaciones.	Sí corrige posibles anomalías o perturbaciones.
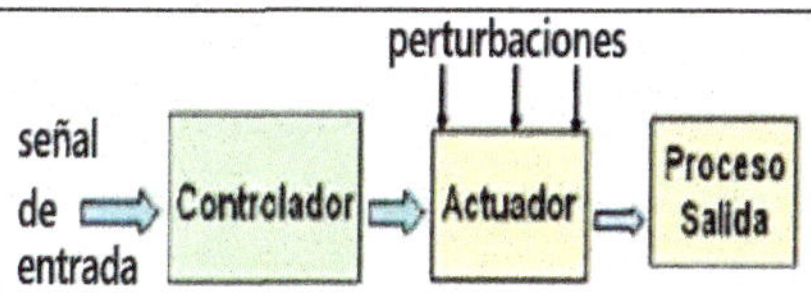	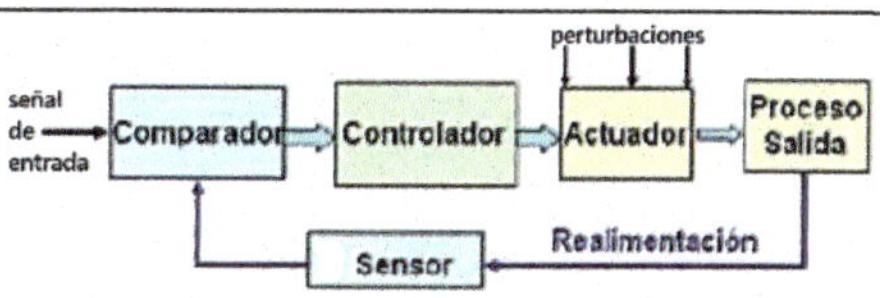

Elementos:	Elementos añadidos:
-Señal de control, entrada o referencia: señal fijada en el sistema de control. -Controlador: dispositivo que controla el proceso. -Actuador: dispositivo que realiza el proceso.	-Comparador: dispositivo que compara la señal de referencia con la señal de salida.

-Perturbaciones: señales no deseadas que afectan al funcionamiento del sistema. -Señal de salida: señal controlada por el sistema	-Sensor: dispositivo que mide la señal de salida para realimentarla y compararla con la señal de referencia.

<u>Madrid - 2025 - Julio – 5.2</u> Dado el diagrama de bloques. a) Justifique si el sistema está en lazo cerrado o en lazo abierto. b) Simplifique el diagrama para obtener uno equivalente con un solo bloque. c)¿Función de transferencia entre R e Y?	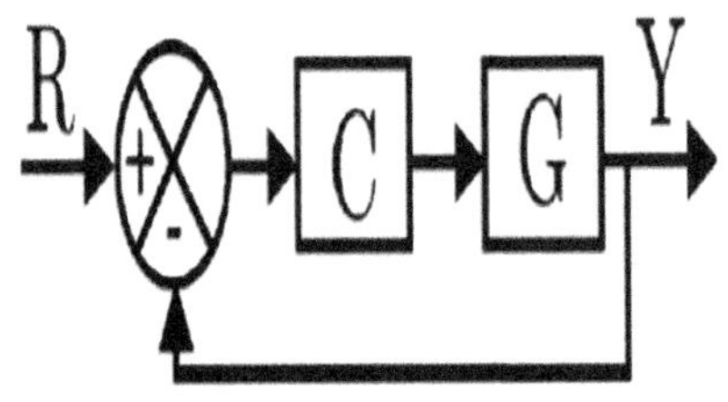
a) El sistema es de lazo cerrado porque un bucle de realimentación entre la salida y la entrada.	
Paso1: bloques en serie se multiplican.	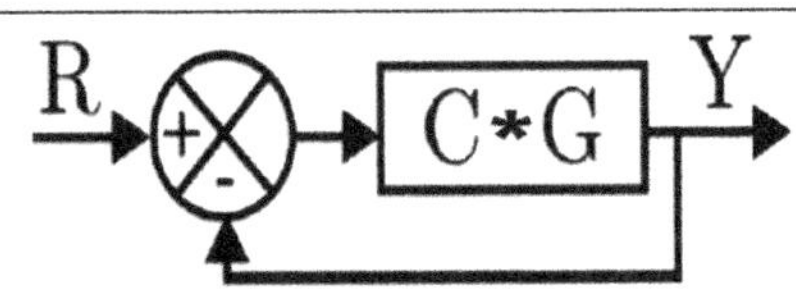
Paso2: retroalimentación negativa. $$\frac{C*G}{1+C*G}$$	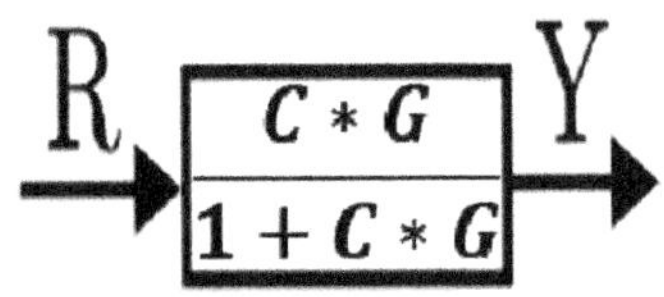
c) Función de transferencia $=\frac{Y}{R}=\frac{C*G}{1+C*G}$	

<u>Castilla-León - 2025 - Junio - 4.A</u> Calcular la función de transferencia Y(s)/R(s) del sistema de control cuyo diagrama de bloques se muestra en la figura.	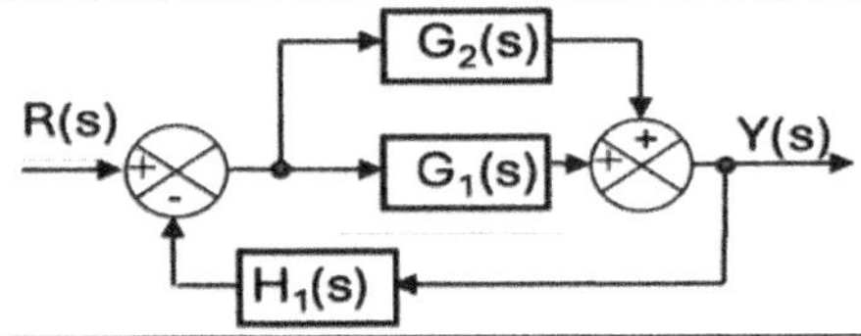
Paso1: bloques se paralelo se suman. G1+G2	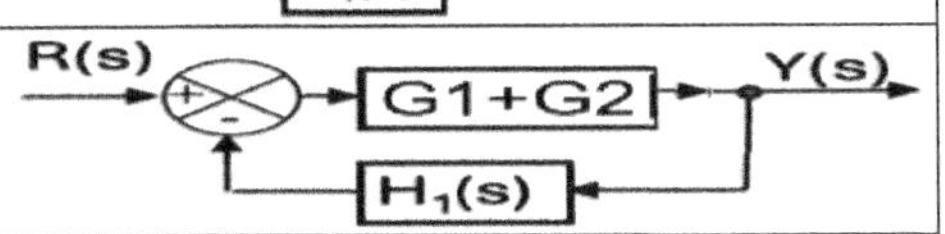
Paso2: retroalimentación negativa. $$\frac{(G1+G2)}{1+(G1+G2)*H1}$$	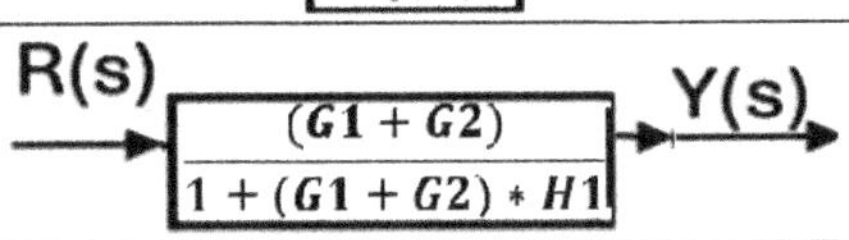

Madrid - 2025 - Junio - Ejercicio 5.B

Dada la función de transferencia Y/R=F+C*G, realizar:

a) Dibuje un diagrama de bloques equivalente a la función de transferencia, utilizando un bloque por cada letra (F, C, G).

b) Justifique si el sistema está en lazo cerrado o en lazo abierto.

c) Dibuje un diagrama de bloques, con un solo bloque, equivalente a la función de transferencia.

a)

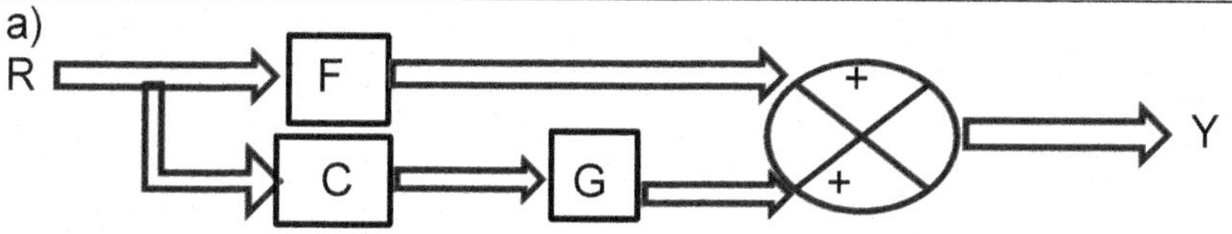

b) Es un sistema de lazo abierto porque no hay ninguna realimentación.

c)

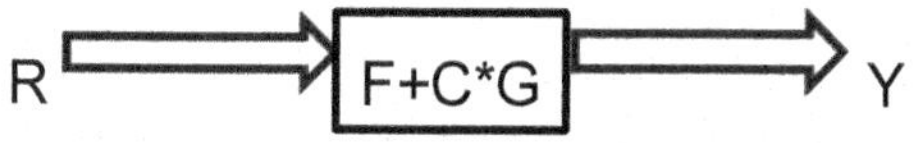

Madrid - 2025 - Julio – 5.2

Dada la función de transferencia $\frac{Y}{R} = \frac{C \cdot P}{1 + C \cdot P}$, realiza las tareas que se indican a continuación.

a) Dibuje un diagrama de bloques equivalente a la función de transferencia, utilizando un bloque por cada letra (C, P).

b) Justifique si el sistema está en lazo cerrado o en lazo abierto.

c) Dibuje un diagrama de bloques, con un solo bloque, equivalente a la función de transferencia.

a)

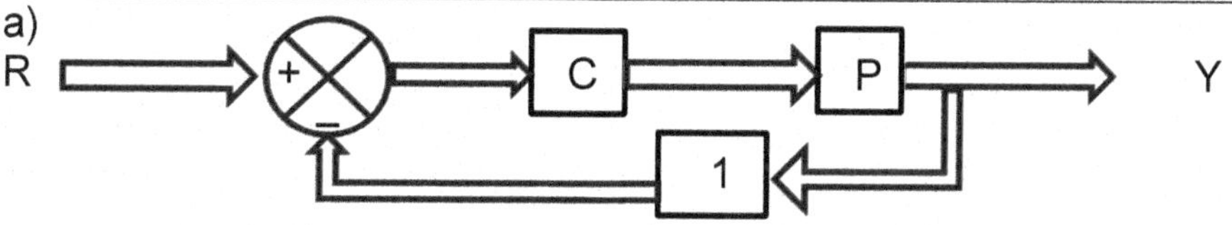

b) Es un sistema de lazo cerrado porque hay realimentación entre la señal de salida y la señal de entrada.

c)

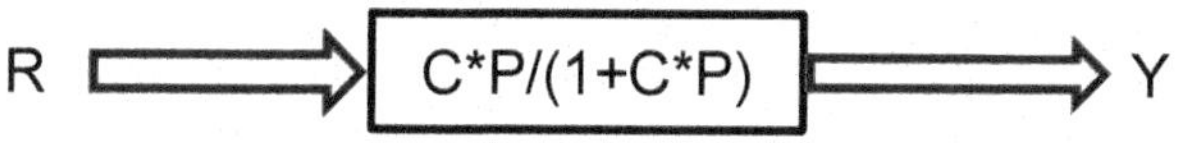

Andalucía-2025-modelo prueba-3.B

En el diagrama de bloques de la figura.

a) Obtén la relación entre la salida C y la entrada R, C/R.

b) Indicar qué bloque actúa como regulador o controlador.

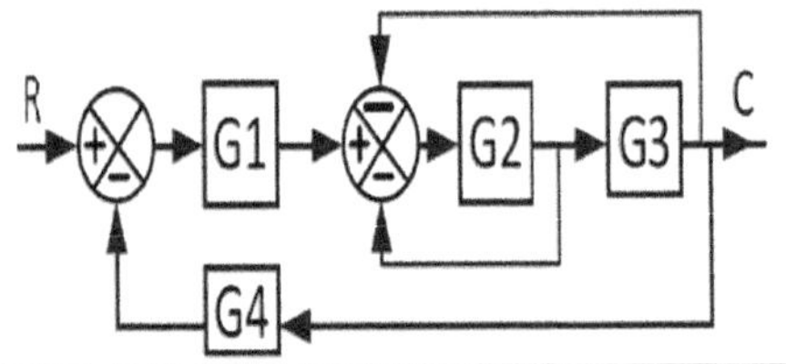

Paso1: Separar el sumador en dos sumadores.

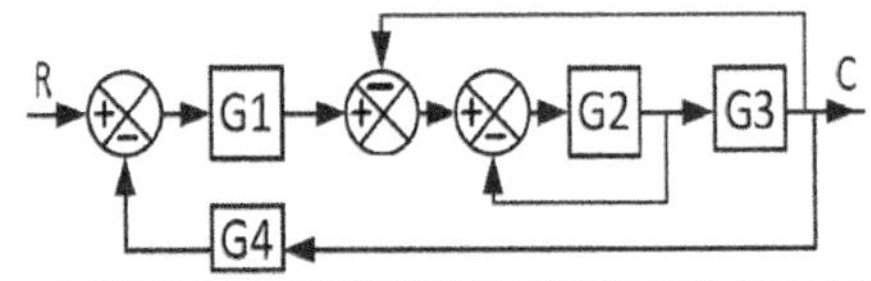

Paso2: retroalimentación negativa.

$$\frac{G2}{1+G2}$$

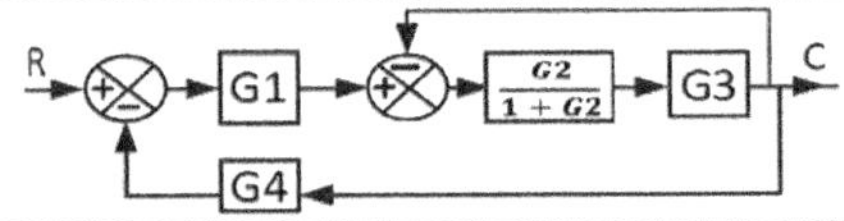

Paso3: bloques en serie se multiplican.

$$\frac{G2*G3}{1+G2}$$

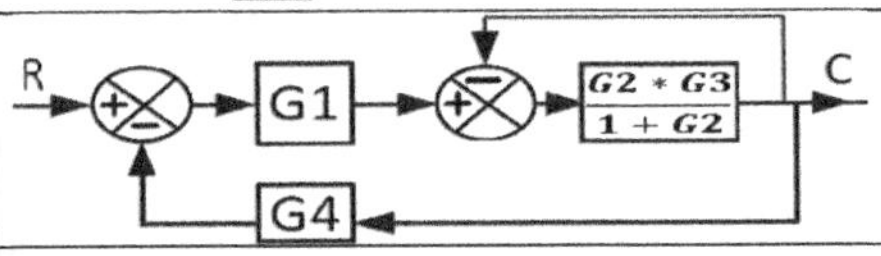

Paso4: retroalimentación negativa.

$$\frac{\frac{G2*G3}{1+G2}}{1+\frac{G2*G3}{1+G2}}=\frac{G2*G3}{1+G2+G2*G3}$$

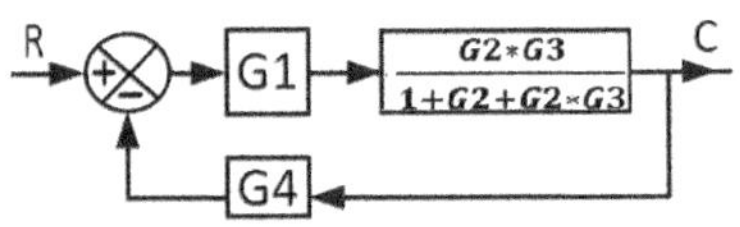

Paso5: bloques en serie se multiplican.

$$\frac{G1*G2*G3}{1+G2+G2*G3}$$

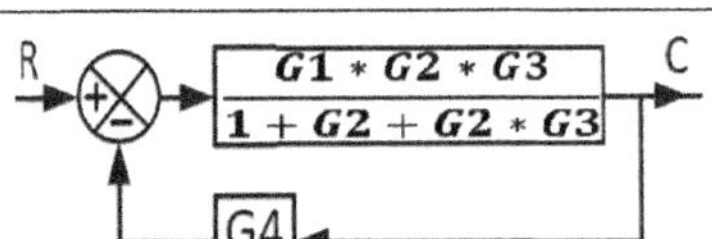

Paso6: retroalimentación negativa.

$$\frac{\frac{G1*G2*G3}{1+G2+G2*G3}*G4}{1+\frac{G1*G2*G3}{1+G2+G2*G3}*G4}=\frac{G1*G2*G3*G4}{1+G2+G2*G3+G1*G2*G3*G4}$$

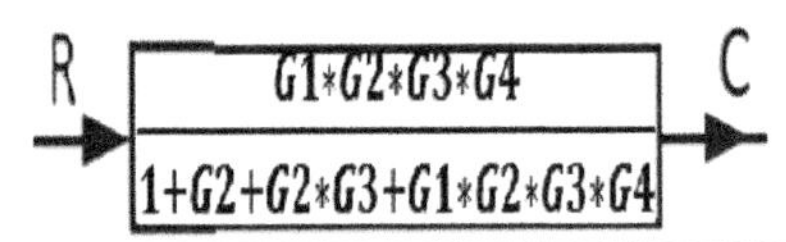

b) Bloque que actúa como regulador o controlador: el G1 porque es el bloque que está a continuación del sumador-comparador (entre la señal de entrada y la señal de salida).

Andalucía - 2025 - Junio - 3.B

El sistema de control de lazo cerrado de la figura tiene un regulador con ganancia G1 y una planta con ganancia G2 = 50. Hallar el valor de G1 para que el error E sea inferior a 0,1 cuando la entrada X es igual a 1.

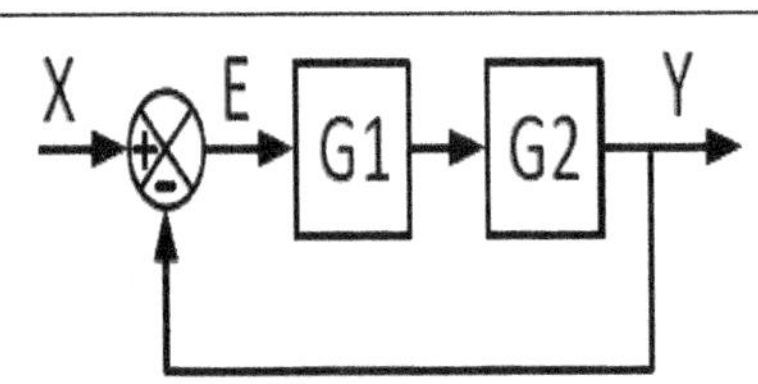

Paso1: bloques en serie se multiplican: G1*G2

Paso2; retroalimentación negativa: G1*G2/(1+G1*G2)

$$\frac{Y}{X}=\frac{G1*G2}{1+G1*G2} \rightarrow Y=X*\frac{G1*G2}{1+G1*G2}=1*\frac{G1*50}{1+G1*50}$$

Señal de error: E=X–Y=1–G1*50/(1+G1*50)<0,1 → G1>0,18

Castilla-León - 2025 -
modelo de prueba - Problema 8

Calcula la función de transferencia C/E del sistema de control cuyo diagrama de bloques se muestra en la figura.

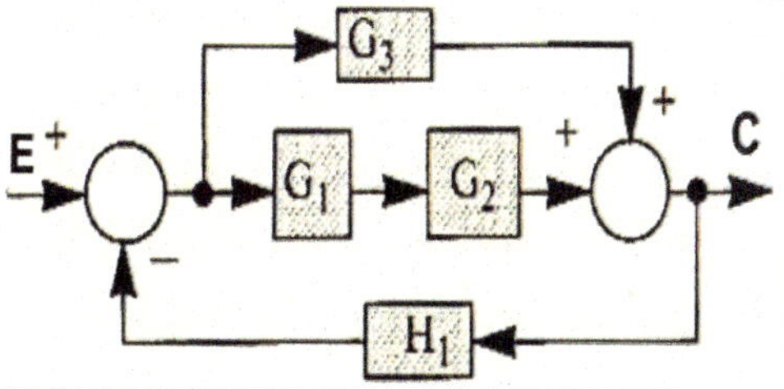

Paso1: bloques en serie se multiplican.

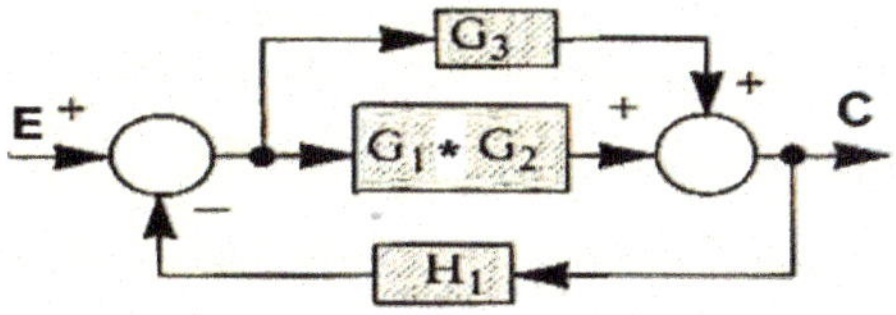

Paso2: bloques en paralelo se sumas.

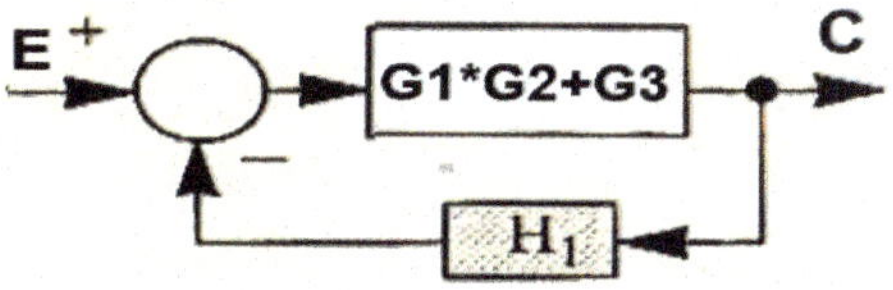

Paso3: retroalimentación negativa

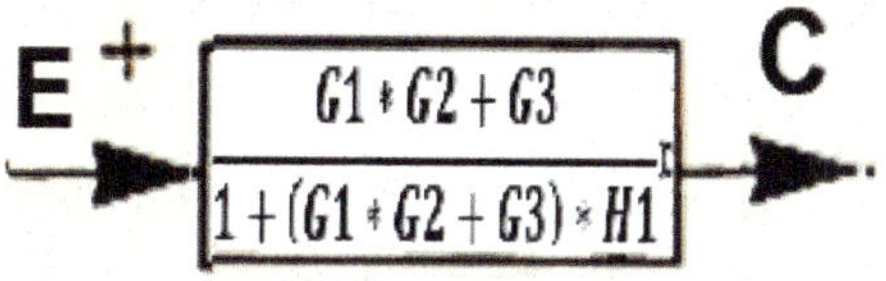

Castilla-León-2025-Julio-5.2

Dado el sistema de control de la figura, se pide obtener la función de transferencia F=Y/R.

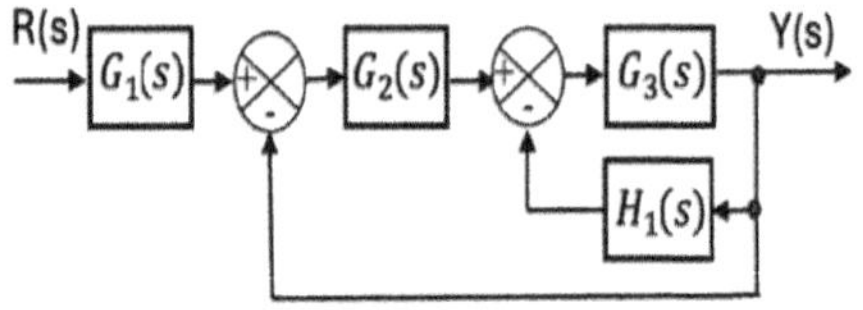

Paso1: retroalimentación negativa.

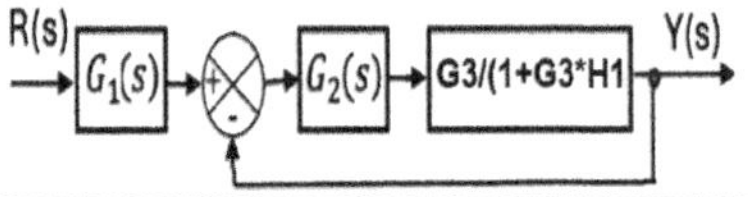

Paso2: bloques en serie se multiplican.

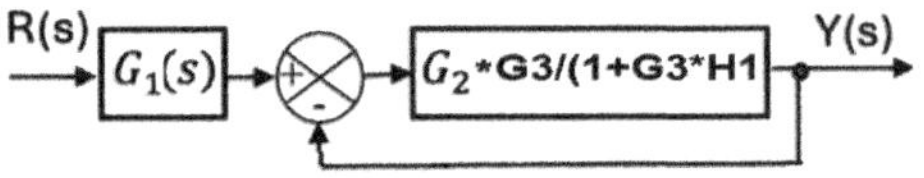

Paso3: retroalimentación negativa.

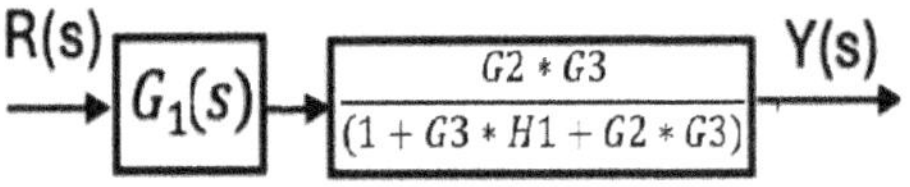

Paso4: bloques en serie se multiplican

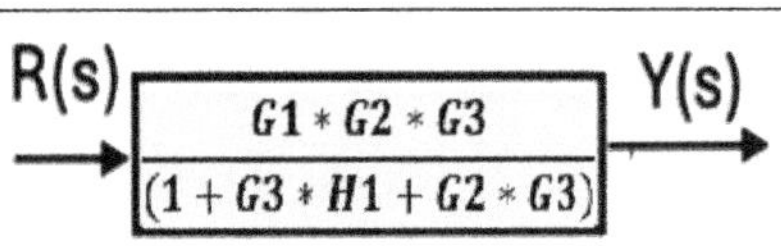

$$\frac{Y}{R} = \frac{G1 * G2 * G3}{(1 + G3 * H1 + G2 * G3)}$$

Asturias-2025-modelo de prueba-4B

a) A partir del diagrama de bloques de un sistema de regulación que se representa en la figura, simplifícalo y calcula su función de transferencia.

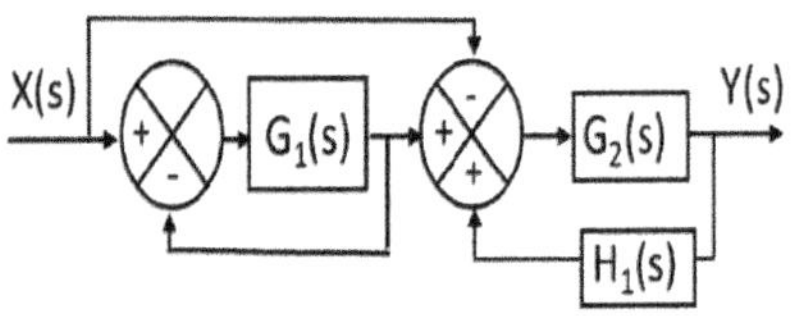

Paso1: separa el 21 sumador en dos sumadores.

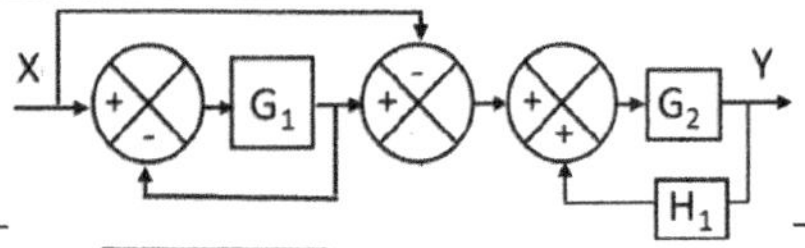

Paso2: retroalimentación negativa.

$$\frac{G1}{1+G1}$$

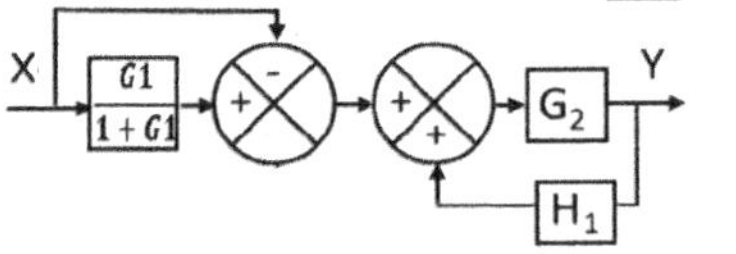

Paso3: retroalimentación positiva.

$$\frac{G2}{1 - G2 * H1}$$

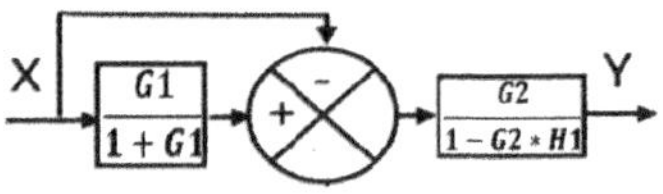

Paso4: bloques es paralelo se suman o restan. $\frac{G1}{1+G1} - 1 = \frac{-1}{1+G1}$

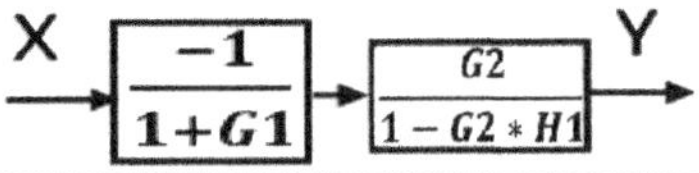

Paso5: bloques es serie se multiplican.

$$\frac{-1}{1+G1} * \frac{G2}{1 - G2 * H1} = \frac{-G2}{G1 - G1 * G2 * H1}$$

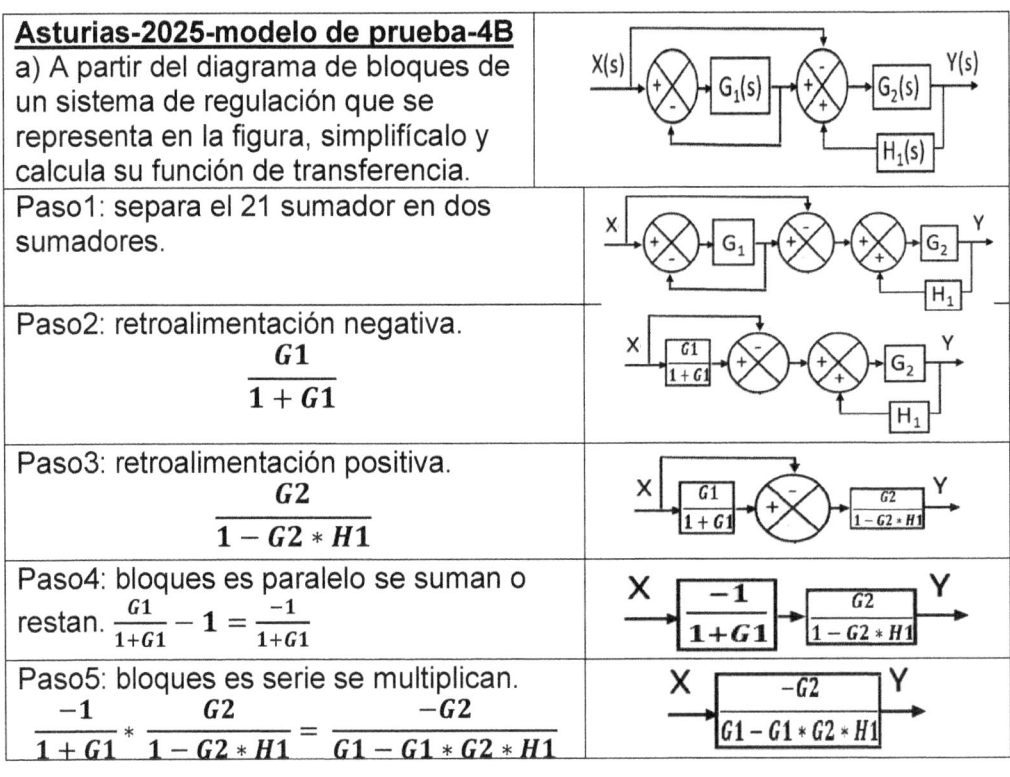

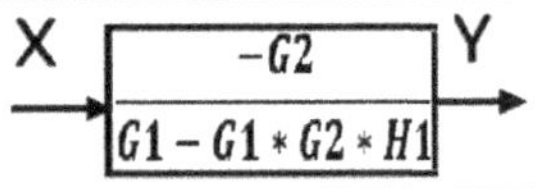

<table>
<tr><td><u>Extremadura-2025-Junio-4.A</u>
Dado el diagrama de bloques de la figura, obtén la función de transferencia.</td><td>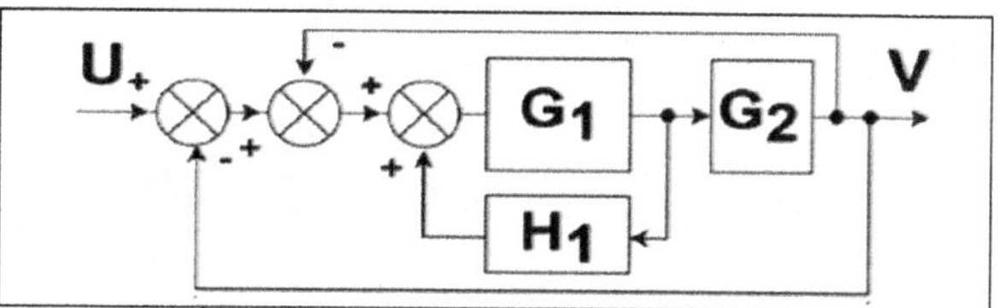</td></tr>
<tr><td>Paso1: retroalimentación positiva.
$$\frac{G1}{1+G1*H1}$$</td><td>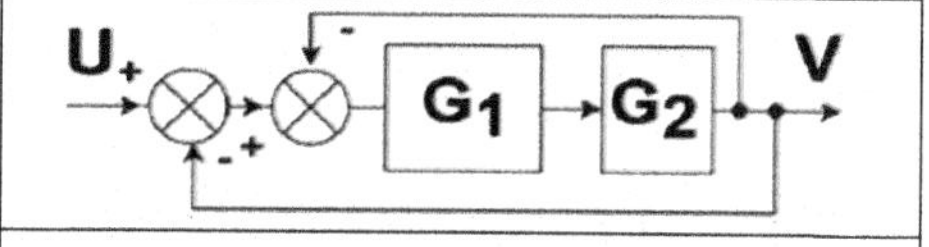</td></tr>
<tr><td>Paso2: bloques en serie se multiplican.
$$\frac{G1*G2}{1+G1*H1}$$</td><td>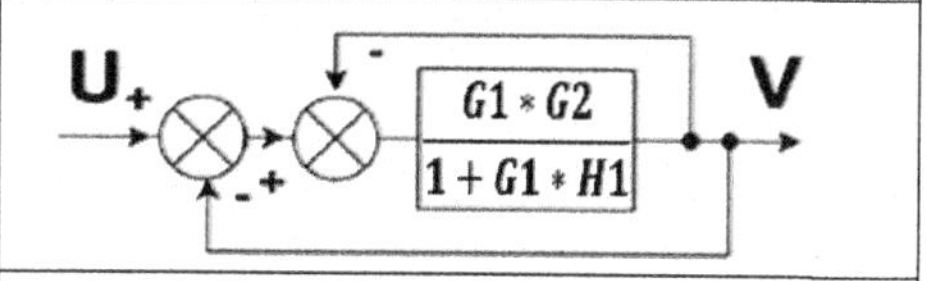</td></tr>
<tr><td>Paso3: retroalimentación negativa.
$$\frac{\frac{G1*G2}{1+G2*H1}}{1+\frac{G1*G2}{1+G2*H1}}=\frac{G1*G2}{1+G1*G2+G2*H1}$$</td><td>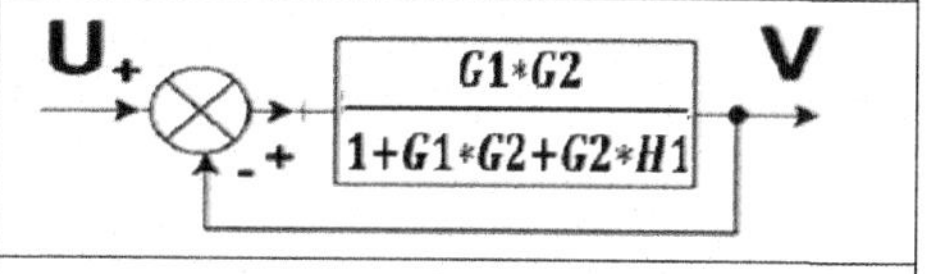</td></tr>
<tr><td>Paso3: retroalimentación negativa.
$$\frac{\frac{G1*G2}{1+G1*G2+G2*H1}}{1+\frac{G1*G2}{1+G1*G2+G2*H1}}=\frac{G1*G2}{1+2*G1*G2+G2*H1}$$</td><td>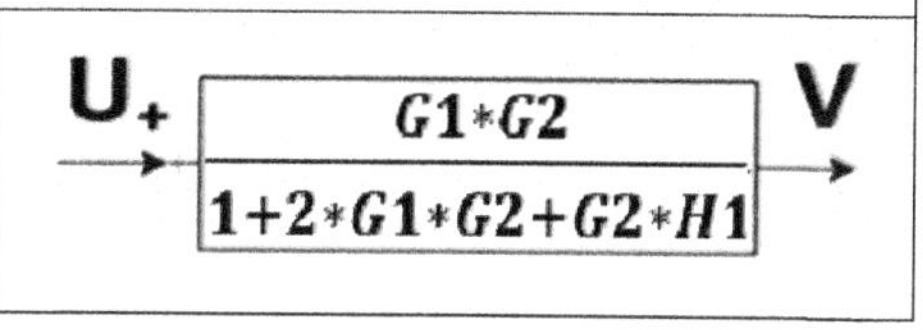</td></tr>
</table>

<table>
<tr><td><u>Cantabria-2025-Junio-5A</u>
Dado el sistema de control de la figura siguiente, se pide:
Simplifica al máximo el sistema de control.</td><td>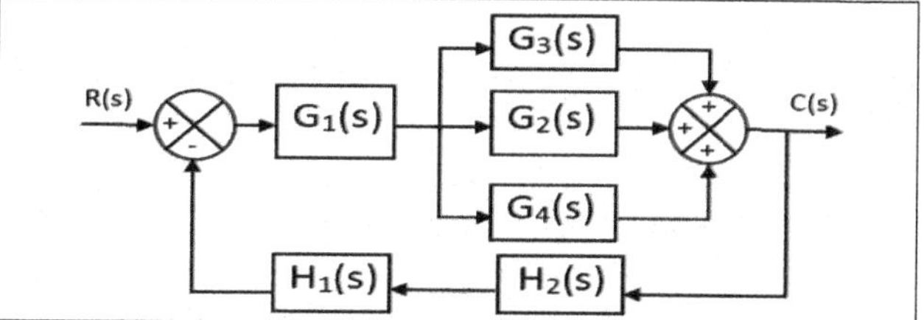</td></tr>
<tr><td>Paso1: bloques en paralelo se suman.
G2+G3+G4</td><td>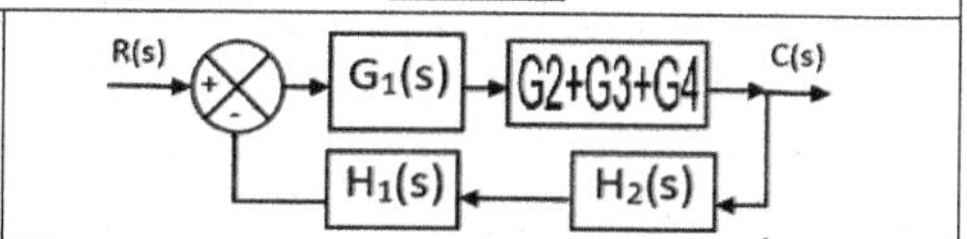</td></tr>
<tr><td>Paso2: bloques en serie se multiplican.
G1*(G2+G3+G4)
H1*H2</td><td>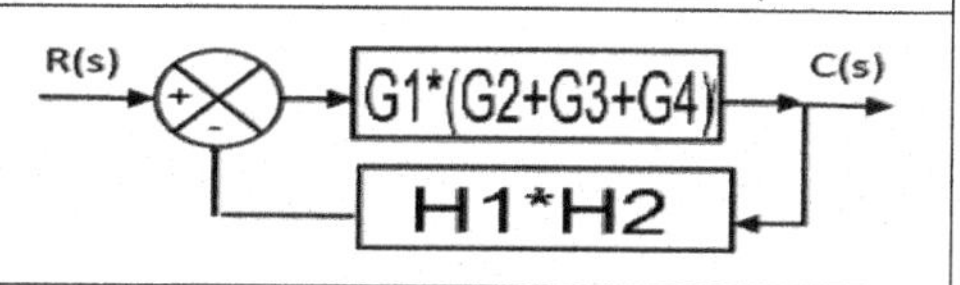</td></tr>
<tr><td>Paso3: retroalimentación negativa.
$$\frac{G1*(G2+G3+G4)}{1+G1*(G2*G3*G3)*H1*H2}$$</td><td>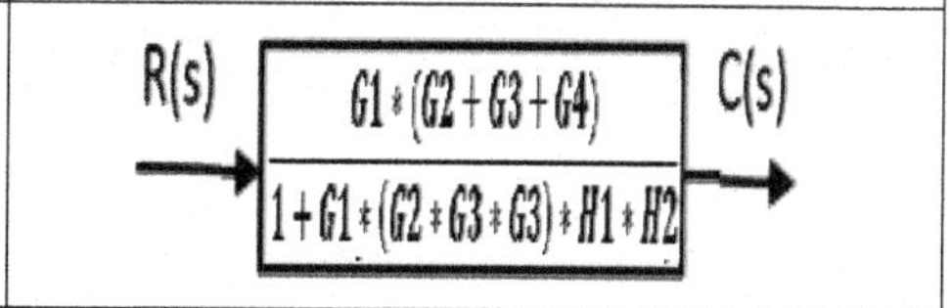</td></tr>
</table>

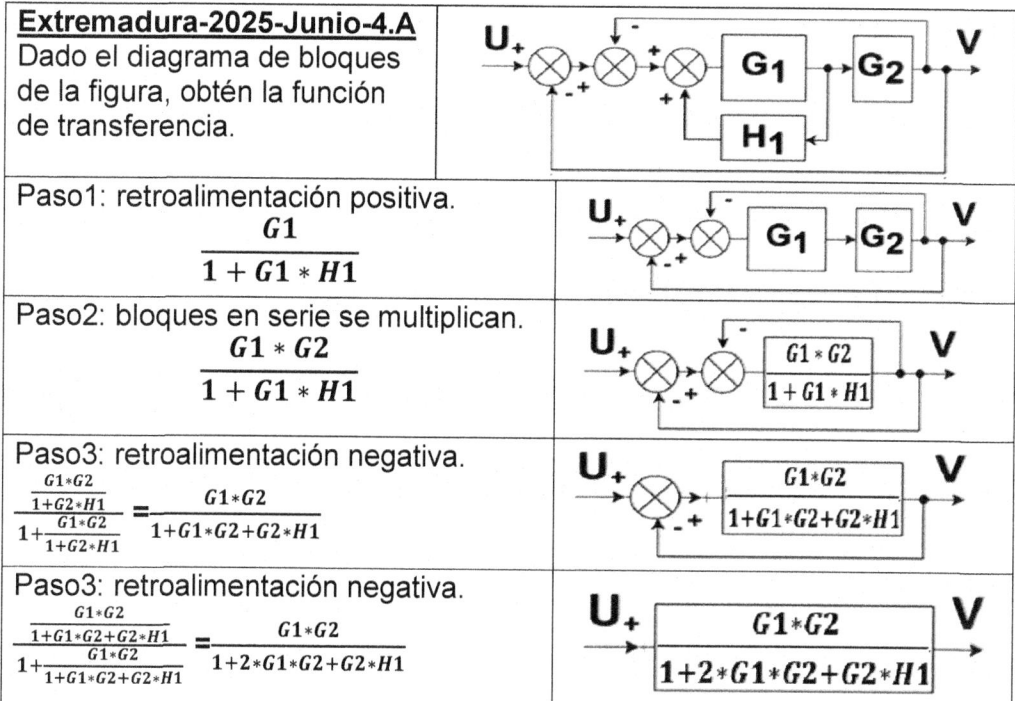

<u>Extremadura-2025-Julio-4.2</u> Dado el sistema de control de la figura, se pide obtener la función de transferencia F=C/E.	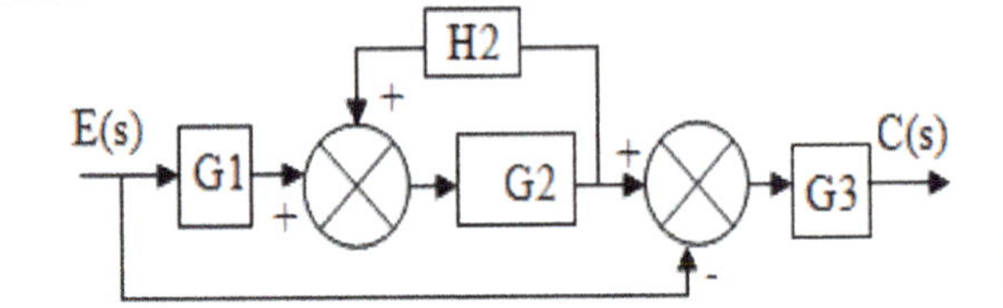
Paso1: retroalimentación positiva. $$\frac{G2}{1-G2*H2}$$	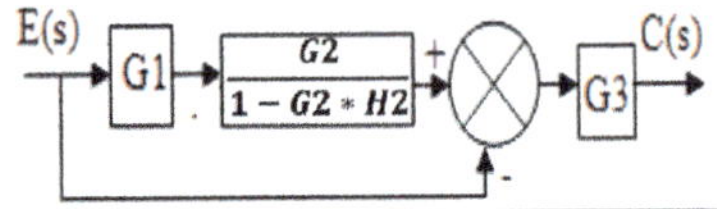
Paso2: bloques en serie se multiplican. $$\frac{G1*G2}{1-G2*H2}$$	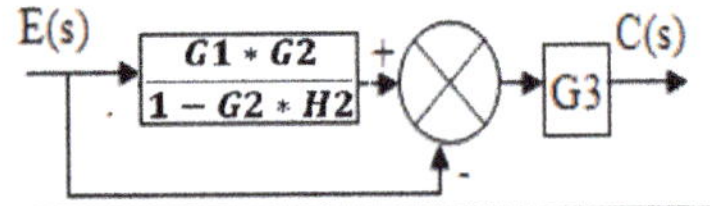
Paso3: bloques en paralelo se suman.	
$$\frac{G1*G2}{1-G2*H2}-1=\frac{G1*G2-1+G2*H2}{1-G2*H2}$$	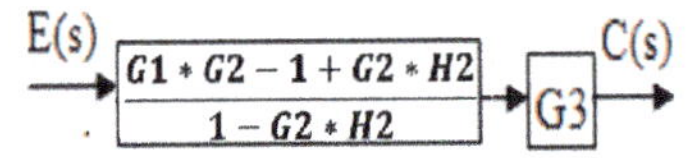
Paso4: bloques en serie se multiplican. $$\frac{(G1*G2-1+G2*H2)*G3}{1-G2*H2}$$	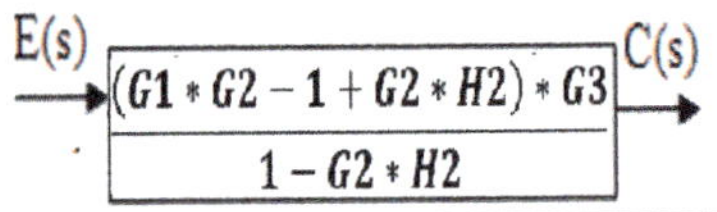

<u>Madrid - 2025 - modelo de prueba - 5.B</u> Dado el diagrama de bloques de la figura: a) Obtener la función de transferencia Y/R. b) Si la señal R de entrada toma el valor 1 y P1=P3=1 ¿qué valor tiene la función de transferencia P2 para que Y sea 1?	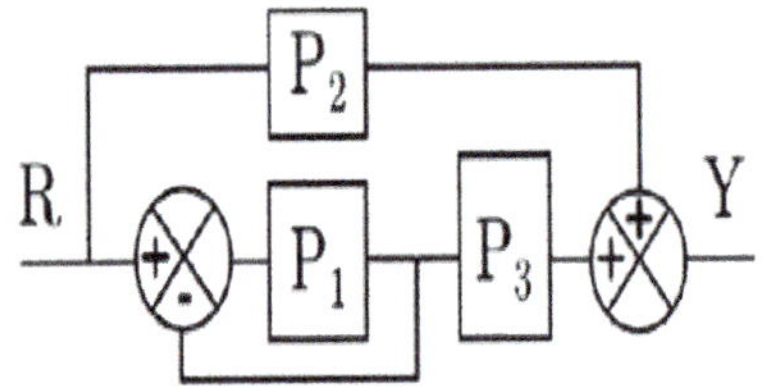
Paso1: Retroalimentación en P1: bloqueDirecto/(1+bloqueDirecto*bloqueindirecto)= =P1/(1+P1*1)=P1/(1+P1)	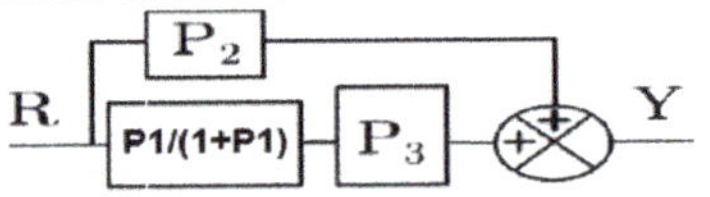
Paso2: bloques en serie se multiplican. P1*P3/(1+P1)	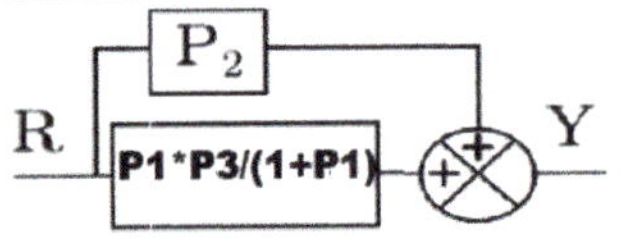
Paso3: bloques en paralelo se sumas. $P2+\frac{P1*P3}{1+P1}=\frac{P2+P1*P2+P1*P3}{1+P1}$	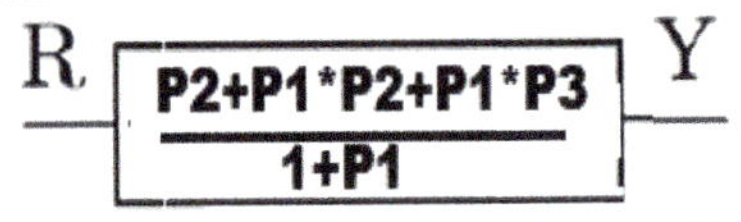
b) Y/R=fdt → $Y=R*\frac{P2+P1*P2+P1*P3}{1+P1}$ Sustituyento Y=1, P1=P3=1 $1=1*\frac{P2+1*P2+1*P3}{1+1}$ → 1=(P2*2+1)2 → P2=1/2	

Baleares - 2025 - Julio - Ejercicio 3.1

Calcular la función de transferencia G=Y/X para este sistema de control:

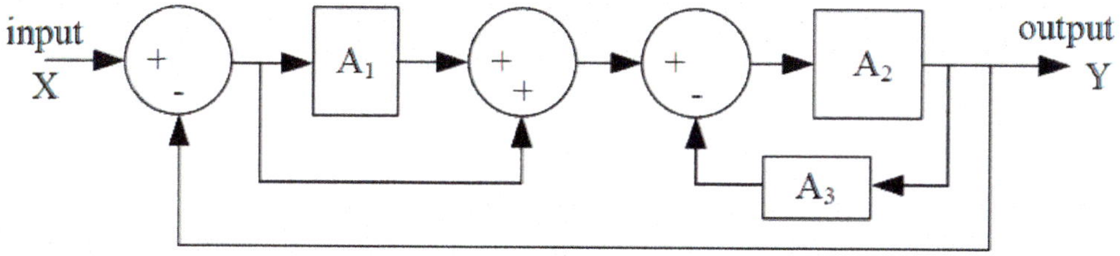

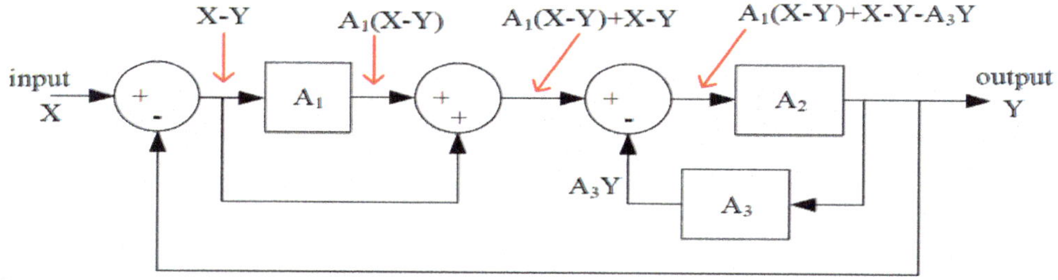

Y=A2*A1*X–A1*A2*Y+A2*X–A2*Y–A2*A3*Y

Y*(1+A1*A2+A2+A2*A3)=X*(A1*A2*+A2)

Función de transferencia: $\frac{Y}{R} = \frac{A2*(1+A1)}{(1+A2*A3+A2+A1*A2}$

De otra manera:

Paso1: bloques en paralelo se suman. $(1+A_1)$

Paso2: retroalimentación negativa. $A_2/(1+A_2*A_3)$

Paso3: bloques en serie se multiplican $(1+A_1)*A_2/(1+A_2*A_3)$

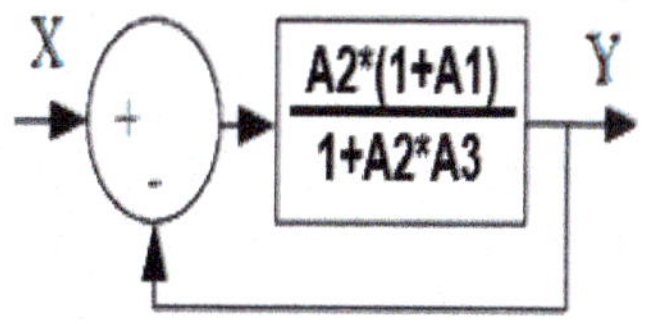

Paso4: retroalimentación negativa

$$\frac{Y}{R} = \frac{\frac{A2*(1+A1)}{(1+A2*A3)}}{1+\frac{A2*(1+A1)}{(1+A2*A3)}*1} = \frac{A2*(1+A1)}{1+A2*A3+A2+A1*A2}$$

Asturias - 2025 - Julio - Ejercicio 5.B

A partir del diagrama de bloques de un sistema de regulación de la figura, simplifique el mismo y calcule su función de transferencia.

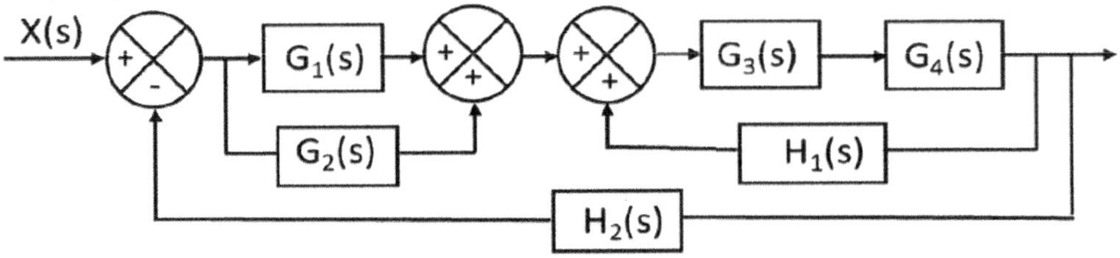

Paso1: G1 y G2 en paralelo (G1+G2). G3 y G4 en serie (G3*G4)

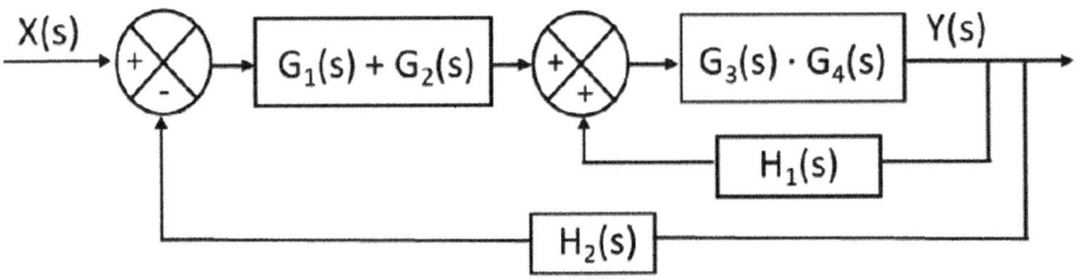

Paso 2: Retroalimentación positiva: G3*G4/[1–G3*G4*H1]

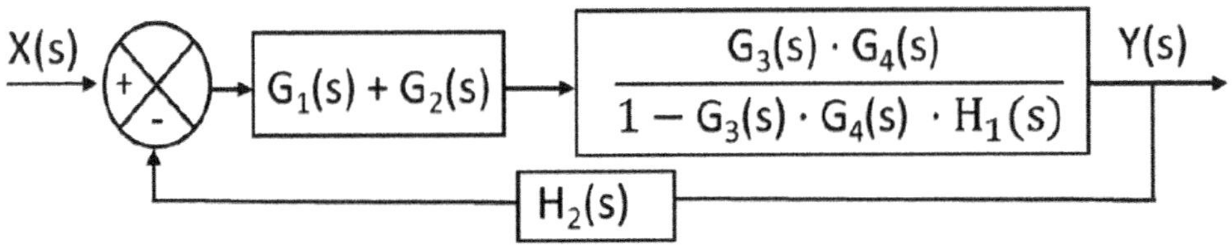

Paso 3: Bloques en serie, se multiplican.

$$X(s) \rightarrow \bigotimes \rightarrow (G_1(s) + G_2(s)) \cdot \left(\frac{G_3(s) \cdot G_4(s)}{1 - G_3(s) \cdot G_4(s) \cdot H_1(s)} \right) \rightarrow Y(s)$$

$$H_2(s)$$

Paso 4: Retroalimentación negativa.

$$\frac{(G_1(s) + G_2(s)) \cdot \left(\dfrac{G_3(s) \cdot G_4(s)}{1 - G_3(s) \cdot G_4(s) \cdot H_1(s)} \right)}{1 + (G_1(s) + G_2(s)) \cdot \left(\dfrac{G_3(s) \cdot G_4(s)}{1 - G_3(s) \cdot G_4(s) \cdot H_1(s)} \right) \cdot H_2(s)}$$

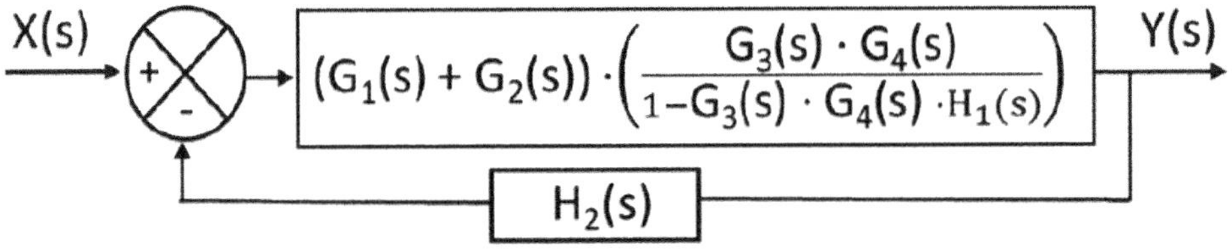

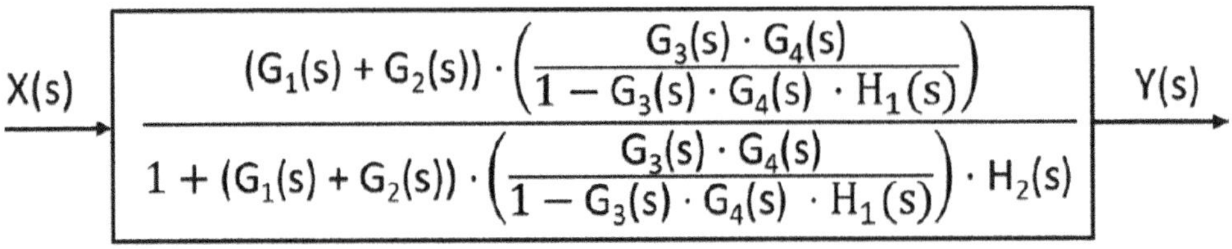

País Vasco - 2025 - Junio - Ejercicio 4.A

a) Simplificar el siguiente diagrama de bloques y obtener la expresión de la función de transferencia G(s).

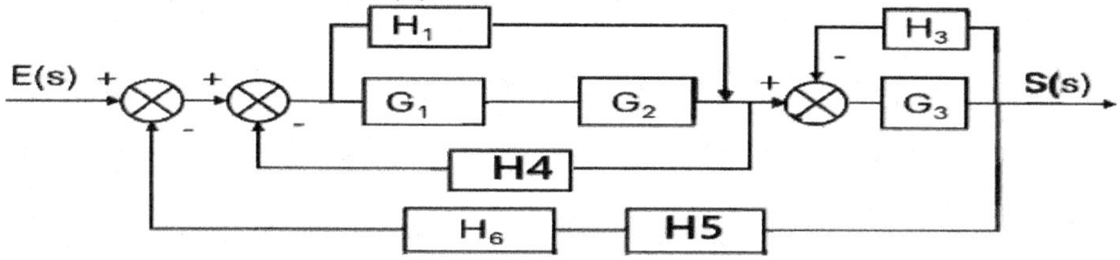

b) Explica los siguientes conceptos:

-Sistema de control en lazo cerrado.

-Señal de retroalimentación.

Paso 1: G1 y G2 en serie, se multiplican G1*G2.

Paso 2: H5 y H6 en serie se multiplican H5*H6

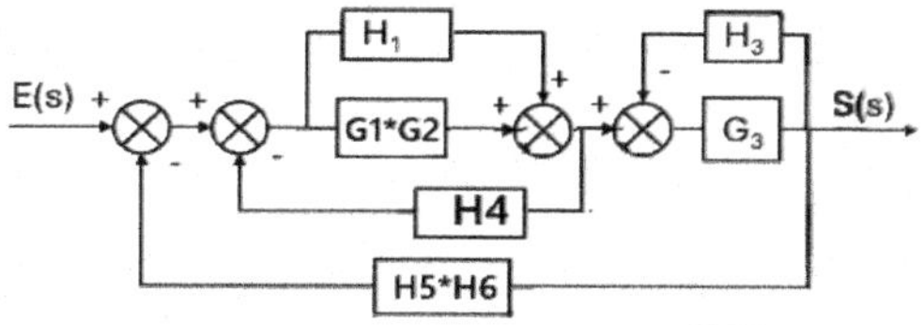

Paso 3: G1*G2 y H1 en paralelo, se suman: G1*G2+H1

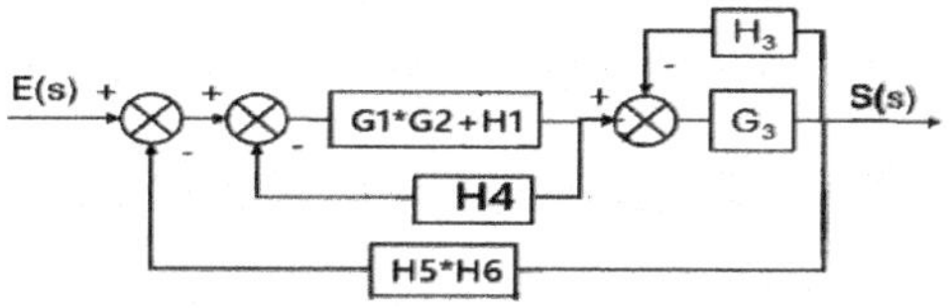

Paso 4: bucle de realimentación negativa: BD/(1+BD*BR)= =[G1*G2+H1]/[1+(G1*G2*H1*H4]

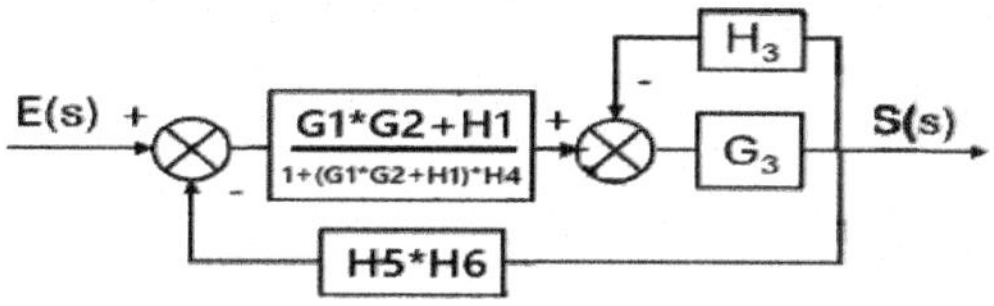

Paso 5: bucle de realimentación negativa: BD/(1+BD*BR)= =[G3]/[1+G3*H3]

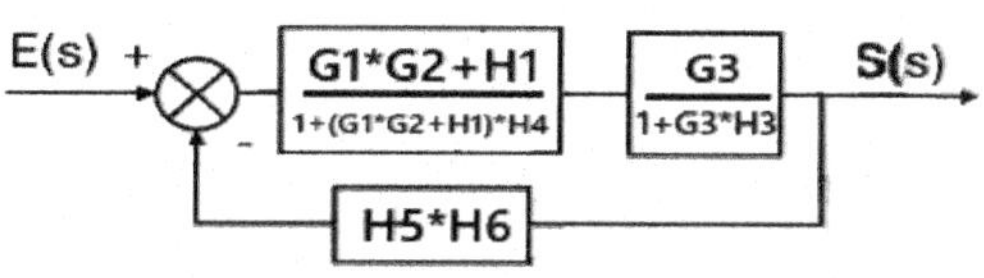

Paso 6: bloques en serie, se multiplican.

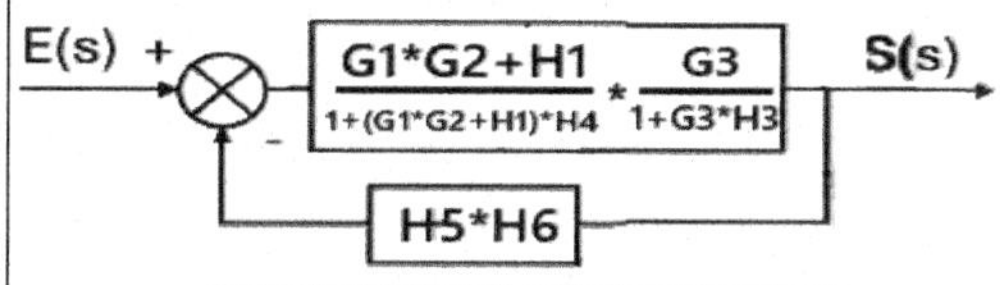

Paso 7: bucle de realimentación negativa:

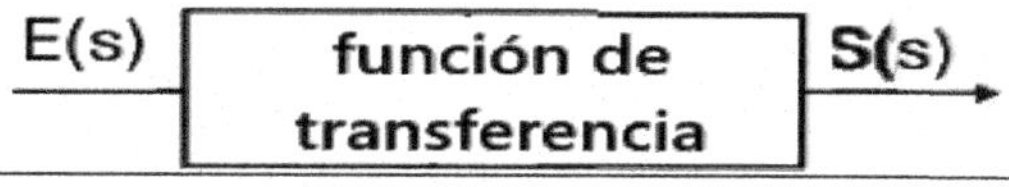

$$S/E=\frac{bloque\ directo}{1+bloque\ directo*bloque\ realimentación}=$$

$$=\frac{\frac{[G1*G2+H1)*G3}{[1+(G1*G2+H1)*H4]*[1+G3*H3]}}{1+\frac{[G1*G2+H1)*G3}{[1+(G1*G2+H1)*H4]*[1+G3*H3]}*H5*H6}=$$

$$=\frac{[G1*G2+H1]*G3}{[1+(G1*G2+H1)*H4]*(1+G3*H3)+(G1*G2+H1)*G3*H5*H6}$$

Castilla-La Mancha - 2025 - Julio - 2.A

Obtener la función de transferencia del sistema de control representado por el diagrama de bloques adjunto.

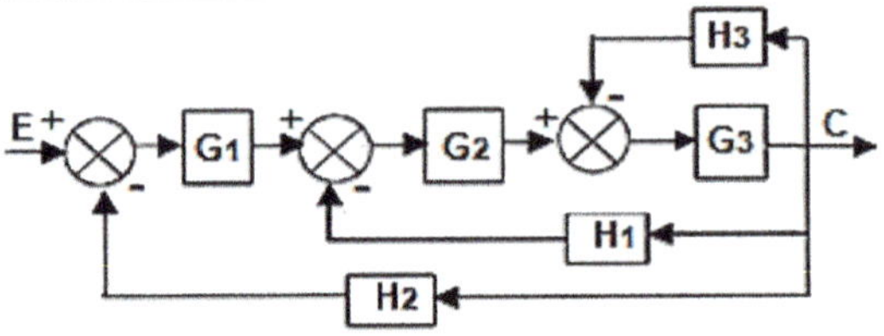

Paso1: retroalimentación negativa.

$$\frac{G3}{1+G3*H3}$$

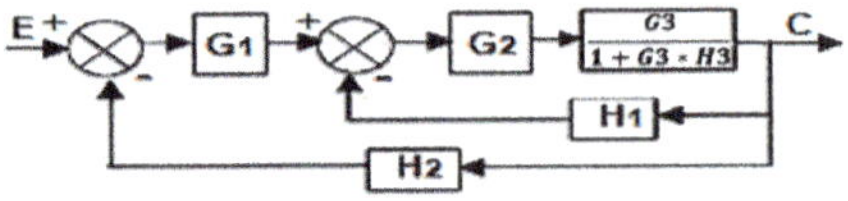

Paso2: bloques en serie se multiplican. $\frac{G2*G3}{1+G3*H3}$

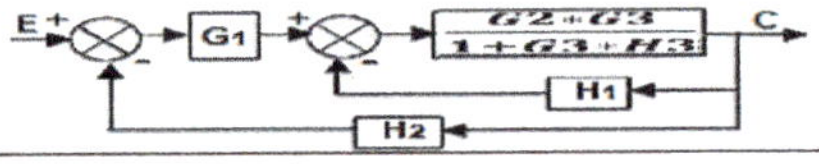

Paso1: retroalimentación negativa.

$$\frac{\frac{G2*G3}{1+G3*H3}}{1+\frac{G2*G3}{1+G3*H3}*H1}=\frac{G2*G3}{1+G3*H3+G2*G3*H1}$$

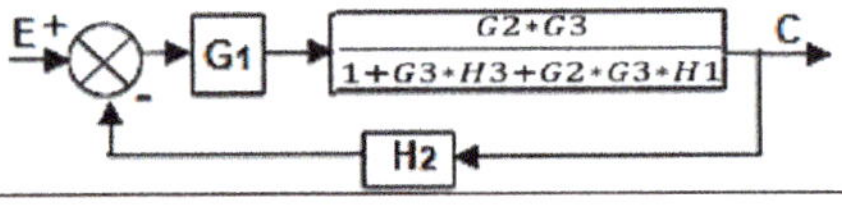

Paso2: bloques en serie se multiplican. $\frac{G1*G2*G3}{1+G3*H3+G2*G3*H1}$

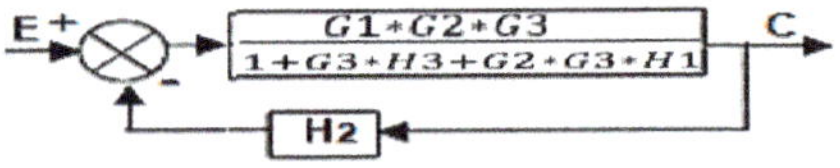

Paso1: retroalimentación negativa.

$$\frac{\frac{G1*G2*G3}{1+G3H3+G2G3H1}}{1+\frac{G2*G3*H2}{1+G3H3+G2G3H1}}=\frac{G1*G2*G3}{1+G3H3+G2G3H1+G2G3H2}$$

Canarias – 2025 - modelo de prueba - Ejercicio 2.A

Dado el siguiente diagrama de bloques:

a) Determine la función de transferencia total del sistema.

b) Si la entrada del sistema toma el valor X=1, H1=1/2 y G3=G2=1, ¿qué valor deberá tener G1 para que la salida del sistema tome el valor Y=1?

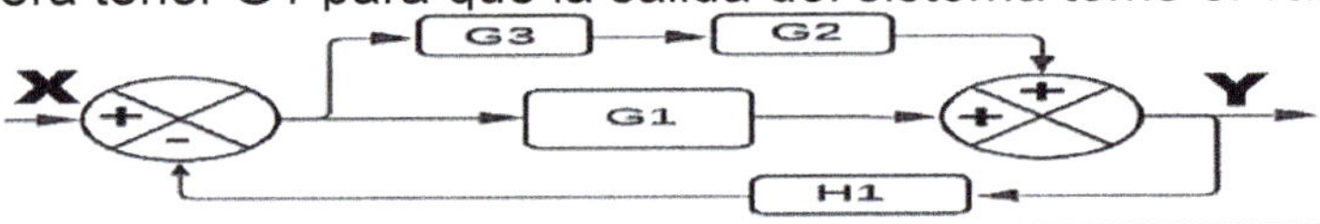

Paso1: bloques en serie se multiplican.
G2*G3

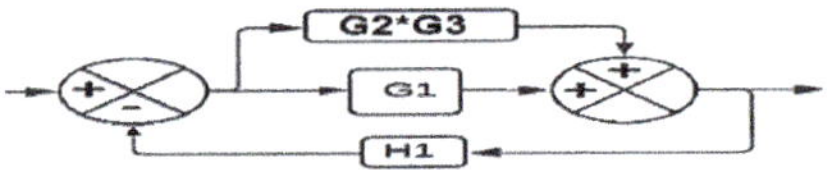

Paso2: bloques en paralelo se suman.
G1+G2*G3

Paso3: retroalimentación negativa.

$$\frac{G1+G2*G3}{1+(G1+G2*G3)*H1}$$

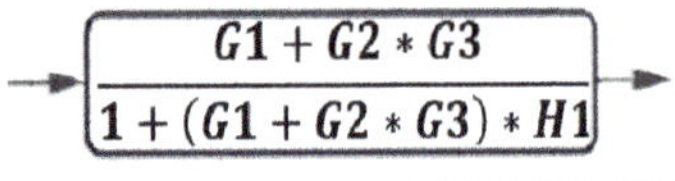

b) X=1, H1=1/2, G3=G2=1, Y=1 → ¿G1?

$Y=X*\frac{G1+G2*G3}{1+(G1+G2*G3)*H1}=\mathbf{1}*\frac{G1+1*1}{1+(G1+1*1)*\frac{1}{2}}=1$ → G1=1

Valencia - 2025 - Junio - Ejercicio 2.A

A partir del diagrama de bloques representado en la figura, conteste:

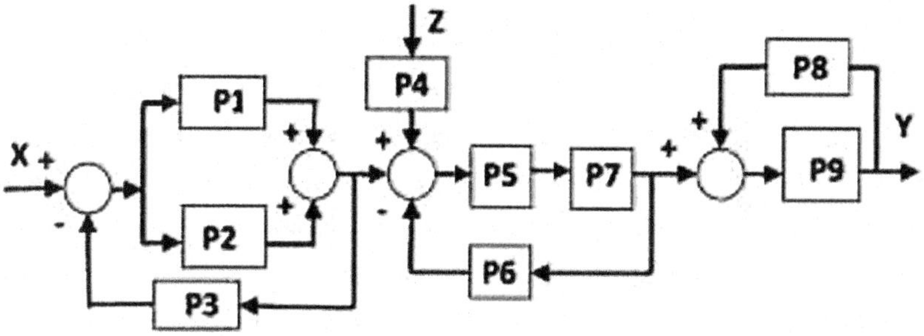

1) Calcula la función de transferencia tomando como entrada Z y como salida Y (Y/Z).

2) Explica la diferencia entre un sistema de control en lazo abierto y un sistema de control en lazo cerrado.

El sistema tiene dos entradas (X, Z). Para calcular la función de transferencia Y/Z, la otra entrada X se toma como 0, por lo que esa porción del sistema no se considera (P1=P2=P3=0).	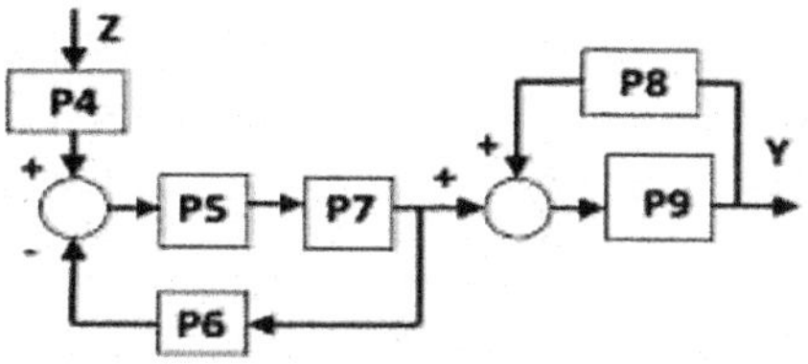
Paso1: bloques en serie se multiplican. **P5*P7**	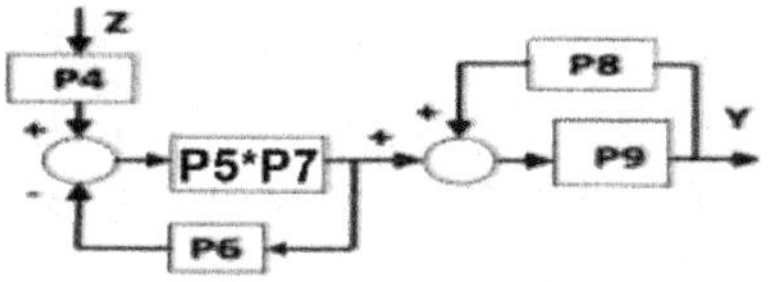
Paso2: retroalimentación negativa. $\frac{P5*P7}{1+P5*P6*P7}$	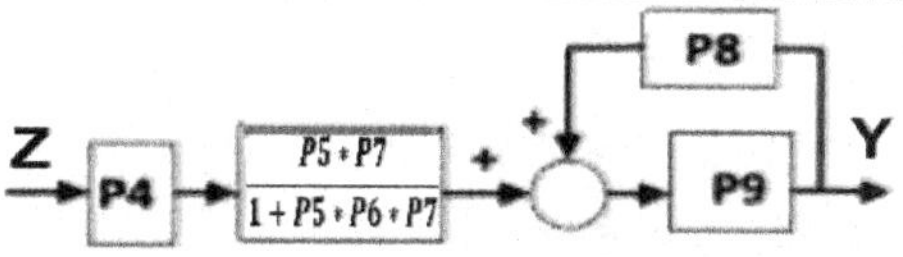
Paso3: bloques en serie se multiplican $\frac{P4*P5*P7}{1+P5*P6*P7}$	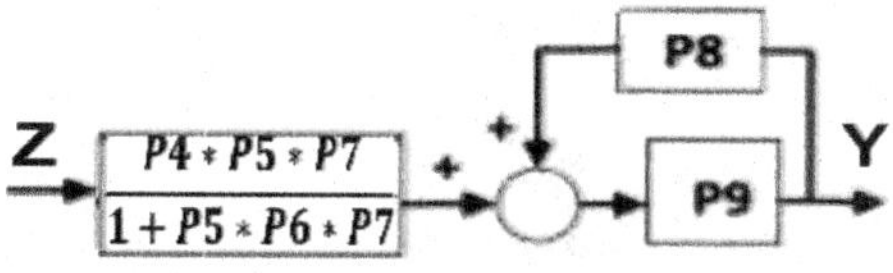
Paso2: retroalimentación positiva. $\frac{P9}{1-P8*P9}$	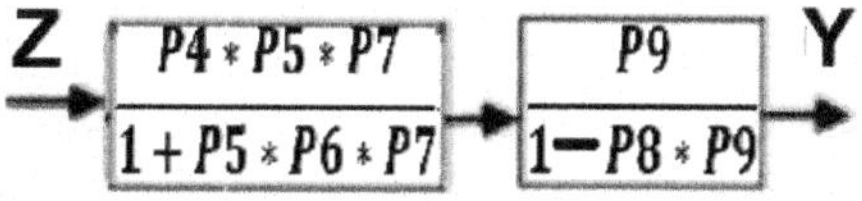
Paso3: bloques en serie se multiplican $\frac{P4*P5*P7}{1+P5*P6*P7}*\frac{P9}{1-P8*P9}$	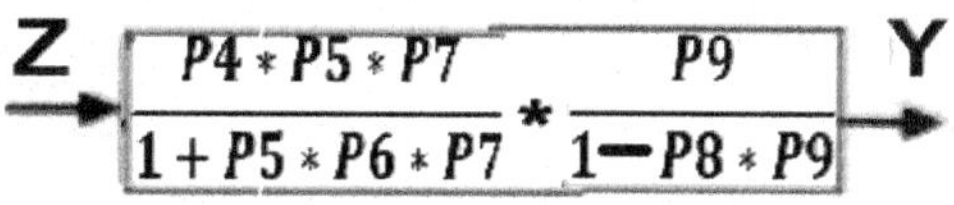

Canarias - 2025 - Junio - 3.B

En el siguiente diagrama de bloques:
a) Hallar la función de transferencia.
b) Si la entrada del sistema es R=1, H1=1/2, G3=2 y G2=1, hallar el valor de G1 para que la salida sea C=1.

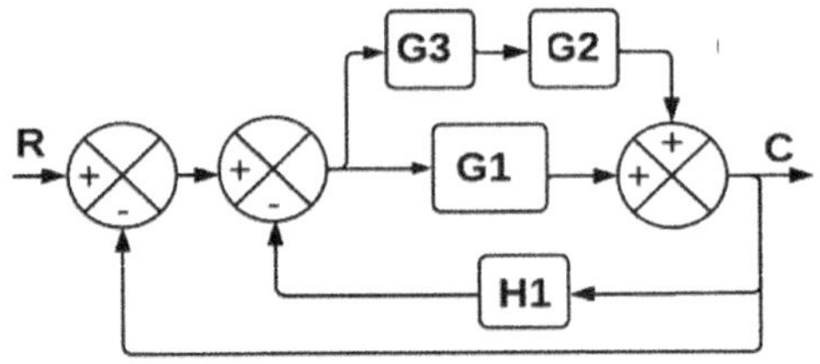

Paso 1 y 2: bloques G2 y G3 en serie y en paralelo con G1. G1+G2*G3

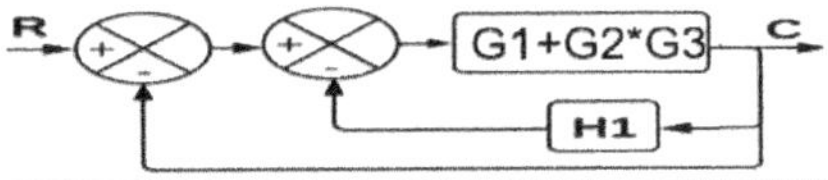

Paso2: retroalimentación negativa.

$$\frac{\boldsymbol{G1+G2*G3}}{\boldsymbol{1+(G1+G2*G3)*H1}}$$

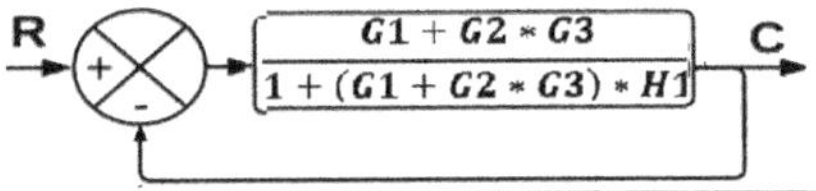

Paso2: retroalimentación negativa.

$$\frac{\frac{G1+G2*G3}{1+(G1+G2*G3)*H1}}{1+\frac{(G1+G2*G3)*1}{1+(G1+G2*G3)*H1}} = \frac{\boldsymbol{G1+G2*G3}}{\boldsymbol{1+(G1+G2*G3)*H1+(G1+G2*G3)}}$$

b) C/R=Función$_{\text{DeTransferencia}}$, R=1, H1=1/2, G3=2, G2=1, C=1 → ¿G1?

$C = R*\frac{G1+G2*G3}{1+(G1+G2*G3)*H1+(G1+G2*G3)} = \mathbf{1}*\frac{G1+1*2}{1+(G1+1*2)*\frac{1}{2}+(G1+1*2)} = 1$ → G1=–4

Canarias - 2025 - Julio – 3.B

Dado el siguiente diagrama de bloques:
a) Hallar la función de transferencia.
b) Si R=1, H1=H2=1/2 y G3=G2=1, halla el valor de G1 para que la salida sea C=1.

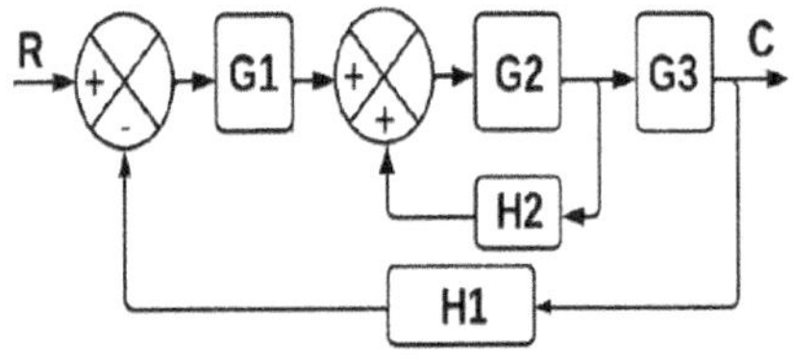

Paso1: retroalimentación negativa.

$$\frac{\boldsymbol{G2}}{\boldsymbol{1+G2*H2}}$$

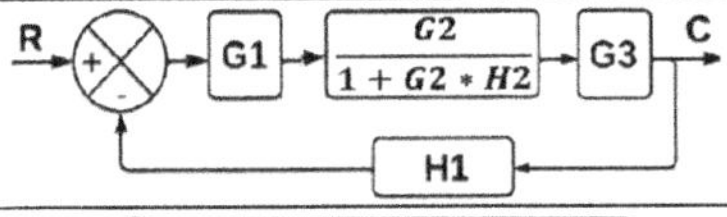

Paso3: bloques en serie se multiplican.

$$\frac{\boldsymbol{G1*G2*G3}}{\boldsymbol{1+G2*H2}}$$

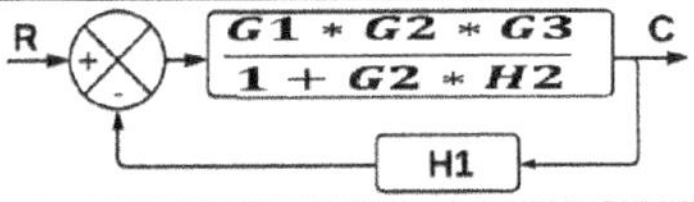

Paso1: retroalimentación negativa.

$$\frac{\frac{G1*G2*G3}{1+G2*H2}}{1+\frac{G1*G2*G3*H1}{1+G2*H2}} = \frac{\boldsymbol{G1*G2*G3}}{\boldsymbol{1+G2*H2+G1*G2*G3*H1}}$$

b) C/R=Función$_{\text{DeTransferencia}}$, R=1, H1=H2=1/2, G3=G2=1, C=1 → ¿G1?

$C = R*\frac{G1*G2*G3}{1+G2*H2+G1*G2*G3*H1} = \mathbf{1}*\frac{G1*1*1}{1+1*\frac{1}{2}+G1*1*1*\frac{1}{2}} = 1$ → G1=3

Castilla-La Mancha - 2025 - modelo de prueba - Ejercicio 3 Obtenga la función de transferencia del diagrama de bloques de la figura	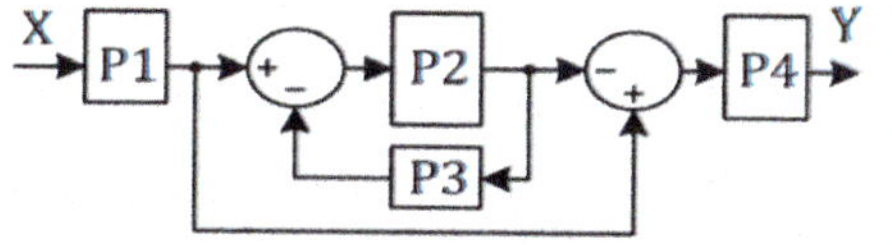
Paso1: retroalimentación negativa. $\frac{P2}{1+P2*P3}$	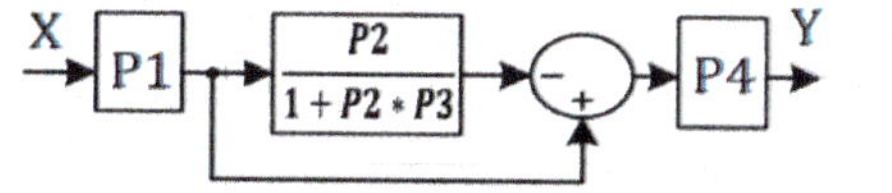
Paso1: bloques en paralelo se suman $\frac{P2}{1+P2*P3}+1=\frac{P2+1+P2*P3}{1+P2*P3}$	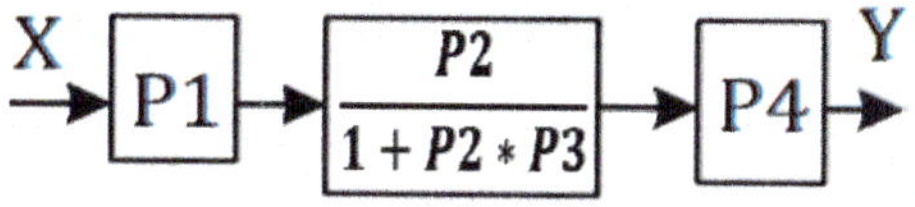
Paso3: bloques en serie se multiplican $\frac{P1*(P2+1+P2*P3)*P4}{1+P2*P3}$	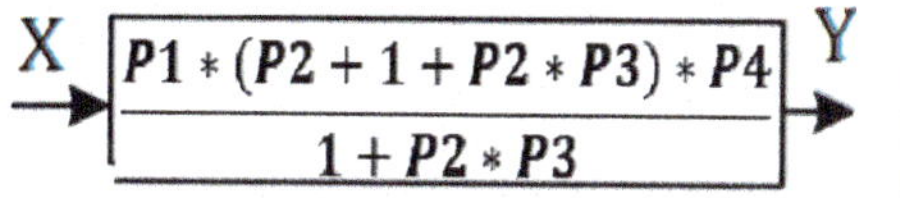

País Vasco – 2025 - modelo de prueba - Ejercicio 4.A a) Simplificar el diagrama de bloques y obtener la expresión de la función de transferencia G(s).	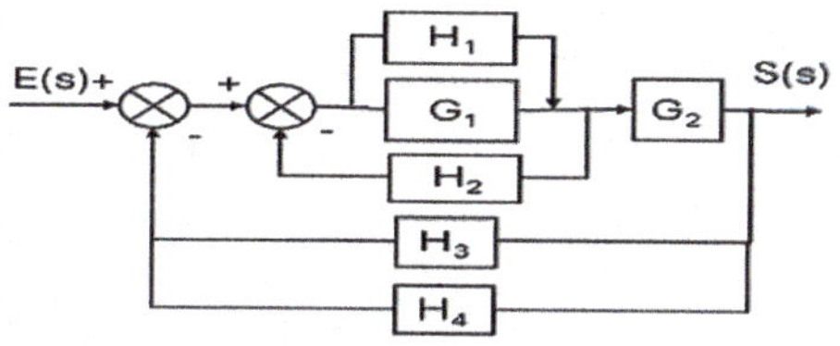
Paso1: bloques en paralelo se suman. H1+G1	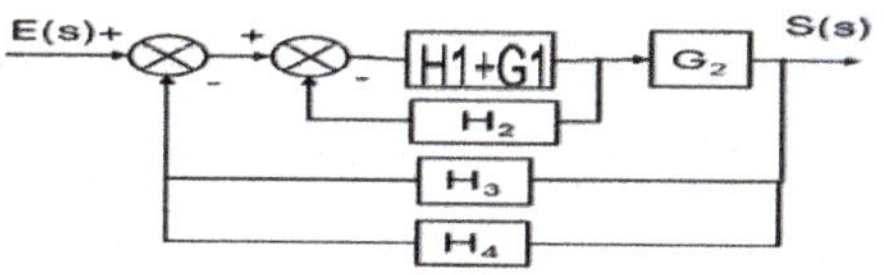
Paso2: retroalimentación negativa. $\frac{(G1+H1)}{1+(G1+H1)*H2}$	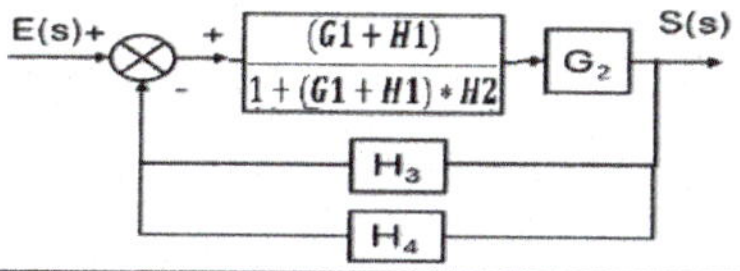
Paso3: bloques en serie se multiplican $\frac{(G1+H1)*G2}{1+(G1+H1)*H2}$	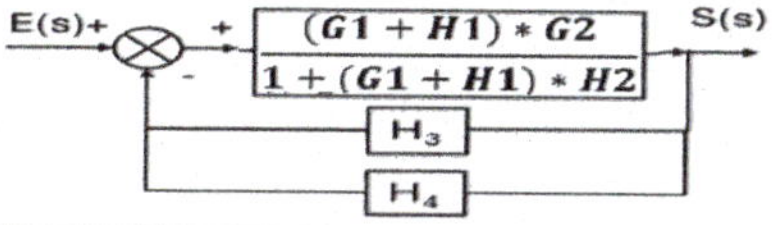
Paso4: bloques en paralelo se suman. H3+H4	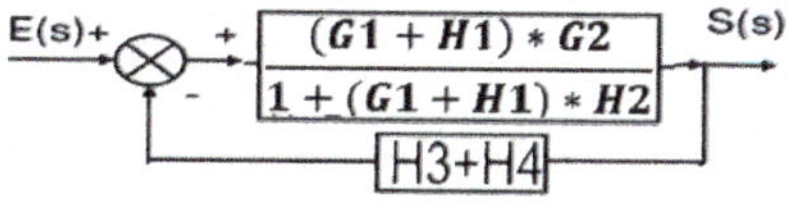
Paso4: retroalimentación negativa. $\frac{\frac{(G1+H1)*G2}{1+(G1+H1)*H2}}{1+\frac{(G1+H1)*G2*(H3+H4)}{1+(G1+H1)*H2}}=\frac{(G1+H1)*G2}{1+(G1+H1)*H2+(G1+H1)*G2*(H3+H4)}$	

Cantabria – 2025 - modelo de prueba - Ejercicio 5.A

Dado el siguiente sistema de control, simplifica el sistema de control hasta obtener la función de transferencia.

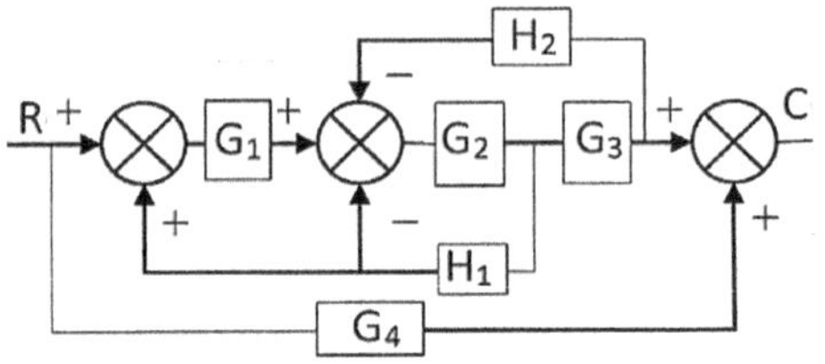

Paso1: separar el sumador 2ª en dos

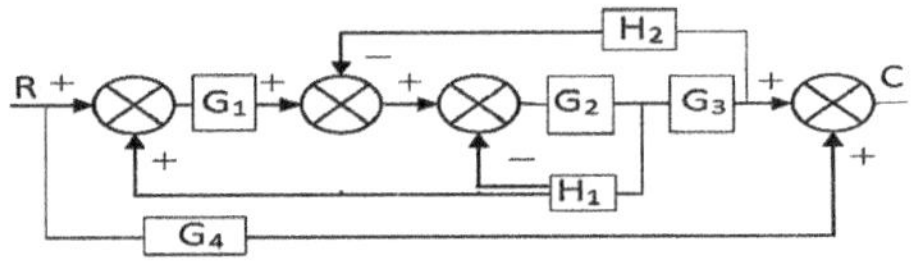

Paso2: retroalimentación negativa

$$\frac{G2}{1+G2*H1}$$

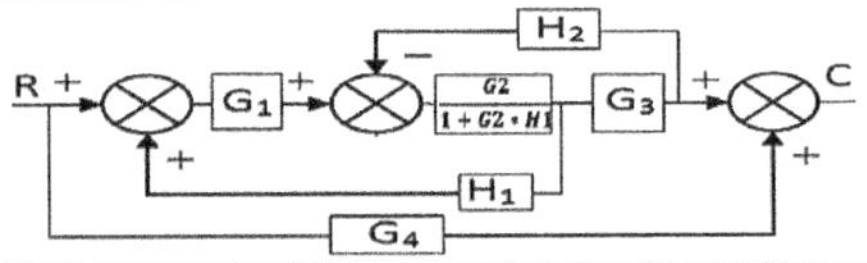

Paso3: mover una bifurcación de H1 hacia la derecha H1/G3

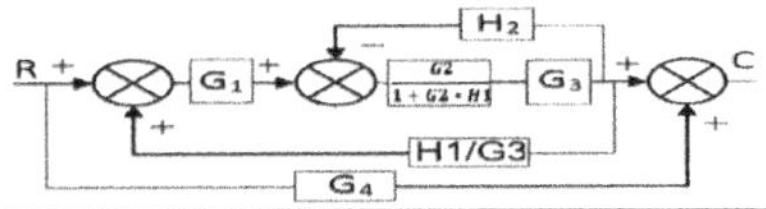

Paso4: bloques en serie se multiplica

$$\frac{G2*G3}{1+G2*H1}$$

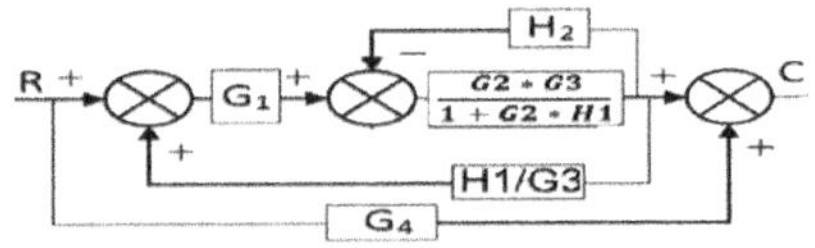

Paso5: retroalimentación negativa

$$\frac{\frac{G2*G3}{1+G2*H1}}{1+\frac{G2*G3}{1+G2*H1}*H2}=\frac{G2*G3}{1+G2*H1+G2*G3*H2}$$

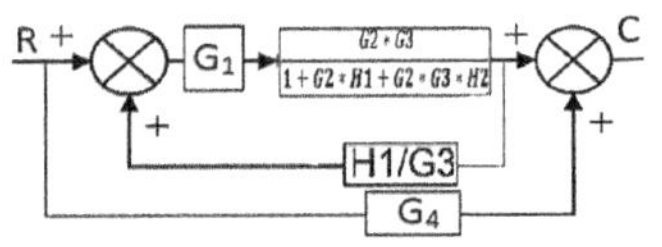

Paso6: bloques en serie se multiplica

$$\frac{G1*G2*G3}{1+G2*H1+G2*G3*H2}$$

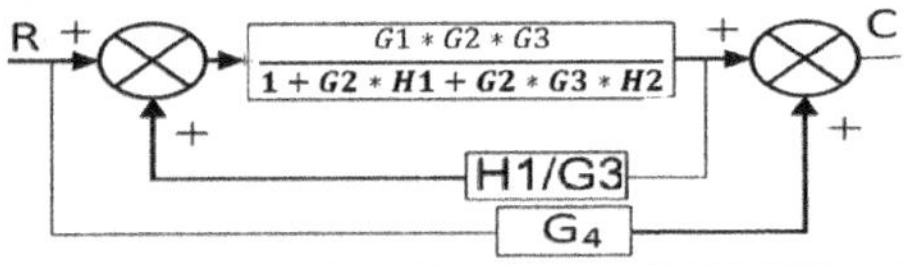

Paso7: retroalimentación negativa

$$\frac{\frac{G1*G2*G3}{1+G2H1+G2G3H2}}{1+\frac{G2*G3*(\frac{H1}{G3})}{1+G2H1+G2G3H2}}=\frac{G1*G2*G3}{1+G2H1+G2G3H2+G2G3H1}$$

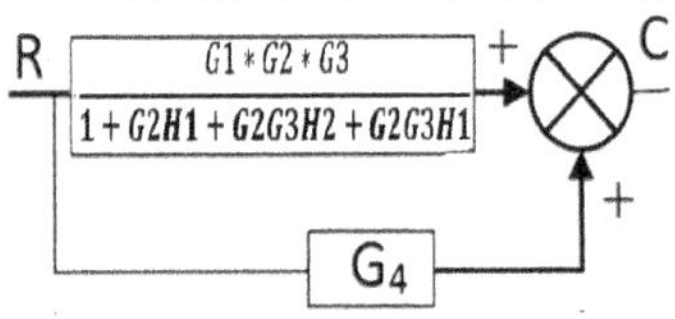

Paso8: bloques en paralelo se suman.

$$\frac{G1*G2*G3}{1+G2H1+G2G3H2+G2G3H1}+G4=\frac{G1G2G3+[1+G2H1+G2G3H2+G2G3H1]*G4}{1+G2H1+G2G3H2+G2G3H1}$$

Función de transferencia: $C/R=\frac{G1G2G3+[1+G2H1+G2G3H2+G2G3H1]*G4}{1+G2H1+G2G3H2+G2G3H1}$

Valencia - 2025 - Julio (B) - 4.A

En un invernadero se quiere mantener la temperatura adecuada para un cultivo, para ello se usa un sistema de regulación siguiente:

-Un sensor que convierte la de temperatura interior T(ºC) en una señal de valor T*H siendo H=10mV/ºC.

-Un regulador (amplificador) con ganancia K=25ºC/V

-Una consigna de referencia, ajusta mediante potenciómetro que genera una tensión E en voltios.

-Por simplicidad el invernadero se modela como un bloque con función de transferencia G=1.

-El diagrama de bloques del sistema es tal que la entrada de consigna E se compara con la tensión procedente del sensor y la diferencia se aplica al amplificador de ganancia K. La salida del amplificador se lleva como entrada al invernadero cuya salida es la temperatura resultante.

Se pide:

a) Representar el diagrama de bloques del sistema de regulación descrito identificando sus componentes.

b) Determinar la temperatura que se alcanzará en el invernadero cuando la tensión de consigna es E=1,6V.

c) Determinar la tensión de consigna E que hay que aplicar para que el invernadero se estabilice a 25ºC.

d) Explica el principio de funcionamiento de alguno de los tipos de sensores que pueda convertir la temperatura en una señal eléctrica.

a)

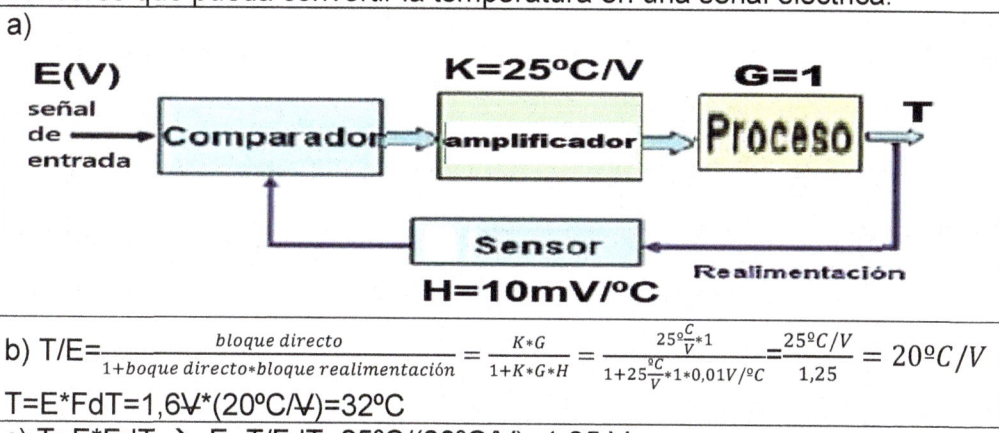

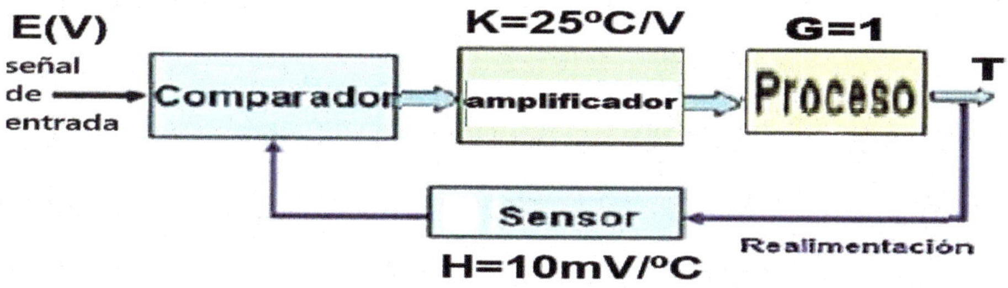

b) $T/E = \frac{bloque\ directo}{1+boque\ directo*bloque\ realimentación} = \frac{K*G}{1+K*G*H} = \frac{25º\frac{C}{V}*1}{1+25\frac{ºC}{V}*1*0{,}01V/ºC} = \frac{25ºC/V}{1{,}25} = 20ºC/V$

T=E*FdT=1,6~~V~~*(20ºC/~~V~~)=32ºC

c) T=E*FdT → E=T/FdT=25~~ºC~~/(20~~ºC~~/V)=1,25 V

La Rioja - 2025 - modelo de prueba - Problema 2A

Se desea que la temperatura de un horno sea 200ºC y para ello se utiliza el sistema de control mostrado en la figura. La función de trasferencia del elemento calefactor es: T/X=5; (T en ºC y X en voltios) y la del sensor de temperatura Vs/T=0,02 (T en ºC y Vs en voltios). Suponiendo que la temperatura del sensor es idéntica a la del calefactor, obtenga:

a) La función de transferencia del Horno, Vs/X.

b) La función de transferencia del sistema, Vs/E.

c) El valor de la señal de entrada, E, en voltios, para que el horno consiga la temperatura adecuada.

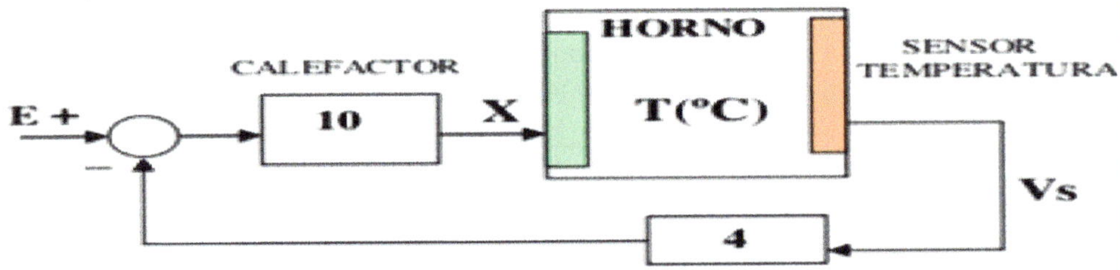

a) F_{horno}=Vs/X=(T/X)*(Vs/T)=(5ºC/V)*(0,02ºC/V)=0,1

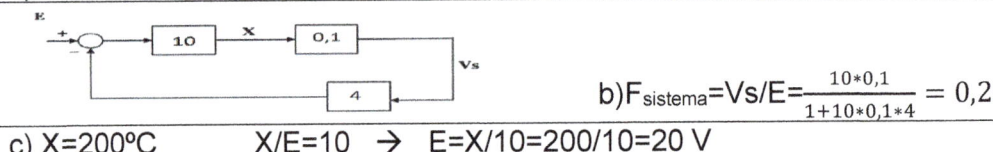

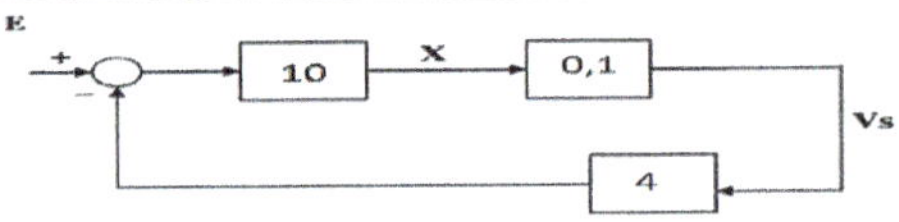

b)$F_{sistema}$=Vs/E=$\frac{10*0,1}{1+10*0,1*4} = 0,2$

c) X=200ºC X/E=10 → E=X/10=200/10=20 V

Valencia - 2025 - Julio - 3.B

Teniendo en cuenta un sistema de control, responde:

a) Un sistema de control de lazo cerrado, en un invernadero, activa la calefacción cuando la temperatura interior Tin baja de la temperatura de referencia Tref=25ºC. Si la temperatura exterior Tex se mantiene constante y la tasa de calentamiento es 0,5ºC/min, calcula el tiempo necesario para alcanzar 25ºC desde los pasar de 22ºC.

b) En el sistema de control en lazo cerrado se usa un controlador proporcional al error (Kp=15) para mantener la temperatura interna Tin cercana a Tref=25ºC. Si el sistema tiene un error inicial e(0)=–2ºC, calcula la acción de control en el instante inicial.

a) T2–T1=ΔT=tasa*tiempo →
tiempo t=(T2–T1)/tasa=(25º~~C~~–22º~~C~~)/(0,5º~~C~~/min)=6 minutos

b) Tin/e=Kp → Tin=e*Kp=(–2ºC)*15=–30ºC
e=Tref–Tin → Tin=Tref–e=25–(–2)=27ºC > Tref=25 → La acción es enfriar

Rioja - 2025 - Junio - Problema 3.B

Dado el siguiente diagrama de bloques, se pide:

a) Obtener la función de transferencia Z/E.

b) Si G1=H1=1 y la señal E de entrada toma el valor 1 ¿qué valor tiene la función de transferencia G2 para que Z sea 0,25?

c) ¿Qué relación existe entre la utilización de sistemas automatizados en los procesos industriales y la sostenibilidad?

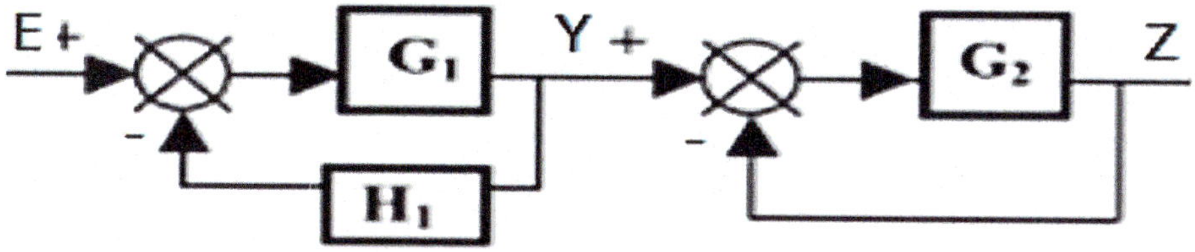

Paso1: realimentación negativa $$\frac{G1}{1+G1*H1}$$	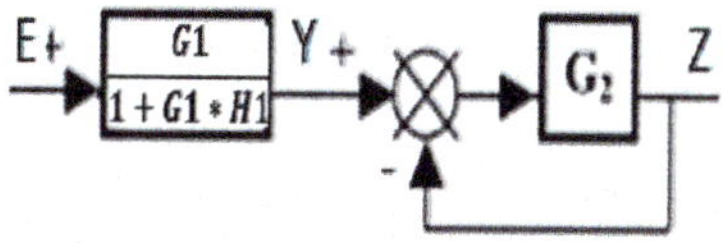
Paso2: realimentación negativa $$\frac{G2}{1+G2}$$	
Paso3: bloques en serie se multiplican $$\frac{G1*G2}{(1+G1*H1)*(1+G2)}$$	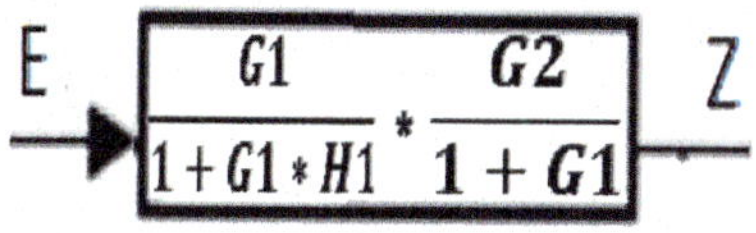

b) G1=H1=1, E=1, Z=0,25 → ¿G2?

Z/E=FdT=$\frac{G1*G2}{(1+G1*H1)*(1+G2)}$

0,25/1=$\frac{1*G2}{(1+1*1)*(1+G2)}$ → G2=1

b) La sostenibilidad no provoca efectos negativos en el entorno natural.

Estabilidad de los sistemas de control

Castilla-La Mancha – 2025 - modelo de prueba - 2025 - Ejercicio 3

Un sistema de control está representado con la siguiente función de transferencia: F(s)=(s+1)/[(s+3)*(s^2+0,25*s+1)]
Determina si el sistema es estable. Razone la respuesta.

La ecuación característica es el denominador de la función de transferencia.
(s+3)*(s^2+0,25*s+1)=s^3+0,25*s^2+s+3*s^2+0,75*s+3=s^3+3,25*s^2+1,75*s+3=0

Método de Routh:

s^3	1*s^3	1,75*s^1	0
s^2	3,25*s^2	3*s^0	0
s^1	$a_1=-\begin{vmatrix} 1\text{"s3"} & 1{,}75\text{"s1"} \\ 3{,}25\text{"s2"} & 3\text{"s0"} \end{vmatrix}/(3{,}25\text{"s2"})=$ =–(1*3–1,75*3,25)/3,25=+43/52	$a_2=-\begin{vmatrix} 1\text{"s3"} & 0 \\ 3{,}25\text{"s2"} & 0 \end{vmatrix}/(3{,}25\text{"s2"})=0$	
s^0	$b_1=-\begin{vmatrix} 3{,}25\text{"s2"} & 3\text{"s0"} \\ \frac{43}{52}\text{"a1"} & 0\text{"a2"} \end{vmatrix}/a_1=$–(3,25*0–3*43/52)/(43/52)=+3		

-Regla de Routh: existen tantas raíces en el semiplano real positivo como cambio de signos en la 1ª columna.
-En la 1ª columna (+1, +3,25, +43/52, +3) no hay cambio de signos. No hay raíces con parte real positiva que crean la inestabilidad. Sistema estable.

Castilla-La Mancha - 2025 - Julio - 2.B

Averigua si el sistema de control representado por la función de transferencia siguiente es estable. F(s)=s/[(s+3)*(s^2+6*s+25)]

La ecuación característica es el denominador de la función de transferencia.
(s+3)*(s^2+6*s+25)=s^3+6*s^2+25*s+3*s^2+18*s+75=s^3+9*s^2+43*s+75=0

Método de Routh:

s^3	1*s^3	43*s^1	0
s^2	9*s^2	75*s^0	0
s^1	$a_1=-\begin{vmatrix} 1\text{"s3"} & 43\text{"s1"} \\ 9\text{"s2"} & 75\text{"s0"} \end{vmatrix}/(9\text{"s2"})=$ =–(1*75–9*43)/9=+104/3	$a_2=-\begin{vmatrix} 1\text{"s3"} & 0 \\ 9\text{"s2"} & 0 \end{vmatrix}/(9\text{"s2"})=0$	
s^0	$b_1=-\begin{vmatrix} 9\text{"s2"} & 75\text{"s0"} \\ \frac{104}{3}\text{"a1"} & 0\text{"a2"} \end{vmatrix}/a_1=$–(9*0–104/3*75)/(104/3)=+75		

-Regla de Routh: existen tantas raíces en el semiplano real positivo como cambio de signos en la 1ª columna.
-En la 1ª columna (+1, +9, +104/3, +75) no hay cambio de signos. No hay raíces con parte real positiva que crean inestabilidad. Sistema estable.

Asturias – 2025 - modelo de prueba - Ejercicio 4.B

b) Analice la estabilidad de un determinado sistema cuyo polinomio característico viene dado por la expresión: $2*s^3+3*s^2+3*s+1=0$

Datos: ecuación característica: $a_0*s^n+a_1*s^{n-1}+\ldots+a_{n-1}*s+a_n=0$, siendo

$$b_1=\frac{a_1a_2-a_0a_3}{a_1} \quad b_2=\frac{a_1a_4-a_0a_5}{a_1} \quad c_1=\frac{b_1a_3-a_1b_2}{b_1} \quad c_2=\frac{b_1a_5-a_1b_3}{b_1}$$

La ecuación característica: $2*s^3+3*s^2+3*s+1=0$

Método de Routh:

s^3	$2*s^3$	$3*s^1$	0
s^2	$3*s^2$	$1*s^0$	0
s^1	$a_1=-\begin{vmatrix} 2\text{ "s3"} & 3\text{ "s1"} \\ 3\text{ "s2"} & 1\text{ "s0"} \end{vmatrix}/(3\text{ "s2"})=$ $=-(2*1-3*3)/3=+7/3$	$a_2=-\begin{vmatrix} 1\text{ "s3"} & 0 \\ 3{,}25\text{"s2"} & 0 \end{vmatrix}/(3\text{ "s2"})=0$	
s^0	$b_1=-\begin{vmatrix} 3\text{"s2"} & 1\text{ "s0"} \\ \frac{7}{3}\text{"a1"} & 0\text{"a2"} \end{vmatrix}/a_1=-(3*0-1*7/3)/(7/3)=+1$		

-Regla de Routh: existen tantas raíces en el semiplano real positivo como cambio de signos en la 1ª columna.

-En la 1ª columna (+2, +3, +7/3, +1) no hay cambio de signos. No hay raíces con parte real positiva que crean inestabilidad. Sistema estable.

Cantabria – 2025 - Junio - 5.B

La expresión $s^5+2*s^4+18*s^3+20*s^2+46*s+64=0$ representa el denominador de la función de transferencia del sistema de control. Determinar mediante el método de Routh si el sistema es estable e indicar el número de polos.

Método de Routh:

s^5	$1*s^5$	$18*s^3$	$46*s^1$
s^4	$2*s^4$	$20*s^2$	$64*s^0$
s^3	$a_1=-\begin{vmatrix} 1\text{ "s5"} & 18\text{ "s3"} \\ 2\text{ "s4"} & 20\text{ "s2"} \end{vmatrix}/(2\text{ "s4"})=$ $=-(1*20-2*18)/2=+8$	$a_2=-\begin{vmatrix} 1\text{"s5"} & 46\text{"s1"} \\ 2\text{"s4"} & 64\text{"s0"} \end{vmatrix}/(2\text{ "s4"})=$ $=-(1*64-2*46)/2=14$	$a_3=0$
s^2	$b_1=-\begin{vmatrix} 2\text{ "s4"} & 20\text{ "s2"} \\ 8\text{ "a1"} & 14\text{ "a2"} \end{vmatrix}/(8\text{ "a1"})=$ $=-(2*14-8*20)/8=+16{,}5$	$b_2=-\begin{vmatrix} 2\text{ "s4"} & 64 \\ 8\text{ "a1"} & 0 \end{vmatrix}/(8\text{ "a1"})=$ $=-(1*64-2*46)/2=64$	$b_3=0$
s^1	$c_1=-\begin{vmatrix} 8\text{ "a1"} & 14\text{ "a2"} \\ 16{,}5\text{ "b1"} & 64\text{ "b2"} \end{vmatrix}/(16{,}5\text{ "b1"})=$ $=-(8*64-16{,}5*14)/16{,}5=-562/33$	$c_2=0$	
s^0	$d_1=-\begin{vmatrix} 16{,}5\text{ "b1"} & 64\text{ "b2"} \\ \frac{-562}{33}\text{ "c1"} & 0\text{"c2"} \end{vmatrix}/(-562/33\text{ "c}_1\text{"})=-(16{,}5*0+562/33*64)/(-562/33)=+64$		

-En la 1ª columna (+1, +2, +16,5, –562/33, +64) hay 2 cambio de signos. No hay 2 raíces (polos) con parte real positiva que crean inestabilidad. El sistema de control es inestable.

<u>Asturias - 2025 – Junio - 4.A</u>

Determine los posibles valores que han de tomar los coeficientes a, b y c de la ecuación característica del sistema de control s3+as2+bs+c para garantizar la estabilidad del mismo. Razone el resultado.

Ecuación característica: $a_0s^n + a_1s^{n-1} + \cdots \ldots a_{n-1}s + a_n = 0$ siendo

$$b_1 = \frac{a_1a_2 - a_0a_3}{a_1} \quad b_2 = \frac{a_1a_4 - a_0a_5}{a_1} \quad c_1 = \frac{b_1a_3 - a_1b_2}{b_1} \quad c_2 = \frac{b_1a_5 - a_1b_3}{b_1}$$

Método de Routh: Ecuación característica: $2*s^3+a*s^2+b*s+c=0$

s^3	$2*s^3$	$b*s^1$	0
s^2	$a*s^2$	$c*s^0$	0
s^1	$a_1=-\begin{vmatrix} 2\,\text{"s3"} & b\,\text{"s1"} \\ a\,\text{"s2"} & c\,\text{"s0"} \end{vmatrix}$/(a "s2")= =–(2*c–a*b)/a=b–c/a	$a_2=-\begin{vmatrix} 2\,\text{"s3"} & 0 \\ a\,\text{"s2"} & 0 \end{vmatrix}$/(a "s2")=0	
s^0	$b_1=-\begin{vmatrix} a\text{"s2"} & c\,\text{"s0"} \\ b-\frac{c}{a}\,\text{"a1"} & 0\text{"a2"} \end{vmatrix}$/$a_1$=–(a*0–c*(b+c/a))/(b–c/a)=+c		

-Regla de Routh: existen tantas raíces en el semiplano real positivo como cambio de signos en la 1ª columna.

-La 1ª columna (+2, +a, +(b–c/a), +c) no tiene cambios de signos si se cumple: a>0, c>0, y (b–c/a)>0 → b>c/a. Si se cumple el sistema es estable.

<u>Galicia - 2025 - Julio - 4.1</u>

Un sistema posee la siguiente función de transferencia en circuito cerrado.

$$M(s) = \frac{s^2 + 3s + C}{s^3 + 5s^2 + ks + 3}$$

Calcule los parámetros C y k para que el sistema sea estable.

Método de Routh: Ecuación característica: $s^3+5*s^2+k*s+3=0$

s^3	$1*s^3$	$k*s^1$	0
s^2	$5*s^2$	$3*s^0$	0
s^1	$a_1=-\begin{vmatrix} 1\,\text{"s3"} & k\,\text{"s1"} \\ 5\,\text{"s2"} & 3\,\text{"s0"} \end{vmatrix}$/(5 "s2")= =–(1*3–5k)/a=(5*k–3)/5	$a_2=-\begin{vmatrix} 1\,\text{"s3"} & 0 \\ 5\,\text{"s2"} & 0 \end{vmatrix}$/(5 "s2")=0	
s^0	$b_1=-\begin{vmatrix} 5\text{"s2"} & 3\,\text{"s0"} \\ (5k-3)/5\,\text{"a1"} & 0\text{"a2"} \end{vmatrix}$/$a_1$=–(5*0–3*(5k–3)/5)/(5k–3)=3		

-La 1ª columna (+1, +5, (5*k–3)/5, +3) no tiene cambios de signos si se cumple: (5*k–3)/5>0 → 5*k–3>0 → 5*k>3 → Estable si k>3/5=0,6

Galicia - 2025 - Julio - 4.2

Un sistema automático determinado por la función de transferencia:

$$G(s)=\frac{s^2+4s-1}{2s^5+2s^4+s^3+s^2+5s+1}$$

Determine, aplicando el método de Routh, si el sistema es estable.

Método de Routh: Ecuación característica: $2*s^5+2*s^4+s^3+s^2+5*s+1=0$

Se aplica el método, pero aparecen ceros en la 1ª columna. Se invierte el orden de los coeficientes. $s^5+5*s^4+s^3+s^2+2*s+2=0$

s^5	$1*s^5$	$1*s^3$	$2*s^1$
s^4	$5*s^4$	$1*s^2$	$2*s^0$
s^3	$a_1=-\begin{vmatrix}1\,"s5" & 1\,"s3"\\ 5\,"s4" & 1\,"s2"\end{vmatrix}/(5\,"s4")=$ $=-(1*1-5*1)/5=+0,8$	$a_2=-\begin{vmatrix}1\,"s5" & 2\,"s1"\\ 5\,"s4" & 2\,"s0"\end{vmatrix}/(5\,"s4")=$ $=-(1*2-5*2)/5=1,6$	$a_3=0$
s^2	$b_1=-\begin{vmatrix}5\,"s4" & 1\,"s2"\\ 0,8\,"a1" & 1,6\,"a2"\end{vmatrix}/(0,8\,"a1")=$ $=-(5*1,6-0,8*1)/0,8=-9$	$b_2=-\begin{vmatrix}5\,"s4" & 2\\ 0,8\,"a1" & 0\end{vmatrix}/(0,8\,"a1")=$ $=-(5*0-0,8*2)/0,8=2$	$b_3=0$
s^1	$c_1=-\begin{vmatrix}0,8\,"a1" & 1,6\,"a2"\\ -9\,"b1" & 2\,"b2"\end{vmatrix}/(-9\,"b1")=$ $=-(0,8*2+1,6*9)/(-9)=+16/7$	$c_2=0$	
s^0	$d_1=-\begin{vmatrix}-9\,"b1" & 2\,"b2"\\ \frac{16}{7}\,"c1" & 0\,"c2"\end{vmatrix}/(16/7\ "c_1")=-(-9*0-2*16/7)/(16/7)=2$		

-En 1ª columna (+1, +5, +0,8, –9, +16/7, +2) hay 2 cambio de signos. Hay 2 raíces (polos) con parte real positivo que crean inestabilidad. Sist.inestable.

La Rioja - 2025 - Julio - 2.1

Dado el diagrama de bloques:

a) Función de transferencia G=Z/E.

b) Valores de K para que el sistema de control sea estable.

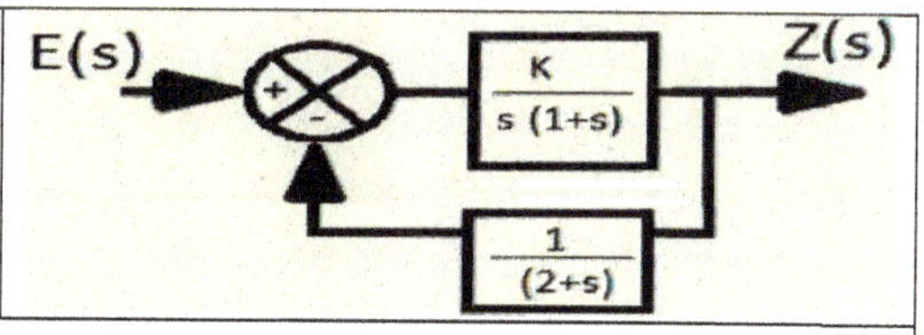

a) $$\frac{Z}{E}=\frac{G}{1+G*H}=\frac{\frac{k}{s*(s+1)}}{1+\frac{k}{s*(s+1)}*\frac{1}{(s+2)}}=\frac{k}{s*(s+1)*(s+2)+k}$$

b) Ecuación característica: $s*(s+1)*(s+2)+k=0$

$s*(s+1)*(s+2)+k=(s^2+s)*(s+2)+k=s^3+s^2+2*s^2+2*s+k=s^3+3*s^2+2*s+k=0$

Método de Routh: Ecuación característica: $s^3+3*s^2+2*s+k=0$

s^3	$1*s^3$	$2*s^1$	0
s^2	$3*s^2$	$k*s^0$	0
s^1	$a_1=-\begin{vmatrix}1\,"s3" & 2\,"s1"\\ 3\,"s2" & k\,"s0"\end{vmatrix}/(3\,"s2")=(6-k)/3$	$a_2=-\begin{vmatrix}1\,"s3" & 0\\ 3\,"s2" & 0\end{vmatrix}/(3\,"s2")=0$	
s^0	$b_1=-\begin{vmatrix}3"s2" & k\,"s0"\\ (6-k)/3\,"a1" & 0"a2"\end{vmatrix}/a_1=-(3*0-(6-k)/3*k)/[(6-k)/3]=k$		

La 1ª columna (+1, +3, (6–k)/3, k) no tiene cambios de signos si se cumple:

Condición 1ª (6–k)/3>0 → 6–k>0 → k<6

Condición 2ª k>0

} si 0<k<6 → sistema estable.

Cantabria -2025- Julio - 5

Dado el sistema de control de la figura, se pide:

a) Función de transferencia,

b) Usar el método de Routh para saber si el sistema es estable.

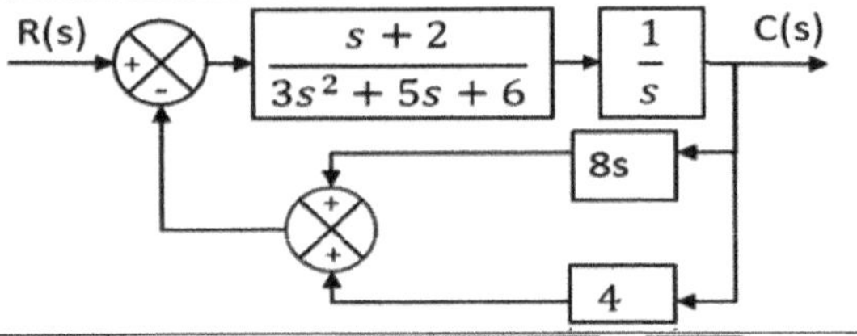

Paso1: bloques en paralelo se suman.

4+8s

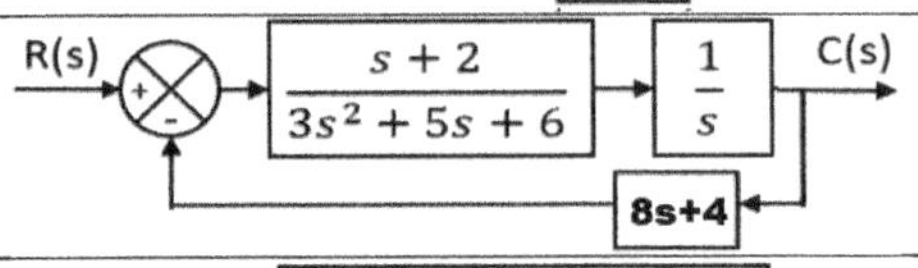

Paso2: bloques en serie se multiplican.

$$\frac{(s+2)}{3s^3+5s^2+6s}$$

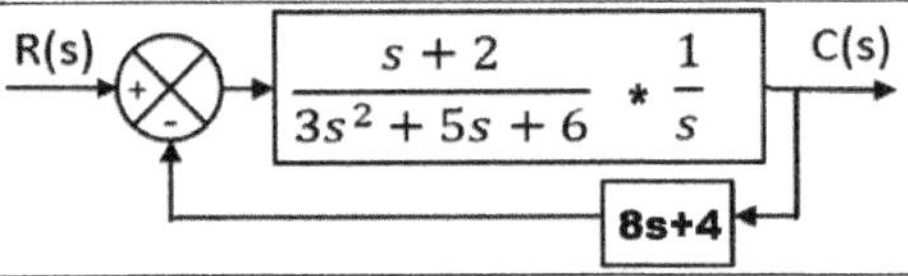

Paso3: retroalimentación negativa. Se obtiene la función de transferencia.

$$\frac{C}{R}=\frac{\frac{(s+2)}{3s^3+5s^2+6s}}{1+\frac{(s+2)}{3s^3+5s^2+6s}*(8s+4)}=\frac{s+2}{(s^3+5s^2+6s)+(s+2)*(8s+4)}=\frac{s+2}{s^3+13s^2+26s+8}$$

Método de Routh: Ecuación característica: $s^3+13*s^2+26*s+8=0$

s^3	$1*s^3$	$26*s^1$	0
s^2	$13*s^2$	$8*s^0$	0
s^1	$a_1=-\begin{vmatrix} 1\,"s3" & 26\,"s1" \\ 13\,"s2" & 8\,"s0" \end{vmatrix}/(13\,"s2")=$ $=-(1*8-13*26)/13=330/13$	$a_2=-\begin{vmatrix} 1\,"s3" & 0 \\ 13\,"s2" & 0 \end{vmatrix}/(13\,"s2")=0$	
s^0	$b_1=-\begin{vmatrix} 13"s2" & 8\,"s0" \\ \frac{330}{13}\,"a1" & 0"a2" \end{vmatrix}/a_1=-(13*0-330/13*8)/(330/13)=+8$		

En la 1ª columna (+1, +13, +30/13, +8) no hay cambio de signos. No hay raíces con parte real positiva que crean inestabilidad. Sistema estable.

Cantabria y Murcia – 2025 - modelo de prueba - Ejercicio 5

En la figura se representa el diagrama de bloques de un sistema de control.

a) Obtener la función de transferencia del sistema C(s)/R(s).

b) Particularizar la función de transferencia para el proceso siguiente:

-El controlador es de acción proporcional de constante G1(s)=50

-El proceso industrial se modela mediante la expresión G2=1/(s*(s+2))

-El transductor de realimentación mide la presión en un depósito y tiene una señal de respuesta que se modela con la expresión H1(s)=2/(s+2)

c) Indicar el orden del sistema, y aplicar el criterio de Routh para saber si tiene una respuesta estable ante fluctuaciones de la señal de entrada.

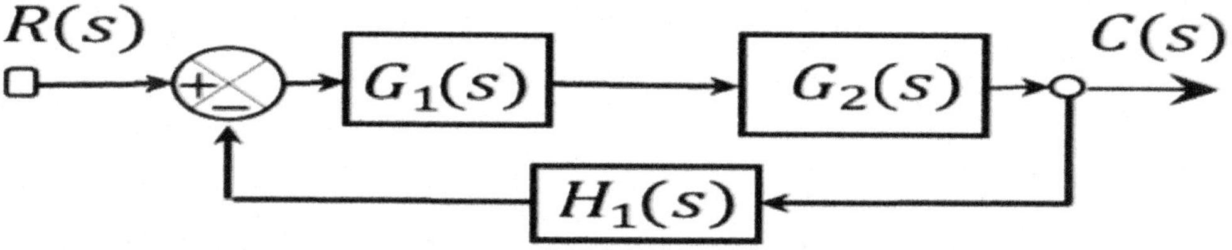

Paso1: bloques en serie se multiplican.
G1*G2

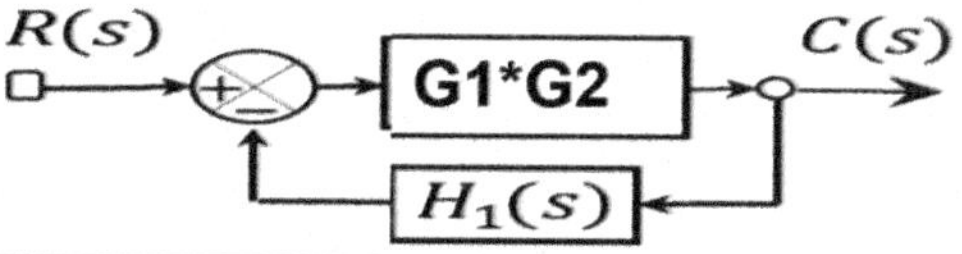

Paso2: retroalimentación negativa.

$$\frac{C}{R} = \frac{G1 * G2}{1 + G1 * G2 * H1}$$

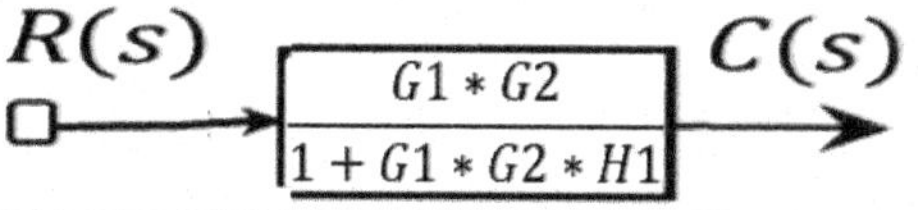

$$\frac{C}{R} = \frac{G1 * G2}{1 + G1 * G2 * H1} = \frac{50 * \frac{1}{s * (s+2)}}{1 + 50 * \frac{1}{s * (s+2)} * \frac{2}{s+2}} = \frac{50 * (s+2)}{s^3 + 4s^2 + 4s + 100}$$

Método de Routh: Ecuación característica: $s^3+4*s^2+4*s+100=0$ de grado 3.

s^3	$1*s^3$	$4*s^1$	0
s^2	$4*s^2$	$100*s^0$	0
s^1	$a_1=-\begin{vmatrix} 1\ "s3" & 4\ "s1" \\ 4\ "s2" & 100\ "s0" \end{vmatrix}/(4\ "s2")=$ $=-(1*100-4*4)/4=-21$	$a_2=-\begin{vmatrix} 1\ "s3" & 0 \\ 4\ "s2" & 0 \end{vmatrix}/(4\ "s2")=0$	
s^0	$b_1=-\begin{vmatrix} 4\ "s2" & 100\ "s0" \\ -21\ "a1" & 0"a2" \end{vmatrix}/a_1=-(4*0+21*100)/(-21)=+100$		

En la 1ª columna (+1, +4, –21, +100) hay 2 cambios de signos. Hay 2 raíces con parte real positiva que crean inestabilidad. Sistema inestable.

Bloque E

Sistemas informáticos

Sistemas informáticos:
Tecnologías emergentes:

Castilla-León – 2025- modelo de prueba - cuestión 8
Explicar alguna aplicación de la inteligencia artificial que conozcas.

Andalucía – 2025 - modelo de prueba – Ejercicio 4.A
c) En inteligencia artificial ¿qué se conoce por aprendizaje automático o machine learning? ¿Y por red neuronal? ¿Qué relación existen entre ambos?

Madrid - 2025 - Junio - B5.1
¿Cuáles son los riesgos éticos asociados al uso de la inteligencia artificial?

Andalucía – 2025 - modelo de prueba - Ejercicio 4.A
b) ¿Cuál es la principal diferencia entre los algoritmos de programación tradicionales y los algoritmos en los que se basa la inteligencia artificial?

Andalucía - 2025 - Junio - Ejercicio 4.A
c) En relación con la inteligencia artificial, ¿qué es una máquina reactiva? Indicar un ejemplo.

Cantabria – 2025 - modelo de prueba - Ejercicio 4.B
Inteligencia artificial. Definición. Tipos. Chatbots.

La Rioja – 2025 - modelo de prueba - Problema 1.B
c) Explique dos tecnologías de fabricación sostenible que se podrían aplicar en el proceso de fabricación de esas piezas.
Automatización y Robótica: La incorporación de la automatización en los procesos de fabricación puede puede mejorar la eficiencia energética al reducir en consumo de energía y los errores humanos. Además, puede optimizar el uso del material y reducir la cantidad de residuos. Nuevas tecnologías (IA, machine learning, big data). Tecnologías de aprendizaje automático en líneas de fabricación pueden reducir los residuos al mejorar la calidad de la inspección de las piezas fabricadas. Además, con dichas tecnologías se pueden optimizar los procesos para mejorar la eficiencia energética.

Madrid – 2025 - modelo de prueba - Ejercicio 5A
a) Defina qué es una Base de Datos Distribuida (BDD). b) Indique dos ventajas de las BDDs. c) Indique dos desventajas de las BDDs.
a) Una Base de Datos Distribuida (BDD) es una colección de datos distribuidos en diferentes nodos de una red de computadoras, interconectados entre sí por una red de comunicaciones y cada nodo cuenta con la capacidad de realizar procesamientos autónomos, que permiten realizar operaciones locales o distribuidas.
b) Ventajas de los sistemas de bases de datos distribuidos tienen: a. Rendimiento, al permitir localizar los datos en un lugar más cercano. b. Escalabilidad horizontal, ya que se pueden añadir nodos según la demanda. c. Disponibilidad, al no existir un único punto de falla es más tolerante, en caso de caída de un nodo el sistema puede seguir en funcionamiento. d. Modularidad, es más flexible a la hora de realizar modificaciones en una parte del sistema sin afectar al resto. e. Localidad, ya que los datos pueden estar controlados por el departamento o grupo a quién pertenece.
c) Algunas desventajas de las Bases de Datos Distribuidas: a. Complejidad, debido a la naturaleza distribuida. El diseño de la base de datos y el mantenimiento se hace más costoso. b. Integridad, es más difícil y costoso garantizar la integridad de los datos. c. Seguridad, al tener los datos distribuidos existe más riesgo de exposición a amenazas y es más difícil garantizar la seguridad.

Madrid - 2025 - Junio - Ejercicio 5.A
b) Defina qué es una base de datos distribuida.

Cantabria – 2025 - Junio - 4
Defina qué es la ciberseguridad y describa qué es y cómo funcionan el phishing y el malware.

Baleares - 2025 - Junio – 5.A
a) ¿En qué consiste el phishing? Pon un ejemplo. b) Enumera 3 medidas de protección para aumentar la seguridad cibernética.
a) El phishing es una forma de fraude en línea que busca robar información sensible mediante el engaño (suplantación de la identidad). Es una técnica de ciberataque donde los delincuentes se hacen pasar por entidades legítimas (como bancos, redes sociales, etc.) para engañar a las personas y obtener información confidencial, como contraseñas, datos bancarios o información personal. Lo hacen a través de correos electrónicos, mensajes de texto, llamadas telefónicas o sitios web falsos que imitan a los originales.
-Mantener actualizado el software -Utilizar contraseñas fuertes -Ir alerta con los correos o enlaces sospechosos -Utilizar software de seguridad (antivirus, software anti-malicioso) -Realizar copias de seguridad de forma periódica -Configurar la privacidad cuando trabajamos en redes sociales -Utilizar certificados digitales para autenticación -Estar al corriente de las novedades en temas de ataques y sistemas de protección -Cifrar los contenidos de nuestros dispositivos.

Madrid - 2025 - Junio - Ejercicio 5.A
a) Describa tres medidas de protección de ciberseguridad.

Aragón - 2025 - Junio - Ejercicio 1
b) Describa la siguiente amenaza común para la ciberseguridad: malware. Proporcione indicaciones a un usuario de internet para ayudarle a evitar esta amenaza.

Cantabria – 2025 - modelo de prueba - Ejercicio 4.A

Ciberseguridad. Amenazas más comunes. Principales herramientas de ciberseguridad.

Baleares - 2025 - Julio - Ejercicio 4

a) Un compañero que está preocupado nos comenta que ha sido víctima de pharming. Explica en qué consiste.

El descaminamiento o pharming consiste en redirigir un nombre de dominio a una máquina distinta, por lo que, al utilizar esta dirección, accedemos a la página del posible atacante.

b) ¿Qué es el malware?

El software malicioso o malware es un software diseñado para realizar estropear, controlar o robar la información de los sistemas.

Son un ejemplo los virus.

Andalucía - 2025 - Junio - Ejercicio 4.A

b) Se ha recibido un correo electrónico de una persona desconocida, indicando que la dirección IP de su ordenador ha ganado un premio. Para poder recibir el premio, debe entrar en una página web para indicar sus datos personales y verificar su identidad. Identificar y justificar el posible ataque que puede sufrir la persona a través de la amenaza anterior.